Springer-Lehrbuch

Jan van de Craats · Rob Bosch

Grundwissen Mathematik

Ein Vorkurs für Fachhochschule und Universität

Aus dem Niederländischen übersetzt von
Petra de Jong und Theo de Jong

Prof. Dr. Jan van de Craats
Universiteit van Amsterdam
Faculteit der
Natuurwetenschappen
Wiskunde en Informatica
Science Park 904
1098 XH Amsterdam
Niederlande
J.vandeCraats@uva.nl

Dr. Rob Bosch
Nederlandse Defensie Academie
Logistiek en informatie
Kasteelplein 10
4811 XC Breda
Niederlande
R.Bosch.03@nlda.nl

Übersetzer

Petra de Jong
Prof. Dr. Theo de Jong

Übersetzung der holländischen Ausgabe *Basisboek wiskunde*, Second Edition, von Jan van de Craats und Rob Bosch, in Absprache mit Pearson Education Benelux. Copyright © Pearson Education Benelux 2009. Alle Rechte vorbehalten.

ISSN 0937-7433
ISBN 978-3-642-13500-2   e-ISBN 978-3-642-13501-9
DOI 10.1007/978-3-642-13501-9
Springer Heidelberg Dordrecht London New York

Die Deutsche Nationalbibliothek verzeichnet diese Publikation in der Deutschen Nationalbibliografie; detaillierte bibliografische Daten sind im Internet über http://dnb.d-nb.de abrufbar.

Mathematics Subject Classification (2010): 97-01 instructional exposition (texbooks, tutorial papers)

Einbandentwurf: WMXDesign GmbH, Heidelberg

Gedruckt auf säurefreiem Papier

Springer ist Teil der Fachverlagsgruppe Springer Science+Business Media (www.springer.com)

Inhaltsverzeichnis

VII   Differenzial- und Integralrechnung   175

Lesehinweise

Dieses Buch ist ein Übungsbuch. Jedes Kapitel beginnt auf der linken Seite mit Aufgaben. Sie können damit direkt beginnen, da die ersten Aufgaben immer einfach sind. Nach und nach werden sie schwieriger. Sobald Sie eine Aufgabe bearbeitet haben, können Sie das Ergebnis im Anhang kontrollieren.

Auf der rechten Seite steht kurz und klar die Theorie, die Sie benötigen um die Aufgaben auf der linken Seite zu bearbeiten. Hiervon können Sie nach Bedarf Gebrauch machen. Sofern Ihnen Terme und Begriffe begegnen, welche dort nicht erklärt werden, können Sie am Ende des Buches im Sachverzeichnis die Stelle finden, wo diese Erklärungen im Buch zu finden sind.

Wichtige Formeln, Definitionen und Sätze sind im theoretischen Teil, auf der rechten Seite, eingerahmt hervorgehoben. Die meisten hiervon finden Sie ebenfalls in der Formelübersicht ab Seite 313 ff. wieder.

In diesem Buch arbeiten wir mit dem dezimalen Punkt und nicht mit dem dezimalen Komma. Dies stimmt mit dem überein, was heutzutage in der internationalen wissenschaftlichen und technischen Literatur üblich ist.

Das griechische Alphabet

α	A	alpha	ι	I	iota	ρ	P	rho
β	B	beta	κ	K	kappa	σ	Σ	sigma
γ	Γ	gamma	λ	Λ	lambda	τ	T	tau
δ	Δ	delta	μ	M	my	υ	Y	ypsilon
ϵ	E	epsilon	ν	N	ny	φ	Φ	phi
ζ	Z	zeta	ξ	Ξ	xi	χ	X	chi
η	H	eta	o	O	omikron	ψ	Ψ	psi
ϑ	Θ	theta	π	Π	pi	ω	Ω	omega

Vorwort

Dieses Buch beinhaltet das komplette Grundwissen der Mathematik, das als Einstiegsniveau für ein Universitäts- oder Hochschulstudium in den Bereichen Mathematik und Naturwissenschaften, Informatik, Wirtschaftswissenschaften und verwandten Studiengängen benötigt wird. Alle hier behandelten Themen sind für die Mathematik und Naturwissenschaften von Wichtigkeit. Für den Bereich Informatik und wirtschaftswissenschaftliche Richtungen können manche Teile aus den Kapiteln 17 (Trigonometrie), 22 (Integrationstechniken) und 23 (Anwendungen) erst einmal ausgelassen werden. Unter dem "Grundwissen Mathematik" verstehen wir Algebra, Zahlenfolgen, Gleichungen, Geometrie, Funktionen und die Differenzial- und Integralrechnung. Wahrscheinlichkeitsrechnung und Statistik (separate Fächer der Mathematik mit einem eigenen Blickwinkel) behandeln wir hier nicht.

In dem hier ausgewählten didaktischen Ansatz steht das Üben im Mittelpunkt. Genau wie bei jeder anderen Fähigkeit, sei es Fußballspielen, Klavierspielen oder das Erlernen einer fremden Sprache, existiert auch hier nur eine Möglichkeit Mathematik sinnvoll in den Griff zu bekommen: viel üben. Beim Fußball müssen Sie trainieren, beim Klavierspielen üben und beim Erlernen einer fremden Sprache die Vokabeln auswendig lernen und wiederholen. Ohne Beherrschung der Grundtechniken bleiben Sie stehen und kommen nicht vorwärts; bei der Mathematik ist dies nicht anders.

Warum Mathematik lernen? Natürlich geht es den meisten Benutzern letztendlich um die Anwendung in ihrem Bereich. Jedoch ist hierbei die Mathematik als Sprache und Instrument unerlässlich. Wenn wir beispielsweise ein Lehrbuch der Naturwissenschaften aufschlagen, sehen wir zunächst eine Flut von Formeln auf uns zukommen. Formeln, welche Gesetzmäßigkeiten in diesem Fach ausdrücken und unter Zuhilfenahme von mathematischen Techniken hergeleitet wurden. Mit Hilfe mathematischer Operationen werden diese mit anderen Formeln kombiniert, um neuen Gesetzmäßigkeiten auf die Spur zu kommen. Die Manipulationen umfassen gewöhnliche algebraische Umformungen, aber auch das Anwenden von Logarithmen, Exponentialfunktionen, Trigonometrie, Differenzieren, Integrieren und vieles mehr. Dies sind mathematische Techniken mit denen der Anwender den Umgang erlernen muss. Das Einsetzen von Zahlenwerten in Formeln, um in einem konkreten Fall ein numerisches Endergebnis zu erhalten, ist hierbei lediglich eine Nebensache. Worum es geht sind die Ideen, welche dahinter stecken, die Wege zu den neuen Formeln und die neuen Einsichten, die Sie hierdurch erwerben.

Deshalb muss das Hauptziel des Mathematikunterrichts, der auf das Studium an einer Universität oder Fachhochschule vorbereitet, das Erlernen dieser universellen mathematischen Fähigkeiten sein. Universell, da die gleichen mathematischen Techniken in meist verschiedenartigen Fachgebieten angewandt werden. Die Fertigkeit im Umgang mit Formeln, darum geht es vor allem. Und auch die Fertigkeit im Umgang mit Funktionen und deren Graphen. Die Zahlensicherheit, das gewandte Rechnen und der flotte Umgang mit den Zahlen ist hier lediglich ein kleiner Teil. Die Rolle eines Rechengerätes (auch graphisch) ist in diesem Buch daher auch außerordentlich bescheiden; hiervon werden wir kaum Gebrauch machen. Sollte solch ein Hilfsmittel bei der Bearbeitung einer Aufgabe notwendig sein, haben wir dies dort genau angegeben.

Für wen ist dieses Buch bestimmt?
Zunächst für alle Schüler und Studenten, die sich in der Mathematik unsicher fühlen, da sich Lücken in ihren Grundkenntnissen befinden. Sie können ihre mathematischen Fähigkeiten hiermit auffrischen. Aber es kann auch als Lehr- oder Kursbuch dienen. Durch den durchdachten, schrittweisen Aufbau des Lehrstoffs mit kurzen Erläuterungen eignet sich dieses Buch gut für das Selbststudium. Dennoch wird es immer schwierig bleiben ein Fach wie Mathematik allein durch das Selbststudium zu erlernen: Der Wert eines guten Lehrers, als Begleiter durch die schwierige Materie, sollte nicht unterschätzt werden.

Wie ist dieses Buch aufgebaut?
Alle Kapitel (bis auf die letzten drei) sind in der gleichen Art und Weise aufgebaut: Auf den linken Seiten befinden sich Aufgaben, auf den rechten Seiten die dazu gehörenden Erklärungen. Der Benutzer wird ausdrücklich eingeladen, zunächst die Aufgaben links zu bearbeiten. Wer nicht weiter kommt, wem unbekannte Begriffe oder Notationen begegnen oder wer spezielle Details nicht mehr kennt, zieht den Text rechts zu Rate und falls nötig das Stichwortverzeichnis. Die Aufgaben sind sorgfältig ausgesucht: Sie beginnen einfach und mit gleichartigen Aufgaben, um die Fertigkeiten zu üben. Mit ganz kleinen Schritten wird die Schwierigkeit allmählich gesteigert. Wer alle Aufgaben eines Kapitels gelöst hat, kann sich sicher sein, dass sie oder er den Stoff versteht und beherrscht.

Bei unseren Erklärungen gehen wir nicht auf alle mathematischen Raffinessen ein. Wer mehr über die mathematischen Hintergründe wissen möchte, findet am Ende des Buches drei Kapitel ohne Aufgaben mit weiteren Erklärungen. Diese stehen nicht umsonst dort: Allein wer mathematisch gut bewandert ist, wird sie zu schätzen wissen. Für den Leser, der nicht dazu kommt, ist dies auch kein Problem, da alles, was für die Anwendungen nötig ist, in den vorherigen Kapiteln steht. Eine Formelsammlung, ein Stichwortverzeichnis und ein vollständiger Lösungsteil vervollständigen dieses Buch.

Zur deutschen Auflage
Der übersichtliche Aufbau des Stoffes, mit systematisch aufgebautem Übungsmaterial auf den linken Seiten und den dazugehörenden Erklärungen auf den rechten Seiten, haben der niederländischen Ausgabe des Grundwissens Mathematik in kurzer Zeit zu einem großen Erfolg verholfen. Hierzu hat beigetragen, dass Anfängerstudenten der Studienrichtungen, die Mathematik benutzen, oft einen Mangel an mathematischen Fähigkeiten aufweisen.

Beim Übergang von der Schule auf das Studium erweisen sich auch in anderen Ländern ähnliche Anschlussprobleme. Es zeigt sich hier ebenfalls der ansteigende Bedarf an einem solchen Buch. Die Professoren Theo de Jong und Duco van Straten von der Johannes-Gutenberg-Universität Mainz haben die Idee aufgeworfen, das Buch in die deutsche Sprache zu übersetzen. Viel Vergnügen bereitet es uns, dass der Springer Verlag diese deutsche Ausgabe jetzt auf den Markt bringt.

Die Übersetzung lag bei Theo und Petra de Jong in guten und fähigen Händen. Danken möchten wir Petra und Theo für die ausgezeichneten Versorgung und die sehr angenehme Zusammenarbeit. Auch gilt unser Dank Renate Emerenziani und Sonia Samol für das Korrekturlesen. Wir hoffen, dass unser Buch im deutschen Sprachraum ebenfalls viele zufriedene Leser findet.

Oosterhout und Breda, April 2010
Jan van de Craats und Rob Bosch

I Zahlen

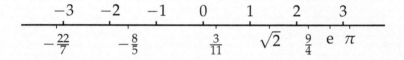

Dieser Teil behandelt das Rechnen mit Zahlen. Sie zeigen sich in verschiedenen Formen: positive Zahlen, negative Zahlen, ganze Zahlen, rationale und irrationale Zahlen. Die Zahlen $\sqrt{2}$, π und e sind Beispiele von irrationalen Zahlen. In der höheren Mathematik wird auch mit imaginären und komplexen Zahlen gearbeitet, aber in diesem Buch werden wir uns auf die *reellen Zahlen* beschränken. Dies bedeutet, es handelt sich hier um jene Zahlen, welche wir uns geometrisch als Punkte auf der Zahlengeraden vorstellen können.

In den ersten zwei Kapiteln werden die Rechenfertigkeiten aus der Grundschule (Addieren, Subtrahieren, Multiplizieren und Teilen von ganzen Zahlen und Brüchen) kurz wiederholt. Wer hiermit Mühe hat, der tut gut daran zuerst unser *Grundwissen Rechnen* (nur in niederländisch erhältlich, Anm. des Übersetzers) durchzuarbeiten.

1 Rechnen mit ganzen Zahlen

Führen Sie die nachfolgenden Berechnungen aus:

1.1

a.
$$
\begin{array}{r}
873 \\
112 \\
1718 \\
157 \\
3461 \\
\hline
\cdots
\end{array} +
$$

b.
$$
\begin{array}{r}
1578 \\
9553 \\
7218 \\
212 \\
4139 \\
\hline
\cdots
\end{array} +
$$

1.2

a.
$$
\begin{array}{r}
9134 \\
4319 \\
\hline
\cdots
\end{array} -
$$

b.
$$
\begin{array}{r}
4585 \\
3287 \\
\hline
\cdots
\end{array} -
$$

c.
$$
\begin{array}{r}
7033 \\
1398 \\
\hline
\cdots
\end{array} -
$$

1.3 Berechnen Sie:

a. 34×89
b. 67×46
c. 61×93
d. 55×11
e. 78×38

1.4 Berechnen Sie:

a. 354×83
b. 67×546
c. 461×79
d. 655×102
e. 178×398

Berechnen Sie den Quotienten und den Rest mittels der schriftlichen Division:

1.5

a. $154 : 13$
b. $435 : 27$
c. $631 : 23$
d. $467 : 17$
e. $780 : 37$

1.6

a. $2334 : 53$
b. $6463 : 101$
c. $7682 : 59$
d. $6178 : 451$
e. $5811 : 67$

1.7

a. $15457 : 11$
b. $4534 : 97$
c. $63321 : 23$
d. $56467 : 179$
e. $78620 : 307$

1.8

a. $42334 : 41$
b. $13467 : 101$
c. $35641 : 99$
d. $16155 : 215$
e. $92183 : 83$

J. van de Craats, R. Bosch, *Grundwissen Mathematik*, Springer-Lehrbuch,
DOI 10.1007/978-3-642-13501-9_1, © Springer-Verlag Berlin Heidelberg 2010

Addition, Subtraktion und Multiplikation

Die Folge $1, 2, 3, 4, 5, 6, 7, 8, 9, 10, 11, \ldots$ ist die Folge der *positiven ganzen Zahlen*. Mit dieser Folge lernt jedes Kind zählen. Das Addieren, Subtrahieren und Multiplizieren dieser Zahlen, ohne die Hilfe von Rechengeräten, lernen wir in der Grundschule. Siehe nebenstehende Beispiele.

$$
\begin{array}{r}
341 \\
295 \\
718 \\
12 \\
1431 \\
\hline
2797
\end{array} +
$$

$$
\begin{array}{r}
8135 \\
3297 \\
\hline
4838
\end{array} -
$$

$$
\begin{array}{r}
431 \\
728 \\
\hline
3448 \\
862 \\
3017 \\
\hline
313768
\end{array} \times
$$

Division mit Rest

Division ohne Zuhilfenahme eines Rechengerätes wird mit der *schriftlichen Division* getätigt. Betrachten Sie nebenstehende schriftliche Division für $83218 : 37$, dies bedeutet 83218 geteilt durch 37. Den *Quotienten* 2249 finden wir rechts oben und den *Rest* 5 am unteren Ende. Die schriftliche Division lehrt uns, dass

$$83218 = 2249 \times 37 + 5$$

Dies können wir auch folgendermaßen schreiben:

$$\frac{83218}{37} = 2249 + \frac{5}{37}$$

Die rechte Seite dieser Gleichung wird meistens vereinfacht zu $2249\frac{5}{37}$, also erhalten wir die Gleichung

$$\frac{83218}{37} = 2249\frac{5}{37}.$$

$$
\begin{array}{l}
83218 : 37 = 2249 \qquad \uparrow \\
74 \qquad\qquad\qquad \text{Quotient} \\
\overline{92} \\
74 \\
\overline{181} \\
148 \\
\overline{338} \\
333 \\
\overline{5} \quad \leftarrow \text{Rest}
\end{array}
$$

Zerlegen Sie die nachfolgenden Zahlen in Primfaktoren:

1.9
  a. 24
  b. 72
  c. 250
  d. 96
  e. 98

1.10
  a. 288
  b. 1024
  c. 315
  d. 396
  e. 1875

1.11
  a. 972
  b. 676
  c. 2025
  d. 1122
  e. 860

1.12
  a. 255
  b. 441
  c. 722
  d. 432
  e. 985

1.13
  a. 2000
  b. 2001
  c. 2002
  d. 2003
  e. 2004

1.14
  a. Ihr Geburtsjahr
  b. Ihre Postleitzahl
  c. Ihren PinCode

Bestimmen Sie alle Teiler der nachfolgenden Zahlen. Arbeiten Sie exakt und systematisch; wenn Sie nicht sorgfältig arbeiten, geht schnell ein Teiler unter. Es ist sinnvoll zunächst die Primfaktorzerlegung einer solchen Zahl aufzuschreiben.

1.15
  a. 12
  b. 20
  c. 32
  d. 108
  e. 144

1.16
  a. 72
  b. 100
  c. 1001
  d. 561
  e. 196

Teiler und Primzahlen

In einigen Fällen geht die Teilung auf, dies bedeutet der Rest ist Null. So ist z.B. $238 : 17 = 14$. Dann gilt, dass $238 = 14 \times 17$ ist. Die Zahlen 14 und 17 nennt man *Teiler* von 238 und die Schreibweise $238 = 14 \times 17$ nennt man eine *Zerlegung in Faktoren* der Zahl 238. Die Worte „Teiler" und „Faktoren" sind in diesem Zusammenhang Synonyme.

Die 14, eine der beiden Teiler, ist ebenfalls zerlegbar und zwar als $14 = 2 \times 7$. Jedoch kann die Zerlegung von 238 nicht weiter fortgesetzt werden, da 2, 7 und 17 jeweils *Primzahlen* sind. Primzahlen sind die Zahlen, die nicht in kleinere Zahlen zerlegbar sind. Damit ist die Primfaktorzerlegung von 238 gefunden: $238 = 2 \times 7 \times 17$.

Da $238 = 1 \times 238$ auch ein Zerlegung von 238 ist, sind 1 und 238 ebenfalls Teiler von 238. Jede Zahl hat 1 und sich selbst als Teiler. Die interessanten, *echten* Teiler einer Zahl sind die Teiler, die größer als 1 und kleiner als die Zahl selbst sind. Die Primzahlen sind die Zahlen, welche größer als 1 sind und keine echten Teiler haben. Die Folge aller Primzahlen beginnt folgendermaßen:

$$2, 3, 5, 7, 11, 13, 17, 19, 23, 29, 31, 37, 41, 43, 47, 53, 59, 61, 67, 71, 73, 79, \ldots$$

Jede ganze Zahl, die größer als 1 ist, kann in Primfaktoren zerlegt werden. In nebenstehenden Beispielen wird gezeigt, wie wir eine derartige *Primfaktorzerlegung* mittels systematischer Suche nach immer größeren Primteilern bestimmen können. Immer dann, wenn wir einen Primfaktor gefun-

$$
\begin{array}{c|c}
180 & 2 \\ \hline
90 & 2 \\ \hline
45 & 3 \\ \hline
15 & 3 \\ \hline
5 & 5 \\ \hline
1 &
\end{array}
\qquad
\begin{array}{c|c}
585 & 3 \\ \hline
195 & 3 \\ \hline
65 & 5 \\ \hline
13 & 13 \\ \hline
1 &
\end{array}
\qquad
\begin{array}{c|c}
3003 & 3 \\ \hline
1001 & 7 \\ \hline
143 & 11 \\ \hline
13 & 13 \\ \hline
1 &
\end{array}
$$

den haben, teilen wir durch diesen und führen das Verfahren mit dem Quotienten fort. Wir sind fertig, wenn wir bei 1 angekommen sind. Auf der rechten Seite stehen die Primfaktoren. Aus den drei Leiterdiagrammen lesen wir die Primfaktorzerlegungen ab:

$$
\begin{aligned}
180 &= 2 \times 2 \times 3 \times 3 \times 5 &= 2^2 \times 3^2 \times 5 \\
585 &= 3 \times 3 \times 5 \times 13 &= 3^2 \times 5 \times 13 \\
3003 &= 3 \times 7 \times 11 \times 13
\end{aligned}
$$

Wir sehen, dass es sinnvoll ist Primfaktoren, welche öfter vorkommen, zusammen in einer Potenz zu schreiben: $2^2 = 2 \times 2$ und $3^2 = 3 \times 3$. Weitere Beispiele (fertigen Sie selbst die Leiterdiagramme):

$$
\begin{aligned}
120 &= 2 \times 2 \times 2 \times 3 \times 5 &= 2^3 \times 3 \times 5 \\
81 &= 3 \times 3 \times 3 \times 3 &= 3^4 \\
48 &= 2 \times 2 \times 2 \times 2 \times 3 &= 2^4 \times 3
\end{aligned}
$$

Bestimmen Sie den größten gemeinsamen Teiler (ggT) von:

1.17
  a. 12 und 30
  b. 24 und 84
  c. 27 und 45
  d. 32 und 56
  e. 34 und 85

1.18
  a. 45 und 225
  b. 144 und 216
  c. 90 und 196
  d. 243 und 135
  e. 288 und 168

1.19
  a. 1024 und 864
  b. 1122 und 1815
  c. 875 und 1125
  d. 1960 und 6370
  e. 1024 und 1152

1.20
  a. 1243 und 1244
  b. 1721 und 1726
  c. 875 und 900
  d. 1960 und 5880
  e. 1024 und 2024

Bestimmen Sie das kleinste gemeinsame Vielfache (kgV) von:

1.21
  a. 12 und 30
  b. 27 und 45
  c. 18 und 63
  d. 16 und 40
  e. 33 und 121

1.22
  a. 52 und 39
  b. 64 und 80
  c. 144 und 240
  d. 169 und 130
  e. 68 und 51

1.23
  a. 250 und 125
  b. 144 und 216
  c. 520 und 390
  d. 888 und 185
  e. 124 und 341

1.24
  a. 240 und 180
  b. 276 und 414
  c. 588 und 504
  d. 315 und 189
  e. 403 und 221

Bestimmen Sie den ggT und das kgV von:

1.25
  a. 9, 12 und 30
  b. 24, 30 und 36
  c. 10, 15 und 35
  d. 18, 27 und 63
  e. 21, 24 und 27

1.26
  a. 28, 35 und 49
  b. 64, 80 und 112
  c. 39, 52 und 130
  d. 144, 168 und 252
  e. 189, 252 und 315

Der ggT und das kgV

Zwei Zahlen können gemeinsame Teiler haben. Der *größte gemeinsame Teiler* (ggT) ist, so wie es der Name sagt, ihr größter gemeinschaftlicher Teiler. Falls die Primfaktorzerlegung beider Zahlen bekannt ist, kann der ggT hieraus direkt abgelesen werden. So haben wir auf Seite 9 die folgenden Primfaktorzerlegungen gefunden:

$$\begin{aligned} 180 &= 2^2 \times 3^2 \times 5 \\ 585 &= 3^2 \times 5 \times 13 \\ 3003 &= 3 \times 7 \times 11 \times 13 \end{aligned}$$

Hieraus sehen wir, dass

$$\begin{aligned} \text{ggT}(180, 585) &= \text{ggT}(2^2 \times 3^2 \times 5, 3^2 \times 5 \times 13) = 3^2 \times 5 = 45 \\ \text{ggT}(180, 3003) &= \text{ggT}(2^2 \times 3^2 \times 5, 3 \times 7 \times 11 \times 13) = 3 \\ \text{ggT}(585, 3003) &= \text{ggT}(3^2 \times 5 \times 13, 3 \times 7 \times 11 \times 13) = 3 \times 13 = 39 \end{aligned}$$

Das *kleinste gemeinsame Vielfache* (kgV) zweier Zahlen ist die kleinste Zahl, welche sowohl ein Vielfaches der einen Zahl, als auch ein Vielfaches der anderen Zahl ist. Mit anderen Worten, sie ist die kleinste Zahl, die durch die beiden anderen Zahlen teilbar ist. Auch das kgV kann aus den Primfaktorzerlegungen abgelesen werden. So ist

$$\text{kgV}(180, 585) = \text{kgV}(2^2 \times 3^2 \times 5, 3^2 \times 5 \times 13) = 2^2 \times 3^2 \times 5 \times 13 = 2340.$$

Eine nützliche Eigenschaft des ggT's und kgV's zweier Zahlen ist, dass ihr Produkt gleich dem Produkt der beiden Zahlen ist. So ist

$$\text{ggT}(180, 585) \times \text{kgV}(180, 585) = 45 \times 2340 = 105300 = 180 \times 585.$$

Auch bei mehr als zwei Zahlen können wir den ggT und das kgV direkt aus ihren Primfaktorzerlegungen ablesen. So ist

$$\begin{aligned} \text{ggT}(180, 585, 3003) &= 3 \\ \text{kgV}(180, 585, 3003) &= 2^2 \times 3^2 \times 5 \times 7 \times 11 \times 13 = 180180. \end{aligned}$$

Eine schlaue Idee

Es existiert eine Methode, um den ggT zweier Zahlen zu bestimmen, welche oft viel schneller ist, und wobei wir die Primfaktorzerlegungen nicht bestimmen müssen. Die Grundidee ist, dass der ggT von zwei Zahlen ebenfalls ein Teiler der *Differenz* dieser beiden Zahlen sein muss. Erkennen Sie, warum dies so ist?
So muss der ggT$(4352, 4342)$ auch ein Teiler von $4352 - 4342 = 10$ sein. Die Zahl 10 hat jedoch nur die Primteiler 2 und 5. Es ist deutlich, dass 5 kein Teiler der beiden Zahlen ist, die 2 jedoch schon und somit gilt, dass der ggT$(4352, 4342) = 2$ ist. Wer schlau ist, kann durch die Anwendung dieser Idee viel Rechenarbeit sparen!

2 Rechnen mit Brüchen

2.1 Vereinfachen Sie:

a. $\dfrac{15}{20}$

b. $\dfrac{18}{45}$

c. $\dfrac{21}{49}$

d. $\dfrac{27}{81}$

e. $\dfrac{24}{96}$

2.2 Vereinfachen Sie:

a. $\dfrac{60}{144}$

b. $\dfrac{144}{216}$

c. $\dfrac{135}{243}$

d. $\dfrac{864}{1024}$

e. $\dfrac{168}{288}$

2.3 Machen Sie gleichnamig:

a. $\dfrac{1}{3}$ und $\dfrac{1}{4}$

b. $\dfrac{2}{5}$ und $\dfrac{3}{7}$

c. $\dfrac{4}{9}$ und $\dfrac{2}{5}$

d. $\dfrac{7}{11}$ und $\dfrac{3}{4}$

e. $\dfrac{2}{13}$ und $\dfrac{5}{12}$

Machen Sie gleichnamig:

2.4

a. $\dfrac{1}{6}$ und $\dfrac{1}{9}$

b. $\dfrac{3}{10}$ und $\dfrac{2}{15}$

c. $\dfrac{3}{8}$ und $\dfrac{5}{6}$

d. $\dfrac{5}{9}$ und $\dfrac{7}{12}$

e. $\dfrac{3}{20}$ und $\dfrac{1}{8}$

2.5

a. $\dfrac{1}{3}$, $\dfrac{1}{4}$ und $\dfrac{1}{5}$

b. $\dfrac{2}{3}$, $\dfrac{3}{5}$ und $\dfrac{2}{7}$

c. $\dfrac{1}{4}$, $\dfrac{1}{6}$ und $\dfrac{1}{9}$

d. $\dfrac{2}{10}$, $\dfrac{1}{15}$ und $\dfrac{5}{6}$

e. $\dfrac{5}{12}$, $\dfrac{7}{18}$ und $\dfrac{3}{8}$

2.6

a. $\dfrac{2}{27}$, $\dfrac{5}{36}$ und $\dfrac{5}{24}$

b. $\dfrac{7}{15}$, $\dfrac{3}{20}$ und $\dfrac{5}{6}$

c. $\dfrac{4}{21}$, $\dfrac{3}{14}$ und $\dfrac{7}{30}$

d. $\dfrac{4}{63}$, $\dfrac{5}{42}$ und $\dfrac{1}{56}$

e. $\dfrac{5}{78}$, $\dfrac{5}{39}$ und $\dfrac{3}{65}$

Bestimmen Sie, indem Sie die Brüche gleichnamig machen, jeweils den Größten der zwei Brüche.

2.7

a. $\dfrac{5}{18}$ und $\dfrac{6}{19}$

b. $\dfrac{7}{15}$ und $\dfrac{5}{12}$

c. $\dfrac{9}{20}$ und $\dfrac{11}{18}$

d. $\dfrac{11}{36}$ und $\dfrac{9}{32}$

e. $\dfrac{20}{63}$ und $\dfrac{25}{72}$

2.8

a. $\dfrac{4}{7}$ und $\dfrac{2}{3}$

b. $\dfrac{14}{85}$ und $\dfrac{7}{51}$

c. $\dfrac{26}{63}$ und $\dfrac{39}{84}$

d. $\dfrac{31}{90}$ und $\dfrac{23}{72}$

e. $\dfrac{37}{80}$ und $\dfrac{29}{60}$

J. van de Craats, R. Bosch, *Grundwissen Mathematik*, Springer-Lehrbuch,
DOI 10.1007/978-3-642-13501-9_2, © Springer-Verlag Berlin Heidelberg 2010

Rationale Zahlen

Die Folge ..., $-3, -2, -1, 0, 1, 2, 3, \ldots$ ist die Folge aller ganzen Zahlen. Ein geometrisches Bild zeigt die *Zahlengerade*, welche nachfolgend gezeichnet ist.

$$-3 \quad -2 \quad -1 \quad 0 \quad 1 \quad 2 \quad 3$$

Auch die *rationalen Zahlen*, d.h. die Zahlen, die als ein Bruch geschrieben werden können, liegen auf der Zahlengeraden. Nachfolgend sind einige rationale Zahlen auf der Zahlengeraden angegeben.

$$-3 \quad -2 \quad -1 \quad 0 \quad 1 \quad 2 \quad 3$$
$$-\frac{22}{7} \qquad -\frac{8}{5} \qquad \frac{3}{11} \qquad \frac{5}{3} \qquad \frac{28}{9}$$

In einem Bruch stehen zwei ganze Zahlen, der *Zähler* und der *Nenner*, getrennt durch einen waagerechten oder schiefen Bruchstrich. So ist 28 der Zähler und 6 der Nenner des Bruches $\frac{28}{6}$. Der Nenner eines Bruches darf nie Null sein. Eine rationale Zahl ist eine Zahl, die man als Bruch schreiben kann, jedoch ist diese Schreibweise nicht eindeutig festgelegt; wenn wir Zähler und Nenner mit der gleichen ganzen Zahl (ungleich Null) multiplizieren oder durch einen gemeinsamen Teiler dividieren, verändert sich der Wert hiervon nicht. Z.B.:

$$\frac{28}{6} = \frac{14}{3} = \frac{-14}{-3} = \frac{70}{15}$$

Brüche wie $\frac{-5}{3}$ und $\frac{22}{-7}$ schreiben wir meist als $-\frac{5}{3}$ beziehungsweise $-\frac{22}{7}$. Auch ganze Zahlen können wir als Brüche schreiben, z.B. $7 = \frac{7}{1}$, $-3 = -\frac{3}{1}$ und $0 = \frac{0}{1}$. Daher gehören die ganzen Zahlen ebenfalls zu den rationalen Zahlen.

Das Teilen von Zähler und Nenner durch den gleichen Faktor (größer als 1) nennt man *Kürzen*. So können wir $\frac{28}{6}$ zu $\frac{14}{3}$ kürzen, indem wir Zähler und Nenner durch 2 teilen. Ein Bruch ist unkürzbar, wenn der größte gemeinsame Teiler (ggT) von Zähler und Nenner gleich 1 ist. So ist $\frac{14}{3}$ ein unkürzbarer Bruch, aber $\frac{28}{6}$ nicht. Wir können aus jedem Bruch einen unkürzbaren Bruch machen, indem wir Zähler und Nenner durch ihren ggT teilen.

Brüche nennt man *gleichnamig*, wenn sie den gleichen Nenner haben. Zwei Brüche können wir immer gleichnamig machen. Beispiel: $\frac{4}{15}$ und $\frac{5}{21}$ sind nicht gleichnamig. Wir können diese gleichnamig machen, indem wir beiden den Nenner $15 \times 21 = 315$ geben: $\frac{4}{15} = \frac{84}{315}$ und $\frac{5}{21} = \frac{75}{315}$. Wählen wir jedoch als gemeinsamen Nenner das kgV der ursprünglichen Nenner, in diesem Fall $\text{kgV}(15, 21) = 105$, bekommen wir die einfachsten gleichnamigen Brüche, nämlich $\frac{28}{105}$ und $\frac{25}{105}$.

Berechnen Sie:

2.9

a. $\dfrac{1}{3}+\dfrac{1}{4}$

b. $\dfrac{1}{5}-\dfrac{1}{6}$

c. $\dfrac{1}{7}+\dfrac{1}{9}$

d. $\dfrac{1}{9}-\dfrac{1}{11}$

e. $\dfrac{1}{2}+\dfrac{1}{15}$

2.10

a. $\dfrac{2}{3}+\dfrac{3}{4}$

b. $\dfrac{3}{5}-\dfrac{4}{7}$

c. $\dfrac{2}{7}+\dfrac{3}{4}$

d. $\dfrac{4}{9}-\dfrac{3}{8}$

e. $\dfrac{5}{11}+\dfrac{4}{15}$

2.11

a. $\dfrac{1}{6}+\dfrac{1}{4}$

b. $\dfrac{1}{9}-\dfrac{2}{15}$

c. $\dfrac{3}{8}+\dfrac{1}{12}$

d. $\dfrac{1}{3}+\dfrac{5}{6}$

e. $\dfrac{4}{15}-\dfrac{3}{10}$

2.12

a. $\dfrac{2}{45}+\dfrac{1}{21}$

b. $\dfrac{5}{27}-\dfrac{1}{36}$

c. $\dfrac{5}{72}+\dfrac{7}{60}$

d. $\dfrac{3}{34}+\dfrac{1}{85}$

e. $\dfrac{7}{30}+\dfrac{8}{105}$

2.13

a. $\dfrac{1}{3}+\dfrac{1}{4}+\dfrac{1}{5}$

b. $\dfrac{1}{2}-\dfrac{1}{3}+\dfrac{1}{7}$

c. $\dfrac{1}{4}-\dfrac{1}{5}+\dfrac{1}{9}$

d. $\dfrac{1}{2}-\dfrac{1}{7}-\dfrac{1}{3}$

e. $\dfrac{1}{8}+\dfrac{1}{3}-\dfrac{1}{5}$

2.14

a. $\dfrac{1}{2}+\dfrac{1}{4}+\dfrac{1}{8}$

b. $\dfrac{1}{3}+\dfrac{1}{6}+\dfrac{1}{4}$

c. $\dfrac{1}{12}+\dfrac{1}{8}-\dfrac{1}{2}$

d. $\dfrac{1}{9}-\dfrac{1}{12}+\dfrac{1}{18}$

e. $\dfrac{1}{10}-\dfrac{1}{15}+\dfrac{1}{6}$

2.15

a. $\dfrac{1}{2}-\dfrac{1}{4}+\dfrac{1}{8}$

b. $\dfrac{1}{3}+\dfrac{1}{6}-\dfrac{1}{4}$

c. $\dfrac{1}{12}-\dfrac{1}{8}-\dfrac{1}{2}$

d. $\dfrac{1}{9}-\dfrac{1}{12}-\dfrac{1}{18}$

e. $\dfrac{1}{10}+\dfrac{1}{15}+\dfrac{1}{6}$

2.16

a. $\dfrac{1}{3}-\dfrac{1}{9}+\dfrac{1}{27}$

b. $\dfrac{1}{2}+\dfrac{1}{10}-\dfrac{2}{15}$

c. $\dfrac{1}{18}-\dfrac{7}{30}-\dfrac{3}{20}$

d. $\dfrac{3}{14}-\dfrac{1}{21}+\dfrac{5}{6}$

e. $\dfrac{2}{5}-\dfrac{3}{10}+\dfrac{4}{15}$

2.17

a. $\dfrac{2}{5}-\dfrac{1}{7}-\dfrac{1}{10}$

b. $\dfrac{3}{2}+\dfrac{2}{3}-\dfrac{5}{6}$

c. $\dfrac{8}{21}-\dfrac{2}{7}+\dfrac{3}{4}$

d. $\dfrac{2}{11}-\dfrac{5}{13}+\dfrac{1}{2}$

e. $\dfrac{4}{17}-\dfrac{3}{10}+\dfrac{2}{5}$

Addition und Subtraktion von Brüchen

Die Addition zweier gleichnamiger Brüche ist einfach: Der Nenner bleibt unverändert und die Zähler werden addiert. Das Gleiche gilt für die Subtraktion von gleichnamigen Brüchen. Beispiele:

$$\frac{5}{13} + \frac{12}{13} = \frac{17}{13} \quad \text{und} \quad \frac{5}{13} - \frac{12}{13} = \frac{-7}{13} = -\frac{7}{13}$$

Sind die Brüche nicht gleichnamig, so müssen wir diese erst gleichnamig machen. Es ist auch hier wiederum ratsam, als gemeinsamen Nenner das kgV der einzelnen Nenner zu wählen. Beispiele:

$$\frac{2}{5} + \frac{8}{3} = \frac{6}{15} + \frac{40}{15} = \frac{46}{15}$$

$$-\frac{7}{12} + \frac{4}{15} = -\frac{35}{60} + \frac{16}{60} = -\frac{19}{60}$$

$$-\frac{13}{7} - \frac{18}{5} = -\frac{65}{35} - \frac{126}{35} = -\frac{191}{35}$$

Auch wenn wir mehr als zwei Brüche addieren oder subtrahieren müssen, ist es am praktischsten, sie zunächst alle gleichnamig zu machen. Es ist wiederum ratsam, als Nenner das kgV der ursprünglichen Nenner zu nehmen. Beispiel:

$$\frac{2}{3} + \frac{3}{10} - \frac{2}{15} = \frac{20}{30} + \frac{9}{30} - \frac{4}{30} = \frac{25}{30} = \frac{5}{6}$$

Sie erkennen, dass Sie die Lösung manchmal noch vereinfachen können.

Brüche und rationale Zahlen
Ein Bruch ist eine *Schreibweise* einer rationalen Zahl. Durch Multiplikation von Zähler und Nenner mit der gleichen Zahl ändern wir wohl den Bruch, jedoch nicht die rationale Zahl, die dadurch dargestellt wird. Wir können auch sagen, dass sich der *Wert* des Bruches nicht ändert, wenn wir Zähler und Nenner mit der gleichen Zahl multiplizieren. Die Brüche $\frac{5}{2}$, $\frac{15}{6}$ und $\frac{50}{20}$ haben alle den gleichen Wert und liegen auf der Zahlengeraden an gleicher Stelle, nämlich genau in der Mitte zwischen 2 und 3. In der Praxis wird dies meist nicht so genau genommen: Oft wird das Wort „Bruch" an Stellen benutzt, an denen man genau genommen „Wert des Bruches" sagen sollte. Wir machen dies übrigens auch, wenn wir schreiben $\frac{5}{2} = \frac{15}{6}$ oder wenn wir sagen, dass $\frac{5}{2}$ gleich $\frac{15}{6}$ ist.

Berechnen Sie:

2.18

a. $\dfrac{2}{3} \times \dfrac{5}{7}$

b. $\dfrac{4}{9} \times \dfrac{2}{5}$

c. $\dfrac{2}{13} \times \dfrac{5}{7}$

d. $\dfrac{9}{13} \times \dfrac{7}{2}$

e. $\dfrac{1}{30} \times \dfrac{13}{10}$

2.19

a. $\dfrac{2}{3} \times \dfrac{9}{2}$

b. $\dfrac{8}{9} \times \dfrac{3}{4}$

c. $\dfrac{14}{15} \times \dfrac{10}{7}$

d. $\dfrac{25}{12} \times \dfrac{18}{35}$

e. $\dfrac{36}{21} \times \dfrac{28}{27}$

2.20

a. $\dfrac{63}{40} \times \dfrac{16}{27}$

b. $\dfrac{49}{25} \times \dfrac{30}{21}$

c. $\dfrac{99}{26} \times \dfrac{39}{44}$

d. $\dfrac{51}{36} \times \dfrac{45}{34}$

e. $\dfrac{46}{57} \times \dfrac{38}{69}$

2.21

a. $\dfrac{2}{3} \times \dfrac{6}{5} \times \dfrac{15}{4}$

b. $\dfrac{6}{35} \times \dfrac{15}{4} \times \dfrac{14}{9}$

c. $\dfrac{26}{33} \times \dfrac{22}{9} \times \dfrac{15}{39}$

d. $\dfrac{18}{49} \times \dfrac{35}{12} \times \dfrac{4}{21}$

e. $\dfrac{24}{15} \times \dfrac{4}{27} \times \dfrac{45}{16}$

2.22

a. $\dfrac{2}{3} : \dfrac{5}{7}$

b. $\dfrac{1}{3} : \dfrac{1}{2}$

c. $6 : \dfrac{1}{5}$

d. $\dfrac{6}{5} : \dfrac{10}{9}$

e. $\dfrac{4}{5} : \dfrac{5}{7}$

2.23

a. $\dfrac{2}{3} : \dfrac{4}{9}$

b. $\dfrac{7}{10} : \dfrac{21}{15}$

c. $10 : \dfrac{5}{3}$

d. $\dfrac{12}{25} : \dfrac{18}{35}$

e. $\dfrac{24}{49} : \dfrac{36}{49}$

2.24

a. $\dfrac{\frac{2}{3}}{\frac{3}{4}}$

b. $\dfrac{\frac{6}{5}}{\frac{9}{10}}$

c. $\dfrac{\frac{12}{7}}{\frac{9}{14}}$

2.25

a. $\dfrac{\frac{1}{2} + \frac{1}{3}}{\frac{1}{4} + \frac{1}{6}}$

b. $\dfrac{\frac{5}{9} + \frac{3}{10}}{\frac{3}{4} - \frac{8}{9}}$

c. $\dfrac{\frac{4}{3} - \frac{3}{4}}{\frac{2}{3} + \frac{3}{2}}$

2.26

a. $\dfrac{\frac{2}{7} + \frac{5}{6}}{\frac{1}{5} + \frac{3}{4}}$

b. $\dfrac{\frac{1}{6} - \frac{5}{3}}{\frac{2}{7} - \frac{2}{5}}$

c. $\dfrac{\frac{3}{5} - \frac{11}{12}}{\frac{6}{7} + \frac{3}{11}}$

Multiplikation und Division von Brüchen

Das *Produkt* zweier Brüche ist der Bruch, der als Zähler das Produkt der ursprünglichen Zähler und als Nenner das Produkt der ursprünglichen Nenner hat. Beispiele:

$$\frac{5}{13} \times \frac{12}{7} = \frac{5 \times 12}{13 \times 7} = \frac{60}{91} \quad \text{und} \quad \frac{8}{7} \times \frac{-5}{11} = \frac{8 \times (-5)}{7 \times 11} = -\frac{40}{77}$$

Für die Division von Brüchen gilt: *Teilen durch einen Bruch bedeutet Multiplikation mit dem Kehrwert.* Den Kehrwert eines Bruches erhalten wir, indem wir Zähler und Nenner vertauschen. Beispiele:

$$\frac{5}{13} : \frac{12}{7} = \frac{5}{13} \times \frac{7}{12} = \frac{35}{156} \quad \text{und} \quad \frac{8}{7} : \frac{-5}{11} = \frac{8}{7} \times \frac{11}{-5} = -\frac{88}{35}$$

Gelegentlich wird auch eine andere Notation für das Teilen von Brüchen benutzt, nämlich der waagerechte Bruchstrich. Beispiel:

$$\frac{\dfrac{5}{13}}{\dfrac{12}{7}} \quad \text{statt} \quad \frac{5}{13} : \frac{12}{7}$$

Hier steht somit ein „Bruch" mit einem Bruch im Zähler und einem Bruch im Nenner.

Weitere Notationen für Brüche

An Stelle eines waagerechten Trennungstriches zwischen Zähler und Nenner wird manchmal auch ein schiefer Strich benutzt: 1/2 statt $\frac{1}{2}$. Aus typographischen Gründen is es gelegentlich bequemer, die Notation mit dem schiefen Strich zu benutzen. Die Notationen werden auch gemischt benutzt, meist auch aus typographischen Gründen und um die Formel übersichtlicher zu machen. Beispiel:

$$\frac{5/13}{12/7} \quad \text{oder} \quad \frac{5}{13} \Big/ \frac{12}{7}$$

In manchen Situationen ist es von Vorteil Brüche in einer *gemischten Notation* zu schreiben, d.h. der ganze Teil eines Bruches wird separat geschrieben, z.B. $2\frac{1}{2}$ statt $\frac{5}{2}$. Bei der Multiplikation und Teilung von Brüchen ist diese Notation jedoch nicht praktisch und deshalb werden wir in diesem Buch diese Notation fast nie benutzen.

3

Potenzen und Wurzeln

Schreiben Sie die nachfolgenden Ausdrücke als ganze Zahlen oder als nicht vereinfachbare Brüche.

3.1
a. 2^3
b. 3^2
c. 4^5
d. 5^4
e. 2^8

3.2
a. $(-2)^3$
b. $(-3)^2$
c. $(-4)^5$
d. $(-5)^4$
e. $(-2)^6$

3.3
a. 2^{-3}
b. 4^{-2}
c. 3^{-4}
d. 7^{-1}
e. 2^{-7}

3.4
a. 2^0
b. 9^{-1}
c. 11^{-2}
d. 9^{-3}
e. 10^{-4}

3.5
a. $(-4)^3$
b. 3^{-5}
c. $(-3)^{-3}$
d. 2^4
e. $(-2)^{-4}$

3.6
a. $(-2)^0$
b. 0^2
c. 12^{-1}
d. $(-7)^2$
e. $(-2)^{-7}$

3.7
a. $\left(\frac{2}{3}\right)^2$
b. $\left(\frac{1}{2}\right)^4$
c. $\left(\frac{4}{5}\right)^3$
d. $\left(\frac{2}{7}\right)^2$

3.8
a. $\left(\frac{2}{3}\right)^{-2}$
b. $\left(\frac{1}{2}\right)^{-3}$
c. $\left(\frac{7}{9}\right)^{-1}$
d. $\left(\frac{3}{2}\right)^{-4}$

3.9
a. $\left(\frac{4}{3}\right)^{-2}$
b. $\left(\frac{1}{2}\right)^{-4}$
c. $\left(\frac{4}{5}\right)^{-1}$
d. $\left(\frac{2}{3}\right)^{-5}$

3.10
a. $\left(\frac{1}{4}\right)^{-1}$
b. $\left(\frac{6}{5}\right)^0$
c. $\left(\frac{4}{3}\right)^3$
d. $\left(\frac{5}{2}\right)^{-4}$

3.11
a. $\left(\frac{6}{7}\right)^2$
b. $\left(\frac{8}{7}\right)^0$
c. $\left(\frac{6}{7}\right)^{-2}$
d. $\left(\frac{2}{7}\right)^3$

3.12
a. $\left(\frac{4}{9}\right)^3$
b. $\left(\frac{5}{3}\right)^{-3}$
c. $\left(\frac{5}{11}\right)^2$
d. $\left(\frac{3}{6}\right)^{-5}$

J. van de Craats, R. Bosch, *Grundwissen Mathematik*, Springer-Lehrbuch,
DOI 10.1007/978-3-642-13501-9_3, © Springer-Verlag Berlin Heidelberg 2010

Potenzen mit ganzen Exponenten

Für jede Zahl a, die ungleich 0 ist, und jede positive ganze Zahl k ist

$$
\begin{aligned}
a^k &= \overbrace{a \times a \times \cdots \times a}^{k\,\text{Mal}} \\
a^0 &= 1 \\
a^{-k} &= \frac{1}{a^k}
\end{aligned}
$$

Hiermit ist a^n für jede ganze Zahl n definiert. Die Zahl a nennt man die Grundzahl und n nennt man den Exponenten. Beispiele:

$$
\begin{aligned}
7^4 &= 7 \times 7 \times 7 \times 7 = 2401 \\
\left(-\frac{1}{3}\right)^0 &= 1 \\
\left(\frac{3}{8}\right)^{-1} &= \frac{1}{\frac{3}{8}} = \frac{8}{3} \\
10^{-3} &= \frac{1}{10^3} = \frac{1}{1000}
\end{aligned}
$$

Eigenschaften:

$$
\begin{aligned}
a^n \times a^m &= a^{n+m} \\
a^n : a^m &= a^{n-m} \\
(a^n)^m &= a^{n \times m} \\
(a \times b)^n &= a^n \times b^n \\
\left(\frac{a}{b}\right)^n &= \frac{a^n}{b^n}
\end{aligned}
$$

Die Zahl 0 als Grundzahl hat einen besonderen Stellenwert. Oben haben wir a ungleich 0 genommen um zu verhindern, dass bei einem negativen ganzen Exponenten in der Potenz a^n ein Bruch mit Null im Nenner erscheint.

Für positive ganze n definiert man einfach $0^n = 0$; für $n = 0$ ist es allerdings üblich $0^0 = 1$ zu definieren. Letzteres ist einfach eine *Verabredung*, die dazu führt, dass gewisse oft auftretende Formeln auch für 0 gültig bleiben. Ein Beispiel ist die Formel $a^0 = 1$, die jetzt also für alle a, auch für $a = 0$, gültig ist. Es bleibt dennoch eine Verabredung: Suchen Sie bitte keine tiefsinnige Begründung für diese Regel!

Schreiben Sie alle nachfolgenden Ausdrücke in der Standardform, d.h. in der Form $a\sqrt{b}$, wobei a eine ganze Zahl und $\sqrt{b}$ eine nicht vereinfachbare Wurzel ist.

3.13
a. $\sqrt{36}$
b. $\sqrt{81}$
c. $\sqrt{121}$
d. $\sqrt{64}$
e. $\sqrt{169}$

3.14
a. $\sqrt{225}$
b. $\sqrt{16}$
c. $\sqrt{196}$
d. $\sqrt{256}$
e. $\sqrt{441}$

3.15
a. $\sqrt{8}$
b. $\sqrt{12}$
c. $\sqrt{18}$
d. $\sqrt{24}$
e. $\sqrt{50}$

3.16
a. $\sqrt{72}$
b. $\sqrt{32}$
c. $\sqrt{20}$
d. $\sqrt{98}$
e. $\sqrt{40}$

3.17
a. $\sqrt{54}$
b. $\sqrt{99}$
c. $\sqrt{80}$
d. $\sqrt{96}$
e. $\sqrt{200}$

3.18
a. $\sqrt{147}$
b. $\sqrt{242}$
c. $\sqrt{125}$
d. $\sqrt{216}$
e. $\sqrt{288}$

3.19
a. $\sqrt{675}$
b. $\sqrt{405}$
c. $\sqrt{512}$
d. $\sqrt{338}$
e. $\sqrt{588}$

3.20
a. $\sqrt{1331}$
b. $\sqrt{972}$
c. $\sqrt{2025}$
d. $\sqrt{722}$
e. $\sqrt{676}$

3.21
a. $\sqrt{6} \times \sqrt{3}$
b. $\sqrt{10} \times \sqrt{15}$
c. $2\sqrt{14} \times -3\sqrt{21}$
d. $-4\sqrt{22} \times 5\sqrt{33}$
e. $3\sqrt{30} \times 2\sqrt{42}$

3.22
a. $\sqrt{5} \times \sqrt{3}$
b. $-\sqrt{2} \times \sqrt{7}$
c. $\sqrt{3} \times \sqrt{5} \times \sqrt{2}$
d. $2\sqrt{14} \times 3\sqrt{6}$
e. $3\sqrt{5} \times -2\sqrt{6} \times 4\sqrt{10}$

3.23
a. $3\sqrt{6} \times 2\sqrt{15} \times 4\sqrt{10}$
b. $-5\sqrt{5} \times 10\sqrt{10} \times 2\sqrt{2}$
c. $2\sqrt{21} \times -\sqrt{14} \times -3\sqrt{10}$
d. $\sqrt{15} \times 2\sqrt{3} \times -3\sqrt{35}$
e. $-3\sqrt{30} \times 12\sqrt{14} \times -2\sqrt{21}$

Wurzeln aus ganzen Zahlen

Die *Wurzel* aus einer ganzen Zahl $a \geq 0$ ist die Zahl w, für die gilt $w \geq 0$ und $w^2 = a$. Notation: $w = \sqrt{a}$.

Beispiel: $\sqrt{25} = 5$, da $5^2 = 25$. Bemerken Sie, dass auch $(-5)^2 = 25$, somit würde man vielleicht -5 eine „Wurzel aus 25" nennen wollen. Wie aber in der Definition beschrieben, versteht man unter $\sqrt{a}$ ausschließend die *nicht-negative* Zahl, deren Quadrat gleich a ist, somit $\sqrt{25} = +5$.

Die Zahl $\sqrt{20}$ ist keine ganze Zahl, weil $4^2 = 16 < 20$ und $5^2 = 25 > 20$ und somit $4 < \sqrt{20} < 5$. Ist $\sqrt{20}$ eventuell als Bruch zu schreiben? Die Antwort ist nein: Die Wurzel einer positiven ganzen Zahl, die selbst kein Quadrat einer ganzen Zahl ist, ist immer *irrational*, d.h eine solche Zahl kann nicht als Bruch geschrieben werden. Dennoch kann $\sqrt{20}$ vereinfacht werden, weil $20 = 2^2 \times 5$ und somit $\sqrt{20} = \sqrt{2^2 \times 5} = 2 \times \sqrt{5}$. Den letzten Ausdruck schreiben wir meist in der Kurzform als $2\sqrt{5}$.

Die Wurzel $\sqrt{a}$ einer positiven ganzen Zahl nennt man *nicht vereinfachbar*, wenn a kein Quadrat einer ganzen Zahl ungleich 1 als Teiler hat. So sind $\sqrt{21} = \sqrt{3 \times 7}$, $\sqrt{66} = \sqrt{2 \times 3 \times 11}$ und $\sqrt{91} = \sqrt{7 \times 13}$ nicht vereinfachbare Wurzeln, aber $\sqrt{63}$ nicht, denn $\sqrt{63} = \sqrt{7 \times 9} = \sqrt{7 \times 3^2} = 3\sqrt{7}$.

Jede Wurzel einer positiven ganzen Zahl kann als ganze Zahl oder als Produkt einer ganzen Zahl und eine nicht vereinfachbare Wurzel geschrieben werden. Diese Schreibweise nennt man die Standardform der Wurzel. Wir finden die Standardform, indem wir die Quadrate unter dem Wurzelzeichen vor die Wurzel setzen. Beispiel: $\sqrt{200} = \sqrt{10^2 \times 2} = 10\sqrt{2}$.

Warum $\sqrt{20}$ irrational ist
Um zu zeigen, dass $\sqrt{20}$ irrational ist, benutzen wir einen *Widerspruchsbeweis*. Angenommen, $\sqrt{20}$ wäre rational: Dann würden wir diese Wurzel als Bruch p/q schreiben können, wobei p und q positive ganze Zahlen sind mit $\mathrm{ggT}(p,q) = 1$. Aus $\sqrt{20} = p/q$ folgt $20q^2 = p^2$, anders geschrieben $2 \times 2 \times 5 \times q^2 = p^2$. Die linke Seite ist durch 5 teilbar, die rechte Seite somit auch. In der Primfaktorzerlegung von p muss der Primfaktor 5 mindestens einmal vorkommen und in der Primfaktorzerlegung von p^2 sind mindestens *zwei* Faktoren 5. Aber $\mathrm{ggT}(p,q) = 1$ und somit enthält die Primfaktorzerlegung von q nicht den Faktor 5. Die Primfaktorzerlegung von $20q^2$ enthält somit genau einen Faktor 5, obwohl wir gerade gezeigt haben, dass die von p^2 mindestens zwei hat. Diese Aussage ist im Widerspruch zu $20q^2 = p^2$. Unsere Voraussetzung, dass $\sqrt{20}$ rational ist, hat somit zu einem Widerspruch geführt. Folgerung: Die Zahl $\sqrt{20}$ ist irrational. Ein ähnlicher Irrationalitätsbeweis kann für jede Wurzel einer positiven ganzen Zahl, die selbst kein Quadrat ist, gegeben werden.

Schreiben Sie alle nachfolgenden Ausdrücke in der Standardform, das heißt in der Form $a\sqrt{b}$, wobei a eine ganze Zahl oder ein unkürzbarer Bruch und $\sqrt{b}$ eine nicht vereinfachbare Wurzel ist.

3.24

a. $\left(\dfrac{\sqrt{3}}{2}\right)^2$

b. $\left(\dfrac{3}{\sqrt{2}}\right)^2$

c. $\left(\dfrac{\sqrt{3}}{\sqrt{2}}\right)^2$

d. $\left(\dfrac{\sqrt{2}}{3}\right)^3$

e. $\left(\dfrac{2\sqrt{3}}{\sqrt{2}}\right)^3$

3.25

a. $\left(\dfrac{\sqrt{3}}{\sqrt{6}}\right)^3$

b. $\left(\dfrac{2\sqrt{3}}{3\sqrt{2}}\right)^3$

c. $\left(\dfrac{-\sqrt{7}}{2\sqrt{2}}\right)^4$

d. $\left(\sqrt{\dfrac{3}{2}}\right)^3$

e. $\left(\sqrt{\dfrac{4}{3}}\right)^5$

3.26

a. $\sqrt{\dfrac{2}{3}}$

b. $\sqrt{\dfrac{3}{2}}$

c. $\sqrt{\dfrac{6}{5}}$

d. $\sqrt{\dfrac{7}{2}}$

e. $\sqrt{\dfrac{2}{7}}$

3.27

a. $\sqrt{\dfrac{5}{12}}$

b. $\sqrt{\dfrac{4}{27}}$

c. $\sqrt{\dfrac{9}{20}}$

d. $\sqrt{\dfrac{6}{15}}$

e. $\sqrt{\dfrac{7}{32}}$

3.28

a. $\dfrac{\sqrt{3}}{\sqrt{2}}$

b. $\dfrac{\sqrt{5}}{\sqrt{3}}$

c. $\dfrac{\sqrt{7}}{\sqrt{11}}$

d. $\dfrac{\sqrt{11}}{\sqrt{5}}$

e. $\dfrac{\sqrt{2}}{\sqrt{11}}$

3.29

a. $\dfrac{3\sqrt{5}}{\sqrt{6}}$

b. $\dfrac{2\sqrt{3}}{\sqrt{10}}$

c. $\dfrac{4\sqrt{12}}{\sqrt{20}}$

d. $\dfrac{-5\sqrt{2}}{\sqrt{15}}$

e. $\dfrac{6\sqrt{6}}{3\sqrt{3}}$

Wurzeln aus Brüchen in der Standardform

Die Wurzel aus einem Bruch mit positivem Zähler und Nenner ist der Quotient der Wurzel aus dem Zähler und der Wurzel aus dem Nenner. So gilt $\sqrt{\dfrac{4}{9}} = \dfrac{\sqrt{4}}{\sqrt{9}} = \dfrac{2}{3}$. Zur Kontrolle: Tatsächlich ist $\left(\dfrac{2}{3}\right)^2 = \dfrac{4}{9}$.

Die Wurzel aus einem positiven Bruch kann jederzeit auch als ein unkürzbarer Bruch oder als Produkt eines unkürzbares Bruches und einer nicht vereinfachbaren Wurzel geschrieben werden. Wir nennen diese wiederum die *Standardform* der Wurzel. Beispiele:

$$\sqrt{\frac{4}{3}} = \sqrt{\frac{4 \times 3}{3 \times 3}} = \frac{2}{3}\sqrt{3} \quad \text{und} \quad \sqrt{\frac{11}{15}} = \sqrt{\frac{11 \times 15}{15 \times 15}} = \frac{1}{15}\sqrt{165}$$

Wir bestimmen solch eine Standardform, indem wir zunächst Zähler und Nenner mit einem Faktor multiplizieren, der dafür sorgt, dass der Nenner das Quadrat einer ganzen Zahl wird. Hieraus können wir dann die Wurzel ziehen. Sollte die Wurzel aus dem Zähler nicht in der Standardform stehen, können wir diese als Produkt einer ganzen Zahl und einer nicht vereinfachbaren Wurzel schreiben. Damit haben wir die gesuchte Standardform der Wurzel aus dem Bruch gefunden. Mit dem gleichen Verfahren können wir eine Wurzel im Nenner eines Bruches entfernen und dadurch diesen Bruch in der Standardform schreiben. Beispiel:

$$\frac{2\sqrt{3}}{\sqrt{7}} = \frac{2\sqrt{3} \times \sqrt{7}}{\sqrt{7} \times \sqrt{7}} = \frac{2\sqrt{21}}{7} = \frac{2}{7}\sqrt{21}$$

Schreiben Sie alle nachfolgenden Ausdrücke in der Standardform.

3.30
a. $\sqrt[3]{8}$
b. $\sqrt[4]{81}$
c. $\sqrt[3]{125}$
d. $\sqrt[5]{1024}$
e. $\sqrt[3]{216}$

3.31
a. $\sqrt[3]{-27}$
b. $\sqrt[4]{16}$
c. $\sqrt[5]{243}$
d. $\sqrt[7]{-128}$
e. $\sqrt[2]{144}$

3.32
a. $\sqrt[3]{16}$
b. $\sqrt[4]{243}$
c. $\sqrt[3]{375}$
d. $\sqrt[5]{96}$
e. $\sqrt[3]{54}$

3.33
a. $\sqrt[3]{-40}$
b. $\sqrt[4]{48}$
c. $\sqrt[5]{320}$
d. $\sqrt[3]{432}$
e. $\sqrt[6]{192}$

3.34
a. $\sqrt[3]{5} \times \sqrt[3]{7}$
b. $\sqrt[4]{4} \times \sqrt[4]{14}$
c. $\sqrt[3]{6} \times \sqrt[3]{4}$
d. $\sqrt[4]{18} \times \sqrt[4]{45}$
e. $\sqrt[5]{16} \times \sqrt[5]{12}$

3.35
a. $\sqrt[4]{24} \times \sqrt[4]{54}$
b. $\sqrt[3]{36} \times \sqrt[3]{12}$
c. $\sqrt[5]{81} \times \sqrt[5]{15}$
d. $\sqrt[6]{288} \times \sqrt[6]{324}$
e. $\sqrt[3]{200} \times \sqrt[3]{35}$

3.36
a. $\sqrt[3]{\dfrac{1}{343}}$
b. $\sqrt[4]{\dfrac{-16}{81}}$
c. $\sqrt[5]{\dfrac{32}{-243}}$
d. $\sqrt[2]{\dfrac{36}{121}}$
e. $\sqrt[4]{\dfrac{1296}{625}}$

3.37
a. $\sqrt[3]{\dfrac{8}{27}}$
b. $\sqrt[4]{\dfrac{625}{16}}$
c. $\sqrt[5]{\dfrac{32}{243}}$
d. $\sqrt[3]{\dfrac{216}{1000}}$
e. $\sqrt[2]{\dfrac{144}{25}}$

3.38
a. $\sqrt[3]{\dfrac{1}{4}}$
b. $\sqrt[4]{\dfrac{2}{27}}$
c. $\sqrt[3]{\dfrac{3}{25}}$
d. $\sqrt[3]{\dfrac{5}{9}}$
e. $\sqrt[6]{\dfrac{3}{8}}$

3.39
a. $\sqrt[3]{\dfrac{5}{24}}$
b. $\sqrt[4]{\dfrac{7}{72}}$
c. $\sqrt[5]{\dfrac{5}{648}}$
d. $\sqrt[3]{\dfrac{9}{100}}$

3.40
a. $\dfrac{\sqrt[3]{2}}{\sqrt[3]{3}}$
b. $\dfrac{\sqrt[4]{3}}{\sqrt[4]{8}}$
c. $\dfrac{\sqrt[5]{1}}{\sqrt[5]{16}}$
d. $\dfrac{\sqrt[6]{6}}{\sqrt[6]{81}}$

3.41
a. $\dfrac{\sqrt[3]{-3}}{\sqrt[3]{2}}$
b. $\dfrac{\sqrt[4]{3}}{\sqrt[4]{4}}$
c. $\dfrac{\sqrt[5]{7}}{\sqrt[5]{-27}}$
d. $\dfrac{\sqrt[3]{35}}{\sqrt[3]{36}}$

n-te Wurzeln in der Standardform

Die Wurzeln aus dem vorigen Abschnitt werden manchmal auch *zweite Wurzeln* oder *Quadratwurzeln* genannt, um sie von n-ten Wurzeln unterscheiden zu können, die man auf ähnliche Weise definieren kann.

So ist die *dritte Wurzel* aus einer Zahl a gleich der Zahl w mit der Eigenschaft $w^3 = a$. Notation: $\sqrt[3]{a}$. Beispiele: $\sqrt[3]{27} = 3$, da $3^3 = 27$ und $\sqrt[3]{-8} = -2$, da $(-2)^3 = -8$. Bemerken Sie, dass die dritte Wurzel ebenfalls aus negativen Zahlen gezogen werden können und dass keine Wahlmöglichkeit existiert: Es gibt nur eine Zahl deren dritte Potenz gleich 27 ist, nämlich 3 und es gibt ebenfalls nur eine Zahl deren dritte Potenz gleich -8 ist, nämlich -2.

Im Allgemeinen ist die *n-te Wurzel* $\sqrt[n]{a}$ aus a die Zahl w mit der Eigenschaft $w^n = a$. Falls n gerade ist, muss $a \geq 0$ sein. In diesem Fall gilt ebenfalls $w^n = (-w)^n$ und somit gibt es zwei Möglichkeiten für w. Wir verabreden hier, dass wir immer *nicht negative w* mit $w^n = a$ als *n-te* Wurzel nehmen.

Es gibt viele Ähnlichkeiten zwischen *n-ten* Wurzeln und normalen Wurzeln, d.h. Quadratwurzeln:

- Die *n-te* Wurzel aus einer ganzen Zahl a ist irrational, es sei denn, a ist selbst die *n-te* Potenz einer ganzen Zahl.
- Die *n-te* Wurzel aus einer positiven ganzen Zahl nennt man *nicht vereinfachbar*, wenn a keine *n-te* Potenz, außer 1, als Teiler hat.
- Die *n-te* Wurzel aus einem Bruch kann geschrieben werden als ein Bruch oder als das Produkt eines Bruches und einer nicht vereinfachbaren *n-ten* Wurzel. Wir nennen dies erneut die *Standardform* der Wurzel.

Beispiele für dritte Wurzeln: $\sqrt[3]{24}$ ist vereinfachbar, weil $\sqrt[3]{24} = \sqrt[3]{2^3 \times 3} = 2\sqrt[3]{3}$, aber die dritten Wurzeln $\sqrt[3]{18}$, $\sqrt[3]{25}$ und $\sqrt[3]{450}$ sind nicht vereinfachbar. Die Standardform einer dritten Wurzel aus einem Bruch bestimmen wir, indem wir Zähler und Nenner mit einem derartigen Faktor multiplizieren, dass der Nenner eine dritte Potenz wird. Beispiel:

$$\sqrt[3]{\frac{14}{75}} = \sqrt[3]{\frac{2 \times 7}{3 \times 5^2}} = \sqrt[3]{\frac{2 \times 7 \times 3^2 \times 5}{3^3 \times 5^3}} = \frac{1}{15}\sqrt[3]{630}$$

3.42 Schreiben Sie als n-te Wurzel:

a. $2^{\frac{1}{2}}$

b. $3^{\frac{3}{2}}$

c. $7^{\frac{2}{3}}$

d. $5^{\frac{5}{4}}$

e. $4^{\frac{4}{3}}$

3.43 Schreiben Sie als n-te Wurzel:

a. $3^{-\frac{1}{2}}$

b. $7^{-\frac{3}{2}}$

c. $4^{-\frac{1}{3}}$

d. $9^{-\frac{2}{5}}$

e. $2^{-\frac{1}{2}}$

3.44 Schreiben Sie als Potenz:

a. $\sqrt[3]{5}$

b. $\sqrt[2]{7}$

c. $\sqrt[4]{2}$

d. $\sqrt[6]{12}$

e. $\sqrt[5]{5}$

3.45 Schreiben Sie als Potenz:

a. $\dfrac{1}{\sqrt[2]{5}}$

b. $\dfrac{1}{\sqrt[3]{6}}$

c. $\dfrac{1}{2\sqrt[4]{2}}$

d. $\dfrac{3}{\sqrt[2]{3}}$

e. $\dfrac{7}{\sqrt[5]{7}}$

3.46 Schreiben Sie als Potenz von 2:

a. $\sqrt[3]{4}$

b. $\sqrt[2]{8}$

c. $\sqrt[4]{32}$

d. $\sqrt[6]{16}$

e. $\sqrt[3]{32}$

3.47 Schreiben Sie als Potenz von 2:

a. $\dfrac{4}{\sqrt[2]{2}}$

b. $\dfrac{1}{2\sqrt[2]{2}}$

c. $\dfrac{8}{\sqrt[3]{4}}$

d. $\dfrac{2}{\sqrt[4]{8}}$

e. $\dfrac{1}{4\sqrt[3]{16}}$

Schreiben Sie die nachfolgenden Ausdrücke als n-te Wurzel in der Standardform:

3.48

a. $\sqrt[2]{2} \times \sqrt[3]{2}$

b. $\sqrt[3]{3} \times \sqrt[2]{3}$

c. $\sqrt[4]{8} \times \sqrt[3]{16}$

d. $\sqrt[5]{27} \times \sqrt[3]{9}$

e. $\sqrt[3]{16} \times \sqrt[6]{16}$

3.49

a. $\sqrt[2]{7} \times \sqrt[3]{49}$

b. $\sqrt[3]{9} \times \sqrt[2]{3}$

c. $\sqrt[4]{25} \times \sqrt[3]{5}$

d. $\sqrt[5]{81} \times \sqrt[4]{27}$

e. $\sqrt[4]{49} \times \sqrt[2]{7}$

3.50

a. $\sqrt[2]{2} : \sqrt[3]{2}$

b. $\sqrt[3]{9} : \sqrt[2]{3}$

c. $\sqrt[4]{8} : \sqrt[2]{2}$

d. $\sqrt[3]{9} : \sqrt[5]{27}$

e. $\sqrt[2]{2} : \sqrt[3]{4}$

Potenzen mit rationalen Exponenten

In diesem Abschnitt beschränken wir uns auf Potenzen mit einer *positiven* Grundzahl. Wenn $\frac{m}{n}$ ein Bruch ist mit $n > 1$, so definieren wir:

$$a^{\frac{m}{n}} = \sqrt[n]{a^m}$$

Insbesondere gilt (für $m = 1$):

$$a^{\frac{1}{n}} = \sqrt[n]{a}$$

und somit

$$a^{\frac{1}{2}} = \sqrt{a}, \quad a^{\frac{1}{3}} = \sqrt[3]{a}, \quad a^{\frac{1}{4}} = \sqrt[4]{a} \quad \text{usw.}$$

Ebenfalls gilt (für $m = -1$):

$$a^{-\frac{1}{2}} = \sqrt{a^{-1}} = \sqrt{\frac{1}{a}} = \frac{1}{\sqrt{a}}, \quad a^{-\frac{1}{3}} = \sqrt[3]{a^{-1}} = \sqrt[3]{\frac{1}{a}} = \frac{1}{\sqrt[3]{a}} \quad \text{usw.}$$

Weitere Beispiele:

$$7^{\frac{3}{2}} = \sqrt{7^3} = 7\sqrt{7}, \quad 5^{-\frac{2}{7}} = \frac{1}{\sqrt[7]{25}} \quad \text{und} \quad 2^{\frac{5}{3}} = \sqrt[3]{2^5} = 2\sqrt[3]{4}$$

Das letzte Beispiel können wir auch mittels $\frac{5}{3} = 1\frac{2}{3} = 1 + \frac{2}{3}$ finden:

$$2^{\frac{5}{3}} = 2^{1+\frac{2}{3}} = 2^1 \times 2^{\frac{2}{3}} = 2\sqrt[3]{2^2} = 2\sqrt[3]{4}$$

Rechenregeln für Potenzen:

$$
\begin{aligned}
a^r \times a^s &= a^{r+s} \\
a^r : a^s &= a^{r-s} \\
(a^r)^s &= a^{r \times s} \\
(a \times b)^r &= a^r \times b^r \\
\left(\frac{a}{b}\right)^r &= \frac{a^r}{b^r}
\end{aligned}
$$

Diese Rechenregeln sind gültig für alle rationalen Zahlen r und s und alle positiven Zahlen a und b.

II   Algebra

$$\overbrace{(a + b)}(c + d) = ac + ad + bc + bd$$

Die Algebra ist die Kunst des Rechnens mit Buchstaben. Die Buchstaben stellen meistens Zahlen dar. In den ersten zwei Kapiteln des Teils II dieses Buches behandeln wir die Grundprinzipien der Algebra: Prioritätsregeln, Klammern auflösen, Terme ausklammern, die *Bananenformel,* und die *binomischen Formeln.* Das letzte Kapitel handelt von Brüchen mit Buchstaben, speziell das Vereinfachen, Gleichnamigmachen und das Aufspalten solcher Brüche.

4

Rechnen mit Buchstaben

In den folgenden Aufgaben sollen die vorgegebenen Werte in den algebraischen Ausdrücke eingesetzt und die Ergebnisse berechnet werden. Beispiel: Wenn wir $a = 5$ in den Ausdruck $3a^3 - 2a + 4$ einsetzen, erhalten wir $3 \times 5^3 - 2 \times 5 + 4 = 375 - 10 + 4 = 369$.

4.1 Setzen Sie $a = 3$ ein:

a. $2a^2$

b. $-a^2 + a$

c. $4a^3 - 2a$

d. $-3a^3 - 3a^2$

e. $a(2a - 3)$

4.2 Setzen Sie $a = -2$ ein:

a. $3a^2$

b. $-a^3 + a$

c. $3(a^2 - 2a)$

d. $-2a^2 + a$

e. $2a(-a + 3)$

4.3 Setzen Sie $a = 4$ ein:

a. $3a^2 - 2a$

b. $-a^3 + 2a^2$

c. $-2(a^2 - 2a)$

d. $(2a - 4)(-a + 2)$

e. $(3a - 4)^2$

4.4 Setzen Sie $a = -3$ ein:

a. $-a^2 + 2a$

b. $a^3 - 2a^2$

c. $-3(a^2 - 2a)$

d. $(2a - 1)(-3a + 2)$

e. $(2a + 1)^2$

4.5 Setzen Sie $a = 3$ und $b = 2$ ein:

a. $2a^2b$

b. $3a^2b^2 - 2ab$

c. $-3a^2b^3 + 2ab^2$

d. $2a^3b - 3ab^3$

e. $-5ab^2 - 2a^2 + 3b^3$

4.6 Setzen Sie $a = -2$ und $b = -3$ ein:

a. $3ab - a$

b. $2a^2b - 2ab$

c. $-3ab^2 + 3ab$

d. $a^2b^2 - 2a^2b + ab^2$

e. $-a^2 + b^2 + 4ab$

4.7 Setzen Sie $a = 5$ und $b = -2$ ein:

a. $3(ab)^2 - 2ab$

b. $a(a + b)^2 - (2a)^2$

c. $-3ab(a + 2b)^2$

d. $3a(a - 2b)(a^2 - 2ab)$

e. $(a^2b - 2ab^2)^2$

4.8 Setzen Sie $a = -2$ und $b = -1$ ein:

a. $-(a^2b)^3 - 2(ab^2)^2$

b. $-b(3a^2 - 2b)^2$

c. $(3a^2b - 2ab^2)(2a^2 - b^2)$

d. $(a^2 + b^2)(a^2 - b^2)$

e. $\left((-a^2b + 2b)(ab^2 - 2a)\right)^2$

J. van de Craats, R. Bosch, *Grundwissen Mathematik*, Springer-Lehrbuch,
DOI 10.1007/978-3-642-13501-9_4, © Springer-Verlag Berlin Heidelberg 2010

Prioritätsregeln

Buchstaben in algebraischen Ausdrücken stellen in diesem Teil des Buches immer Zahlen dar. Mit diesen Buchstaben sind dann auch gleich Rechenoperationen definiert. So ist $a + b$ die Summe von a und b, $a - b$ die Differenz von a und b usw.

Bei der Multiplikation ersetzen wir das Produktzeichen durch einen Punkt oder lassen es gänzlich weg. Wir schreiben somit oft $a \cdot b$ oder ab statt $a \times b$. Wir benutzen auch oft eine Mischung von Buchstaben und Zahlen: $2ab$ bedeutet $2 \times a \times b$. In dieser Situation ist es üblich die Zahl nach vorne zu stellen, also $2ab$ und nicht $a2b$ oder $ab2$.

Üblicherweise werden folgende *Prioritätsregeln* gehandhabt:

a.   Die Addition und Subtraktion erfolgt in der Rangordnung des Auftretens dieser Operationen, von links nach rechts.

b.   Die Multiplikation und Division erfolgt in der Rangordnung des Auftretens dieser Operationen, von links nach rechts.

c.   Die Multiplikation und Division haben Vorrang vor der Addition und Subtraktion.

Wir geben nachfolgend einige Zahlenbeispiele, wobei wir an der rechten Seite zunächst die Rangordnung der Operation mit Hilfe von Klammern explizit angeben und danach die Antwort berechnen.

$$
\begin{aligned}
5 - 7 + 8 &= (5 - 7) + 8 &= 6 \\
4 - 5 \times 3 &= 4 - (5 \times 3) &= -11 \\
9 + 14 : 7 &= 9 + (14 : 7) &= 11 \\
12 : 3 \times 4 &= (12 : 3) \times 4 &= 16
\end{aligned}
$$

Nun machen wir dies mit Buchstaben. Auf der rechten Seite geben wir die Rangordnung mit Klammern an.

$$
\begin{aligned}
a - b + c &= (a - b) + c \\
a - bc &= a - (b \times c) \\
a + b : c &= a + (b : c) \\
a : b \times c &= (a : b) \times c
\end{aligned}
$$

Aufgepasst: Wenn wir das letzte Beispiel als $a : bc$ aufgeschrieben haben, werden viele dies auffassen als $a : (b \times c)$. Dieser Ausdruck ist total verschieden von $(a : b) \times c$. Nehmen wir z.B. $a = 12, b = 3$ und $c = 4$, dann ist $(12 : 3) \times 4 = 16$, aber $12 : (3 \times 4) = 1$. Schreiben Sie also nicht $a : bc$, sondern $a : (bc)$ wenn Sie den letzten Ausdruck meinen. Im Allgemeinen:

> *Benutzen Sie Klammern, wenn Missverständnisse bezüglich der Rangordnung der Operationen auftreten könnten!*

Faustregel: Es ist sicherer mehr Klammern zu benutzen als weniger!

Vereinfachen Sie die nachfolgenden Ausdrücke so weit wie möglich zu einer Potenz oder zu einem Produkt von Potenzen.

4.9
a. $a^3 \cdot a^5$
b. $b^3 \cdot b^2$
c. $a^4 \cdot a^7$
d. $b \cdot b^3$
e. $a^7 \cdot a^7$

4.10
a. $(a^2)^3$
b. $(b^3)^4$
c. $(a^5)^5$
d. $(b^4)^2$
e. $(a^6)^9$

4.11
a. $(ab)^4$
b. $(a^2b^3)^2$
c. $(a^4b)^3$
d. $(a^2b^3)^4$
e. $(a^3b^4)^5$

4.12
a. $a^4 \cdot a^3 \cdot a$
b. $2a^5 \cdot 3a^5$
c. $4a^2 \cdot 3a^2 \cdot 5a^2$
d. $5a^3 \cdot 6a^4 \cdot 7a$
e. $a \cdot 2a^2 \cdot 3a^3$

4.13
a. $(2a^2)^3$
b. $(3a^3b^4)^4$
c. $(4a^2b^2)^2$
d. $(5a^5b^3)^3$
e. $(2ab^5)^4$

4.14
a. $3a^2b \cdot 5ab^4$
b. $6a^3b^4 \cdot 4a^6b^2$
c. $3a^2b^2 \cdot 2a^3b^3$
d. $7a^5b^3 \cdot 5a^7b^5$
e. $8a^2b^4 \cdot 3ab^2 \cdot 6a^5b^4$

4.15
a. $3a^2 \cdot -2a^3 \cdot -4a^5$
b. $-5a^3 \cdot 2a^2 \cdot -4a^3 \cdot 3a^2$
c. $4a^2 \cdot -2a^4 \cdot -5a^5$
d. $2a^4 \cdot -3a^5 \cdot -3a^6$
e. $-3a^2 \cdot -2a^4 \cdot -4a$

4.16
a. $(-2a^2)^3$
b. $(-3a^3)^2$
c. $(-5a^4)^4$
d. $(-a^2b^4)^5$
e. $(-2a^3b^5)^7$

4.17
a. $3a^2 \cdot (2a^3)^2$
b. $(-3a^3)^2 \cdot (2a^2)^3$
c. $(3a^4)^3 \cdot -5a^6$
d. $2a^2 \cdot (5a^3)^3 \cdot 3a^5$
e. $-2a^5 \cdot (-2a)^5 \cdot 5a^2$

4.18
a. $2a^3b^4(-3a^2b^3)^2$
b. $(-2a^2b^4)^3(-3a^2b^5)^2$
c. $2a^2b(-2a^2b)^2(-2a^2b)^3$
d. $3a^4b^2(-3a^2b^4)^3(-2a^3b^2)^2$
e. $(2a^3)^4(-3b^2)^2(2a^2b^3)^3$

4.19
a. $(3a^2b^3c^4)^2(2ab^2c^3)^3$
b. $(-2a^3c^4)^2(-a^2b^3)^3(2b^3c^2)^4$
c. $2a^2c^3(3a^3b^2c)^4(-5ab^2c^5)$
d. $(-2a^3c)^6(5a^3b^2)^2(-5b^3c^4)^4$
e. $-(-3a^2b^2c^2)^3(-2a^3b^3c^3)^2$

4.20
a. $\left((a^3)^4\right)^3$
b. $\left((-a^2)^3(2a^3)^2\right)^2$
c. $\left((2a^2b^3)^2(-3a^3b^2)^3\right)^2$
d. $(-2a(-a^3)^2)^5$
e. $\left(-2(-a^2)^3\right)^2\left(-3(-a^4)^2\right)^3$

Rechnen mit Potenzen

Im vorherigen Kapitel haben wir u.a. folgende Rechenregeln für Potenzen behandelt:

$$\begin{aligned} a^n \times a^m &= a^{n+m} \\ (a^n)^m &= a^{n \times m} \\ (a \times b)^n &= a^n \times b^n \end{aligned}$$

Wir haben dort nur mit konkreten Zahlenbeispielen gerechnet, aber nun können wir dies ebenfalls mit Buchstaben. In diesem Abschnitt werden die Exponenten immer noch vorgegebene ganze Zahlen sein, aber für die Grundzahlen nehmen wir jetzt Buchstaben. Mit den Rechenregeln können wir dann komplizierte algebraische Ausdrücke mit Potenzen vereinfachen.

Wir geben einige Beispiele. Zunächst vier einfache Fälle.

$$\begin{aligned} a^4 \cdot a^5 &= a^{4+5} = a^9 \\ (a^2)^4 &= a^{2 \times 4} = a^8 \\ (ab)^5 &= a^5 \times b^5 = a^5 b^5 \\ (a^2 b^4)^3 &= (a^2)^3 (b^4)^3 = a^6 b^{12} \end{aligned}$$

Nun mit Zahlen dazu:

$$\begin{aligned} 2a^3 \cdot 5a^7 &= (2 \times 5)\, a^{3+7} = 10\, a^{10} \\ (2a)^4 \cdot (5a)^3 &= (2^4 \times 5^3)\, a^{4+3} = 2000\, a^7 \\ (-2a)^7 &= (-2)^7\, a^7 = -128\, a^7 \\ (4a^2)^3 \cdot (-5a)^2 &= 64 \cdot 25\, (a^2)^3 \cdot a^2 = 1600\, a^8 \end{aligned}$$

Bearbeiten Sie jetzt alle Aufgaben auf der nebenstehenden Seite. Achten Sie dabei auch auf die Minuszeichen, soweit vorhanden. Bedenken Sie:

Eine negative Zahl hoch eines geraden Exponenten ergibt eine positive Zahl.
Eine negative Zahl hoch eines ungeraden Exponenten ergibt eine negative Zahl.

Lösen Sie die Klammern auf.

4.21
  a. $3(2a + 5)$
  b. $8(5a - 2)$
  c. $-5(3a - 2)$
  d. $12(-5a + 1)$
  e. $-7(7a + 6)$

4.22
  a. $2a(a - 5)$
  b. $7a(2a + 12)$
  c. $-13a(9a - 5)$
  d. $8a(8a - 15)$
  e. $-21a(3a + 9)$

4.23
  a. $2a(a^2 + 9)$
  b. $3a^2(4a - 7)$
  c. $-5a^2(2a^2 + 4)$
  d. $9a^2(a^2 + 2a)$
  e. $-3a(a^2 - 4a)$

4.24
  a. $4a^2(3a^2 + 2a + 3)$
  b. $-3a^2(2a^3 + 5a^2 - a)$
  c. $7a^3(2a^2 + 3a - 6)$
  d. $12a^2(-6a^3 - 2a^2 + a - 1)$
  e. $-5a^2(3a^4 + a^2 - 2)$

4.25
  a. $2(3a + 4b)$
  b. $-5(2a - 5b)$
  c. $2a(a + 2b)$
  d. $16a(-4a + 6b)$
  e. $-22a(8a - 11b)$

4.26
  a. $3a(9a + 5b - 12)$
  b. $2a^2(7a - 6b)$
  c. $-8a^2(7a + 4b - 1)$
  d. $6a^2(-2a + 2b + 2)$
  e. $-13a^2(13a + 12b - 14)$

4.27
  a. $2a^2(3a^2 + 2b - 3)$
  b. $-5a^3(2a^2 + a - 2b)$
  c. $2b^2(3a^2 + 2b^2)$
  d. $4a^3(-2a^2 + 5b^2 - 2b)$
  e. $-14b^3(14a^2 + 2a - 5b^2)$

4.28
  a. $2a^2(a^2 + 3ab)$
  b. $-5a^2(3a^2 + 2ab - 3b^2)$
  c. $2a^3(3a^3 + 2a^2b^2 - b^2)$
  d. $-3a^4(2a^3 + 2a^2b^2 + 2ab^2)$
  e. $7a^3(-7a^3 + 3a^2b - 4ab^2)$

4.29
  a. $2ab(a^2 + 2ab - b^2)$
  b. $-5ab(-3a^2b + 2ab^2 - 6b)$
  c. $6ab^2(2a^2b - 5ab - b^2)$
  d. $-12a^2b^2(-12a^2b^2 + 6ab - 12)$
  e. $6ab^2(2a^2b + 9ab - ab^2)$

4.30
  a. $a^3b^2(-5a^2b^3 + 2a^2b^2 - ab^3)$
  b. $-a^2b^3(-a^3b^2 - a^2b - 14)$
  c. $15a^4b^3(-a^3b^4 - 6a^2b^3 + ab^4)$
  d. $-a^5b^4(13a^4b^5 - 12a^2b^3 + 9ab^5)$
  e. $7a^2b^2(-7a^3 - 7ab^2 - 1)$

4.31
  a. $2a(a + 6) - 4(a + 2)$
  b. $-4a(3a + 6) + 2(a - 3)$
  c. $7a(-2a - 1) - 2a(-7a + 1)$
  d. $-8a(a - 8) - 2(-a + 5)$
  e. $5a(2a - 5) + 5(2a - 1)$
  f. $-2a(a + 1) - (a - 1)$

4.32
  a. $3a(a + 2b) - b(-2a + 2)$
  b. $-a(a - b) + b(-a + 1)$
  c. $2a(2a + b) - 2b(-a + b) - 2(a - b)$
  d. $-b(-a + 2b) + 3(2a - b) - a(2a + b)$

Klammern auflösen

Die *Distributivgesetze* lauten:

$$a(b + c) = ab + ac$$
$$(a + b)c = ac + bc$$

Sie sind allgemein gültig, egal welche Zahlen wir für a, b und c einsetzen.
Beispiele: $15(3 + 8) = 15 \times 3 + 15 \times 8 = 45 + 120 = 165$,
$(3 - 8)(-11) = 3 \times (-11) + (-8) \times (-11) = -33 + 88 = 55$.

Mit Hilfe der Distributivgesetze können wir „Klammern auflösen". Beispiele:

$$5a^2(4b - 2c) = 20a^2b - 10a^2c$$
$$3ab(c + 2b) = 3abc + 6ab^2$$
$$(5a - 2b)3c^2 = 15ac^2 - 6bc^2$$

Achten Sie darauf, dass die Distributivgesetze in ihrer meist einfachen „Urform" formuliert wurden, dass wir aber in den Beispielen allerlei algebraische Ausdrücke eingesetzt haben. Gerade diese Möglichkeit mit Formeln manipulieren zu können, macht die Algebra zu einem nützlichen Instrument. Beachten Sie ebenfalls, dass das Produktzeichen in allen Beispielen weggelassen worden ist. Mit den Produktzeichen sieht das erste Beispiel folgendermaßen aus:

$$5 \times a^2 \times (4 \times b - 2 \times c) = 20 \times a^2 \times b - 10 \times a^2 \times c$$

Diese Formel ist zwar umständlicher, für den Anfänger jedoch leichter verständlich.

Wir können oben Stehendes ebenfalls in Zusammenstellungen und Kombinationen von Ausdrücken anwenden. Beispiele:

$$3a(4b - 2c) + 2b(a - 3c) = 12ab - 6ac + 2ab - 6bc = 14ab - 6ac - 6bc$$
$$4a(b + c) - 5a(2b - 3c) = 4ab + 4ac - 10ab + 15ac = -6ab + 19ac$$
$$-2a(b - 3c) - 5c(a + 2b) = -2ab + 6ac - 5ac - 10bc = -2ab + ac - 10bc$$

Beachten Sie in den letzten zwei Beispielen vor allem das Vorzeichen. Bedenken Sie, dass beim Multiplizieren gilt:

Plus mal Plus ist Plus   *Minus mal Plus ist Minus*
Plus mal Minus ist Minus   *Minus mal Minus ist Plus*

Klammern Sie in den nachfolgenden Aufgaben möglichst viele Terme aus.

4.33
  a. $6a + 12$
  b. $12a + 16$
  c. $9a - 12$
  d. $15a - 10$
  e. $27a + 81$

4.34
  a. $3a - 6b + 9$
  b. $12a + 8b - 16$
  c. $9a + 12b + 3$
  d. $30a - 24b + 60$
  e. $24a + 60b - 36$

4.35
  a. $-6a + 9b - 15$
  b. $-14a + 35b - 21$
  c. $-18a - 24b - 12c$
  d. $-28a - 70b + 42c$
  e. $-45a + 27b - 63c - 18$

4.36
  a. $a^2 + a$
  b. $a^3 - a^2$
  c. $a^3 - a^2 + a$
  d. $a^4 + a^3 - a^2$
  e. $a^6 - a^4 + a^3$

4.37
  a. $3a^2 + 6a$
  b. $9a^3 + 6a^2 - 3a$
  c. $15a^4 - 10a^3 + 25a^2$
  d. $27a^6 - 18a^4 - 36a^2$
  e. $48a^4 - 24a^3 + 36a^2 + 60a$

4.38
  a. $3a^2b + 6ab$
  b. $9a^2b - 9ab^2$
  c. $12ab^2 - 4ab$
  d. $14a^2b^2 - 21ab^2$
  e. $18a^2b^2 - 15a^2b$

4.39
  a. $3a^3b^2 + 6a^2b$
  b. $6a^4b^3 - 9a^3b^2 + 12a^2b$
  c. $10a^3b^2c^2 - 5a^2bc^2 - 15abc$
  d. $8a^6b^5c^4 - 12a^4b^4c^3 + 20a^3b^4c^3$
  e. $a^3b^3c^3 + a^3b^3c^2 + a^3b^3c$

4.40
  a. $-4a^2b^3c^2 + 2a^2b^2c^2 - 6a^2bc^2$
  b. $a^6b^5c^4 - a^4b^6c^4 - a^3b^7c^3$
  c. $-2a^3c^4 + 2a^2b^2c^3 - 4a^2bc^2$
  d. $-a^7b^6 + a^6b^7 - a^5b^6$
  e. $-a^8b^7c^6 - a^7b^6c^7 + a^6b^6c^6$

4.41
  a. $a(b+3) + 3(b+3)$
  b. $a(b-1) - 2(b-1)$
  c. $2a(b+4) + 7(b+4)$
  d. $a^2(2b-1) + 2(2b-1)$
  e. $a(b-2) - (b-2)$

4.42
  a. $a^2(b+1) - a(b+1)$
  b. $6a(2b+1) + 12(2b+1)$
  c. $-2a(b-1) + 4(b-1)$
  d. $a^3(4b+3) - a^2(4b+3)$
  e. $-6a^2(2b+3) - 9a(2b+3)$

4.43
  a. $(a+1)(b+1) + 3(b+1)$
  b. $(2a-1)(b+1) + (2a-1)(b-1)$
  c. $(a+3)(2b-1) +$
  $\qquad\qquad (2a-1)(2b-1)$
  d. $(a-1)(a+3) + (a+2)(a+3)$
  e. $(a+1)^2 + (a+1)$

4.44
  a. $2(a+3)^2 + 4(a+3)$
  b. $(a+3)^2(b+1) - 2(a+3)(b+1)$
  c. $(a-1)^2(a+2) - (a-1)(a+2)^2$
  d. $3(a+2)^2(a-2) +$
  $\qquad\qquad 9(a+2)(a-2)^2$
  e. $-2(a+4)^3 + 6(a+4)^2(a+2)$

Terme ausklammern

Die Distributivgesetze können wir auch umgekehrt lesen:

$$\begin{aligned} ab + ac &= a(b + c) \\ ac + bc &= (a + b)c \end{aligned}$$

Wir können sie auf diese Weise benutzen um Terme *auszuklammern*. Wir geben erneut einige Beispiele. Zunächst klammern wir nur ganze Zahlen aus:

$$\begin{aligned} 3a + 12 &= 3(a + 4) \\ 27a + 45b - 9 &= 9(3a + 5b - 1) \end{aligned}$$

Dies ist jedoch auch möglich mit Buchstaben oder Kombinationen von Buchstaben und Zahlen:

$$\begin{aligned} a^4 - a &= a(a^3 - 1) \\ 15a^2b + 5ab^3 &= 5ab(3a + b^2) \end{aligned}$$

Und sogar mit ganzen algebraischen Ausdrücken:

$$\begin{aligned} (a + 1)b - 3(a + 1) &= (a + 1)(b - 3) \\ 7a^2(b^2 - 3) - 35(b^2 - 3) &= 7(a^2 - 5)(b^2 - 3) \end{aligned}$$

Lösen Sie die Klammern auf.

4.45
a. $(a + 3)(a + 1)$
b. $(2a + 3)(a + 3)$
c. $(a - 6)(3a + 1)$
d. $(4a - 5)(5a + 4)$
e. $(3a + 9)(2a - 5)$
f. $(6a - 12)(4a + 10)$

4.46
a. $(-3a + 8)(8a - 3)$
b. $(7a + 12)(8a - 11)$
c. $(17a + 1)(a - 17)$
d. $(-2a + 6)(-3a - 6)$
e. $(a + 3)(b - 5)$
f. $(2a + 8)(3b + 5)$

4.47
a. $(-4a + 1)(b - 1)$
b. $(3a - 1)(-b + 3)$
c. $(13a + 12)(12b - 13)$
d. $(a^2 + 4)(a - 4)$
e. $(a - 1)(a^2 + 7)$
f. $(a^2 + 3)(a^2 + 9)$

4.48
a. $(2a^2 - 7)(a + 7)$
b. $(-3a^2 + 2)(-2a^2 + 3)$
c. $(a^2 + 2a)(2a^2 - a)$
d. $(3a^2 - 4a)(-2a^2 + 5a)$
e. $(-6a^2 + 5)(a^2 + a)$
f. $(9a^2 + 7a)(2a^2 - 7a)$

4.49
a. $(-8a^2 - 3a)(3a^2 - 8a)$
b. $(2a^3 - a)(-5a^2 + 4)$
c. $(-a^3 + a^2)(a^2 + a)$
d. $(9a^4 - 5a^2)(6a^3 + 2a^2)$
e. $(7a^3 - 1)(8a^3 - 5a)$
f. $(-6a^5 - 5a^4)(-4a^3 - 3a^2)$

4.50
a. $(2ab + a)(3ab - b)$
b. $(3a^2b + ab)(2ab^2 - 3ab)$
c. $(-2a^2b^2 + 3a^2b)(2ab^2 - 2ab)$
d. $(8a^3b^2 - 6ab^3)(-4a^2b^3 - 2ab^2)$
e. $(-a^5b^3 + a^3b^5)(a^3b^5 - ab^7)$
f. $(2a + 3)(a^2 + 2a - 2)$

4.51
a. $(-3a + 2)(4a^2 - a + 1)$
b. $(2a + b)(a + b + 4)$
c. $(-3a + 3b)(3a - 3b - 3)$
d. $(9a + 2)(2a - 9b + 1)$
e. $(a^2 + a)(a^2 - a + 1)$
f. $(2a^2 + 2a - 1)(3a + 2)$

4.52
a. $(-2a - 1)(-a^2 - 3a - 4)$
b. $(a - b - 1)(a + b)$
c. $(a^2 + ab + b^2)(a^2 - b^2)$
d. $(a + 1)(a + 2)(a + 3)$
e. $(a - 1)(a + 2)(a - 3)$
f. $(2a + 1)(a - 1)(2a + 3)$

4.53
a. $(2a + b)(a - b)(2a - b)$
b. $(5a - 4b)(4a - 3b)(3a - 2b)$
c. $-3a(a^2 + 3)(a - 2)$
d. $(-3a + 1)(a + 3)(-a + 1)$
e. $2a^2(a^2 - 1)(a^2 + 2)$
f. $(a^2b - ab)(ab^2 + ab)(a + b)$

4.54
a. $3a^2b(a^2 - b^2)(2a + 2b)$
b. $(a + 1)(a^3 + a^2 - a + 2)$
c. $(a^2 + 2a + 1)(a^2 - a + 2)$
d. $(-2a^2 + 3a + 1)(3a^2 - 2a - 1)$
e. $3a(a^2 + 1)(a^2 - 2a + 4)$
f. $(2a + b - 5)(5a - 2b + 2)$

Die Bananenformel

Für das Produkt zweier Summen von zwei Termen gilt die Formel

$$(\overgroup{a+b})(c+d) = ac + ad + bc + bd$$

Wie die Bogen hier andeuten, entsteht dies durch zweifache Anwendung des Distributivgesetzes:

$$(a+b)(c+d) = a(c+d) + b(c+d) = ac + ad + bc + bd$$

Die Bogen bilden zusammen eine nützliche Gedächtnisstütze; wegen der Form der Bogen nennen wir diese Formel die *Bananenformel*. Auch diese Formel kann wieder bei komplizierteren Berechnungen angewendet werden. Beispiel:

$$(3a^2 + 7bc)(5ab - 2c) = 15a^3b - 6a^2c + 35ab^2c - 14bc^2$$

In manchen Fällen können Terme nach dem Ausklammern mit Hilfe der Bananenformel zusammengefasst werden. Beispiel:

$$(5a + 3b)(2a - 7b) = 10a^2 - 35ab + 6ab - 21b^2 = 10a^2 - 29ab - 21b^2$$

Wenn mehr als zwei Terme in einer Klammer vorkommen, erfolgt die Ausarbeitung nach dem gleichen Prinzip wie bei der Bananenformel beschrieben. Beispiel:

$$\begin{aligned}
(3a + 2b)(2c - d + 8e) &= 3a(2c - d + 8e) + 2b(2c - d + 8e) \\
&= 6ac - 3ad + 24ae + 4bc - 2bd + 16be
\end{aligned}$$

Produkte mit mehr als zwei Faktoren werden Schritt für Schritt ausgearbeitet. Beispiel:

$$\begin{aligned}
(3a + 2b)(a - 4b)(2a + c) &= (3a^2 - 12ab + 2ab - 8b^2)(2a + c) \\
&= (3a^2 - 10ab - 8b^2)(2a + c) \\
&= 6a^3 + 3a^2c - 20a^2b - 10abc - 16ab^2 - 8b^2c
\end{aligned}$$

5

Die binomischen Formeln

Lösen Sie die Klammern auf:

5.1
a. $(a+6)^2$
b. $(a-2)^2$
c. $(a+11)^2$
d. $(a-9)^2$
e. $(a+1)^2$

5.2
a. $(b+5)^2$
b. $(b-12)^2$
c. $(b+13)^2$
d. $(b-7)^2$
e. $(b+8)^2$

5.3
a. $(a+14)^2$
b. $(-b+5)^2$
c. $(a-15)^2$
d. $(-b-2)^2$
e. $(-a+10)^2$

5.4
a. $(2a+5)^2$
b. $(3a-6)^2$
c. $(11a+2)^2$
d. $(4a-9)^2$
e. $(13a+14)^2$

5.5
a. $(5b+2)^2$
b. $(2a-3)^2$
c. $(9b+7)^2$
d. $(4a-3)^2$
e. $(8b+1)^2$

5.6
a. $(2a+5b)^2$
b. $(3a-13b)^2$
c. $(a+2b)^2$
d. $(2a-b)^2$
e. $(6a+7b)^2$

5.7
a. $(12a-5b)^2$
b. $(-2a+b)^2$
c. $(7a-5b)^2$
d. $(-14a+3)^2$
e. $(a+11b)^2$

5.8
a. $(a^2+5)^2$
b. $(a^2-3)^2$
c. $(b^2-1)^2$
d. $(a^3+2)^2$
e. $(b^4-7)^2$

5.9
a. $(2a+7b)^2$
b. $(3a+8b)^2$
c. $(5a-9b)^2$
d. $(7a-8b)^2$
e. $(6a-11b)^2$

5.10
a. $(a^2+3)^2$
b. $(b^2-4)^2$
c. $(2a^3-13)^2$
d. $(5b^2+14)^2$
e. $(-12a^3-5)^2$

5.11
a. $(2a^2-3b)^2$
b. $(3a^2+2b)^2$
c. $(9a^2-5b^2)^2$
d. $(12a^3+2b^2)^2$
e. $(20a^2-6b^3)^2$

5.12
a. $(2a+3)^2+(a-1)^2$
b. $(a-5)^2-(a+4)^2$
c. $(3a-1)^2-(2a-3)^2$
d. $(2a+b)^2+(a+2b)^2$
e. $(-7a^2+9b^2)^2-(9a^2-7b^2)^2$

J. van de Craats, R. Bosch, *Grundwissen Mathematik*, Springer-Lehrbuch,
DOI 10.1007/978-3-642-13501-9_5, © Springer-Verlag Berlin Heidelberg 2010

Das Quadrat einer Summe oder einer Differenz

Einige Spezialfälle der Bananenformel werden so oft benutzt, dass sie einen eigenen Namen erhalten haben. Diese nennt man die *binomischen Formeln.*

Die ersten zwei binomischen Formeln, die wir hier behandeln, unterscheiden sich nur durch das Vorzeichen. Es wäre deshalb eigentlich nicht nötig gewesen, die zweite binomische Formel separat zu erwähnen, weil diese aus der ersten Formel entsteht, indem b durch $-b$ ersetzt wird. Dennoch ist es bequem, beide Fälle zur Verfügung zu haben.

$$
\begin{aligned}
(a+b)^2 &= a^2 + 2ab + b^2 \\
(a-b)^2 &= a^2 - 2ab + b^2
\end{aligned}
$$

Wir leiten sie folgendermaßen aus der Bananenformel her

$$
(a+b)^2 = (a+b)(a+b) = a^2 + ab + ab + b^2 = a^2 + 2ab + b^2
$$
$$
(a-b)^2 = (a-b)(a-b) = a^2 - ab - ab + b^2 = a^2 - 2ab + b^2
$$

Als spaßige, aber natürlich nicht besonders wichtige, Anwendung berechnen wir 2003^2 und 1998^2 im Kopf:

$$
\begin{aligned}
2003^2 &= (2000+3)^2 = 2000^2 + 2 \times 2000 \times 3 + 3^2 \\
&= 4\,000\,000 + 12\,000 + 9 = 4\,012\,009
\end{aligned}
$$

und

$$
\begin{aligned}
1998^2 &= (2000-2)^2 = 2000^2 - 2 \times 2000 \times 2 + 2^2 \\
&= 4\,000\,000 - 8\,000 + 4 = 3\,992\,004
\end{aligned}
$$

Wichtiger sind natürlich die algebraischen Anwendungen, d.h. die Anwendungen bei denen Formeln in einer anderen Form geschrieben werden. Hier folgen einige Beispiele:

$$
(a+4)^2 = a^2 + 8a + 16
$$
$$
(a-2b)^2 = a^2 - 4ab + 4b^2
$$
$$
(2a+3b)^2 = 4a^2 + 12ab + 9b^2
$$

Zerlegen Sie die nachfolgenden Ausdrücke in Faktoren:

5.13
a. $a^2 - 16$
b. $a^2 - 1$
c. $a^2 - 144$
d. $a^2 - 81$
e. $a^2 - 121$

5.14
a. $a^2 - 36$
b. $a^2 - 4$
c. $a^2 - 169$
d. $a^2 - 256$
e. $a^2 - 1024$

5.15
a. $4a^2 - 9$
b. $9a^2 - 1$
c. $16a^2 - 25$
d. $25a^2 - 81$
e. $144a^2 - 169$

5.16
a. $36a^2 - 49$
b. $64a^2 - 121$
c. $400a^2 - 441$
d. $196a^2 - 225$
e. $144a^2 - 49$

5.17
a. $a^2 - b^2$
b. $4a^2 - 25b^2$
c. $9a^2 - b^2$
d. $16a^2 - 81b^2$
e. $196a^2 - 169b^2$

5.18
a. $a^2b^2 - 4$
b. $a^2b^2 - 625$
c. $9a^2b^2 - 25c^2$
d. $25a^2 - 16b^2c^2$
e. $100a^2b^2 - 9c^2$

5.19
a. $a^4 - b^2$
b. $25a^4 - 16b^2$
c. $16a^4 - b^4$
d. $81a^4 - 16b^4$
e. $256a^4 - 625b^4$

5.20
a. $a^4b^2 - 1$
b. $a^2b^4 - c^2$
c. $a^4 - 81b^4c^4$
d. $a^8 - b^8$
e. $256a^8 - b^8$

5.21
a. $a^3 - a$
b. $8a^2 - 50$
c. $27a^2 - 12b^2$
d. $125a^3 - 45a$
e. $600a^5 - 24a^3$

5.22
a. $3a^2b^3 - 27b$
b. $128a^3b^3 - 18ab$
c. $a^6b^3 - a^2b$
d. $-5a^3b^3c + 125abc$
e. $3a^2b - 3b$

5.23
a. $a^5 - a$
b. $2a^5 - 32a$
c. $a^5b^5 - 81ab$
d. $-a^7 + 625a$
e. $a^9b - 256ab^9$

5.24
a. $(a+3)^2 - (a+2)^2$
b. $(2a-1)^2 - (a+2)^2$
c. $(a+5)^2 - (2a+3)^2$
d. $(a+1)^2 - (3a-1)^2$
e. $(2a+1)^2 - (3a+2)^2$

Lösen Sie die Klammern auf:

5.25
a. $(a-2)(a+2)$
b. $(a+7)(a-7)$
c. $(a-3)(a+3)$
d. $(a+12)(a-12)$
e. $(a-11)(a+11)$

5.26
a. $(2a-5)(2a+5)$
b. $(3a-1)(3a+1)$
c. $(4a+3)(4a-3)$
d. $(9a-12)(9a+12)$
e. $(13a+14)(13a-14)$

Die Differenz zweier Quadrate

Die nachfolgende dritte binomische Formel handelt von der Differenz zweier Quadrate:

$$a^2 - b^2 = (a+b)(a-b)$$

Auch dieses Produkt kann sofort aus der Bananenformel hergeleitet werden:

$$(a+b)(a-b) = a^2 - ab + ab - b^2 = a^2 - b^2$$

Als spaßige Anwendung berechnen wir im Kopf:

$$1997 \times 2003 = 2000^2 - 3^2 = 4\,000\,000 - 9 = 3\,999\,991$$

Auch hier sind vor allem die algebraischen Anwendungen wichtig, d.h. die Anwendungen bei denen Formeln in einer anderen Form geschrieben werden. Hier folgen einige Beispiele:

$$a^2 - 25 = (a+5)(a-5)$$
$$4a^2b^2 - 1 = (2ab+1)(2ab-1)$$
$$a^6 - 9b^6 = (a^3 + 3b^3)(a^3 - 3b^3)$$

In diesen Fällen wird die linke Seite, die die Differenz von zwei Quadraten darstellt, *in zwei Faktoren zerlegt*. Aber wir können diese dritte binomische Formel natürlich auch umgekehrt benutzen um ein Produkt von zwei Faktoren, die sich nur durch ein Minuszeichen unterscheiden, auf diese Weise als Differenz zweier Quadrate zu schreiben. Auch diesen Vorgang benutzen wir in der täglichen mathematischen Praxis sehr oft. Beispiele:

$$(a+2b)(a-2b) = a^2 - 4b^2$$
$$(3a+5)(3a-5) = 9a^2 - 25$$
$$(a^2 - b^2)(a^2 + b^2) = a^4 - b^4$$

Auf der nebenstehenden Seite und auf den nächsten Seiten gibt es hierzu Übungsaufgaben.

Lösen Sie die Klammern auf:

5.27
a. $(6a - 9)(6a + 9)$
b. $(15a - 1)(15a + 1)$
c. $(7a - 8)(7a + 8)$
d. $(16a + 5)(16a - 5)$
e. $(21a + 25)(21a - 25)$

5.28
a. $(a^2 - 5)(a^2 + 5)$
b. $(a^2 + 9)(a^2 - 9)$
c. $(2a^2 - 3)(2a^2 + 3)$
d. $(6a^2 - 5)(6a^2 + 5)$
e. $(9a^2 - 11)(9a^2 + 11)$

5.29
a. $(a^3 - 4)(a^3 + 4)$
b. $(a^5 + 10)(a^5 - 10)$
c. $(9a^2 + 2)(9a^2 - 2)$
d. $(11a^4 - 3)(11a^4 + 3)$
e. $(12a^6 + 13)(12a^6 - 13)$

5.30
a. $(2a + 3b)(2a - 3b)$
b. $(6a - 10b)(6a + 10b)$
c. $(9a + 2b)(9a - 2b)$
d. $(7a - 5b)(7a + 5b)$
e. $(a - 20b)(a + 20b)$

5.31
a. $(a^2 + b)(a^2 - b)$
b. $(2a^2 + 3b)(2a^2 - 3b)$
c. $(5a^2 - 3b^2)(5a^2 + 3b^2)$
d. $(6a^2 - 11b^2)(6a^2 + 11b^2)$
e. $(13a^2 + 15b^2)(13a^2 - 15b^2)$

5.32
a. $(a^3 + 2b^2)(a^3 - 2b^2)$
b. $(2a^2 + 9b^3)(2a^2 - 9b^3)$
c. $(5a^4 + 3b^3)(5a^4 - 3b^3)$
d. $(7a^2 - 19b^4)(7a^2 + 19b^4)$
e. $(15a^5 - 8b^4)(15a^5 + 8b^4)$

5.33
a. $(2ab + c)(2ab - c)$
b. $(3a^2b + 2c)(3a^2b - 2c)$
c. $(5ab^2 + c^2)(5ab^2 - c^2)$
d. $(9a^2b^2 - 4c^2)(9a^2b^2 + 4c^2)$
e. $(18a^3b^2 - 7c^3)(18a^3b^2 + 7c^3)$

5.34
a. $(2a^2 - 3bc^2)(2a^2 + 3bc^2)$
b. $(7a^3b - 8c^3)(7a^3b + 8c^3)$
c. $(13a^5b^3 + 14c^5)(13a^5b^3 - 14c^5)$
d. $(5abc + 1)(5abc - 1)$
e. $(9a^2bc^3 + 7)(9a^2bc^3 - 7)$

Gemischte Aufgaben: Lösen Sie jeweils die Klammern auf:

5.35
a. $(a + 4)^2$
b. $(a + 4)(a - 4)$
c. $(a + 4)(a + 3)$
d. $4(a + 3)$
e. $(a - 4)(a + 3)$

5.36
a. $(a - 7)(a + 6)$
b. $(a + 7)^2$
c. $(a - 6)(a + 6)$
d. $(a - 6)^2$
e. $(2a + 6)(a - 6)$

5.37

  a. $(a + 13)^2$

  b. $(a - 14)^2$

  c. $(a + 13)(a - 14)$

  d. $(a - 13)(3a + 13)$

  e. $(13a - 14)(14a + 13)$

5.38

  a. $(2a + 8)^2$

  b. $(a - 8)(a - 2)$

  c. $2a(a - 8) + a(a - 2)$

  d. $(2a - 8)(2a + 8)$

  e. $(2a + 4)(a + 2)$

5.39

  a. $(a - 17)(a + 4)$

  b. $(a - 17)^2$

  c. $(a + 17)(a - 4)$

  d. $(4a - 17)(4a + 17)$

  e. $(4a + 17)(17a - 4)$

5.40

  a. $(a + 21)^2$

  b. $(a + 21)(a - 12)$

  c. $(21a - 12)(21a + 12)$

  d. $(a - 12)^2$

  e. $(12a - 21)(a + 12)$

5.41

  a. $(a^2 - 4)(a^2 + 2a + 1)$

  b. $(a - 2)(a + 2)(a + 1)^2$

  c. $((a - 1)(a + 1))^2$

  d. $(4a^2 + 24a + 9)(a^2 - 1)$

  e. $(a - 1)(a + 1)(2a + 3)^2$

5.42

  a. $(a^2 + 2a + 1)(a^2 - 2a + 1)$

  b. $(a + 1)^2(a - 1)^2$

  c. $(a^2 - 1)^2$

  d. $(2a + 3)^2(2a - 3)^2$

  e. $(a + 1)^4$

5.43

  a. $(a^2 + 1)(a - 1)(a + 1)$

  b. $2a(2a + 3)(2a - 3)$

  c. $(a - 2)(a^2 + 4)(a + 2)$

  d. $6a^2(3a^2 + 2)(3a^2 - 2)$

  e. $2a(a - 5)(a^2 + 25)(a + 5)$

5.44 Berechnen Sie im Kopf:

  a. $17 \cdot 23$

  b. $45 \cdot 55$

  c. $69 \cdot 71$

  d. $93 \cdot 87$

  e. $66 \cdot 74$

5.45

  a. $(a + 1)^2 + (a + 5)^2$

  b. $(a + 5)(a - 5) + (a - 1)^2$

  c. $(a + 1)(a + 5) - (a - 1)(a - 5)$

  d. $(5a + 1)(a - 1) + (a - 5)(a + 1)$

  e. $(5a - 1)(5a + 1) - (5a - 1)^2$

5.46

  a. $(3a - 7)(3a + 7) - (3a - 7)^2$

  b. $3a(3a + 7) - 7a(3a + 7)$

  c. $(9a + 2)^2 - (a^2 - 2)(a^2 + 2)$

  d. $(a^2 + 2)(a^2 + 3) - (a^2 - 2)^2$

  e. $(a^2 - 1)(a^2 + 1) + (a^2 + 1)^2$

5.47

  a. $(a - 1)(a + 1)(a + 2)(a - 2)$

  b. $(a + 5)(a - 4)(a - 5)(a + 4)$

  c. $(a^2 + 1)(a^2 - 1)(a^2 + 2)(a^2 - 2)$

  d. $(a + 2)(a + 1)^2$

  e. $(a + 2)^3$

5.48

  a. $2a(a + 1)^2 - 3a(a + 3)^2$

  b. $-a(a + 2)(a - 2) + a(a + 2)^2$

  c. $2a(a + 2)(a + 3) - $
$$3a(a - 2)(a - 3)$$

  d. $5a(a - 5)^2 + 25(a + 5)(a - 5)$

  e. $a^2(a + 3)(a - 1) - $
$$(a^2 + 1)(a^2 - 3)$$

6 Brüche mit Buchstaben

Spalten Sie in Brüche mit lediglich einem Term im Nenner auf. (Siehe das erste Beispiel auf der nächsten Seite.)

6.1

a. $\dfrac{a+3}{a-3}$

b. $\dfrac{2a+3b}{a-b}$

c. $\dfrac{a^2+3a+1}{a^2-3}$

d. $\dfrac{2a-b+3}{ab-3}$

e. $\dfrac{2-5a}{b-a^3}$

6.2

a. $\dfrac{a^2+b^2}{a^2-b^2}$

b. $\dfrac{ab+bc-ca}{a-2b}$

c. $\dfrac{b^2-1}{a^2-1}$

d. $\dfrac{4abc+5}{c-ab}$

e. $\dfrac{5ab^2-abc}{ab-c}$

Bringen Sie alles auf einen gemeinsamen Nenner. Lösen Sie im Endergebnis die Klammern auf.

6.3

a. $\dfrac{1}{a-3}-\dfrac{1}{a+3}$

b. $\dfrac{1}{a-3}+\dfrac{1}{a+3}$

c. $\dfrac{2}{a-3}-\dfrac{1}{a+3}$

d. $\dfrac{1}{a-3}+\dfrac{a}{a+3}$

e. $\dfrac{a}{a-3}-\dfrac{a}{a+3}$

6.4

a. $\dfrac{a+1}{a-2}-\dfrac{a-1}{a+3}$

b. $\dfrac{a+1}{a-1}+\dfrac{a-1}{a+1}$

c. $\dfrac{a}{a+4}-\dfrac{a}{a+3}$

d. $\dfrac{3a-5}{a-1}+\dfrac{2a+3}{a-2}$

e. $\dfrac{4-a}{4+a}-\dfrac{2+a}{2-a}$

6.5

a. $\dfrac{a}{a-b}-\dfrac{b}{a-2b}$

b. $\dfrac{1}{a-b}+\dfrac{1}{a+b}$

c. $\dfrac{2}{a-b}-\dfrac{2a}{a-2}$

d. $\dfrac{1}{a-b}+\dfrac{a}{2a+3b}$

e. $\dfrac{a+b}{a-3}-\dfrac{a-b}{a+3}$

6.6

a. $\dfrac{a+b}{a-c}-\dfrac{a-b}{a+c}$

b. $\dfrac{2a+1}{a-b}+\dfrac{a-2}{a+b}$

c. $\dfrac{4-a}{a+4b}-\dfrac{ab}{4a+b}$

d. $\dfrac{a-5c}{b-c}+\dfrac{2b+3}{a-b}$

e. $\dfrac{a}{4+a+b}-\dfrac{2+a}{4-a+b}$

J. van de Craats, R. Bosch, *Grundwissen Mathematik*, Springer-Lehrbuch,
DOI 10.1007/978-3-642-13501-9_6, © Springer-Verlag Berlin Heidelberg 2010

Aufspalten und auf einen gemeinsamen Nenner bringen

Auch in Brüchen können Buchstaben vorkommen. Beispiele:

$$\frac{a+3b}{2a-5c}, \quad \frac{b}{a^2-1}, \quad \frac{a+b}{1+a^2+b^2}$$

Diese werden zu gewöhnlichen Brüchen, sobald wir Zahlen für die Buchstaben einsetzen. Das Einzige, was beim Einsetzen beachtet werden muss, ist, dass der Nenner nicht Null wird. So darf in dem ersten Bruch nicht $a = 5$ und $c = 2$ und in dem zweiten Bruch nicht $a = 1$ oder $a = -1$ eingesetzt werden. In Zukunft werden wir solche Bedingungen meist nicht explizit erwähnen. Wir gehen stillschweigend davon aus, dass die Zahlenwerte der Buchstaben, wenn diese gewählt werden, außerhalb dieser verbotenen Gebiete bleiben.

Das Rechnen mit Brüchen mit Buchstaben erfolgt prinzipiell auf die gleiche Weise wie das Rechnen mit gewöhnlichen Brüchen. Das Aufspalten oder auf einen gemeinsamen Nenner von Brüchen bringen kommt häufig als Zwischenschritt beim Addieren oder Subtrahieren vor. Wir geben einige Beispiele. Zunächst ein Beispiel für die Aufspaltung:

$$\frac{a+3b}{2a-5c} = \frac{a}{2a-5c} + \frac{3b}{2a-5c}$$

Wenn wir für die Buchstaben Zahlen einsetzen, stimmt dies immer (natürlich unter der Voraussetzung, dass der Nenner nicht Null wird). Nehmen wir z.B. $a = 4, b = 3, c = 1$, so erhalten wir

$$\frac{4+3\times3}{2\times4-5\times1} = \frac{4}{2\times4-5\times1} + \frac{3\times3}{2\times4-5\times1}$$

und das stimmt, denn $\frac{13}{3} = \frac{4}{3} + \frac{9}{3}$. In den nachfolgenden Beispielen werden die Brüche zunächst auf einen gemeinsamen Nenner gebracht und danach zusammengefügt. Auch diesen Vorgang können Sie wieder mit Hilfe von Zahlenbeispielen kontrollieren.

$$\frac{a}{b} - \frac{b}{a} = \frac{a^2}{ab} - \frac{b^2}{ab} = \frac{a^2-b^2}{ab}$$

$$\frac{1}{a-1} - \frac{1}{a+1} = \frac{a+1}{(a-1)(a+1)} - \frac{a-1}{(a-1)(a+1)} = \frac{2}{a^2-1}$$

$$\frac{a+3b}{2a-5} + \frac{b}{a^2-1} = \frac{(a+3b)(a^2-1)}{(2a-5)(a^2-1)} + \frac{b(2a-5)}{(a^2-1)(2a-5)}$$

$$= \frac{(a+3b)(a^2-1) + b(2a-5)}{(2a-5)(a^2-1)}$$

Falls gewünscht, können Sie im letzten Beispiel im Zähler und im Nenner des Ergebnisses noch die Klammern auflösen.

Vereinfachen Sie die nachfolgenden Brüche so weit wie möglich.

6.7

a. $\dfrac{3a + 18}{9b - 6}$

b. $\dfrac{a^2 + a}{a + 1}$

c. $\dfrac{4a - 2}{2a^2 - a}$

d. $\dfrac{a + 2b}{a^2 - 4b^2}$

e. $\dfrac{ab + b^3}{b^2 - 3b}$

6.8

a. $\dfrac{a^2 b + ab^2}{3abc}$

b. $\dfrac{a^2 - 4a}{a + 2a^2}$

c. $\dfrac{4ab - 3ab^2}{a^2 - abc}$

d. $\dfrac{a^2 + 2ab + b^2}{a^2 - b^2}$

e. $\dfrac{a^4 - b^2}{a^2 - b}$

Bringen Sie die folgenden Brüchen auf einen gemeinsamen Nenner und vereinfachen Sie, wenn möglich, das Ergebnis.

6.9

a. $\dfrac{1}{a - 3} - \dfrac{1}{a^2 - 9}$

b. $\dfrac{1}{a - 3} - \dfrac{a}{a^2 - 9}$

c. $\dfrac{a^2 + 1}{a - 3} - \dfrac{a^2 - 1}{a + 3}$

d. $\dfrac{b}{a - b} + \dfrac{a}{b - a}$

e. $\dfrac{a^2 - 1}{a - 1} - \dfrac{a^2 + 1}{a + 1}$

6.10

a. $\dfrac{a + b}{a - 2b} - \dfrac{a - 2b}{a + b}$

b. $\dfrac{a^2 + ab}{a^2 - b^2} + a - 1$

c. $\dfrac{a}{a^2 - 4} - \dfrac{2}{4 - a^2}$

d. $\dfrac{3a - 2b}{a - b} + \dfrac{2a + 3b}{3a}$

e. $\dfrac{4 - a}{a} - \dfrac{4 + a}{2a}$

Vereinfachen von Brüchen

Genau wie bei den gewöhnlichen Brüchen ist es bei Brüchen mit Buchstaben ebenfalls manchmal möglich eine Vereinfachung durchzuführen, indem wir Zähler und Nenner durch die gleiche Zahl teilen:

$$\frac{3a + 9b^2}{6a - 3} = \frac{a + 3b^2}{2a - 1}$$

Zähler und Nenner sind hier durch 3 geteilt worden. Auch das Teilen durch einen Buchstaben ist manchmal möglich:

$$\frac{7b}{b + 2b^3} = \frac{7}{1 + 2b^2}$$

Jedoch hat diese Sache einen Haken: Wir haben Zähler und Nenner durch b geteilt, aber das ist nur erlaubt, wenn $b \neq 0$ ist. Die linke Seite ist für $b = 0$ nämlich nicht definiert (da dort dann $\frac{0}{0}$ stehen würde), während die rechte Seite für $b = 0$ die Zahl 7 als Ergebnis liefert. Wenn wir ganz genau arbeiten, müssen wir daher eigentlich schreiben

$$\frac{7b}{b + 2b^3} = \frac{7}{1 + 2b^2} \quad \text{wenn} \quad b \neq 0$$

Hier folgt noch ein Beispiel:

$$\frac{a^2 - 4}{a - 2} = \frac{(a - 2)(a + 2)}{a - 2} = a + 2 \quad \text{wenn} \quad a \neq 2$$

Hierbei haben wir zunächst den Zähler mit Hilfe der dritten binomischen Formel $a^2 - 4 = (a - 2)(a + 2)$ in zwei Faktoren zerlegt. Hieraus konnten wir einen der beiden Faktoren kürzen, natürlich unter der Bedingung, dass dieser Faktor nicht Null ist, daher $a \neq 2$.

Im nachfolgenden Beispiel ist die Bedingung etwas komplizierter, da hier zwei Buchstaben vorkommen:

$$\frac{a^2 - b^2}{a + b} = \frac{(a - b)(a + b)}{a + b} = a - b \quad \text{wenn} \quad a + b \neq 0$$

Hier liefert uns die Bedingung $a + b \neq 0$ unendlich viele Paare a und b, die als linke Seite $\frac{0}{0}$ ergeben (was nicht definiert ist), die rechte Seite stellt jedoch einen normalen Zahlenwert dar. Nehmen wir z.B. $a = 1$ und $b = -1$, so ist die linke Seite $\frac{0}{0}$, aber die rechte Seite ist gleich 2. Oder wenn $a = -137$ und $b = 137$, dann ist die rechte Seite -274, während die linke Seite erneut $\frac{0}{0}$ ergibt.

III Zahlenfolgen

$$\frac{1}{2} - \frac{1}{4} + \frac{1}{8} - \frac{1}{16} + \frac{1}{32} - \frac{1}{64} + \cdots = \frac{1}{3}$$

Wenn man die Formel $(a + b)^2 = a^2 + 2ab + b^2$ verallgemeinern möchte zu Formeln für $(a + b)^3$, $(a + b)^4$ usw., entdeckt man schnell Gesetzmäßigkeiten. Diese kann man in dem *Pascalschen Dreieck* darstellen. Die Zahlen in diesem Dreieck sind die *Binomialkoeffizienten*. Wir werden zeigen, wie diese schnell berechnet werden können. Der *binomischer Lehrsatz* von Newton gibt einen allgemeinen Ausdruck für $(a + b)^n$ in Termen der Binomialkoeffizienten. Wir führen hierbei die *Sigma-Notation* für Summen von Zahlenfolgen ein, die auch in anderen Gebieten der Mathematik oft benutzt wird. In einem nachfolgenden Kapitel befassen wir uns mit arithmetischen und geometrischen Zahlenfolgen und ihrer Summenformel. Schließlich erklären wir, was wir im Allgemeinen unter einem Grenzwert einer Zahlenfolge verstehen.

7 Fakultäten und Binomialkoeffizienten

Lösen Sie mit Hilfe der Formeln auf der nächsten Seite die Klammern auf und vereinfachen Sie den Ausdruck soweit wie möglich.

7.1

a. $(a + 1)^3$

b. $(a - 1)^3$

c. $(2a - 1)^3$

d. $(a + 2)^3$

e. $(2a - 3)^3$

7.2

a. $(1 - a^2)^3$

b. $(ab + 1)^3$

c. $(a + 2b)^3$

d. $(a^2 - b^2)^3$

e. $(2a - 5b)^3$

7.3

a. $(2a - 1)^3 + (a - 2)^3$

b. $(a - 2b)^3$

c. $(a + 3b)^3$

d. $(5a + 2)^3$

e. $(a - 7)^3 + (a + 7)^3$

7.4

a. $(a^2 - b)^3$

b. $(a^4 + 2b^2)^3$

c. $(a + 2b)^3 + (a - 2b)^3$

d. $(a + 2b)^3 - (a - 2b)^3$

e. $(a + 2b)^3 - (2a + b)^3$

7.5

a. $(a + 1)^4$

b. $(a - 1)^4$

c. $(2a - 1)^4$

d. $(a + 2)^4$

e. $(2a - 3)^4$

7.6

a. $(1 - a^2)^4$

b. $(ab + 1)^4$

c. $(a + 2b)^4$

d. $(a^2 - b^2)^4$

e. $(a - b)^4 + (a + b)^4$

J. van de Craats, R. Bosch, *Grundwissen Mathematik*, Springer-Lehrbuch,
DOI 10.1007/978-3-642-13501-9_7, © Springer-Verlag Berlin Heidelberg 2010

Die Formeln für $(a+b)^3$ und $(a+b)^4$

Die binomische Formel $(a+b)^2 = a^2 + 2ab + b^2$ ist der Ausgangspunkt für die Herleitung der Formeln für $(a+b)^n$ für größere Werte von n. Wir beginnen mit dem Fall $n = 3$.

$$
\begin{aligned}
(a+b)^3 &= (a+b)(a+b)^2 \\
&= (a+b)(a^2 + 2ab + b^2) \quad \text{(zweite binomische Formel)} \\
&= a(a^2 + 2ab + b^2) + b(a^2 + 2ab + b^2) \\
&= a^3 + 2a^2b + ab^2 \\
&\quad + a^2b + 2ab^2 + b^3 \\
&= a^3 + 3a^2b + 3ab^2 + b^3
\end{aligned}
$$

Wir sehen, dass wir die zweite binomische Formel für $(a+b)^2$ benutzt und danach Schritt für Schritt die Klammern aufgelöst haben. In der vierten und fünften Zeile haben wir gleichartige Terme untereinander gesetzt, wodurch die Addition in der sechsten Zeile einfach wird. Das Ergebnis ist die Formel

$$
(a+b)^3 = a^3 + 3a^2b + 3ab^2 + b^3
$$

Ausgestattet mit dieser Formel können wir auf die gleiche Weise den Fall $n = 4$ bearbeiten:

$$
\begin{aligned}
(a+b)^4 &= (a+b)(a^3 + 3a^2b + 3ab^2 + b^3) \quad \text{(Die Formel für $(a+b)^3$)} \\
&= a(a^3 + 3a^2b + 3ab^2 + b^3) + b(a^3 + 3a^2b + 3ab^2 + b^3) \\
&= a^4 + 3a^3b + 3a^2b^2 + ab^3 \\
&\quad + a^3b + 3a^2b^2 + 3ab^3 + b^4 \\
&= a^4 + 4a^3b + 6a^2b^2 + 4ab^3 + b^4
\end{aligned}
$$

Das Ergebnis ist die Formel

$$
(a+b)^4 = a^4 + 4a^3b + 6a^2b^2 + 4ab^3 + b^4
$$

Aufgaben zum Pascalschen Dreieck

7.7 Ergänzen Sie das Pascalsche Dreieck auf der nächsten Seite für $n = 8$, $n = 9$ und $n = 10$.

7.8 Rechnen Sie mit Hilfe der vorherigen Aufgabe $(a + 1)^8$, $(a - 1)^9$ und $(a - b)^{10}$ aus.

7.9 Wenn Sie in dem Pascalschen Dreieck die Zahlen in der n-ten Zeile addieren, bekommen Sie als Ergebnis 2^n. Prüfen Sie dies für $n = 1$ bis einschließlich $n = 10$ und erklären Sie danach diese Tatsache durch Einsetzen von $a = 1$ und $b = 1$ in die Formel für $(a + b)^n$.

7.10 Wenn Sie in dem Pascalschen Dreieck die Zahlen in der n-ten Zeile abwechselnd mit + und − versehen und addieren, bekommen Sie als Ergebnis 0. Prüfen Sie dies für $n = 1$ bis einschließlich $n = 10$ und erklären Sie es anschließend durch Einsetzen von $a = 1$ und $b = -1$ in die Formel für $(a + b)^n$.

7.11 Ersetzen Sie in dem Pascalschen Dreieck jede gerade Zahl durch 0 und jede ungerade Zahl durch 1. Zeichnen Sie die ersten 20 Zeilen des „binären Pascalschen Dreiecks", welche Sie auf diese Weise erhalten und erklären Sie das Muster das entsteht. Eine schöne Variante erhalten Sie, wenn Sie alle Nullen streichen und alle Einsen durch Sterne ersetzen.

Binomialkoeffizienten und das Pascalsche Dreieck

Bisher haben wir die nachfolgenden Formeln hergeleitet:

$$
\begin{aligned}
(a+b)^2 &= a^2 + 2ab + b^2 \\
(a+b)^3 &= a^3 + 3a^2b + 3ab^2 + b^3 \\
(a+b)^4 &= a^4 + 4a^3b + 6a^2b^2 + 4ab^3 + b^4
\end{aligned}
$$

Wir haben die Terme systematisch nach fallenden Potenzen von a und wachsenden Potenzen von b geordnet. Jedes Mal wird die Potenz von a um eins größer und die von b um eins kleiner. Die ganzen Zahlen, die hier stehen, nennt man *Binomialkoeffizienten*. Für $n = 2$ sind dies die Zahlen $1, 2$ und 1, für $n = 3$ sind es $1, 3, 3$ und 1 und für $n = 4$ sind es $1, 4, 6, 4$ und 1. Die Koeffizienten 1 findet man natürlich nicht in der Formel wieder; man schreibt a^2 statt $1a^2$ usw. Jedoch finden wir diese in dem *Pascalschen Dreieck* wieder, aus dem wir alle Binomialkoeffizienten ablesen können.

$$
\begin{array}{ccccccccccccccc}
 & & & & & & & 1 & & & & & & & \leftarrow n = 0 \\
 & & & & & & 1 & & 1 & & & & & & \leftarrow n = 1 \\
 & & & & & 1 & & 2 & & 1 & & & & & \leftarrow n = 2 \\
 & & & & 1 & & 3 & & 3 & & 1 & & & & \leftarrow n = 3 \\
 & & & 1 & & 4 & & 6 & & 4 & & 1 & & & \leftarrow n = 4 \\
 & & 1 & & 5 & & 10 & & 10 & & 5 & & 1 & & \leftarrow n = 5 \\
 & 1 & & 6 & & 15 & & 20 & & 15 & & 6 & & 1 & \leftarrow n = 6 \\
1 & & 7 & & 21 & & 35 & & 35 & & 21 & & 7 & & 1 \quad \leftarrow n = 7
\end{array}
$$

$$\cdots \qquad\qquad\qquad \cdots$$

Das Pascalsche Dreieck

Die ersten zwei Zeilen des Pascalschen Dreiecks korrespondieren mit den Fällen $n = 0$ und $n = 1$, in Übereinstimmung mit den Formeln $(a+b)^0 = 1$ und $(a+b)^1 = a+b$. Das Pascalsche Dreieck wurde nach der folgenden Regel gebildet:

Entlang den schiefen Schenkeln stehen Einsen und jede weitere Zahl in dem Pascalschen Dreieck bildet die Summe der zwei direkt über ihr stehenden Zahlen.

Wenn Sie die Herleitungen auf Seite 53 für $n = 3$ und $n = 4$ verfolgt haben, werden Sie verstehen können, warum diese Regel im Allgemeinen Gültigkeit hat. Mit dieser Regel können Sie das Pascalsche Dreieck so weit fortführen wie Sie möchten.

Berechnen Sie die nachfolgenden Binomialkoeffizienten $\binom{n}{k}$ unter der Zuhilfenahme der Formel auf der nächsten Seite. Wenden Sie hierbei zunächst jedes Mal die Vereinfachung an, die unter der Formel beschrieben ist. Kürzen Sie danach alle übrig gebliebenen Faktoren aus dem Nenner gegen Faktoren aus dem Zähler, bevor Sie die Berechnung zu Ende führen. (Dies ist immer möglich, weil das Ergebnis eine ganze Zahl sein muss!) Prüfen Sie für $n \leq 10$ die Ergebnisse mit Hilfe der Einträgen in dem Pascalschen Dreieck.

7.12
- a. $\binom{4}{2}$
- b. $\binom{5}{0}$
- c. $\binom{4}{4}$
- d. $\binom{5}{3}$
- e. $\binom{6}{3}$

7.13
- a. $\binom{7}{1}$
- b. $\binom{6}{4}$
- c. $\binom{7}{5}$
- d. $\binom{7}{2}$
- e. $\binom{7}{7}$

7.14
- a. $\binom{8}{2}$
- b. $\binom{9}{3}$
- c. $\binom{9}{8}$
- d. $\binom{8}{4}$
- e. $\binom{8}{5}$

7.15
- a. $\binom{8}{3}$
- b. $\binom{9}{4}$
- c. $\binom{9}{7}$
- d. $\binom{7}{3}$
- e. $\binom{9}{6}$

7.16
- a. $\binom{12}{0}$
- b. $\binom{15}{14}$
- c. $\binom{13}{5}$
- d. $\binom{21}{2}$
- e. $\binom{18}{14}$

7.17
- a. $\binom{12}{7}$
- b. $\binom{11}{5}$
- c. $\binom{48}{2}$
- d. $\binom{49}{3}$
- e. $\binom{50}{48}$

7.18
- a. $\binom{17}{3}$
- b. $\binom{51}{50}$
- c. $\binom{12}{9}$

7.19
- a. $\binom{42}{3}$
- b. $\binom{13}{6}$
- c. $\binom{27}{5}$

7.20
- a. $\binom{78}{75}$
- b. $\binom{14}{5}$
- c. $\binom{28}{4}$

Das Berechnen der Binomialkoeffizienten

Mit Hilfe des Pascalschen Dreiecks können wir alle Binomialkoeffizienten berechnen. Für große Werte von n ist dies aber eine Menge Arbeit. Weil die Binomialkoeffizienten in vielen Anwendungen eine Rolle spielen (u.a. in der Wahrscheinlichkeitsrechnung), ist es bequem eine Formel zur direkten Berechnung von Binomialkoeffizienten zur Verfügung zu haben. Bevor wir diese geben, verabreden wir einige Notationen.

In der waagerechten Zeile für $n = 2$ in dem Pascalschen Dreieck finden wir die drei Koeffizienten: $1, 2$ und 1. Im Allgemeinen stehen in der $n-$ten Zeile $n + 1$ Koeffizienten. Wir nummerieren diese von links nachts rechts von 0 bis einschließlich n durch. Den k-ten Koeffizienten in der n-ten Zeile bezeichnen wir mit $\binom{n}{k}$, gesprochen „n über k". Beispiele:

$$\binom{3}{0} = 1, \quad \binom{3}{1} = 3, \quad \binom{4}{2} = 6, \quad \binom{6}{6} = 1 \quad \text{und} \quad \binom{7}{4} = 35$$

Eine andere Notation, die wir oft benutzen werden, ist $k!$, gesprochen k-*Fakultät*. Wir definieren:

$$0! = 1$$
$$k! = 1 \times \cdots \times k \quad \text{für jede positive ganze Zahl } k$$

Beispiele: $1! = 1, 2! = 1 \times 2 = 2, 3! = 1 \times 2 \times 3 = 6$ und $7! = 1 \times 2 \times 3 \times 4 \times 5 \times 6 \times 7 = 5040$.

Mit diesen Notationen gilt die Formel:

$$\binom{n}{k} = \frac{n!}{k!(n-k)!}$$

Achtung: Bei der tatsächlichen Berechnung der Binomialkoeffizienten sollten die drei Fakultäten *nie* gesondert berechnet werden. In dem Bruch auf der rechten Seite können wir jederzeit die größte der zwei Fakultäten aus dem Nenner gegen das Anfangsstück von $n!$ kürzen. Mit wachsendem k wird k-Fakultät sehr schnell größer, so dass es selbst bei Nutzung eines Rechengerätes oder Computer sinnvoll ist, diese Kürzung vorzunehmen. Beispiel:

$$\binom{7}{3} = \frac{7!}{3!\,4!} = \frac{1 \times 2 \times \cdots \times 7}{(1 \times 2 \times 3) \times (1 \times 2 \times 3 \times 4)} = \frac{7 \times 6 \times 5}{1 \times 2 \times 3} = 35$$

Dies ist alles sehr einfach zu behalten. Im Zähler und im Nenner stehen gleichviel Faktoren (in diesem Fall drei). Im Nenner steht eine Fakultät (hier $3!$) und im Zähler stehen genauso viele Faktoren, abnehmend beginnend mit n, in diesem Fall $7 \times 6 \times 5$.

Lernen Sie die nachfolgenden Spezialfälle auswendig:

$$\binom{n}{0} = \binom{n}{n} = 1, \quad \binom{n}{1} = \binom{n}{n-1} = n, \quad \binom{n}{2} = \binom{n}{n-2} = \frac{1}{2}n(n-1)$$

Schreiben Sie, unter Benutzung des binomischen Lehrsatzes, in der Sigma-Notation:

7.21

  a. $(a+1)^7$
  b. $(a-1)^{12}$
  c. $(a+10)^{12}$
  d. $(2a-1)^9$
  e. $(2a+b)^{10}$

7.22

  a. $(a+5)^7$
  b. $(1-a)^5$
  c. $(ab+1)^{18}$
  d. $(a+2b)^9$
  e. $(a-b)^8$

Berechnen Sie die nachfolgenden Summen mit Hilfe des binomischen Lehrsatzes; wählen Sie dazu jedes Mal geeignete Werte von a und b. Beispiel:

$$\sum_{k=0}^{5} \binom{5}{k} = \binom{5}{0} + \binom{5}{1} + \cdots + \binom{5}{5} = (1+1)^5 = 2^5 = 32$$

Hier haben wir das Binomium $(a+b)^5$ genommen mit $a = b = 1$.

7.23

  a. $\displaystyle\sum_{k=0}^{8} \binom{8}{k}$

  b. $\displaystyle\sum_{k=0}^{8} \binom{8}{k}(-1)^k$

  c. $\displaystyle\sum_{k=0}^{8} \binom{8}{k}2^k$

7.24

  a. $\displaystyle\sum_{k=0}^{8} \binom{8}{k}(-2)^k$

  b. $\displaystyle\sum_{k=0}^{n} \binom{n}{k}$

  c. $\displaystyle\sum_{k=0}^{n} \binom{n}{k}(-1)^k$

Die nachfolgenden Aufgaben dienen als weitere Übung mit der Sigma-Notation. Die Aufgabe lautet jedes Mal: Berechnen Sie die angegebene Summe.

7.25

  a. $\displaystyle\sum_{k=0}^{6} k^2$

  b. $\displaystyle\sum_{k=-4}^{4} k^3$

  c. $\displaystyle\sum_{k=3}^{7} (2k+4)$

7.26

  a. $\displaystyle\sum_{j=-1}^{4} (j^2-1)$

  b. $\displaystyle\sum_{j=1}^{3} (j+\frac{1}{j})$

  c. $\displaystyle\sum_{j=2}^{5} j^4$

Der binomische Lehrsatz und die Sigma-Notation

Auf der n-ten Zeile des Pascalschen Dreiecks stehen die Binomialkoeffizienten $\binom{n}{0}, \binom{n}{1}, \ldots, \binom{n}{n}$. Somit gilt

$$(a+b)^n = \binom{n}{0} a^n + \binom{n}{1} a^{n-1} b + \cdots + \binom{n}{n-1} ab^{n-1} + \binom{n}{n} b^n$$

Diese Formel ist unter dem Namen *binomischer Lehrsatz* bekannt. Wörtlich übersetzt heißt Binomium *Zwei-Term*. Dieses weist auf die zwei Terme a und b zwischen den Klammern auf der linken Seite hin. Die Binomialkoeffizienten können mit Hilfe des Pascalschen Dreiecks oder mit der Formel auf Seite 57 berechnet werden.

Die $n + 1$ Terme der rechten Seite der obigen Formel haben alle die gleiche Form. Sie sind nämlich ein Produkt eines Binomialkoeffizienten $\binom{n}{k}$, einer Potenz von a und einer Potenz von b. Auch der erste Term $\binom{n}{0} a^n$ und der letzte Term $\binom{n}{n} b^n$ sind von dieser Form. Dort sind die „fehlenden" Potenzen von b bzw. a zu schreiben als b^0 bzw. a^0.

Deshalb haben alle Terme die Form $\binom{n}{k} a^{n-k} b^k$, wobei k die Zahlen 0 bis einschließlich n durchläuft. In einer solchen Situation, bei der eine gewisse Anzahl gleichartiger Terme addiert werden soll und sich nur ein „Index" k von Term zu Term unterscheidet, wird oft eine Notation mit Hilfe des griechischen Großbuchstabens Σ (Sigma) benutzt. In dieser Notation lautet der binomische Lehrsatz:

$$(a+b)^n = \sum_{k=0}^{n} \binom{n}{k} a^{n-k} b^k$$

Hierbei steht rechts neben Sigma ein allgemeiner Ausdruck mit dem Buchstaben k (der sogenannte Summationsindex). Unterhalb bzw. oberhalb des Sigmas steht der Anfangs- bzw. Endwert des Summationsindexes k. Anstelle des Buchstabens k kann natürlich auch jeder andere Buchstabe als Summationsindex benutzt werden.

Wir geben noch zwei weitere Beispiele für die Sigma-Notation einer Summe:

$$\sum_{k=1}^{5} k^2 = 1^2 + 2^2 + 3^2 + 4^2 + 5^2$$

$$\sum_{j=-2}^{2} 3^j = 3^{-2} + 3^{-1} + 3^0 + 3^1 + 3^2$$

8

Folgen und Grenzwerte

8.1 Berechnen Sie die Summe der nachfolgenden Zahlen.

   a. Alle positiven ganzen Zahlen von 1 bis einschließlich 2003.

   b. Alle positiven ganzen Zahlen mit drei Ziffern.

   c. Alle ungeraden Zahlen zwischen 1000 und 2000.

   d. Alle positiven ganzen Zahlen von je maximal drei Ziffern, welche auf 2 oder 7 enden.

   e. Alle positiven ganzen Zahlen von je vier Ziffern, welche auf 2 oder 7 enden.

   f. Alle positiven ganzen Zahlen von je vier Ziffern, welche auf 6 oder 7 enden.

8.2 Berechnen Sie die nachfolgenden Summen:

   a. $\displaystyle\sum_{k=1}^{20}(3k+2)$

   b. $\displaystyle\sum_{k=10}^{70}(7k-2)$

   c. $\displaystyle\sum_{k=3}^{30}(8k+7)$

   d. $\displaystyle\sum_{k=0}^{14}(5k+3)$

   e. $\displaystyle\sum_{k=-2}^{22}(100k+10)$

8.3 Die Teilnehmer eines Laufwettbewerbs tragen die Startnummern 1 bis einschließlich 97. Einer der Läufer bemerkt, dass die Summe aller geraden Startnummern gleich der Summe aller ungeraden Startnummern ist, wobei er seine eigene Startnummer nicht mitzählt. Welche Startnummer hat er? (Mathematikolympiade Niederlande, erste Runde 1997)

J. van de Craats, R. Bosch, *Grundwissen Mathematik*, Springer-Lehrbuch,
DOI 10.1007/978-3-642-13501-9_8, © Springer-Verlag Berlin Heidelberg 2010

Arithmetische Folgen

Eine arithmetische Folge ist eine Folge von Zahlen $a_1, a_2, a_3, \ldots$ für die gilt, dass die Differenz $a_{k+1} - a_k$ zwischen zwei aufeinander folgenden Zahlen der Folge konstant ist. Das einfachste Beispiel ist die Folge $1, 2, 3, 4, 5, \ldots$ aller positiven ganzen Zahlen. Die Differenz ist immer gleich 1. Ein anderes Beispiel ist die Folge $3, 8, 13, 18, 23, 28, \ldots$. Hierbei ist die konstante Differenz gleich 5.

Es wird berichtet, dass der große Mathematiker Gauß bereits als Schüler im Mathematikunterricht folgende Aufgabe lösen sollte. Er musste alle Zahlen von 1 bis einschließlich 100 addieren. Zur Verblüffung seines Lehrers berechnete er fast unmittelbar die Antwort im Kopf: 5050. Seine Idee war: Schreibe die Summe im Gedanken zweimal auf, einmal von 1 bis einschließlich 100 und darunter noch einmal, aber jetzt in der umgekehrten Reihenfolge, also von 100 bis einschließlich 1. Senkrecht bekommen wir dann immer zwei Zahlen, die zusammen 101 ergeben:

$$
\begin{array}{ccccccccc}
1 & + & 2 & + & \cdots & + & 99 & + & 100 \\
100 & + & 99 & + & \cdots & + & 2 & + & 1 \\
\hline
101 & + & 101 & + & \cdots & + & 101 & + & 101
\end{array}
$$

Es gibt 100 Terme in der Folge, somit bekommen wir $100 \times 101 = 10100$. Doch das ist zweimal die gewünschte Summe, also ist das verlangte Ergebnis hiervon die Hälfte, d.h. 5050. Im Allgemeinen leiten wir auf die gleiche Weise ab, dass $1 + 2 + 3 + \cdots + n = \frac{1}{2}n(n+1)$.

Den Trick von Gauß können wir bei allen arithmetischen Folgen anwenden. Wenn wir die Summe $a_1 + a_2 + \cdots + a_{n-1} + a_n$ der ersten n Terme einer solchen Folge berechnen möchten, schreibt man die Summe zweimal untereinander auf, einmal normal und einmal umgekehrt. Die senkrechte Addition liefert immer die gleiche Zahl, nämlich $a_1 + a_n$ und die gefragte Summe ist deshalb $\frac{1}{2}n(a_1 + a_n)$.

Mit Hilfe der Sigma-Notation (siehe Seite 59) können wir dies wie folgt zusammenfassen:

Wenn $a_1, a_2, a_3, \ldots$ eine arithmetische Folge ist, dann gilt

$$
\sum_{k=1}^{n} a_k = \frac{1}{2} n(a_1 + a_n)
$$

Dies ist die *Summenformel für eine arithmetische Folge*.

8.4 Berechnen Sie die Summe der nachfolgenden geometrischen Folgen.

a. $2 + 4 + 8 + 16 + \cdots + 256$

b. $1 + \frac{1}{2} + \frac{1}{4} + \frac{1}{8} + \cdots + \frac{1}{256}$

c. $2 + 6 + 18 + 54 + \cdots + 1458$

d. $\frac{2}{3} + \frac{4}{9} + \cdots + \frac{64}{729}$

e. $\frac{3}{10} + \frac{3}{100} + \cdots + \frac{3}{10\,000\,000}$

8.5 Berechnen Sie die Summe der nachfolgenden geometrischen Reihen.

a. $4 + 2 + 1 + \frac{1}{2} + \frac{1}{4} + \frac{1}{8} + \cdots$

b. $1 + \frac{2}{3} + \frac{4}{9} + \cdots$

c. $1 - \frac{7}{8} + \frac{49}{64} - \frac{343}{512} + \cdots$

d. $7 + \frac{7}{10} + \frac{7}{100} + \cdots$

e. $1 - \frac{9}{10} + \frac{81}{100} - \frac{729}{1000} + \cdots$

8.6 Berechnen Sie die Summe der nachfolgenden geometrischen Reihen. Geben Sie auch immer das Verhältnis r an.

a. $0.1 - 0.01 + 0.001 - 0.0001 + \cdots$

b. $0.3 + 0.03 + 0.003 + 0.0003 + \cdots$

c. $0.9 + 0.09 + 0.009 + 0.0009 + \cdots$

d. $0.12 + 0.0012 + 0.000012 + \cdots$

e. $0.98 - 0.0098 + 0.000098 - \cdots$

8.7 Zeigen Sie mit Hilfe der vorherigen Aufgabe, dass

a. $0.3333\ldots = \frac{1}{3}$

b. $0.9999\ldots = 1$

c. $0.12121212\ldots = \frac{4}{33}$

d. $0.0012121212\ldots = \frac{4}{3300}$ *(Tipp: $0.0012121212\ldots = \frac{1}{100} \times 0.12121212\ldots$)*

e. $10.3333\ldots = \frac{31}{3}$ *(Tipp: $10.33333\ldots = 10 + 0.33333\ldots$)*

8.8 Berechnen Sie für die nachfolgenden Werte von r mit Hilfe eines Rechengerätes oder eines Computers Annäherungen der Zahlen r^{100} und r^{1000}. Schreiben Sie die Antworten in der Form $m \times 10^k$ mit $0.1 \leq m < 1$ und k einer ganzen Zahl. Runden Sie m auf 5 Dezimalstellen ab.

a. $r = 0.2$

b. $r = 0.5$

c. $r = 0.7$

d. $r = 0.9$

e. $r = 0.99$

Geometrische Reihen

In manchen Fällen empfiehlt es sich, die Nummerierung der Terme einer Zahlenfolge nicht mit 1 zu beginnen, sondern zum Beispiel mit 0, da hierdurch bestimmte Formeln einfacher werden. Wir werden bei den geometrischen Folgen so verfahren.

Eine Folge $a_0, a_1, a_2, \ldots$ nennen wir eine *geometrische Folge* mit dem *Verhältnis* r, wenn für jedes n gilt $a_{n+1} = a_n r$. Jeder Term entsteht aus seinem Vorgänger durch Multiplikation mit diesem r. Ein Beispiel ist gegeben durch die Folge $1, 2, 4, 8, 16, 32, 64, \ldots$, wobei jeder Term zweimal so groß ist wie sein Vorgänger. In diesem Fall ist $r = 2$.

Wenn wir den Anfangsterm a_0 mit a bezeichnen, so gilt $a_1 = ar$, $a_2 = a_1 r = ar^2$ usw. Im Allgemeinen gilt für jedes n, dass $a_n = ar^n$. Jede geometrische Folge kann daher in der Form

$$a, ar, ar^2, ar^3, ar^4, \ldots$$

geschrieben werden. Auch für eine geometrische Folge existiert eine einfache Formel für die Summe $s_n = a + ar + ar^2 + \cdots + ar^{n-1}$ der ersten n Terme. Um diese zu finden bemerken wir, dass $rs_n = ar + ar^2 + \cdots + ar^n$ ist, so dass $s_n - rs_n = a - ar^n$ (alle Zwischenterme heben sich gegenseitig auf). Wenn $r \neq 1$ ist, so können wir hieraus s_n lösen: $s_n = a(1 - r^n)/(1 - r)$.

Unter Benutzung der Sigma-Notation bekommen wir die Summenformel einer geometrischen Folge:

$$\sum_{k=0}^{n-1} ar^k = \frac{a(1 - r^n)}{1 - r} \quad \text{falls } r \neq 1$$

Nehmen wir nun an, für das Verhältnis r gilt $-1 < r < 1$. Dann nähert sich, wenn n immer größer wird, die Zahl r^n stets dichter an die Null. Zum Beispiel: Ist $r = 0.95$, so ist $r^{100} \approx 0.0059205$ und $r^{1000} \approx 0.59218 \times 10^{-22}$. Wir schreiben symbolisch $\lim_{n \to \infty} r^n = 0$, in Worten: *der Grenzwert von r^n für n geht gegen unendlich ist gleich 0*. Wenn wir dies auf die oben stehende Summenformel für die geometrische Folge anwenden, bekommen wir die *Summenformel für die geometrische Reihe*:

$$\sum_{k=0}^{\infty} ar^k = \frac{a}{1 - r} \quad \text{falls } -1 < r < 1$$

Beachten Sie das Symbol ∞ („unendlich") oberhalb des Summenzeichens. Beispiel: Wenn wir $a = \frac{1}{2}$ und $r = \frac{-1}{2}$ nehmen, so gilt

$$\sum_{k=0}^{\infty} \frac{1}{2}\left(-\frac{1}{2}\right)^k = \frac{\frac{1}{2}}{1 + \frac{1}{2}} = \frac{1}{3}$$

oder in ausgeschriebener Form:

$$\frac{1}{2} - \frac{1}{4} + \frac{1}{8} - \frac{1}{16} + \frac{1}{32} - \frac{1}{64} + \cdots = \frac{1}{3}$$

Schreiben Sie in den nachfolgenden Aufgaben die angegebene periodische Dezimalzahl als nicht vereinfachbarer Bruch. Nehmen Sie hierbei an, dass die gezeigte Regelmäßigkeit sich beliebig fortsetzt: Alle Dezimalzahlen sind entweder von Anfang an oder ab einer gewissen Dezimalstelle periodisch.

8.9
  a. 0.222222222222...
  b. 0.313131313131...
  c. 1.999999999999...
  d. 0.123123123123...
  e. 0.123333333333...

8.10
  a. 0.101010101010...
  b. 0.330330330330...
  c. 1.211211211211...
  d. 0.000111111111...
  e. 3.091919191919...

8.11
  a. 22.24444444444...
  b. 0.700700700700...
  c. 0.699699699699...
  d. 8.124444444444...
  e. 1.131313131313...

8.12
  a. 0.111109999999...
  b. 0.365656565656...
  c. 3.141514151415...
  d. 2.718281828182...
  e. 0.090909090909...

8.13 Berechnen Sie für die nachfolgenden Werte von r mit Hilfe eines Rechengerätes oder eines Computers Annäherungen von r^{101} und r^{1001}. Schreiben Sie die Ergebnisse in der Form $\pm m \times 10^k$ mit $0.1 \le m < 1$ und k einer ganzen Zahl. Runden Sie m auf 5 Dezimalstellen ab.

  a. $r = 1.02$
  b. $r = -2$
  c. $r = 10.1$
  d. $r = -0.999$
  e. $r = 9.99$

Berechnen Sie mit Hilfe eines Taschenrechners oder eines Computers für die nachfolgenden Folgen $a_1, a_2, a_3, \ldots$ Annäherungen der Zahlen a_{100} und a_{1000}. Schreiben Sie die Ergebnisse in der Form $\pm m \times 10^k$ mit $0.1 \le m < 1$ und k eine ganze Zahl. Runden Sie m auf 5 Dezimalstellen ab. Von jeder Folge ist der allgemeine Term a_n durch eine Formel gegeben.

8.14
  a. $a_n = n^2$
  b. $a_n = n^{-3}$
  c. $a_n = n^{-1.1}$
  d. $a_n = n^{1000.1}$
  e. $a_n = \sqrt{n}$

8.15
  a. $a_n = n^{-0.333}$
  b. $a_n = \sqrt[n]{10}$
  c. $a_n = \sqrt[n]{1000}$
  d. $a_n = \sqrt[n]{0.01}$
  e. $a_n = \sqrt[n]{0.9}$

Periodische Dezimalzahlen

Auf Seite 62 haben wir gesehen, dass periodische Dezimalzahlen, wie z.B.
$0.333333\ldots$ oder $0.12121212\ldots$ als Summen einer geometrischen Reihe aufgefasst werden können. Wenn wir solch eine Summe ausrechnen, erhalten wir
einen Bruch. In den gebenen Beispielen sind dies $\frac{1}{3}$ und $\frac{4}{33}$. Auch wenn eine
solche Dezimalzahl erst ab einer gewissen Stelle periodisch ist, stellt sie einen
Bruch dar. *Irrationale Zahlen*, d.h. Zahlen die man nicht als Bruch schreiben
kann, wie z.B. $\sqrt{2}$ oder π, haben deshalb eine dezimale Schreibweise, die *nie*
periodisch wird.

Spezielle Grenzwerte

Für viele Folgen $a_0, a_1, a_2, \ldots$ ist es wichtig zu wissen, wie die Terme sich letztendlich verhalten, d.h. zu wissen was mit a_n passiert wenn n gegen unendlich
strebt. Bei der geometrischen Folge $1, r, r^2, r^3$ mit $-1 < r < 1$ wissen wir bereits, dass $\lim_{n\to\infty} r^n = 0$. Nachfolgend finden Sie eine vollständige Übersicht
über das Verhalten von r^n für $n \to \infty$ in Abhängigkeit von r:

$$\lim_{n\to\infty} r^n = \infty \qquad \text{wenn } r > 1$$
$$r^n = 1 \qquad \text{wenn } r = 1$$
$$\lim_{n\to\infty} r^n = 0 \qquad \text{wenn } -1 < r < 1$$
$$r^n = (-1)^n = \pm 1 \quad \text{als } r = -1$$
$$\lim_{n\to\infty} |r|^n = \infty \qquad r < -1$$

Wir geben noch einige Folgen mit einem Grenzwert, den man kennen sollte.

Die Folge $1, 4, 9, 16, 25, \ldots$ mit $a_n = n^2$ als n-ten Term, hat unendlich als Grenzwert. In einer Formel ausgedrückt: $\lim_{n\to\infty} n^2 = \infty$. Im Allgemeinen gilt:

$$\lim_{n\to\infty} n^p = \infty \quad \text{für jede Zahl } p > 0$$

Die Folge $1, \frac{1}{4}, \frac{1}{9}, \frac{1}{16}, \frac{1}{25}, \ldots$ mit $a_n = \frac{1}{n^2}$ als n-ten Term, hat als Grenzwert 0. In
einer Formel ausgedrückt: $\lim_{n\to\infty} \frac{1}{n^2} = 0$. Im Allgemeinen gilt:

$$\lim_{n\to\infty} \frac{1}{n^p} = 0 \quad \text{für jede Zahl } p > 0$$

Die Folge $2, \sqrt{2}, \sqrt[3]{2}, \sqrt[4]{2}, \sqrt[5]{2}, \ldots$, deren allgemeiner Term $a_n = \sqrt[n]{2}$ ist, hat als
Grenzwert 1. In einer Formel ausgedrückt: $\lim_{n\to\infty} \sqrt[n]{2} = 1$. Im Allgemeinen gilt:

$$\lim_{n\to\infty} \sqrt[n]{p} = 1 \quad \text{für jede Zahl } p > 0$$

Berechnen Sie die nachfolgenden Grenzwerte.

8.16

a. $\lim\limits_{n\to\infty} \dfrac{n+1}{n}$

b. $\lim\limits_{n\to\infty} \dfrac{2n}{n+12}$

c. $\lim\limits_{n\to\infty} \dfrac{n^2-1}{n^2+1}$

d. $\lim\limits_{n\to\infty} \dfrac{n^2+2n+5}{3n^2-2}$

e. $\lim\limits_{n\to\infty} \dfrac{n^3+3n^2}{3n^4+4}$

f. $\lim\limits_{n\to\infty} \dfrac{2n^4-6n^2}{5n^4+4}$

8.17

a. $\lim\limits_{n\to\infty} \dfrac{2n+\sqrt{n}}{n-\sqrt{n}}$

b. $\lim\limits_{n\to\infty} \dfrac{10n+4}{n^2+4}$

c. $\lim\limits_{n\to\infty} \dfrac{2n^5}{4n^4+5n^2-3}$

d. $\lim\limits_{n\to\infty} \dfrac{8n^3+4n+7}{8n^3-4n-7}$

e. $\lim\limits_{n\to\infty} \dfrac{n+\frac{1}{n}}{n-\frac{2}{n}}$

f. $\lim\limits_{n\to\infty} \dfrac{3n^3-5n^2}{n^4+n^2-2}$

8.18

a. $\lim\limits_{n\to\infty} \dfrac{n^3-1}{n^3+n^2}$

b. $\lim\limits_{n\to\infty} \dfrac{2n^2}{n\sqrt{n+2}}$

c. $\lim\limits_{n\to\infty} \dfrac{4n^2+5n+n\sqrt{n}}{3n^2-2n-1}$

d. $\lim\limits_{n\to\infty} \dfrac{n^2+1}{n\sqrt{n^2+n}}$

e. $\lim\limits_{n\to\infty} \dfrac{4n^4+1}{5n^4+1000n^3}$

8.19

a. $\lim\limits_{n\to\infty} \left(\dfrac{8}{9}\right)^n$

b. $\lim\limits_{n\to\infty} \left(-\dfrac{9}{8}\right)^n$

c. $\lim\limits_{n\to\infty} \sqrt[n]{\dfrac{8}{9}}$

d. $\lim\limits_{n\to\infty} \sqrt[n]{\dfrac{9}{8}}$

e. $\lim\limits_{n\to\infty} 1.0001^n$

8.20

a. $\lim\limits_{n\to\infty} \dfrac{n^3}{3^n}$

b. $\lim\limits_{n\to\infty} \dfrac{2n^2}{1+2^n}$ (*Tipp:* Teilen Sie Zähler und Nenner durch 2^n)

c. $\lim\limits_{n\to\infty} \dfrac{n!}{3^n}$

d. $\lim\limits_{n\to\infty} \dfrac{n^n}{n!}$

e. $\lim\limits_{n\to\infty} \dfrac{n^n}{n^n+n!}$ (*Tipp:* Teilen Sie Zähler und Nenner durch n^n)

Grenzwerte von Quotienten

Bei Berechnungen der Grenzwerte von Ausdrücken, welche die Form eines Bruches haben und Zähler und Nenner beide nach unendlich streben, ist es oft sinnvoll Zähler und Nenner durch einen „dominanten Term" des Nenners zu teilen (zum Beispiel durch die höchste Potenz). Beispiel:

$$\lim_{n\to\infty} \frac{2n^2 - 3n + 4}{3n^2 + 4n + 9} = \lim_{n\to\infty} \frac{2 - \frac{3}{n} + \frac{4}{n^2}}{3 + \frac{4}{n} + \frac{9}{n^2}}$$

Da $\frac{3}{n} \to 0$, $\frac{4}{n^2} \to 0$, $\frac{4}{n} \to 0$ und $\frac{9}{n^2} \to 0$ sehen wir nun unmittelbar, dass der gesuchte Grenzwert gleich $\frac{2}{3}$ ist.

In solchen Fällen ist es einfach den dominanten Term zu bestimmen: wir nehmen einfach die höchste Potenz. Dennoch kann es auch vorkommen, dass neben Potenzen auch andere Terme vorkommen wie $n!$ oder 2^n. Was ist in solchen Fällen der dominante Term? Wer gewinnt, wenn n nach unendlich strebt? Hiervon handelt der nächste Abschnitt.

Wachstumsraten von Folgen

Wir vergleichen die nachfolgenden Folgen:

   a. $1, 2^{100}, 3^{100}, 4^{100}, 5^{100}, \ldots$, mit allgemeinem Term $a_n = n^{100}$
   b. $100, 100^2, 100^3, 100^4, 100^5, \ldots$, mit allgemeinem Term $b_n = 100^n$
   c. $1, 2, 6, 24, 120, \ldots$, mit allgemeinem Term $c_n = n!$
   d. $1, 2^2, 3^3, 4^4, 5^5, \ldots$, mit allgemeinem Term $d_n = n^n$

Die Gemeinsamkeit aller ist, dass sie unendlich als Grenzwert haben, aber welche der Folgen hat die größte Wachstumsrate? Für $n = 100$ sind a_n, b_n und d_n gleich, nämlich $100^{100} = 10^{200}$, eine 1 gefolgt von 200 Nullen, während $c_n = 100! = 1 \times 2 \times 3 \times \cdots \times 100$ offensichtlich viel kleiner ist (sie ist eine Zahl mit „nur" 158 Ziffern). Jedoch für $n = 1000$ haben wir ein ganz anderes Bild: $a_n = 10^{300}$, $b_n = 10^{2000}$, $c_n \approx 0.40 \times 10^{2568}$, $d_n = 10^{3000}$. Dieses Muster bleibt bestehen: b_n wächst auf die Dauer viel schneller als a_n, c_n wächst auf die Dauer viel schneller als b_n, und d_n wächst auf die Dauer viel schneller als c_n. Im Allgemeinen gilt:

$$\lim_{n\to\infty} \frac{n^p}{a^n} = 0 \text{ wenn } a > 1, \qquad \lim_{n\to\infty} \frac{a^n}{n!} = 0, \qquad \lim_{n\to\infty} \frac{n!}{n^n} = 0$$

Weiter oben sind diese Grenzwerte für $p = 100$ und $a = 100$ erläutert. Übrigens, sehen Sie warum der erste Grenzwert selbstverständlich ist, wenn $p \leq 0$ gilt? Für $p > 0$ ist das nicht der Fall: der Zähler n^p und der Nenner a^n streben beide nach unendlich. Der Nenner aber gewinnt auf die Dauer.

Berechnen Sie die nachfolgenden Grenzwerte. Auch bei den Grenzwerten auf dieser Seite ist es oft möglich Zähler und Nenner durch einen geschickt gewählten „dominanten" Term des Nenners zu teilen; danach erhalten Sie die Lösung, indem Sie einen der drei auf der vorherigen Seite angegegeben Standardgrenzwerte anwenden. Beispiel:

$$\lim_{n\to\infty} \frac{n^2 + 2^n}{n^2 - 2^n} = \lim_{n\to\infty} \frac{(n^2/2^n) + 1}{(n^2/2^n) - 1} = -1$$

da $\lim_{n\to\infty} \dfrac{n^2}{2^n} = 0$, nach dem ersten Standardgrenzwert (mit $p = a = 2$).

8.21

a. $\displaystyle\lim_{n\to\infty} \frac{2^n + 1}{3^n + 1}$

b. $\displaystyle\lim_{n\to\infty} \frac{2^n - 2^{-n}}{2^n - 1}$

c. $\displaystyle\lim_{n\to\infty} \frac{2^{n+1} + 1}{2^n + 1}$

d. $\displaystyle\lim_{n\to\infty} \frac{3^n - 2^n}{3^n + 2^n}$

e. $\displaystyle\lim_{n\to\infty} \frac{2^{3n} - 1}{2^{3n} + 3^{2n}}$

8.22

a. $\displaystyle\lim_{n\to\infty} \frac{n^3 - 3^n}{n^3 + 3^n}$

b. $\displaystyle\lim_{n\to\infty} \frac{2n^2}{n + 2^{-n}}$

c. $\displaystyle\lim_{n\to\infty} \frac{n^2 + n!}{3^n - n!}$

d. $\displaystyle\lim_{n\to\infty} \frac{n^n + 3n!}{n^n + (3n)!}$

e. $\displaystyle\lim_{n\to\infty} \frac{n! + 3n^9 - 7}{n^n + 3n^9 + 7}$

8.23

a. $\displaystyle\lim_{n\to\infty} \frac{n^3 + \sqrt[3]{n}}{3^n}$

b. $\displaystyle\lim_{n\to\infty} \frac{2^n + 1000}{n^{1000}}$

c. $\displaystyle\lim_{n\to\infty} \frac{2^n + 4^n}{3^n}$

d. $\displaystyle\lim_{n\to\infty} \frac{2^n}{n^n + 2^n}$

e. $\displaystyle\lim_{n\to\infty} \frac{1.002^n}{n^{1000} + 1.001^n}$

8.24

a. $\displaystyle\lim_{n\to\infty} n^{10}\, 0.9999^n$

b. $\displaystyle\lim_{n\to\infty} (n^2 + 3n - 7)\left(\frac{1}{2}\right)^{n-1}$

c. $\displaystyle\lim_{n\to\infty} \frac{(n+3)!}{n! + 2^n}$

d. $\displaystyle\lim_{n\to\infty} \frac{2^n}{1 + (n+1)!}$

e. $\displaystyle\lim_{n\to\infty} \frac{2^n + (n+1)!}{3^n + n!}$

Was ist die genaue Bedeutung des Grenzwertes einer Folge?

Auf den vorherigen Seiten sind uns bereits Grenzwerte von Folgen begegnet. Wir werden jetzt genau beschreiben, was wir im Allgemeinen unter einem Grenzwert einer Folge $a_1, a_2, a_3, \ldots$ verstehen. Wir benutzen jeweils zwei Notationen, eine Notation mit dem Buchstaben „lim" und eine „Pfeil-Notation", welche ebenfalls oft benutzt wird. Daneben wird auch das Symbol ∞ („unendlich") benutzt. Dies ist keine reelle Zahl, sondern ein Symbol, das in der Umschreibung in der rechten Spalte näher erklärt wird.

„lim"-Notation:	*Pfeil-Notation:*	*Beschreibung:*
$\lim\limits_{n\to\infty} a_n = L$	$a_n \to L$ wenn $n \to \infty$	Zu jeder positiven Zahl p (wie klein p auch ist) gibt es eine Zahl a_N in der Folge, so dass für alle $n > N$ die Zahlen a_n die Ungleichung $|a_n - L| < p$ erfüllen.
$\lim\limits_{n\to\infty} a_n = \infty$	$a_n \to \infty$ wenn $n \to \infty$	Zu jeder positiven Zahl P (wie groß P auch ist) gibt es eine Zahl a_N in der Folge, so dass für alle $n > N$ die Zahlen a_n die Ungleichung $a_n > P$ erfüllen.
$\lim\limits_{n\to\infty} a_n = -\infty$	$a_n \to -\infty$ wenn $n \to \infty$	Dieses bedeutet einfach, dass $\lim\limits_{n\to\infty} (-a_n) = \infty$.

Übrigens haben nicht alle Folgen einen Grenzwert; zum Beispiel hat die Folge mit n-tem Term gleich $(-1)^n$ (die geometrische Folge mit Verhältnis (-1)) keinen endlichen oder unendlichen Grenzwert, da die Terme abwechselnd $+1$ und -1 sind. Ebenso wenig hat die geometrische Folge $(-2)^n$ einen Grenzwert: Die Terme dieser wachsen im Absolutwert zwar über jeder Grenze hinaus, dennoch sind sie abwechselnd positiv und negativ, somit bleiben auch immer Terme übrig, die nicht über solche Grenzen hinauswachsen.

Wir betonen nochmals mit Nachdruck, dass ∞ und $-\infty$ keine reellen Zahlen sind, sondern Symbole, die wir benutzen um das Grenzwertverhalten bestimmter Folgen anzugeben. Mit etwas Vorsicht können Sie trotzdem damit rechnen. Wenn zum Beispiel für eine Folge $a_1, a_2, a_3, \ldots$ gilt, dass $\lim\limits_{n\to\infty} a_n = \infty$, dann gilt für die Folge $\frac{1}{a_1}, \frac{1}{a_2}, \frac{1}{a_3}, \ldots$, dass $\lim\limits_{n\to\infty} \frac{1}{a_n} = 0$. Der Grund hierfür ist deutlich: Wenn die Zahlen a_n auf die Dauer über jede Grenze hinaus wachsen, so werden die Zahlen $\frac{1}{a_n}$ sich auf Dauer immer stärker der 0 annähern. Auf Seite 65 und in den Aufgaben finden Sie hierzu Beispiele.

IV Gleichungen

$$x_{1,2} = \frac{-b \pm \sqrt{b^2 - 4ac}}{2a}$$

In vielen Anwendungen der Mathematik müssen Gleichungen oder Ungleichungen gelöst werden. Dabei müssen dann alle Zahlen bestimmt werden, die eine oder mehrere der vorgegebenen Gleichungen oder Ungleichungen erfüllen. In diesem Teil des Buches lernen wir die elementarsten Lösungstechniken. Insbesondere geben wir Verfahren an, um lineare und quadratische Gleichungen zu lösen. Im letzten Kapitel behandeln wir eine Methode um einfache lineare Gleichungssysteme zu lösen.

9

Lineare Gleichungen

Lösen Sie die nachfolgenden Gleichungen.

9.1
a. $x + 7 = 10$
b. $x - 12 = 4$
c. $x + 3 = -10$
d. $x - 10 = -7$
e. $x + 8 = 0$

9.2
a. $-x + 15 = 6$
b. $-x - 7 = 10$
c. $-x + 17 = -10$
d. $-x - 8 = -9$
e. $-x - 19 = 0$

9.3
a. $2x + 7 = 9$
b. $3x - 8 = 7$
c. $4x + 3 = 11$
d. $9x - 10 = 17$
e. $6x + 6 = 0$

9.4
a. $-3x + 15 = 21$
b. $-2x - 7 = 11$
c. $-5x + 17 = 32$
d. $-4x - 8 = 16$
e. $-6x - 18 = 0$

9.5
a. $2x + 9 = 12$
b. $3x - 12 = 9$
c. $-4x + 3 = -11$
d. $5x - 12 = 17$
e. $-6x + 9 = 0$

9.6
a. $-x - 15 = 6$
b. $-9x - 7 = -10$
c. $6x + 17 = 12$
d. $-9x - 18 = -6$
e. $5x - 19 = 0$

9.7
a. $x + 7 = 10 - 2x$
b. $x - 12 = 4 + 5x$
c. $2x + 3 = -10 + x$
d. $3x - 10 = 2x - 7$
e. $5x + 9 = 2x$

9.8
a. $-x + 15 = 6 - 4x$
b. $-2x - 7 = 2x - 10$
c. $3x + 17 = -11 + x$
d. $-x - 8 = -9x - 4$
e. $2x - 19 = 19 - 2x$

9.9
a. $x - 12 = 3 - 4x$
b. $-3x + 5 = 2x - 8$
c. $-x + 7 = -12 - x$
d. $4x - 1 = -7x + 4$
e. $2x + 12 = 9 + 4x$

Lösen Sie in den nachfolgenden Aufgaben zunächst durch Multiplikation beider Seiten mit einer geeigneten Zahl die Brüche auf (Eigenschaft G2).

9.10
a. $\frac{1}{2}x + \frac{3}{2} = 1 + \frac{5}{2}x$
b. $-\frac{1}{3}x - \frac{2}{3} = \frac{4}{3}x - 1$
c. $\frac{2}{5}x + \frac{3}{5} = -\frac{3}{5} - \frac{1}{5}x$
d. $-\frac{3}{7}x - \frac{3}{7} = -\frac{6}{7} - \frac{1}{7}x$
e. $\frac{2}{9}x - \frac{1}{9} = x - \frac{2}{9}$

9.11
a. $\frac{1}{3}x + \frac{3}{2} = 1 + \frac{1}{6}x$
b. $-\frac{2}{3}x - \frac{3}{4} = \frac{4}{3}x - 1$
c. $\frac{2}{5}x + \frac{5}{3} = -\frac{5}{6} - \frac{2}{3}x$
d. $-\frac{2}{9}x - \frac{1}{4} = -\frac{3}{2} - \frac{1}{6}x$
e. $\frac{1}{8}x - \frac{5}{6} = x - \frac{3}{4}$

9.12
a. $3(x + 4) = -2(x + 8)$
b. $-2(x - 3) + 1 = -3(-x + 7) + 2$
c. $2 - (x + 4) = -2(x + 1) - 3$

9.13
a. $6(-x + 2) - (x - 3) = 3(-x + 1)$
b. $2x - (-x + 1) = -3(-x + 1)$
c. $5(-2x + 3) + (2x - 5) = 4(x - 4)$

J. van de Craats, R. Bosch, *Grundwissen Mathematik*, Springer-Lehrbuch,
DOI 10.1007/978-3-642-13501-9_9, © Springer-Verlag Berlin Heidelberg 2010

Allgemeine Lösungsregeln

Wir nehmen an, dass der Wert von x die nachfolgende Gleichung erfüllt:

$$3x + 7 = -2x + 1$$

Die Aufgabe ist es, x zu bestimmen.

Lösung:

1. Addieren Sie zu der linken und rechten Seite $2x$: $5x + 7 = 1$,

2. Addieren Sie zu der linken und rechten Seite -7: $5x = -6$,

3. Dividieren Sie die linke und rechte Seite durch 5: $x = -\dfrac{6}{5}$.

Hiermit ist in drei Schritten die unbekannte Zahl x bestimmt worden. Als Kontrolle können wir den gefundenen Wert $x = \frac{6}{5}$ in die ursprüngliche Gleichung einsetzen und feststellen, dass die Lösung korrekt ist.

Wir haben die nachfolgenden allgemeinen Regeln angewandt:

G1. *Die Gültigkeit einer Gleichung verändert sich nicht, wenn Sie zu der linken und rechten Seite die gleiche Zahl addieren.*

G2. *Die Gültigkeit einer Gleichung verändert sich nicht, wenn Sie die linke und rechte Seite mit der gleichen Zahl multiplizieren oder durch sie dividieren, vorausgesetzt diese Zahl ist nicht gleich 0.*

Die ersten zwei Schritte des Lösungsweges in dem oben angegebenem Beispiel können wir auch folgendermaßen betrachten:

Es ist das Verschieben eines Terms von einer Seite der Gleichung zur anderen, wobei der Term sein Vorzeichen wechselt (von Plus nach Minus oder umgekehrt).

Auf diese Art und Weise wird die Regel G1 meist benutzt. Im ersten Schritt haben wir den Term $-2x$ von der rechten Seite auf die linke Seite gebracht, im zweiten Schritt den Term -7 von der linken Seite auf die rechte Seite.

Schreiben Sie die nachfolgenden Ungleichungen in einer der Formen:
$x < a$, $x \leq a$, $x > a$ of $x \geq a$.

Beispiel: $-3x + 7 > 5$.   Die Subtraktion von 7 ergibt $-3x > -2$ und das Teilen durch -3 ergibt anschließend $x < \frac{2}{3}$.

9.14

  a. $x + 6 < 8$

  b. $x - 8 > 6$

  c. $x + 9 \leq 7$

  d. $x - 1 \geq -3$

  e. $x + 6 > 7$

9.15

  a. $-2x + 4 < 8$

  b. $-3x - 8 > 7$

  c. $-5x + 9 \leq -6$

  d. $-4x + 1 \geq -3$

  e. $-2x + 6 > 5$

9.16

  a. $2x + 6 < x - 8$

  b. $3x - 8 > 7 - 2x$

  c. $x + 9 \leq 7 - 3x$

  d. $2x - 1 \geq x - 3$

  e. $5x + 6 > 3x + 7$

9.17

  a. $-2x + 6 < x + 9$

  b. $x - 8 > 3x + 6$

  c. $2x + 9 \leq 3x + 1$

  d. $-3x - 1 \geq 3 - x$

  e. $5x + 6 > 7x + 2$

9.18

  a. $\frac{1}{2}x + 1 < 2 - \frac{1}{3}x$

  b. $\frac{2}{3}x - \frac{1}{2} > 1 + \frac{1}{3}x$

  c. $\frac{3}{4}x + \frac{1}{2} \leq \frac{1}{2}x - \frac{1}{4}$

  d. $\frac{1}{6}x - \frac{1}{3} \geq \frac{2}{3}x - \frac{1}{6}$

  e. $\frac{2}{5}x - \frac{5}{2} > \frac{1}{2}x - \frac{2}{5}$

9.19

  a. $-\frac{3}{2}x - 1 < 2 - \frac{1}{4}x$

  b. $\frac{1}{5}x - \frac{1}{2} > 1 + \frac{2}{5}x$

  c. $-\frac{3}{4}x + \frac{1}{3} \leq \frac{1}{2}x - \frac{5}{6}$

  d. $\frac{2}{7}x - \frac{1}{2} \geq \frac{1}{2}x - \frac{3}{7}$

  e. $-\frac{3}{5}x - \frac{5}{2} > -\frac{1}{2}x + \frac{2}{5}$

Schreiben Sie die nachfolgenden Ungleichungen in einer der Formen:
$a < x < b$, $a \leq x < b$, $a < x \leq b$ of $a \leq x \leq b$.

Beispiel: $-2 \leq 3 - 6x < 4$.   Die Subtraktion von 3 ergibt $-5 \leq -6x < 1$ und das Teilen durch -6 ergibt anschließend $\frac{5}{6} \geq x > -\frac{1}{6}$, also $-\frac{1}{6} < x \leq \frac{5}{6}$.

9.20

  a. $-3 < x + 1 < 4$

  b. $2 < 2x + 4 < 6$

  c. $0 \leq 3x + 6 < 9$

  d. $-6 < 4x - 2 \leq 4$

  e. $1 \leq 1 + 2x \leq 2$

9.21

  a. $-3 < -x + 1 < 2$

  b. $2 < 2x - 4 < 4$

  c. $0 \leq -3x + 9 < 6$

  d. $-6 < -4x + 2 \leq 4$

  e. $-1 \leq 1 - 2x \leq 0$

Ungleichungen

Das Manipulieren von Ungleichungen erfordert etwas mehr Sorgfalt als das Manipulieren von Gleichungen. Doch auch hier gibt es Übereinstimmungen. Ungleichungen kommen in vier Gestalten vor:

$$a < b, \qquad a \le b, \qquad a > b, \qquad a \ge b.$$

Sie bedeuten nachfolgend „a ist kleiner als b", „a ist kleiner oder gleich b", „a ist größer als b", „a ist größer oder gleich b". Selbstverständlich bedeutet $a > b$ dasselbe wie $b < a$ und $a \ge b$ dasselbe wie $b \le a$. Weiter gilt die nachfolgende Regel:

U1. *Die Gültigkeit einer Ungleichung verändert sich nicht, wenn man zu der linken und rechten Seite die gleiche Zahl addiert.*

Diese Regel hat genau wie bei Gleichungen die Folge, dass Sie einen Term von der einen Seite auf die andere Seite bringen dürfen. Voraussetzung hierbei ist, dass Sie einen Vorzeichenwechsel machen (von Plus nach Minus oder umgekehrt).

Bei der Multiplikation der linken und rechten Seite mit der gleichen Zahl (die ungleich Null ist) müssen Sie aufpassen:

U2. *Die Gültigkeit einer Ungleichung verändert sich nicht, wenn man die linke und die rechte Seite mit der gleichen positiven Zahl multipliziert oder durch diese dividiert.*

U3. *Wenn man die linke und die rechte Seite einer Ungleichung mit der gleichen negativen Zahl multipliziert oder durch die gleiche negative Zahl dividiert, muss das Ungleichheitszeichen umgedreht werden.*

Manchmal werden Ungleichungen gleicher Art miteinander verbunden. So bedeutet $a < b \le c$, dass b größer ist als a und kleiner oder gleich c ist. Eine Kombination von Ungleichungen ungleicher Art erfolgt *nie*: Kombinationen von „größer" und „kleiner" in einer Kette treten nie auf. Wir können natürlich $a > b > c$ schreiben, aber nie $a < b > c$. Dies ist selbst dann nicht erlaubt, wenn die einzelnen Ungleichungen $a < b$ und $b > c$ für sich alleine gültig sind. Der Grund hierfür ist: wir wissen in diesem Fall bereits, dass a und c beide kleiner als b sind, jedoch können wir hieraus nichts über die Größenbeziehung von a und c folgern.

Lösen Sie die nachfolgenden Gleichungen.

9.22

a. $\dfrac{1}{x+1} = 5$

b. $\dfrac{x}{x-4} = 2$

c. $\dfrac{2x+1}{x} = -3$

d. $\dfrac{4x-1}{x-3} = -2$

e. $\dfrac{x+7}{-3x+8} = 1$

9.23

a. $\dfrac{2x}{3x-4} = -1$

b. $\dfrac{8x}{4x-4} = 2$

c. $\dfrac{4-4x}{x-1} = -3$

d. $\dfrac{2x+3}{4x} = 6$

e. $\dfrac{x-5}{x-4} = 1$

9.24

a. $(x+1)^2 = 1$
b. $(x-4)^2 = 9$
c. $(1-x)^2 = 25$
d. $(2x+1)^2 = 4$
e. $(-3x+1)^2 = 16$

9.25

a. $(x+2)^2 = 3$
b. $(x-1)^2 = 2$
c. $(3-x)^2 = 5$
d. $(2x+1)^2 = 6$
e. $(6-2x)^2 = 8$

9.26

a. $(x-1)^3 = 1$
b. $(x+4)^3 = -8$
c. $(1-x)^3 = 1$
d. $(2x-1)^3 = 27$
e. $(-4x-1)^3 = 64$

9.27

a. $(x-2)^4 = 1$
b. $(x+1)^4 = 16$
c. $(3-2x)^4 = 4$
d. $(2x+3)^4 = 81$
e. $(4-3x)^4 = 625$

9.28

a. $(x+1)^2 = (2x-1)^2$
b. $(3x-1)^2 = (x-1)^2$
c. $(x+1)^2 = (-2x+1)^2$
d. $(2x+5)^2 = (3-\dot{x})^2$
e. $(4x+3)^2 = x^2$

9.29

a. $(x+2)^2 = 4x^2$
b. $(2x+1)^2 = 4(x+1)^2$
c. $(-x+2)^2 = 9(x+2)^2$
d. $4(x+1)^2 = 25(x-1)^2$
e. $9(2x+1)^2 = 4(1-2x)^2$

Reduktion einer Gleichung zu einer linearen Gleichung

Eine Gleichung der Form

$$ax + b = 0,$$

wobei x eine unbekannte Zahl ist und a und b gegebene (bekannte) Zahlen mit $a \neq 0$ sind, nennt man eine *lineare Gleichung* in x. Die Gleichungen auf Seite 52 können alle in dieser Form geschrieben werden. Diese Art von Gleichungen können wir mit Hilfe der Regeln G1 und G2 der Seite 73 lösen. Die Lösung ist in diesem Fall:

$$x = -\frac{b}{a}$$

In bestimmten Fällen können wir kompliziertere Gleichungen auf lineare Gleichungen zurückführen.

Beispiel 1:

$$\frac{3x + 2}{4x - 5} = 2$$

Nach Multiplikation der linken und rechten Seite mit $4x - 5$ erhalten wir die Gleichung

$$3x + 2 = 2(4x - 5)$$

die wir mit der Methode von Seite 73 lösen können. Das Ergebnis ist $x = \frac{12}{5}$, wie Sie selbst nachprüfen können.

Wir haben beim ersten Schritt die Regel G2 angewandt. Dies ist nur erlaubt, wenn die Zahl $4x - 5$, mit der wir die linke und rechte Seite multipliziert haben, ungleich 0 ist. Weil x in diesem Stadium des Lösungsvorgangs noch nicht bekannt war, wussten wir hier noch nicht ob, $4x - 5 \neq 0$ ist. Dies konnten wir erst prüfen, nachdem wir die neue Gleichung nach x gelöst haben. Eine solche *Kontrolle danach* ist nicht überflüssig, wie Sie in manchen Aufgaben der vorherigen Seite feststellen können.

Beispiel 2:

$$(3x - 1)^2 = 4$$

Wenn x diese Gleichung erfüllt, muss das Quadrat von $3x - 1$ gleich 4 sein, d.h. $3x - 1$ ist gleich $+2$ oder -2. Es gibt daher zwei Möglichkeiten:

$$3x - 1 = 2 \quad \text{und} \quad 3x - 1 = -2$$

mit den Lösungen $x = 1$ und $x = -\frac{1}{3}$. (Prüfen Sie diese Berechnungen.)

10

Quadratische Gleichungen

Lösen Sie die nachfolgenden Gleichungen.

10.1

a. $x^2 = 9$

b. $4x^2 = 16$

c. $3x^2 + 1 = 13$

d. $-2x^2 + 21 = 3$

e. $2x^2 - 48 = 50$

10.2

a. $3x^2 - 2 = x^2 + 2$

b. $x^2 - 15 = 2x^2 - 2$

c. $12 - x^2 = x^2 - 4$

d. $3(2 - x^2) = x^2 + 6$

e. $-2(1 - x^2) = x^2$

10.3

a. $\frac{1}{2}x^2 = 2$

b. $\frac{2}{3}x^2 = \frac{1}{2}$

c. $\frac{3}{2}x^2 = \frac{2}{3}$

d. $\frac{4}{5}x^2 = \frac{5}{4}$

e. $2x^2 = \frac{9}{4}$

10.4

a. $\frac{1}{2}x^2 + \frac{2}{3} = \frac{5}{6}$

b. $\frac{1}{3}x^2 - \frac{1}{2} = \frac{1}{4}$

c. $-\frac{2}{5}x^2 - \frac{3}{7} = \frac{4}{3}$

d. $\frac{1}{8}x^2 + \frac{3}{4} = \frac{5}{2}$

e. $\frac{1}{3}(x^2 - \frac{1}{2}) = \frac{1}{4}$

10.5

a. $x(x + 3) = 0$

b. $(x + 1)(x - 5) = 0$

c. $(x - 1)(x + 1) = 0$

d. $(x + 7)(x - 2) = 0$

e. $(x - 3)(x + 9) = 0$

10.6

a. $x(2x - 1) = 0$

b. $(2x + 1)(x - 3) = 0$

c. $(3x + 2)(2x - 3) = 0$

d. $(5x + 3)(3x - 5) = 0$

e. $(2 - 3x)(3x - 2) = 0$

10.7

a. $3(x - 1)(x + 3) = 0$

b. $5(x - 1)(x + 5) = 0$

c. $-2(2x + 1)(3x - 4) = 0$

d. $4(3x + 2)(6x + 3) = 0$

e. $-5(3x - 2)(3x + 2) = 0$

10.8

a. $(\frac{1}{2}x + 3)(x - \frac{2}{3}) = 0$

b. $(\frac{2}{3}x - \frac{4}{5})(\frac{1}{3}x - \frac{2}{7}) = 0$

c. $\frac{1}{2}(\frac{3}{4}x - \frac{4}{3})(\frac{1}{3}x - \frac{1}{2}) = 0$

J. van de Craats, R. Bosch, *Grundwissen Mathematik*, Springer-Lehrbuch,
DOI 10.1007/978-3-642-13501-9_10, © Springer-Verlag Berlin Heidelberg 2010

Quadratische Gleichungen

Eine Gleichung der Form

$$ax^2 + bx + c = 0,$$

in der x eine unbekannte Zahl ist und a, b und c gegebene (bekannte) Zahlen mit $a \neq 0$, nennt man eine *quadratische Gleichung* in x. Oft wird auch von *Gleichungen zweiten Grades* gesprochen.

Eine solche Gleichung hat 0, 1 oder 2 Lösungen, d.h. es gibt 0, 1 oder 2 Zahlen x, die die Gleichung erfüllen. Die Lösungen werden auch oft *Wurzeln* der Gleichung genannt, obwohl in der Schreibweise der Zahlen gar keine Wurzeln im Sinne des Kapitels 3 vorkommen müssen. Für jeden der drei Fälle geben wir ein Beispiel.

1. Die Gleichung $x^2 + 1 = 0$ hat keine Lösungen; die linke Seite ist für jede Wahl von x größer oder gleich 1 (ein Quadrat ist immer größer oder gleich 0).

2. Die Gleichung $x^2 + 2x + 1 = 0$ hat eine Lösung; die linke Seite kann als $(x+1)^2$ geschrieben werden und diese ist nur gleich 0, wenn $x + 1 = 0$, d.h, wenn $x = -1$.

3. Die Gleichung $x^2 - 1 = 0$ hat zwei Lösungen, nämlich $x = 1$ und $x = -1$.

In manchen Fällen ist eine spezielle Technik für die Lösung von quadratischen Gleichungen nicht erforderlich. Als Beispiel nehmen wir

$$x^2 - 3x = 0$$

Wenn wir diese Gleichung schreiben als

$$x(x - 3) = 0$$

und bemerken, dass das Produkt zweier Zahlen, die beide ungleich 0 sind, auch immer ungleich 0 ist, sehen wir, dass entweder $x = 0$ oder $x - 3 = 0$ sein muss. Die Lösungen sind deshalb $x = 0$ und $x = 3$.

Was wir gerade benutzt haben, können wir auch als eine allgemeine Eigenschaft von Zahlen formulieren, eine Eigenschaft, die wir noch oft anwenden werden:

$$a \cdot b = 0 \quad \Longleftrightarrow \quad a = 0 \text{ oder } b = 0$$

Hierbei müssen Sie das „oder" so auffassen, dass a und b auch beide 0 sein können. Wenn nämlich mindestens eine der Zahlen a oder b gleich Null ist, ist auch $a \cdot b$ gleich Null. Wenn sowohl a als auch b ungleich Null sind, ist ihr Produkt ebenfalls ungleich Null.

Lösen Sie die nachfolgenden Gleichungen mittels der quadratischen Ergänzung.

10.9

  a. $x^2 + 4x + 1 = 0$

  b. $x^2 + 6x - 2 = 0$

  c. $x^2 + 8x + 3 = 0$

  d. $x^2 - 2x - 1 = 0$

  e. $x^2 + 10x + 5 = 0$

10.10

  a. $x^2 - 12x + 6 = 0$

  b. $x^2 - 13x - 7 = 0$

  c. $x^2 + x - 42 = 0$

  d. $x^2 - 12x + 27 = 0$

  e. $x^2 + 6x - 12 = 0$

10.11

  a. $x^2 + 7x - 1 = 0$

  b. $x^2 + 3x - 4 = 0$

  c. $x^2 + 4x + 4 = 0$

  d. $x^2 - 4x - 4 = 0$

  e. $x^2 - 11x + 7 = 0$

10.12

  a. $x^2 + 20x + 60 = 0$

  b. $x^2 - 18x - 80 = 0$

  c. $x^2 + 13x - 42 = 0$

  d. $x^2 - 15x + 56 = 0$

  e. $x^2 + 60x + 800 = 0$

10.13

  a. $x^2 + \frac{1}{2}x - \frac{3}{4} = 0$

  b. $x^2 + \frac{4}{3}x - \frac{5}{9} = 0$

  c. $x^2 - \frac{1}{3}x - \frac{1}{9} = 0$

  d. $x^2 + \frac{3}{2}x - \frac{5}{8} = 0$

  e. $x^2 - \frac{2}{5}x - \frac{1}{5} = 0$

10.14

  a. $x^2 + \frac{3}{4}x - \frac{3}{8} = 0$

  b. $x^2 + \frac{5}{2}x + \frac{3}{2} = 0$

  c. $x^2 - \frac{2}{3}x + \frac{1}{9} = 0$

  d. $x^2 - \frac{3}{2}x - \frac{3}{4} = 0$

  e. $x^2 + \frac{4}{5}x - \frac{4}{5} = 0$

Manchmal können Sie eine Gleichung, die nicht wie eine quadratische Gleichung aussieht, mittels eines Tricks auf eine quadratische Gleichung zurückführen.

Beispiel: $x^4 - 6x^2 - 16 = 0$.

Diese ist eine Gleichung vierten Grades, aber indem wir $y = x^2$ setzen, wird sie zu einer quadratischen Gleichung: $y^2 - 6y - 16 = 0$. Nach quadratischer Ergänzung erhalten wir $(y - 3)^2 = 25$, also $y - 3 = \pm 5$ mit Lösungen $y = 8$ und $y = -2$. Da jedoch $y = x^2$ ist, erhalten wir für $y = -2$ keine Lösungen: ein Quadrat kann niemals negativ sein. Die Lösungen sind deshalb $x = \pm\sqrt{8} = \pm 2\sqrt{2}$.

10.15

  a. $x^4 + 4x^2 - 5 = 0$

  b. $x^4 - 6x^2 = 7$

  c. $x^4 + 4x^2 + 4 = 0$

  d. $x^4 - 4x^2 + 4 = 0$

  e. $x^6 - 11x^3 = 12$

10.16

  a. $x - 2\sqrt{x} = 3$ (Setze $y = \sqrt{x}$)

  b. $x - 18\sqrt{x} + 17 = 0$

  c. $x + 4\sqrt{x} = 21$

  d. $x - 15\sqrt{x} + 26 = 0$

  e. $x + 6\sqrt{x} = 7$

Quadratische Ergänzung

Um die Gleichung

$$x^2 - 6x + 3 = 0$$

zu lösen, schreiben wir sie folgendermaßen um:

$$x^2 - 6x + 9 = 6$$

Hierdurch wird die linke Seite zu einem vollständigen Quadrat, nämlich das Quadrat von $x - 3$, da $(x - 3)^2 = x^2 - 6x + 9$. Das Lösen der Gleichung, die wir auf diese Weise erhalten, ist einfach:

$$(x - 3)^2 = 6$$

so dass

$$x - 3 = \sqrt{6} \quad \text{oder} \quad x - 3 = -\sqrt{6}$$

Die beiden Lösungen sind deshalb

$$x = 3 + \sqrt{6} \quad \text{und} \quad x = 3 - \sqrt{6}$$

Diese Methode können wir im Allgemeinen dann anwenden, wenn der Koeffizient von x^2 gleich 1 ist. Dazu nehmen wir *die Hälfte* des Koeffizientes von x, um damit auf der linken Seite ein vollständiges Quadrat zu bilden und auf der rechten Seiten eine Konstante, d.h. eine Zahl, welche nicht von x abhängt. Ist diese Konstante positiv oder Null, so können wir die Quadratwurzel hieraus ziehen und damit die Gleichung lösen. Ist die Konstante negativ, so gibt es keine Lösungen, denn die linke Seite ist ein Quadrat und somit nicht negativ.

Wir geben noch ein Beispiel:

$$x^2 + 10x + 20 = 0$$

Die Hälfte von 10 ist 5 und $(x + 5)^2 = x^2 + 10x + 25$. Wir schreiben die Gleichung also folgendermaßen um:

$$x^2 + 10x + 25 = 5$$

oder

$$(x + 5)^2 = 5,$$

so dass

$$x + 5 = \sqrt{5} \quad \text{oder} \quad x + 5 = -\sqrt{5}$$

Die Lösungen sind deshalb

$$x = -5 + \sqrt{5} \quad \text{und} \quad x = -5 - \sqrt{5}$$

Lösen Sie die nachfolgenden Gleichungen mit Hilfe der *abc*-Formel.

10.17

   a. $x^2 + 5x + 1 = 0$

   b. $x^2 - 3x + 2 = 0$

   c. $x^2 + 7x + 3 = 0$

   d. $x^2 - x + 1 = 0$

   e. $x^2 + 11x + 11 = 0$

10.18

   a. $x^2 + 3x + 1 = 0$

   b. $x^2 - 4x + 3 = 0$

   c. $x^2 + 9x - 2 = 0$

   d. $x^2 - 12x + 3 = 0$

   e. $x^2 - 5x + 1 = 0$

10.19

   a. $2x^2 + 4x + 3 = 0$

   b. $2x^2 - 12x + 9 = 0$

   c. $3x^2 + 12x - 8 = 0$

   d. $4x^2 + 12x + 1 = 0$

   e. $6x^2 - 12x - 1 = 0$

10.20

   a. $2x^2 + x - 1 = 0$

   b. $3x^2 + 2x + 1 = 0$

   c. $2x^2 + 8x - 2 = 0$

   d. $6x^2 + 18x + 7 = 0$

   e. $4x^2 - 8x + 1 = 0$

10.21

   a. $-x^2 + 2x + 1 = 0$

   b. $-2x^2 + 8x - 3 = 0$

   c. $-3x^2 + 9x - 1 = 0$

   d. $-4x^2 - 12x + 9 = 0$

   e. $-x^2 + x + 1 = 0$

10.22

   a. $3x^2 - 4x + 3 = 0$

   b. $-2x^2 + 3x + 2 = 0$

   c. $-4x^2 + 6x + 5 = 0$

   d. $6x^2 + 18x - 1 = 0$

   e. $-x^2 - x - 1 = 0$

10.23

   a. $\frac{1}{2}x^2 + x - 1 = 0$

   b. $\frac{2}{3}x^2 + 2x - 3 = 0$

   c. $\frac{1}{2}x^2 - x - 1 = 0$

   d. $\frac{4}{5}x^2 + 3x - 2 = 0$

   e. $\frac{5}{2}x^2 + 5x - 2 = 0$

10.24

   a. $\frac{1}{2}x^2 + \frac{3}{2}x - \frac{1}{4} = 0$

   b. $-\frac{2}{3}x^2 + \frac{1}{3}x - \frac{1}{2} = 0$

   c. $\frac{3}{4}x^2 + \frac{3}{8}x - \frac{3}{4} = 0$

   d. $\frac{2}{5}x^2 + \frac{3}{5}x - \frac{5}{4} = 0$

   e. $-\frac{3}{2}x^2 + \frac{1}{4}x - \frac{1}{8} = 0$

10.25

   a. $x(1 - x) = -2$

   b. $(3x + 1)(x + 3) = 1$

   c. $(x - 2)(2 - 3x) = x$

   d. $(5 - x)(5 + x) = 5$

   e. $(1 - x)(2 - x) = 3 - x$

10.26

   a. $(x^2 - 4)(x^2 - 1) = 5$

   b. $(1 - x^2)(1 + 2x^2) = x^2$

   c. $(\sqrt{x} - 1)(\sqrt{x} - 3) = 1$

   d. $\sqrt{x}(1 + \sqrt{x}) = 1 - \sqrt{x}$

   e. $(1 - x^3)(2 - x^3) = x^3$

Die abc-Formel und die pq–Formel

Die Methode der quadratischen Ergänzung können wir ebenfalls für allgemeine quadratische Gleichungen anwenden. Um Brüche in der Herleitung der Lösungsformel so weit wie möglich zu vermeiden, werden wir den Lösungsvorgang ein wenig abändern.

Angenommen, die quadratische Gleichung

$$ax^2 + bx + c = 0$$

mit $a \neq 0$ ist gegeben. Wir multiplizieren die linke und die rechte Seite mit $4a$

$$4a^2x^2 + 4ab\,x + 4ac = 0$$

und schreiben dies folgendermaßen:

$$4a^2x^2 + 4ab\,x + b^2 = b^2 - 4ac$$

Hiermit ist die linke Seite ein vollständiges Quadrat geworden, nämlich das Quadrat von $2ax + b$, da $(2ax + b)^2 = 4a^2x^2 + 4abx + b^2$. Die Gleichung erhält dann die Form:

$$(2ax + b)^2 = b^2 - 4ac$$

Die rechte Seite $b^2 - 4ac$ wird die *Diskriminante* genannt. Wenn die Diskriminante negativ ist, hat die Gleichung keine Lösungen: die linke Seite ist nicht negativ, da es sich hier um ein Quadrat handelt.

Wenn die Diskriminante positiv oder Null ist, erhalten wir nach dem Wurzelziehen

$$2ax + b = \sqrt{b^2 - 4ac} \quad \text{oder} \quad 2ax + b = -\sqrt{b^2 - 4ac},$$

woraus die Lösungen folgen:

$$x = \frac{-b + \sqrt{b^2 - 4ac}}{2a} \quad \text{und} \quad x = \frac{-b - \sqrt{b^2 - 4ac}}{2a}$$

Wenn die Diskriminante gleich Null ist, sind beide Lösungen gleich. Wir schreiben die Lösungen oft in *einer* Formel:

$$x_{1,2} = \frac{-b \pm \sqrt{b^2 - 4ac}}{2a}$$

Dies ist die *abc-Formel*, oft auch *Mitternachtsformel* genannt.

In dem Fall, dass eine quadratische Gleichung in Normalform vorliegt, d.h.

$$x^2 + px + q = 0,$$

so nimmt die *abc*-Formel die Gestalt der berühmten *pq-Formel* an:

$$x_{1,2} = \frac{-p \pm \sqrt{p^2 - 4q}}{2}$$

11 Lineare Gleichungssysteme

Lösen Sie die nachfolgenden linearen Gleichungssysteme.

11.1

a. $\begin{cases} 2x + 3y = 4 \\ 3x - 2y = 6 \end{cases}$

b. $\begin{cases} 3x + 5y = 8 \\ -x + 6y = 5 \end{cases}$

c. $\begin{cases} 5x + 2y = 3 \\ 2x - 4y = 6 \end{cases}$

d. $\begin{cases} 2x + 5y = 9 \\ -3x + 4y = -2 \end{cases}$

e. $\begin{cases} 2x - 4y = 3 \\ 4x - 2y = 3 \end{cases}$

11.2

a. $\begin{cases} 2x + 5y = 1 \\ 5x - 4y = 0 \end{cases}$

b. $\begin{cases} 7x - 5y = 1 \\ 4x - 7y = 13 \end{cases}$

c. $\begin{cases} x - 3y = 7 \\ -5x + 2y = 4 \end{cases}$

d. $\begin{cases} 2x - 2y = 6 \\ 3x + 4y = -5 \end{cases}$

e. $\begin{cases} 7x + 5y = 1 \\ 3x - 4y = 25 \end{cases}$

11.3

a. $\begin{cases} 2x + 3y = 2 \\ 3x + 4y = 2 \end{cases}$

b. $\begin{cases} 2x - 3y = 1 \\ 3x - 4y = 0 \end{cases}$

c. $\begin{cases} 2x + 3y = 4 \\ 3x + 5y = 1 \end{cases}$

d. $\begin{cases} 2x - 7y = 5 \\ x - 4y = -1 \end{cases}$

e. $\begin{cases} 4x - 7y = 8 \\ 3x - 5y = 4 \end{cases}$

11.4

a. $\begin{cases} x - 5y = 4 \\ 3x + 4y = 1 \end{cases}$

b. $\begin{cases} 3x - 7y = 2 \\ 3x - 4y = -2 \end{cases}$

c. $\begin{cases} 2x + 9y = 5 \\ -x - 4y = 2 \end{cases}$

d. $\begin{cases} 6x + 5y = 1 \\ 7x + 6y = 2 \end{cases}$

e. $\begin{cases} 5x - 3y = 7 \\ 8x - 5y = 2 \end{cases}$

J. van de Craats, R. Bosch, *Grundwissen Mathematik*, Springer-Lehrbuch,
DOI 10.1007/978-3-642-13501-9_11, © Springer-Verlag Berlin Heidelberg 2010

Zwei Gleichungen mit zwei Unbekannten.

Angenommen, zwei unbekannte Zahlen x und y sind gegeben, die beide die nachfolgenden linearen Gleichungen erfüllen

$$\begin{cases} 2x & + & 5y & = & 9 \\ 3x & - & 4y & = & 2. \end{cases}$$

Man nennt dies ein System von zwei Gleichungen mit zwei Unbekannten. Die Zahlen x und y können wir auf nachfolgende Weise in diesem Gleichungssystem bestimmen.

Wir multiplizieren in der ersten Gleichung die linke und rechte Seite mit 3 und in der zweiten Gleichung die linke und rechte Seite mit 2, damit die Koeffizienten von x in beiden Gleichungen gleich werden:

$$\begin{cases} 6x & + & 15y & = & 27 \\ 6x & - & 8y & = & 4 \end{cases}$$

Danach subtrahieren wir die zweite Gleichung von der ersten Gleichung. Wir erhalten dann eine Gleichung, in der nur noch das unbekannte y vorkommt:

$$23y = 23$$

mit der Lösung $y = 1$. Durch Einsetzen dieses Wertes in eine der beiden ursprünglichen Gleichungen erhalten wir eine Gleichung, in der wir x bestimmen können. Wir wählen die erste Gleichung:

$$2x + 5 \times 1 = 9$$

oder $2x = 4$ und somit $x = 2$.

Hiermit haben wir die Zahlen x und y gefunden. Sie können kontrollieren, dass die Kombination $x = 2$ und $y = 1$ in der Tat die beiden ursprünglichen Gleichungen erfüllt.

Diese Methode ist allgemein anwendbar. Wir multiplizieren die Gleichungen mit Zahlen, damit die Koeffizienten vor einer der beiden Unbekannten (x bzw. y) gleich werden. Durch Subtraktion erhalten wir dann eine Gleichung, in der nur noch eine Unbekannte (y bzw. x) vorkommt. In dieser Gleichung kann y bzw. x gelöst werden. Indem wir den gefundenen Wert in eine der beiden ursprünglichen Gleichungen einsetzen, erhalten wir eine Gleichung, in der nur noch die andere Unbekannte vorkommt. Diese können wir jetzt ebenfalls bestimmen.

Lösen Sie die nachfolgenden Gleichungssysteme.

11.5

a.
$$\begin{aligned}
x + 3y + z &= 1 \\
2x - y - 3z &= -8 \\
-3x + 2y + 2z &= 7
\end{aligned}$$

b.
$$\begin{aligned}
x - 4y + z &= -2 \\
-2x + 3y - 2z &= -1 \\
-4x + y + z &= -2
\end{aligned}$$

c.
$$\begin{aligned}
-2x + 2y + 3z &= -3 \\
x - 2y + 4z &= 8 \\
-3x + y &= -7
\end{aligned}$$

d.
$$\begin{aligned}
4x - 3y + z &= 2 \\
-2x - y - 2z &= 2 \\
-x + 2y + 4z &= -9
\end{aligned}$$

e.
$$\begin{aligned}
x - 3y + z &= -9 \\
x - y - 2z &= -6 \\
-4x + 3z &= 7
\end{aligned}$$

11.6

a.
$$\begin{aligned}
x - 5y + z &= -2 \\
x - 3y - 2z &= 1 \\
-3x + 5y + 7z &= -4
\end{aligned}$$

b.
$$\begin{aligned}
-2x - y + 2z &= 5 \\
x + y - z &= -3 \\
-3x + 2y - 6z &= -5
\end{aligned}$$

c.
$$\begin{aligned}
x - 6y + z &= -8 \\
- y - 2z &= -1 \\
-3x + 2y + 4z &= 8
\end{aligned}$$

d.
$$\begin{aligned}
x - 2y + z &= -5 \\
-3x - y - 3z &= 1 \\
-2x - 3y + 2z &= -8
\end{aligned}$$

e.
$$\begin{aligned}
x - 8y + 3z &= -9 \\
- 2y - 3z &= 1 \\
-4x + 5y &= -3
\end{aligned}$$

Beim Lösen der nachfolgenden Gleichungssysteme treten bemerkenswerte Tatsachen auf. Untersuchen Sie das Verhalten und versuchen Sie es zu erklären. Was würde man in diesen Fällen unter „Lösen" des Gleichungssystems verstehen?

11.7

a.
$$\begin{aligned}
x - 2y + z &= 0 \\
x - y - 3z &= 4 \\
-4x + 6y + 4z &= -8
\end{aligned}$$

b.
$$\begin{aligned}
x - 2y + z &= 1 \\
x - y - 3z &= 4 \\
-4x + 6y + 4z &= -9
\end{aligned}$$

c.
$$\begin{aligned}
x - 3y + z &= -1 \\
-2x + y &= 5 \\
5y - 2z &= -3
\end{aligned}$$

11.8

a.
$$\begin{aligned}
x - 3y + z &= -2 \\
-2x + y &= 4 \\
5y - 2z &= -1
\end{aligned}$$

b.
$$\begin{aligned}
x + 5y - 2z &= 5 \\
2x - 4z &= 1 \\
-x + 5y + 2z &= -4
\end{aligned}$$

c.
$$\begin{aligned}
x + 5y - 2z &= 4 \\
2x - 4z &= -2 \\
-x + 5y + 2z &= 6
\end{aligned}$$

Drei Gleichungen mit drei Unbekannten

Wenn ein lineares Gleichungssystem von drei Gleichungen mit drei Unbekannten x, y und z vorliegt, so können wir wie in dem nachfolgenden Beispiel angegeben vorgehen. Betrachten wir das Gleichungssystem

$$\left\{ \begin{array}{rcrcrcr} x & - & 2y & + & z & = & 0 \\ x & - & y & - & 3z & = & 4 \\ -4x & + & 5y & + & 9z & = & -9 \end{array} \right.$$

Wir können aus den ersten zwei Gleichungen x eliminieren, indem wir die erste Gleichung von der zweiten subtrahieren:

$$\begin{array}{rcrcrclc} x & - & 2y & + & z & = & 0 & (\times -1) \\ x & - & y & - & 3z & = & 4 & (\times 1) \\ \hline & & y & - & 4z & = & 4 & \end{array}$$

Aus der ersten und der dritten Gleichung können wir ebenfalls x eliminieren, indem wir 4 mal die erste Gleichung zur dritten Gleichung addieren:

$$\begin{array}{rcrcrclc} x & - & 2y & + & z & = & 0 & (\times 4) \\ -4x & + & 5y & + & 9z & = & -9 & (\times 1) \\ \hline & & -3y & + & 13z & = & -9 & \end{array}$$

So erhalten wir ein System von zwei Gleichungen mit den zwei Unbekannten y und z:

$$\left\{ \begin{array}{rcrcr} y & - & 4z & = & 4 \\ -3y & + & 13z & = & -9 \end{array} \right.$$

Dieses System können wir mit der bekannten Methode lösen. Es ist hier vernünftig drei mal die erste Gleichung zur zweiten zu addieren, mit dem Ergebnis $z = 3$. Durch Einsetzen dieses Wertes in die erste Gleichung erhalten wir

$$y - 4 \times 3 = 4$$

also $y = 16$. Wenn wir $y = 16$ und $z = 3$ in die erste Gleichung des ursprünglichen Systems einsetzen, erhalten wir

$$x - 2 \times 16 + 3 = 0$$

mit der Lösung $x = 29$. Hiermit ist das Gleichungssystem gelöst. Die gesuchten Werte sind $x = 29, y = 16, z = 3$.

Diese Methode ist im Allgemeinen für 3×3 Systeme anwendbar: Eliminieren Sie eine der Unbekannten aus zwei Paaren von Gleichungen. Nun lösen Sie das hieraus resultierende System von zwei Gleichungen mit zwei Unbekannten. Berechnen Sie schließlich, durch Einsetzen der berechneten Werte, den Wert der eliminierten Unbekannten.

V   Geometrie

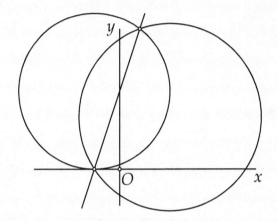

Die alten Griechen legten vor mehr als zweitausend Jahren, mit ihrer axiomatischen Methode, den Grundstein für die Entwicklung der klassischen Geometrie. Im siebzehnten Jahrhundert entwickelten jedoch Fermat und Descartes ein neues Konzept: Geometrie mittels Koordinaten. Dies ist mittlerweile zur Grundlage von nahezu allen Anwendungen der Geometrie geworden. In diesem Teil behandeln wir die wichtigsten Eigenschaften von Geraden und Kreisen in der Ebene mittels Koordinaten. Im letzten Kapitel sehen wir, dass wir die gleichen Methoden auch auf Ebenen und Kugeln im Raum anwenden können.

12

Geraden in der Ebene

In den nachfolgenden Aufgaben gehen wir von einem rechtwinkligen Koordinatensystem Oxy in der Ebene aus. Dies kann schön auf kariertem Papier dargestellt werden.

Zeichnen Sie die nachfolgenden Geraden auf kariertes Papier. Bestimmen Sie auch jeweils die Schnittpunkte einer solchen Geraden mit der x-Achse und der y-Achse (insoweit diese existieren).

12.1
a. $x + y = 1$
b. $x - y = 0$
c. $2x + y = 2$
d. $-x + 2y = -2$
e. $x + 3y = 4$

12.2
a. $x - 4y = -3$
b. $2x + 8y = -10$
c. $-3x + y = 0$
d. $7x - 2y = -14$
e. $-5x - 2y = 4$

12.3
a. $x = 0$
b. $x = -3$
c. $x = 2y$
d. $y = -1$
e. $3x = 2y + 1$

Zeichnen Sie die nachfolgenden Halbebenen.

12.4
a. $x < 0$
b. $x > -3$
c. $x > y$
d. $y < -2$
e. $3x < y$

12.5
a. $x + y < 2$
b. $2x - y > 0$
c. $2x + y < 2$
d. $-2x + 3y < -2$
e. $3x + 3y > 4$

12.6
a. $5x - 4y > 3$
b. $-2x + 7y < -9$
c. $-3x > y + 2$
d. $7x + 2 < y$
e. $-5 < x + 2y$

12.7 Zeichnen Sie die nachfolgenden Geraden in einer Figur.

a. $x + y = -1$, $x + y = 0$, $x + y = 1$ und $x + y = 2$
b. $x - y = -1$, $x - y = 0$, $x - y = 1$ und $x - y = 2$
c. $x + 2y = -1$, $x + 2y = 0$, $x + 2y = 1$ und $x + 2y = 2$
d. $2x + 2y = -1$, $2x + 2y = 0$, $2x + 2y = 1$ und $2x + 2y = 2$
e. $x = -2y$, $x = -y$, $x = 0$, $x = y$ und $x = 2y$

J. van de Craats, R. Bosch, *Grundwissen Mathematik*, Springer-Lehrbuch,
DOI 10.1007/978-3-642-13501-9_12, © Springer-Verlag Berlin Heidelberg 2010

Die Gleichung einer Geraden in der Ebene

Die Gleichung

$$4x + 3y = 12$$

enthält zwei Unbekannte x und y. Eine Lösung dieser Gleichung ist deshalb ein Paar (x,y), das diese Gleichung erfüllt. So ist zum Beispiel $(1,\frac{8}{3})$ eine Lösung, da die Gleichung erfüllt wird, wenn wir $x = 1$ und $y = \frac{8}{3}$ einsetzen. Jedoch gibt es mehrere Lösungen, z.B. $(3,0)$, $(0,4)$, oder $(-1,\frac{16}{3})$.

Tatsächlich können wir eine der beiden Unbekannten x und y frei wählen, wonach wir die andere Unbekannte aus der Gleichung lösen können. Wenn wir in der Ebene ein rechtwinkliges Koordinatensystem Oxy gewählt haben, sind die Lösungen der Gleichung die Punkte einer Geraden. In diesem ist sie die Gerade durch die Punkte $(0,4)$ und $(3,0)$. Die Punkte (x,y) der Geraden sind genau die Punkte, deren Koordinaten die Gleichung $4x + 3y = 12$ erfüllen.

Die Gerade mit der Gleichung $4x + 3y = 12$ zerlegt die Ebene in zwei Halbebenen. Für die Punkte, welche in der einen Halbebene liegen, gilt $4x + 3y > 12$. Für die Punkte der anderen Halbebene gilt $4x + 3y < 12$. Um zu bestimmen, für welche Halbebene welche Ungleichung gilt, setzt man einen Punkt ein: Der Ursprung O erfüllt die Ungleichung $4 \times 0 + 3 \times 0 < 12$, die Halbebene, die den Ursprung enthält, wird daher durch die Ungleichung $4x + 3y < 12$ gegeben.

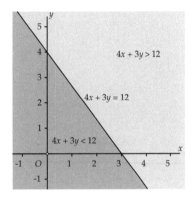

Im Allgemeinen beschreibt jede Gleichung der Form

$$ax + by = c$$

eine Gerade. Die einzige Bedingung ist, dass a und b nicht beide Null sind. Eine solche Gleichung ist nicht eindeutig bestimmt: Wenn wir die linke und die rechte Seite mit der gleichen Zahl (ungleich Null) multiplizieren, so bekommen wir eine andere Gleichung für die gleiche Gerade. So beschreibt $8x + 6y = 24$ dieselbe Gerade wie $4x + 3y = 12$.

Die Schnittpunkte einer Geraden, gegeben durch die Gleichung $ax + by = c$, mit der y-Achse bestimmen wir durch Einsetzen von $x = 0$. Dies liefert $y = \frac{c}{b}$, deshalb ist der Schnittpunkt $(0, \frac{c}{b})$. Die Gerade ist waagerecht, wenn $a = 0$ und senkrecht, wenn $b = 0$.

Eine Gerade ist eindeutig durch zwei ihrer Punkte bestimmt. Im nächsten Abschnitt zeigen wir ein einfaches Verfahren, um die Gleichung einer Geraden durch zwei gegebene Punkte zu bestimmen.

Bestimmen Sie in den nachfolgenden Fällen eine Gleichung der Geraden durch die zwei angegebenen Punkte. Fertigen Sie hierzu ebenfalls eine Zeichnung an.

12.8
  a. $(3,0)$ und $(0,3)$
  b. $(3,0)$ und $(2,0)$
  c. $(-1,0)$ und $(0,5)$
  d. $(-2,0)$ und $(0,5)$
  e. $(-2,-1)$ und $(-2,-2)$

12.9
  a. $(3,0)$ und $(0,-2)$
  b. $(3,1)$ und $(3,-1)$
  c. $(2,0)$ und $(0,5)$
  d. $(-2,2)$ und $(2,-2)$
  e. $(1,-1)$ und $(2,0)$

12.10
  a. $(2,1)$ und $(1,2)$
  b. $(2,2)$ und $(-2,0)$
  c. $(-1,1)$ und $(1,5)$
  d. $(-3,-1)$ und $(-1,5)$
  e. $(4,-1)$ und $(-1,-2)$

12.11
  a. $(1,-2)$ und $(3,5)$
  b. $(7,1)$ und $(5,-1)$
  c. $(-1,1)$ und $(4,5)$
  d. $(3,-2)$ und $(2,-6)$
  e. $(4,-1)$ und $(-1,-3)$

12.12
  a. $(4,-1)$ und $(0,0)$
  b. $(0,0)$ und $(2,3)$
  c. $(-1,0)$ und $(1,-5)$
  d. $(-3,4)$ und $(4,-3)$
  e. $(-2,0)$ und $(-1,-2)$

12.13
  a. $(10,0)$ und $(0,10)$
  b. $(3,-1)$ und $(-3,-1)$
  c. $(5,-2)$ und $(1,3)$
  d. $(-2,-8)$ und $(8,-2)$
  e. $(1,-1)$ und $(2,7)$

Die Gleichung $(a_1 - b_1)(y - b_2) = (a_2 - b_2)(x - b_1)$ ist die Gleichung der Geraden durch die Punkte (a_1, a_2) und (b_1, b_2). Jeder Punkt (x, y), der diese Gleichung erfüllt, liegt auf der Geraden und umgekehrt erfüllt jeder Punkt auf dieser Geraden diese Gleichung. Somit liegt ein Punkt (c_1, c_2) auf der Geraden durch (a_1, a_2) und (b_1, b_2) wenn

$$(a_1 - b_1)(c_2 - b_2) = (a_2 - b_2)(c_1 - b_1).$$

Benutzen Sie diese Tatsache um zu untersuchen, ob die nachfolgenden Punktetripel auf einer Geraden liegen. Fertigen Sie jeweils zur Kontrolle eine Zeichnung an.

12.14
  a. $(2,1)$, $(3,0)$ und $(1,2)$
  b. $(2,2)$, $(0,1)$ und $(-2,0)$
  c. $(-1,1)$, $(3,9)$ und $(1,5)$
  d. $(-3,-1)$, $(0,2)$ und $(-1,1)$
  e. $(4,-1)$, $(1,1)$ und $(-1,2)$

12.15
  a. $(1,-2)$, $(0,-5)$ und $(3,4)$
  b. $(7,1)$, $(1,-5)$ und $(5,-1)$
  c. $(-1,1)$, $(1,3)$ und $(4,5)$
  d. $(3,2)$, $(-1,-10)$ und $(2,-1)$
  e. $(4,1)$, $(0,-2)$ und $(-1,-3)$

Die Gleichung einer Geraden durch zwei Punkte

Weil die Gleichung

$$ax + by = c$$

mit gegebenen a, b und c eine *Gerade* in der Oxy-Ebene beschreibt (wenn a und b nicht beide Null sind), nennt man diese Gleichung eine *lineare Gleichung* in x und y. Umgekehrt gehört zu jeder Geraden auch eine lineare Gleichung in x und y, wobei die Koeffizienten von x und y nicht beide Null sind.

Für eine Gleichung durch zwei verschiedene Punkte existiert eine übersichtliche Formel:

Eine Gleichung der Geraden durch die Punkte (a_1, a_2) und (b_1, b_2) ist
$$(a_1 - b_1)(y - b_2) = (a_2 - b_2)(x - b_1)$$

Beispiel: Eine Gleichung der Geraden durch $A = (-2, 2)$ und $B = (3, -2)$ ist

$$(-2 - 3)(y + 2) = (2 - (-2))(x - 3)$$

oder nach Ausklammern und Vereinfachen:

$$4x + 5y = 2$$

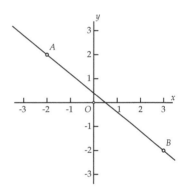

In der Tat, durch Einsetzen können wir prüfen, dass $(-2, 2)$ und $(3, -2)$ diese Gleichung erfüllen und weil eine Gerade durch zwei Punkte bestimmt ist, muss die angegebene Gleichung die gesuchte Gleichung sein.

Für den Beweis der allgemeinen Formel reicht es ebenfalls zu prüfen, dass (a_1, a_2) und (b_1, b_2) beide die Gleichung

$$(a_1 - b_1)(y - b_2) = (a_2 - b_2)(x - b_1)$$

erfüllen. Nach dem Einsetzen von $x = a_1$ und $y = a_2$ erhalten wir $(a_1 - b_1)(a_2 - b_2) = (a_2 - b_2)(a_1 - b_1)$ und somit ist die Gleichung erfüllt. Einsetzen von $x = b_1$ und $y = b_2$ macht sowohl die linke als auch die rechte Seite zu Null, daher stimmt in diesem Fall die Gleichung ebenfalls.

Das Schöne der obigen Formel ist, dass sie *immer* aufgeht, selbst wenn die Gerade senkrecht ist. Nehmen wir beispielsweise die Punkte $(3, 5)$ und $(3, 7)$, so erhalten wir die Formel

$$(3 - 3)(y - 7) = (5 - 7)(x - 3)$$

oder, nach Ausklammern und Vereinfachen, die senkrechte Gerade $x = 3$. Dies hätten wir auch direkt sehen können.

Bestimmen Sie in den nachfolgenden Fällen den Schnittpunkt der zwei angegebenen Geraden, vorausgesetzt sie sind nicht parallel oder gleich.

12.16

a. $x + y = 2$
$x - y = 1$

b. $x + y = 3$
$2x + y = 6$

c. $-5x + 2y = 4$
$x - 3y = 0$

d. $x + y = 3$
$-x - y = 7$

e. $8x + 3y = 7$
$7y = -4$

12.17

a. $x + 2y = -8$
$3x - 8y = 5$

b. $-2x + 7y = 3$
$-5x - 2y = 6$

c. $5x = 14$
$3x - 2y = 7$

d. $4x = -17$
$9y = 11$

e. $8x - 5y = 1$
$-2x - 11y = 0$

12.18

a. $x + y = 3$
$x - y = 5$

b. $2x + y = 3$
$-x - 2y = 6$

c. $-3x + 2y = 4$
$x - 2y = 2$

d. $4x - 7y = -2$
$5x + 4y = 11$

e. $x + 3y = 6$
$3x + 9y = -2$

12.19

a. $-x + 2y = 9$
$13x - 8y = 15$

b. $12x - 7y = 13$
$-5x - y = 8$

c. $5x + 8y = 14$
$9x - 12y = 5$

d. $4x - 6y = -12$
$-6x + 9y = 18$

e. $-8x + 3y = 5$
$3x - 7y = -12$

12.20   Bestimmen Sie eine Gleichung

a. der Geraden durch $(0,0)$, die parallel zu $x + y = 4$ ist
b. der Geraden durch $(1,0)$, die parallel zu $2x - y = -2$ ist
c. der Geraden durch $(0,3)$, die parallel zu $-x + 4y = 5$ ist
d. der Geraden durch $(1,-1)$, die parallel zu $-5x + 2y = -7$ ist
e. der Geraden durch $(-2,5)$, die parallel zu $8x + 7y = 14$ ist

Der Schnittpunkt zweier Geraden

Zwei verschiedene Geraden in der Ebene schneiden sich entweder in einem Punkt oder sind parallel. Wie bestimmt man den Schnittpunkt, wenn die Geraden sich schneiden? Wir geben ein Beispiel. Angenommen, die Geraden werden durch die Gleichungen

$$2x + 5y = 9 \quad \text{und} \quad 3x - 4y = 2$$

bestimmt. Ihr Schnittpunkt (x, y) erfüllt dann beide Gleichungen, mit anderen Worten, er ist eine Lösung des *Gleichungssystems*

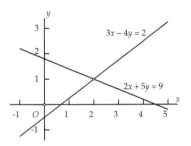

$$\begin{cases} 2x & + & 5y & = & 9 \\ 3x & - & 4y & = & 2 \end{cases}$$

In Kapitel 11 haben wir gezeigt, wie man ein solches System löst. Es stellt sich heraus, dass $(x, y) = (2, 1)$ der Schnittpunkt ist.

Nicht immer haben zwei Geraden genau einen Schnittpunkt. Sie können parallel sein und dann gibt es keinen Schnittpunkt. Die Geraden können auch gleich sein und man könnte dann sagen, dass es unendlich viele Schnittpunkte gibt. Wie können wir dies aus den Gleichungen herauslesen?

Wenn die zwei Geraden gleich sind, sind die zwei Gleichungen gleich oder ein Vielfaches voneinander; dies sieht man unmittelbar. Bei parallelen Geraden in der Standardform $ax + by = c$ sind die linken Seiten gleich oder ein Vielfaches voneinander. Betrachten Sie z.B. die Geraden $-6x + 8y = 1$ und $3x - 4y = 3$. In dem Gleichungssystem

$$\begin{cases} -6x & + & 8y & = & 1 \\ 3x & - & 4y & = & 2 \end{cases}$$

bekommen wir, wenn wir die zweite Gleichung mit dem Faktor -2 multiplizieren

$$\begin{cases} -6x & + & 8y & = & 1 \\ -6x & + & 8y & = & -4 \end{cases}$$

Dieses Gleichungssystem ist *widersprüchlich*, d.h. es gibt keine Lösungen (x, y). Der Ausdruck $-6x + 8y$ kann nämlich nicht gleichzeitig gleich 1 und -4 sein, und Geraden die keinen Schnittpunkt haben, sind parallel.

13

Abstände und Winkel

Berechnen Sie den Abstand der nachfolgenden Punktpaare:

13.1
a. $(0,0)$ und $(0,-3)$
b. $(2,0)$ und $(-2,0)$
c. $(0,0)$ und $(1,-5)$
d. $(-1,1)$ und $(-3,3)$
e. $(2,2)$ und $(-4,0)$

13.2
a. $(1,2)$ und $(1,-2)$
b. $(3,-1)$ und $(4,-2)$
c. $(-1,-3)$ und $(3,1)$
d. $(-1,0)$ und $(0,-2)$
e. $(1,1)$ und $(-2,2)$

13.3
a. $(3,0)$ und $(0,3)$
b. $(3,0)$ und $(2,1)$
c. $(-1,0)$ und $(1,5)$
d. $(-2,1)$ und $(3,5)$
e. $(-2,-1)$ und $(-4,-2)$

13.4
a. $(3,2)$ und $(1,-2)$
b. $(3,1)$ und $(4,-1)$
c. $(-2,3)$ und $(3,5)$
d. $(-1,2)$ und $(2,-2)$
e. $(1,-1)$ und $(2,2)$

Bestimmen Sie eine Gleichung der Mittelsenkrechten jeder der nachfolgenden Punktpaare. Zeichnen Sie alles auf kariertes Papier.

13.5
a. $(3,0)$ und $(0,3)$
b. $(0,0)$ und $(2,1)$
c. $(-2,0)$ und $(0,0)$
d. $(-2,1)$ und $(2,5)$
e. $(-2,-1)$ und $(-4,-2)$

13.6
a. $(3,2)$ und $(1,-2)$
b. $(3,1)$ und $(4,-1)$
c. $(-2,3)$ und $(3,5)$
d. $(-1,2)$ und $(2,-2)$
e. $(1,-1)$ und $(2,2)$

13.7 In den nachfolgenden Aufgaben nehmen Sie zunächst $a = 2$ und $b = 3$. Zeichnen Sie die Ergebnisse auf kariertes Papier. Lösen Sie danach den allgemeinen Fall.

a. Bestimmen Sie eine Gleichung der Mittelsenkrechten von (a,b) und $(a,-b)$, sowie eine Gleichung der Geraden durch (a,b) und $(a,-b)$.
b. Bestimmen Sie eine Gleichung der Mittelsenkrechten von (a,b) und (b,a), sowie eine Gleichung der Geraden durch (a,b) und (b,a).
c. Bestimmen Sie eine Gleichung der Mittelsenkrechten von (a,b) und $(-a,-b)$ sowie eine Gleichung der Geraden durch (a,b) und $(-a,-b)$.
d. Bestimmen Sie eine Gleichung der Geraden, die durch $(1,1)$ läuft und die senkrecht auf der Verbindungsgeraden von $(0,0)$ und (a,b) steht.
e. Bestimmen Sie eine Gleichung der Geraden, die durch (a,b) läuft und die senkrecht auf der Verbindungsgeraden von $(0,0)$ und (a,b) steht.

J. van de Craats, R. Bosch, *Grundwissen Mathematik*, Springer-Lehrbuch,
DOI 10.1007/978-3-642-13501-9_13, © Springer-Verlag Berlin Heidelberg 2010

Abstand und Mittelsenkrechte

Ein rechtwinkliges Koordinatensystem Oxy wird *orthonormal* genannt, wenn die Maßstäbe auf den beiden Achsen gleich sind. In den geometrischen Anwendungen werden wir fast immer mit einem solchen orthonormalen Koordinatensystem arbeiten.

In einem orthonormalen Koordinatensystem Oxy wird nach dem Satz des Pythagoras der Abstand $d(A, B)$ zwischen den Punkten $A = (a_1, a_2)$ und $B = (b_1, b_2)$ gegeben durch

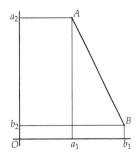

$$d(A, B) = \sqrt{(a_1 - b_1)^2 + (a_2 - b_2)^2}$$

Ist beispielsweise $A = (4, 9)$ und $B = (8, 1)$, so ist $d(A, B) = \sqrt{(4 - 8)^2 + (9 - 1)^2} = \sqrt{80} = 4\sqrt{5}$.

Die Punkte P, für die $d(P, A) = d(P, B)$ gilt, bilden die *Mittelsenkrechte* von A und B. Hier handelt es sich um die Gerade, die das Geradenstück AB in der Mitte senkrecht schneidet.

Im Beispiel rechts ist die Mittelsenkrechte von $A = (3, 1)$ und $B = (5, 1)$ gezeichnet. Wenn $P = (x, y)$ auf der Mittelsenkrechte liegt, dann ist $d(P, A) = d(P, B)$ und es folgt

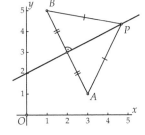

$$\sqrt{(x - 3)^2 + (y - 1)^2} = \sqrt{(x - 1)^2 + (y - 5)^2}$$

Nach Quadrieren und Ausschreiben erhalten wir die Gleichung

$$x^2 - 6x + 9 + y^2 - 2y + 1 = x^2 - 2x + 1 + y^2 - 10y + 25.$$

Diese können wir zu einer *linearen* Gleichung vereinfachen, denn die quadratischen Terme heben sich gegeneinander auf. Das Ergebnis ist $-4x + 8y = 16$, d.h.

$$-x + 2y = 4.$$

Auf diese Weise können wir also eine Gleichung der Mittelsenkrechten von A und B bestimmen. Die Mitte $(2, 3)$ des Geradenstücks AB ist ein Punkt der Mittelsenkrechten und tatsächlich schneidet die Mittelsenkrechte das Geradenstück dort senkrecht.

In den nachfolgenden Aufgaben sind jeweils ein Vektor **n** und ein Punkt A gegeben. Bestimmen Sie eine Gleichung der Geraden durch A mit **n** als Normalenvektor.

Beispiel: $\mathbf{n} = \begin{pmatrix} 3 \\ 2 \end{pmatrix}$, $A = (1,1)$.

Die Gleichung hat die Form

$$3x + 2y = c$$

und das Einsetzen der Koordinaten von A ergibt $3 \times 1 + 2 \times 1 = c$, also $c = 5$. Die gesuchte Gleichung ist deshalb

$$3x + 2y = 5$$

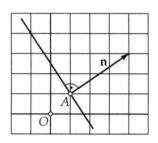

13.8

a. $\mathbf{n} = \begin{pmatrix} 1 \\ 0 \end{pmatrix}$, $A = (0,-3)$

b. $\mathbf{n} = \begin{pmatrix} 1 \\ 2 \end{pmatrix}$, $A = (4,3)$

c. $\mathbf{n} = \begin{pmatrix} 1 \\ -1 \end{pmatrix}$, $A = (-1,2)$

d. $\mathbf{n} = \begin{pmatrix} 4 \\ -3 \end{pmatrix}$, $A = (5,0)$

e. $\mathbf{n} = \begin{pmatrix} 7 \\ -6 \end{pmatrix}$, $A = (1,-2)$

13.9

a. $\mathbf{n} = \begin{pmatrix} 1 \\ 1 \end{pmatrix}$, $A = (2,-3)$

b. $\mathbf{n} = \begin{pmatrix} -1 \\ 3 \end{pmatrix}$, $A = (4,7)$

c. $\mathbf{n} = \begin{pmatrix} 5 \\ -8 \end{pmatrix}$, $A = (5,8)$

d. $\mathbf{n} = \begin{pmatrix} -2 \\ 9 \end{pmatrix}$, $A = (2,4)$

e. $\mathbf{n} = \begin{pmatrix} 5 \\ -7 \end{pmatrix}$, $A = (8,8)$

13.10

a. $\mathbf{n} = \begin{pmatrix} 2 \\ 2 \end{pmatrix}$, $A = (1,3)$

b. $\mathbf{n} = \begin{pmatrix} 0 \\ 3 \end{pmatrix}$, $A = (-4,2)$

c. $\mathbf{n} = \begin{pmatrix} 4 \\ -2 \end{pmatrix}$, $A = (-3,0)$

d. $\mathbf{n} = \begin{pmatrix} 5 \\ -1 \end{pmatrix}$, $A = (-5,2)$

e. $\mathbf{n} = \begin{pmatrix} 2 \\ -3 \end{pmatrix}$, $A = (2,-1)$

13.11

a. $\mathbf{n} = \begin{pmatrix} 1 \\ -2 \end{pmatrix}$, $A = (2,3)$

b. $\mathbf{n} = \begin{pmatrix} -3 \\ 4 \end{pmatrix}$, $A = (-3,8)$

c. $\mathbf{n} = \begin{pmatrix} -2 \\ 6 \end{pmatrix}$, $A = (-4,7)$

d. $\mathbf{n} = \begin{pmatrix} 2 \\ 11 \end{pmatrix}$, $A = (-2,7)$

e. $\mathbf{n} = \begin{pmatrix} -7 \\ -5 \end{pmatrix}$, $A = (5,-3)$

Der Normalenvektor einer Geraden

Bei vielen Anwendungen der Mathematik wird mit *Vektoren* gearbeitet, die Größen darzustellen, die sowohl eine Richtung als auch eine Länge haben. Ein Vektor ist ein Pfeil mit der betreffenden Länge und Richtung. Pfeile, die in die gleiche Richtung zeigen und gleich lang sind, stellen den *gleichen* Vektor dar. Somit können Sie den Anfangspunkt eines Vektors frei wählen. Vektoren bezeichnen wir oft mit einem fett hervorgehobenen Buchstaben.

Gegeben sei ein orthonormales Koordinaten-system Oxy der Ebene. Wir können dann einem Vektor $\mathbf{v}$ in der Ebene Koordinaten zuordnen: dazu geben wir diesem Vektor als Anfangspunkt den Ursprung. Die Koordinaten des Endpunkts sind dann die Koordinaten des Vektors $\mathbf{v}$. Um diese von Punktkoordinaten zu unterscheiden, setzen wir die Koordinaten eines Vektors untereinander. Der Vektor $\mathbf{v} = \begin{pmatrix} a \\ b \end{pmatrix}$ ist somit der Vektor, der einen Pfeil darstellt mit dem Anfangspunkt O und dem Endpunkt (a, b) oder jeden anderen Pfeil der gleich lang ist und die gleiche Richtung hat.

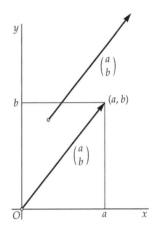

Die Mittelsenkrechte von (a, b) und $(-a, -b)$ ist die Menge aller Punkte, welche den gleichen Abstand zu (a, b) und $(-a, -b)$ haben. Es sind die Punkte (x, y), die die Gleichung $\sqrt{(x-a)^2 + (y-b)^2} = \sqrt{(x+a)^2 + (y+b)^2}$ erfüllen. Nach Quadrieren und Vereinfachen erhalten wir $ax + by = 0$.

Dies ist die Gleichung einer Gerade, die durch den Ursprung O geht. Der Vektor $\begin{pmatrix} a \\ b \end{pmatrix}$ steht offenbar senkrecht auf dieser Geraden. Man nennt jeden Vektor, der senkrecht auf einer Geraden steht, einen *Normalenvektor* dieser Geraden. Weil $ax + by = c$ für jede Wahl von c eine Gerade beschreibt, die parallel zu der Geraden $ax + by = 0$ ist, gilt:

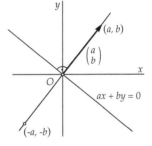

Der Vektor $\begin{pmatrix} a \\ b \end{pmatrix}$ *ist für jedes c ein Normalenvektor der Geraden* $ax + by = c$.

In den nachfolgenden Aufgaben ist jeweils ein Punkt A und die Gleichung einer Geraden gegeben. Bestimmen Sie die Gleichung der Geraden, welche durch A geht und senkrecht auf der gegebenen Geraden steht.

Beispiel: $A = (1,2)$ und $3x + 4y = 5$. Jede Gerade, welche senkrecht auf dieser Geraden steht, hat eine Gleichung der Form $4x - 3y = c$. (Vertauschen Sie die Koeffizienten von x und y und fügen Sie ein Minuszeichen dazu.) Nach dem Einsetzen der Koordinaten von A erhalten wir $4 \times 1 - 3 \times 2 = c$, also $c = -2$. Die gesuchte Gerade hat deshalb die Gleichung $4x - 3y = -2$.

13.12

 a. $A = (2,0), 2x - 3y = 4$
 b. $A = (3,-2), 4x + 5y = -1$
 c. $A = (-1,1), x - 7y = 2$
 d. $A = (8,-6), 4x + 3y = 5$
 e. $A = (-2,1), 3x - 3y = 1$

13.13

 a. $A = (0,0), 4x - 9y = 1$
 b. $A = (0,-3), 2x + 7y = -2$
 c. $A = (-2,1), -x + 5y = 3$
 d. $A = (4,6), 4x + 5y = 8$
 e. $A = (-4,1), 2x - 7y = 6$

In den nachfolgenden Aufgaben ist jeweils ein Punkt A und die Gleichung einer Geraden gegeben. Bestimmen Sie das Lot von A auf der gegebenen Geraden.

Beispiel: $A = (1,2)$ und $3x + 4y = 5$. Die Gerade durch A, welche senkrecht auf der gegebenen Geraden liegt und durch A geht, hat die Gleichung $4x - 3y = -2$ (wie oben gezeigt). Der Schnittpunkt dieser beiden Geraden ist $(\frac{7}{25}, \frac{26}{25})$.

13.14

 a. $A = (1,-2), 2x - 3y = 0$
 b. $A = (1,1), x + y = -1$
 c. $A = (2,0), 2x - y = 1$
 d. $A = (1,-1), 2x + y = -2$
 e. $A = (-2,2), x - 3y = 3$

13.15

 a. $A = (0,5), x - 4y = 1$
 b. $A = (1,-3), x + 2y = -2$
 c. $A = (2,-1), -x + y = 3$
 d. $A = (-2,2), 3x + y = 1$
 e. $A = (4,0), 2x - y = 6$

Senkrechter Stand von Geraden und Vektoren

Wir haben gesehen, dass der Vektor $\begin{pmatrix} a \\ b \end{pmatrix}$ ein Normalenvektor jeder Geraden der Form $ax + by = c$ ist, insbesondere auch der Geraden $ax + by = 0$, die durch den Ursprung geht.

Für jeden Punkt (c, d) auf der Geraden $ax + by = 0$ gilt $ac + bd = 0$. Der zugehörige Vektor $\begin{pmatrix} c \\ d \end{pmatrix}$ steht senkrecht auf dem Vektor $\begin{pmatrix} a \\ b \end{pmatrix}$. Wir bezeichnen dies mit dem Symbol $\perp$. Es gilt deshalb

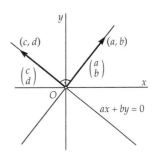

$$\begin{pmatrix} a \\ b \end{pmatrix} \perp \begin{pmatrix} c \\ d \end{pmatrix} \quad \Longleftrightarrow \quad ac + bd = 0$$

Insbesondere stehen die Vektoren $\begin{pmatrix} -b \\ a \end{pmatrix}$ und $\begin{pmatrix} b \\ -a \end{pmatrix}$ senkrecht auf dem Vektor $\begin{pmatrix} a \\ b \end{pmatrix}$, weil $(-b) \times a + a \times b = 0$ und $b \times a + (-a) \times b = 0$. Diese Vektoren haben alle die gleiche Länge und der erste entsteht aus $\begin{pmatrix} a \\ b \end{pmatrix}$ durch Drehung um $90°$ gegen den Uhrzeigersinn, der zweite durch Drehung um $90°$ im Uhrzeigersinn.

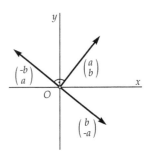

Wenn wir sagen, dass $\begin{pmatrix} a \\ b \end{pmatrix}$ ein Normalenvektor der Gerade $ax + by = c$ ist, so nehmen wir immer stillschweigend an, dass a und b nicht beide gleichzeitig Null sind, denn in diesem Fall ist $ax + by = c$ keine Gleichung einer Geraden.

Dennoch können wir natürlich trotzdem über den *Nullvektor* $\mathbf{0} = \begin{pmatrix} 0 \\ 0 \end{pmatrix}$ reden.

Dieser ist nämlich der „Pfeil" ohne Richtung und mit der Länge Null. Weil $a \times 0 + b \times 0 = 0$ ist, verabreden wir, dass der Nullvektor senkrecht auf allen anderen Vektoren steht (und somit auch auf sich selbst).

In den nachfolgenden Aufgaben sind jeweils zwei Vektoren **a** und **b** gegeben. Berechnen Sie den Cosinus der Winkel zwischen diesen Vektoren und (mit Hilfe eines Rechengerätes) den Winkel gradgenau.

Beispiel: $\mathbf{a} = \begin{pmatrix} 1 \\ 1 \end{pmatrix}$, $\mathbf{b} = \begin{pmatrix} 1 \\ -2 \end{pmatrix}$. Dann ist $|\mathbf{a}| = \sqrt{2}$, $|\mathbf{b}| = \sqrt{5}$, $\langle \mathbf{a}, \mathbf{b} \rangle = -1$ und somit $\cos \varphi = \frac{-1}{\sqrt{2}\sqrt{5}} = -\frac{1}{10}\sqrt{10} \approx -0.31623$. Also ist $\varphi \approx 108°$.

13.16

a. $\mathbf{a} = \begin{pmatrix} 1 \\ 0 \end{pmatrix}$, $\mathbf{b} = \begin{pmatrix} -1 \\ 1 \end{pmatrix}$

b. $\mathbf{a} = \begin{pmatrix} 2 \\ -1 \end{pmatrix}$, $\mathbf{b} = \begin{pmatrix} 1 \\ 2 \end{pmatrix}$

c. $\mathbf{a} = \begin{pmatrix} 3 \\ 1 \end{pmatrix}$, $\mathbf{b} = \begin{pmatrix} 3 \\ 2 \end{pmatrix}$

d. $\mathbf{a} = \begin{pmatrix} 4 \\ -2 \end{pmatrix}$, $\mathbf{b} = \begin{pmatrix} 0 \\ 1 \end{pmatrix}$

e. $\mathbf{a} = \begin{pmatrix} -2 \\ -1 \end{pmatrix}$, $\mathbf{b} = \begin{pmatrix} 2 \\ 1 \end{pmatrix}$

13.17

a. $\mathbf{a} = \begin{pmatrix} 2 \\ -2 \end{pmatrix}$, $\mathbf{b} = \begin{pmatrix} 1 \\ 2 \end{pmatrix}$

b. $\mathbf{a} = \begin{pmatrix} -1 \\ 0 \end{pmatrix}$, $\mathbf{b} = \begin{pmatrix} 1 \\ -1 \end{pmatrix}$

c. $\mathbf{a} = \begin{pmatrix} 4 \\ 0 \end{pmatrix}$, $\mathbf{b} = \begin{pmatrix} 2 \\ 3 \end{pmatrix}$

d. $\mathbf{a} = \begin{pmatrix} 5 \\ 1 \end{pmatrix}$, $\mathbf{b} = \begin{pmatrix} -1 \\ 5 \end{pmatrix}$

e. $\mathbf{a} = \begin{pmatrix} 6 \\ -7 \end{pmatrix}$, $\mathbf{b} = \begin{pmatrix} 1 \\ 1 \end{pmatrix}$

In den nachfolgenden Aufgaben sind jeweils die Gleichungen zweier Geraden gegeben. Berechnen Sie mit Hilfe eines Rechengerätes den Winkel dieser Geraden gradgenau. Nehmen Sie diesen Winkel immer kleiner oder gleich 90 Grad.

Beispiel: $x + y = -1$, $x - 2y = 4$. Der Winkel zwischen diesen beiden Geraden ist gleich dem Winkel zwischen den Normalenvektoren $\begin{pmatrix} 1 \\ 1 \end{pmatrix}$ und $\begin{pmatrix} 1 \\ -2 \end{pmatrix}$ und dieser ist, abgerundet, 108° (vgl. obiges Beispiel). Dies ist ein stumpfer Winkel: der spitze Winkel zwischen den Geraden ist deshalb (abgerundet) $180° - 108° = 72°$.

13.18

a. $x + y = 3$, $\quad 2x - 3y = 4$

b. $x - 2y = 5$, $\quad 4x + 5y = -1$

c. $2x - 2y = 1$, $\quad x + y = -3$

d. $2x - y = 3$, $\quad x - y = 1$

e. $x - 2y = -1$, $\quad x + 3y = -3$

13.19

a. $x + 2y = 0$, $\quad 2x + 3y = 1$

b. $-2x - y = 5$, $\quad 4x = -1$

c. $3x + y = 1$, $\quad -4x + y = -2$

d. $6x - 7y = 1$, $\quad -2x - 3y = 0$

e. $-3x - 2y = 2$, $\quad 3x + y = 2$

Das Skalarprodukt

Für je zwei Vektoren $\mathbf{a} = \begin{pmatrix} a_1 \\ a_2 \end{pmatrix}$ und $\mathbf{b} = \begin{pmatrix} b_1 \\ b_2 \end{pmatrix}$ definiert man das *Skalarprodukt*, Notation $\langle \mathbf{a}, \mathbf{b} \rangle$, durch

$$\langle \mathbf{a}, \mathbf{b} \rangle = a_1 b_1 + a_2 b_2$$

Andere Namen, die hierfür benutzt werden, sind *inneres Produkt* und *Punktprodukt* (englisch: *dot product*). Im letzteren Fall wird das Skalarprodukt von $\mathbf{a}$ und $\mathbf{b}$ mit $\mathbf{a} \cdot \mathbf{b}$ bezeichnet.

Im letzten Abschnitt haben wir bereits gesehen, dass $\mathbf{a} \perp \mathbf{b}$ genau dann, wenn $\langle \mathbf{a}, \mathbf{b} \rangle = 0$. Desweiteren folgt aus dem Satz von Pythagoras, dass für die Länge $|\mathbf{a}|$ eines Vektors $\mathbf{a}$ gilt, dass

$$|\mathbf{a}| = \sqrt{\langle \mathbf{a}, \mathbf{a} \rangle} = \sqrt{a_1^2 + a_2^2}$$

Im Allgemeinen gibt es für das Skalarprodukt eine geometrische Interpretation, welche die eben erwähnten Eigenschaften als Spezialfall haben. Wir können nämlich zeigen, dass

$$\langle \mathbf{a}, \mathbf{b} \rangle = |\mathbf{a}||\mathbf{b}| \cos \varphi$$

wobei φ der Winkel zwischen den beiden Vektoren im Ursprung ist. (Siehe die Seiten 141 und 142 für die Definition des Cosinus.)

Beachten Sie, dass die Länge der Projektion des Vektors $\mathbf{b}$ auf die Gerade, die durch den Vektor $\mathbf{a}$ verläuft, gleich $|\mathbf{b}| \cos \varphi$ ist. (Versehen mit einem Minuszeichen wenn φ ein stumpfer Winkel ist, weil dann ein negativer Cosinus vorliegt.) Wir können die Rolle von $\mathbf{a}$ und $\mathbf{b}$ dabei natürlich vertauschen: Das Skalarprodukt ist gleich dem Produkt der Länge von $\mathbf{b}$ mit der Länge der Projektion von $\mathbf{a}$ auf dem Träger von $\mathbf{b}$. Hiermit ist dann auch geometrisch klar, dass das Skalarprodukt Null ist, wenn die Vektoren senkrecht aufeinander stehen (weil dann $\cos \varphi = 0$ ist) und dass das Skalarprodukt gleich dem Quadrat der Länge ist, wenn beide Vektoren gleich sind (weil dann $\cos \varphi = 1$ ist).

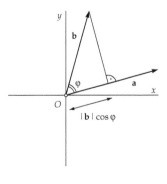

14

Kreise

In den nachfolgenden Aufgaben sind ein Mittelpunkt M und ein Radius r gegeben. Schreiben Sie jeweils eine Gleichung des Kreises mit dem Mittelpunkt M und dem Radius r in der Form $x^2 + y^2 + ax + by + c = 0$ auf.

14.1
a. $M = (0,0)$ und $r = 2$
b. $M = (2,0)$ und $r = 2$
c. $M = (0,-3)$ und $r = 5$
d. $M = (1,2)$ und $r = 4$
e. $M = (-2,2)$ und $r = 2\sqrt{2}$

14.2
a. $M = (4,0)$ und $r = 1$
b. $M = (3,-2)$ und $r = \sqrt{13}$
c. $M = (2,-1)$ und $r = 5$
d. $M = (1,7)$ und $r = 7$
e. $M = (-5,12)$ und $r = 13$

Untersuchen Sie, ob die nachfolgenden Gleichungen Kreise beschreiben. Falls ja, bestimmen Sie den Mittelpunkt und den Radius.

14.3
a. $x^2 + y^2 + 4x - 2y + 1 = 0$
b. $x^2 + y^2 + x - y - 1 = 0$
c. $x^2 + y^2 + 2x + 2y = 0$
d. $x^2 + y^2 - 8x + 12 = 0$
e. $x^2 + y^2 + 4x - 2y + 6 = 0$

14.4
a. $x^2 + y^2 = 4x - 5$
b. $x^2 + y^2 = 4x + 5$
c. $x^2 + y^2 = 4y - 4$
d. $3x^2 + 3y^2 = 2y$
e. $4x^2 + 4y^2 - 16x - 8y + 19 = 0$

Bestimmen Sie eine Gleichung des Kreises, auf dem die nachfolgenden drei Punkte liegen. Fertigen Sie zunächst eine Zeichnung auf kariertem Papier an. Die Punkte sind so gewählt worden, dass Sie den Mittelpunkt und den Radius einfach bestimmen können.

14.5
a. $(0,0)$, $(2,0)$ und $(0,2)$
b. $(0,0)$, $(2,0)$ und $(0,4)$
c. $(0,0)$, $(6,0)$ und $(0,8)$
d. $(0,0)$, $(2,2)$ und $(2,-2)$
e. $(3,4)$, $(3,0)$ und $(0,4)$

14.6
a. $(1,1)$, $(1,5)$ und $(5,1)$
b. $(-2,0)$, $(-2,2)$ und $(2,2)$
c. $(1,-2)$, $(1,0)$ und $(-1,-2)$
d. $(3,3)$, $(3,1)$ und $(1,3)$
e. $(-1,-2)$, $(-1,0)$ und $(0,-1)$

J. van de Craats, R. Bosch, *Grundwissen Mathematik*, Springer-Lehrbuch,
DOI 10.1007/978-3-642-13501-9_14, © Springer-Verlag Berlin Heidelberg 2010

Kreisgleichungen

Der Kreis mit dem Mittelpunkt $M = (m, n)$ und dem Radius r ist die Menge aller Punkte, deren Abstand zu M gleich r ist. Falls ein solcher Punkt P die Koordinaten (x, y) hat, folgt aus $d(P, M) = r$, dass

$$\sqrt{(x - m)^2 + (y - n)^2} = r$$

Nach Quadrieren beider Seiten erhalten wir

$$(x - m)^2 + (y - n)^2 = r^2$$

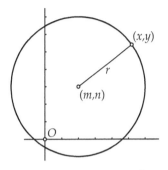

Dies ist die Gleichung des Kreises mit dem Mittelpunkt (m, n) und dem Radius r. Alle Punkte (x, y), die diese Gleichung erfüllen, liegen auf dem Kreis und umgekehrt erfüllen alle Punkte auf dem Kreis diese Gleichung.

Für alle Punkte (x, y), die *innerhalb* des Kreises liegen, gilt $(x - m)^2 + (y - n)^2 < r^2$ und für die Punkte *außerhalb* des Kreises gilt $(x - m)^2 + (y - n)^2 > r^2$.

Beispiel: Oben ist der Kreis mit dem Mittelpunkt $(2, 3)$ und dem Radius 4 gezeichnet. Die Gleichung dieses Kreises ist $(x - 2)^2 + (y - 3)^2 = 16$. Nach Ausschreiben und Sortieren der Terme kann dies geschrieben werden als:

$$x^2 + y^2 - 4x - 6y - 3 = 0$$

Im Allgemeinen kann jede Kreisgleichung in der Form

$$x^2 + y^2 + ax + by + c = 0$$

geschrieben werden, aber nicht jede Gleichung dieser Form stellt tatsächlich einen Kreis dar. Nehmen wir zum Beispiel die Gleichung

$$x^2 + y^2 - 4x - 6y + 14 = 0$$

Nach quadratischer Ergänzung (siehe Seite 81) können Sie dies schreiben als :

$$(x - 2)^2 + (y - 3)^2 = -1$$

da $(x - 2)^2 = x^2 - 4x + 4$ und $(y - 3)^2 = y^2 - 6y + 9$. Die linke Seite ist als Summe von zwei Quadraten immer größer gleich Null, die rechte Seite ist jedoch negativ. Somit erfüllt kein Punkt (x, y) diese Gleichung. Die Gleichung kann deshalb keinen Kreis darstellen.

Prüfen Sie selbst nach, dass es nur ein Punkt gibt, welcher die Gleichung $x^2 + y^2 - 4x - 6y + 13 = 0$ erfüllt. Hier liegt ein „Kreis" mit dem Radius 0 vor.

Berechnen Sie die Schnittpunkte der nachfolgenden Kreise mit den beiden Koordinatenachsen, sofern diese Schnittpunkte existieren.

14.7

a. $x^2 + y^2 + 4x - 2y + 1 = 0$
b. $x^2 + y^2 + x - y - 1 = 0$
c. $x^2 + y^2 + 2x + 2y = 0$
d. $x^2 + y^2 - 8x + 12 = 0$
e. $x^2 + y^2 + 3x - 4y + 1 = 0$

14.8

a. $x^2 + y^2 = 4x + 5$
b. $x^2 + y^2 = 4x + 6y - 5$
c. $x^2 + y^2 = 4y - 2$
d. $3x^2 + 3y^2 = 2y$
e. $4x^2 + 4y^2 - 16x - 8y + 19 = 0$

In den nachfolgenden Aufgaben ist jeweils ein Kreis und eine Gerade gegeben. Bestimmen Sie eventuelle Schnittpunkte.

14.9

a. $x^2 + y^2 = 9$ und $x = 2$
b. $x^2 + y^2 = 9$ und $x = 2y$
c. $x^2 + y^2 = 9$ und $x + y = 3$
d. $x^2 + y^2 = 9$ und $x + 2y = -3$
e. $x^2 + y^2 = 9$ und $x - y = 3\sqrt{2}$

14.10

a. $x^2 + y^2 = 16$ und $y = -2$
b. $x^2 + y^2 = 16$ und $3x = 4y$
c. $x^2 + y^2 = 16$ und $x + y = -4$
d. $x^2 + y^2 = 16$ und $x - 2y = 4$
e. $x^2 + y^2 = 16$ und $x = \sqrt{3}y$

14.11

a. $x^2 + y^2 + 10x - 8y = 0$ und $x = y$
b. $x^2 + y^2 - 6x - 8y + 21 = 0$ und $x + y = 7$
c. $x^2 + y^2 + 12x + 11 = 0$ und $x - y = -1$
d. $x^2 + y^2 - 16x - 4y + 4 = 0$ und $3x + y = 2$
e. $x^2 + y^2 + 4x - 10y + 20 = 0$ und $-2x + y = 3$

14.12 In dieser Aufgabe ist jeweils eine Gerade L, ein Punkt P und ein Abstand d gegeben. Bestimmen Sie alle Punkte von L, dessen Abstand zu P gleich d ist. Fertigen Sie zur Orientierung zunächst eine Skizze an.

a. $L:\ x = 1,\ P = (-3, 1),\ d = 5$
b. $L:\ -x + 4y = 13,\ P = (2, -2),\ d = 2$
c. $L:\ x + y = 1,\ P = (0, 0),\ d = 5$
d. $L:\ -x + 3y = 4,\ P = (-4, -1),\ d = \sqrt{13}$
e. $L:\ 2x - y = 1,\ P = (1, -1),\ d = 2$

Die Schnittpunkte eines Kreises mit einer Geraden

Ein Kreis und eine Gerade können entweder keinen, einen oder zwei Schnittpunkte haben. Gibt es nur einen Schnittpunkt, so berührt die Gerade den Kreis in diesem Punkt. Wir illustrieren anhand eines Beispiels, wie die Schnittpunkte bestimmt werden können. Angenommen, der Kreis und die Gerade sind gegeben durch die Gleichungen:

$$x^2 + y^2 - 4x - 6y - 3 = 0 \quad \text{und} \quad x + 2y = 3$$

Die Gleichung der Geraden können wir zu $x = 3 - 2y$ umformen. Setzen wir diese in die Kreisgleichung ein, so erhalten wir

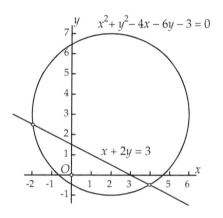

$$(3 - 2y)^2 + y^2 - 4(3 - 2y) - 6y - 3 = 0$$

Hier liegt eine quadratische Gleichung in y vor, welche nach Ausschreiben und Sortieren vereinfacht werden kann zu

$$5y^2 - 10y - 6 = 0$$

(Kontrollieren Sie selbst!)

Mittels der abc-Formel erhalten wir die Lösungen:

$$y_1 = \frac{10 + \sqrt{220}}{10} = 1 + \frac{1}{5}\sqrt{55} \quad \text{und} \quad y_2 = \frac{10 - \sqrt{220}}{10} = 1 - \frac{1}{5}\sqrt{55}$$

Setzen wir diese Werte wiederum in die Gleichung $x = 3 - 2y$ der Geraden ein, so erhalten wir

$$x_1 = 1 - \frac{2}{5}\sqrt{55} \quad \text{und} \quad x_2 = 1 + \frac{2}{5}\sqrt{55}.$$

Die zwei Schnittpunkte sind deshalb

$$\left(1 - \frac{2}{5}\sqrt{55}, 1 + \frac{1}{5}\sqrt{55}\right) \quad \text{und} \quad \left(1 + \frac{2}{5}\sqrt{55}, 1 - \frac{1}{5}\sqrt{55}\right).$$

Bestimmen Sie die eventuellen Schnittpunkte der angegebenen Kreis-Paare.

14.13

a. $x^2 + y^2 = 4$
   $x^2 + y^2 - 4x = 0$

b. $x^2 + y^2 = 9$
   $x^2 + y^2 - 4x + 2y = 3$

c. $x^2 + y^2 = 25$
   $x^2 + y^2 + 6x + 2y + 1 = 0$

d. $x^2 + y^2 = 4$
   $x^2 + y^2 - 2x - 2y = 0$

e. $x^2 + y^2 = 36$
   $x^2 + y^2 - 4x - 4y + 4 = 0$

14.14

a. $x^2 + y^2 + 2x + 2y = 0$
   $x^2 + y^2 - 4x = 0$

b. $x^2 + y^2 - 2x - 4y = 0$
   $x^2 + y^2 - 4x + 2y = 0$

c. $x^2 + y^2 - 6x + 2y + 6 = 0$
   $x^2 + y^2 + 6x + 2y + 6 = 0$

d. $x^2 + y^2 - 2x - 8y + 8 = 0$
   $x^2 + y^2 - 4x - 4y + 6 = 0$

e. $x^2 + y^2 + 4x + 4y + 4 = 0$
   $x^2 + y^2 - 8x - 2y + 12 = 0$

14.15

a. $x^2 + y^2 + 4x - 2y = 5$
   $x^2 + y^2 - 2x + 4y = 11$

b. $x^2 + y^2 - 2x - 8y + 8 = 0$
   $x^2 + y^2 - 3x + 2y = 1$

c. $x^2 + y^2 - 5x - y - 6 = 0$
   $x^2 + y^2 + 3x + 2y + 2 = 0$

d. $x^2 + y^2 - x - 5y + 2 = 0$
   $x^2 + y^2 - 4x - 4y - 2 = 0$

e. $x^2 + y^2 - 4x + 4y + 3 = 0$
   $x^2 + y^2 - 8x - 2y + 15 = 0$

14.16

a. $x^2 + y^2 + 2x = 3$
   $x^2 + y^2 - 6x + 5 = 0$

b. $x^2 + y^2 - 3x - y = 1$
   $x^2 + y^2 + 4x + 3y + 4 = 0$

c. $x^2 + y^2 - 6x - 2y + 8 = 0$
   $x^2 + y^2 + 3x + 2y - 7 = 0$

d. $x^2 + y^2 - x + y = 0$
   $x^2 + y^2 - 4x + 4y + 6 = 0$

e. $x^2 + y^2 + 4y - 1 = 0$
   $x^2 + y^2 - 8x + 3 = 0$

14.17 Bestimmen Sie eine Gleichung des

a. Kreises mit dem Mittelpunkt $(0,0)$, welcher die Gerade mit der Gleichung $x = 4$ berührt.

b. Kreises mit dem Mittelpunkt $(2,0)$, welcher die Gerade mit der Gleichung $x = y$ berührt.

c. Kreises mit dem Mittelpunkt $(0,2)$, welcher die Gerade mit der Gleichung $4x = 3y$ berührt.

d. Kreises mit dem Mittelpunkt $(-1,-1)$, welcher die Gerade mit der Gleichung $x + 2y = 0$ berührt.

e. Kreises mit dem Mittelpunkt $(1,2)$, welcher die Gerade mit der Gleichung $x + y = -1$ berührt.

Die Schnittpunkte zweier Kreise

Zwei verschiedene Kreise haben entweder zwei, einen oder keine Schnittpunkte. Haben sie nur einen Schnittpunkt, so berühren sie sich in diesem Punkt. Selbstverständlich haben zwei verschiedene Kreise mit dem gleichen Mittelpunkt keine Schnittpunkte. Im Folgenden nehmen wir deshalb an, dass die Kreise verschiedene Mittelpunkte haben. Wir illustrieren erneut anhand eines Beispiels, wie Sie die Schnittpunkte zweier Kreise bestimmen können.

Angenommen, die Kreise sind gegeben durch die Gleichungen

$$x^2 + y^2 + 2x - 6y + 1 = 0$$
$$x^2 + y^2 - 4x - 4y - 5 = 0$$

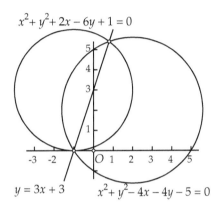

Jeder Schnittpunkt (x, y) ist dann eine Lösung dieses Gleichungssystems. Wenn wir die untere Gleichung von der oberen Gleichung subtrahieren, erhalten wir die *lineare Gleichung*

$$6x - 2y + 6 = 0$$

oder umformuliert $y = 3x + 3$.

Nach Einsetzen dieser Gleichung in eine der beiden Kreisgleichungen, zum Beispiel in die obere, entsteht

$$x^2 + (3x + 3)^2 + 2x - 6(3x + 3) + 1 = 0$$

und hieraus wiederum

$$10x^2 + 2x - 8 = 0$$

Die *abc*-Formel liefert $x_1 = \frac{4}{5}$ und $x_2 = -1$. Weil jede Lösung (x, y) ebenfalls die oben gefundene lineare Gleichung $y = 3x + 3$ erfüllen muss, folgt $y_1 = 3 \times \frac{4}{5} + 3 = \frac{27}{5}$ und $y_2 = 3 \times (-1) + 3 = 0$. Dementsprechend sind die Schnittpunkte

$$\left(\frac{4}{5}, \frac{27}{5} \right) \qquad \text{und} \qquad (-1, 0)$$

Durch Einsetzen in die ursprünglichen Kreisgleichungen können Sie dieses Ergebnis nachprüfen.

14.18   Bestimmen Sie eine Gleichung der Tangente an den gegebenen Kreis in dem gegebenem Punkt A.

   a. $x^2 + y^2 = 5$, $A = (1,2)$
   b. $x^2 + y^2 = 2$, $A = (1,-1)$
   c. $x^2 + y^2 - 2x - 4y + 4 = 0$, $A = (1,1)$
   d. $x^2 + y^2 + 2x + 6y - 8 = 0$, $A = (2,0)$
   e. $x^2 + y^2 + 6x - 8 = 0$, $A = (1,-1)$

14.19

   a. Bestimmen Sie alle Schnittpunkte des Kreises, welcher auf der nächsten Seite gezeichnet ist, mit den zwei Koordinatenachsen.
   b. Bestimmen Sie eine Gleichung der Tangenten an diesen Kreis in jedem der Schnittpunkte.

14.20   Bestimmen Sie bei jedem der nachfolgenden Kreise die Gleichungen der waagerechten und senkrechten Tangenten.

   a. $x^2 + y^2 + 2x = 2$
   b. $x^2 + y^2 + 4x - 6y = 20$
   c. $x^2 + y^2 - 2x - 4y - 12 = 0$
   d. $x^2 + y^2 + 2x + 8y = 0$
   e. $x^2 + y^2 - 6y - 2x - 2 = 0$

Tangenten an einen Kreis

Hierneben sehen wir den Kreis

$$x^2 + y^2 - 4x - 4y - 5 = 0$$

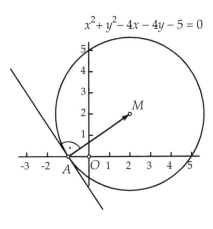

mit dem Mittelpunkt $M = (2,2)$. Der Punkt $A = (-1,0)$ liegt auf dem Kreis und die Tangente, an den Kreis, die durch diesen Punkt verläuft, ist eingezeichnet. Wie können wir eine Gleichung dieser Tangente bestimmen? Weil der Strahl MA senkrecht auf der Tangente steht, ist der Vektor $\mathbf{r}$, welcher von A nach M läuft, ein Normalenvektor der Tangente. Die Koordinaten hiervon sind $\begin{pmatrix} 2 - (-1) \\ 2 - 0 \end{pmatrix} = \begin{pmatrix} 3 \\ 2 \end{pmatrix}$.

Wir kennen nun einen Normalenvektor der Tangente. Die Gleichung hiervon hat deshalb die Form $3x + 2y = c$. Da der Punkt $A = (-1,0)$ hierauf liegt, können wir auch c berechnen: $c = -3$. Die Gleichung der Tangente ist deshalb

$$3x + 2y = -3$$

Diese Methode funktioniert im Allgemeinen:

Wenn $M = (m_1, m_2)$ der Mittelpunkt eines Kreises und $A = (a_1, a_2)$ ein Punkt auf diesem Kreis ist, dann ist eine Gleichung der Tangente an diesen Kreis, in dem Punkt A, gegeben durch

$$(m_1 - a_1)x + (m_2 - a_2)y = (m_1 - a_1)a_1 + (m_2 - a_2)a_2$$

Wir können die Gleichung auch folgendermaßen schreiben:

$$(m_1 - a_1)(x - a_1) + (m_2 - a_2)(y - a_2) = 0$$

15

Raumgeometrie

Berechnen Sie den Abstand der nachfolgenden Punktpaare.

15.1

a. $(0,0,0)$ und $(1,0,-3)$

b. $(2,0,1)$ und $(-2,1,0)$

c. $(0,0,0)$ und $(-1,1,-5)$

d. $(3,-1,1)$ und $(2,-3,3)$

e. $(1,2,2)$ und $(-4,0,0)$

15.2

a. $(1,2,-1)$ und $(0,1,-2)$

b. $(3,2,-1)$ und $(4,-1,-2)$

c. $(-1,-3,0)$ und $(3,0,1)$

d. $(-1,1,0)$ und $(0,0,-2)$

e. $(1,1,1)$ und $(-2,2,2)$

Berechnen Sie in den nachfolgenden Aufgaben die Koordinaten des Vektors, welcher in dem gegebenen Punkt A beginnt und in dem gegebenen Punkt B endet.

15.3

a. $A = (3,1,0), B = (0,0,3)$

b. $A = (1,3,0), B = (-1,2,1)$

c. $A = (2,-1,0), B = (1,5,-1)$

d. $A = (0,-2,1), B = (3,0,5)$

e. $A = (2,-1,1), B = (1,-4,2)$

15.4

a. $A = (0,3,2), B = (1,1,-2)$

b. $A = (3,2,1), B = (0,4,-1)$

c. $A = (-2,3,-1), B = (1,3,5)$

d. $A = (-1,2,2), B = (0,2,-2)$

e. $A = (-1,1,-1), B = (0,2,2)$

Berechnen Sie in den nachfolgenden Aufgaben den Cosinus von $\angle AOB$ (O ist der Ursprung) und berechnen Sie danach mit Hilfe eines Rechengerätes ebenfalls den Winkel, gradgenau.

15.5

a. $A = (0,1,0), B = (0,2,3)$

b. $A = (1,-3,1), B = (0,2,1)$

c. $A = (2,-1,2), B = (1,3,-1)$

d. $A = (-1,-2,0), B = (3,0,1)$

e. $A = (0,-1,1), B = (0,4,-4)$

15.6

a. $A = (0,1,2), B = (1,-1,1)$

b. $A = (0,2,1), B = (0,1,-2)$

c. $A = (-2,3,1), B = (1,-3,5)$

d. $A = (-1,2,1), B = (0,1,-2)$

e. $A = (-2,1,-1), B = (0,2,1)$

15.7 Berechnen Sie den Cosinus des Winkels zwischen einer Körperdiagonalen und einer Kante eines Würfels. Berechnen Sie danach ebenfalls diesen Winkel, mittels eines Rechengerätes, gradgenau. *Tipp:* Wählen Sie ein geeignetes Koordinatensystem.

J. van de Craats, R. Bosch, *Grundwissen Mathematik*, Springer-Lehrbuch,
DOI 10.1007/978-3-642-13501-9_15, © Springer-Verlag Berlin Heidelberg 2010

Koordinaten und Skalarprodukt im Raum

Im Raum arbeiten wir mit drei Koordinaten. Ein orthonormales Koordinaten-system $Oxyz$ besteht aus drei senkrecht aufeinander stehenden Koordinaten-achsen, mit gleichen Maßstäben auf allen Achsen.

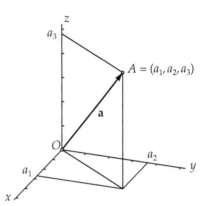

Für einen Punkt A mit den Koordi-naten (a_1, a_2, a_3) gilt nach dem Satz des Pythagoras (zweimal angewandt), dass der Abstand zum Ursprung gleich $\sqrt{a_1^2 + a_2^2 + a_3^2}$ ist. Dies ist auch die Länge $|\mathbf{a}|$ des Vektors $\mathbf{a} = \begin{pmatrix} a_1 \\ a_2 \\ a_3 \end{pmatrix}$, der Pfeil, der vom Ursprung nach A läuft. Im All-gemeinen wird der Abstand zwischen zwei Punkten $A = (a_1, a_2, a_3)$ und $B = (b_1, b_2, b_3)$ gegeben durch:

$$d(A, B) = \sqrt{(a_1 - b_1)^2 + (a_2 - b_2)^2 + (a_3 - b_3)^2}$$

Im Raum wird das Skalarprodukt der Vektoren $\mathbf{a} = \begin{pmatrix} a_1 \\ a_2 \\ a_3 \end{pmatrix}$ und $\mathbf{b} = \begin{pmatrix} b_1 \\ b_2 \\ b_3 \end{pmatrix}$

definiert durch $\qquad \langle \mathbf{a}, \mathbf{b} \rangle = a_1 b_1 + a_2 b_2 + a_3 b_3$

Genau wie in der Ebene gilt

$$\langle \mathbf{a}, \mathbf{b} \rangle = |\mathbf{a}||\mathbf{b}| \cos \varphi$$

wobei φ der Winkel zwischen $\mathbf{a}$ und $\mathbf{b}$ ist. Insbesondere ist das Skalarprodukt gleich Null wenn die Vektoren senkrecht aufeinander stehen und umgekehrt:

$$\mathbf{a} \perp \mathbf{b} \quad \Longleftrightarrow \quad \langle \mathbf{a}, \mathbf{b} \rangle = 0$$

Wenn $\mathbf{a} = \mathbf{b}$, dann ist das Skalarprodukt gleich der Länge von a zum Quadrat:

$$\langle \mathbf{a}, \mathbf{a} \rangle = |\mathbf{a}|^2$$

Wie im Fall der Ebene können wir das Skalarprodukt benutzen, um den Win-kel zwischen zwei Vektoren im Raum zu berechnen. Zuerst berechnen wir den Cosinus dieses Winkels mittels der Formel

$$\cos \varphi = \frac{\langle \mathbf{a}, \mathbf{b} \rangle}{|\mathbf{a}||\mathbf{b}|}$$

und danach mittels eines Rechengerätes den Winkel selbst (in Grad oder in Bogenlänge).

15.8   Bestimmen Sie die Schnittpunkte der nachfolgenden Ebenen mit den Koordinatenachsen.

   a. $3x + y - z = 3$
   b. $4x + 2y + 3z = 1$
   c. $ax + by + cz = 1$ (mit $a, b, c, \neq 0$)

15.9   Bestimmen Sie eine Gleichung der Ebene durch die drei gegebenen Punkte:

   a. $(1, 0, 0)$, $(0, 1, 0)$ und $(0, 0, 1)$
   b. $(2, 0, 0)$, $(0, 3, 0)$ und $(0, 0, 4)$
   c. $(1, 0, 0)$, $(0, -1, 0)$ und $(0, 0, -3)$
   d. $(-1, 0, 0)$, $(0, 1, 0)$ und $(0, 0, 0)$ *Tipp:* Fertigen Sie eine Zeichnung an!
   e. $(1, 0, 0)$, $(1, 1, 0)$ und $(1, 1, 1)$ *Tipp:* Fertigen Sie eine Zeichnung an!

In den nachfolgenden Aufgaben bestimmen Sie die mittelsenkrechte Ebene zu den gegebenen Punktpaaren.

15.10

   a. $(1, 1, 0)$ und $(0, 1, 1)$
   b. $(2, 1, 0)$ und $(1, 0, 4)$
   c. $(1, 0, 1)$ und $(0, 1, -3)$
   d. $(1, 1, 1)$ und $(0, 0, 0)$
   e. $(2, 1, 1)$ und $(1, 1, 2)$

15.11

   a. $(1, -1, 2)$ und $(1, 1, 1)$
   b. $(3, 1, -1)$ und $(1, 5, 1)$
   c. $(0, 0, 1)$ und $(2, 1, -3)$
   d. $(1, 1, -1)$ und $(4, 0, 0)$
   e. $(2, 2, 1)$ und $(1, 2, 2)$

In den nachfolgenden Aufgaben bestimmen Sie eine Gleichung der Ebene, welche durch A geht und den Normalenvektor **n** hat.

15.12

   a. $A = (1, 1, 0)$, $\mathbf{n} = \begin{pmatrix} 1 \\ 0 \\ 0 \end{pmatrix}$

   b. $A = (0, 1, 2)$, $\mathbf{n} = \begin{pmatrix} 1 \\ 0 \\ 1 \end{pmatrix}$

   c. $A = (2, 1, -1)$, $\mathbf{n} = \begin{pmatrix} -2 \\ 3 \\ 1 \end{pmatrix}$

   d. $A = (0, 5, 5)$, $\mathbf{n} = \begin{pmatrix} 1 \\ 1 \\ -1 \end{pmatrix}$

   e. $A = (3, 1, 3)$, $\mathbf{n} = \begin{pmatrix} 0 \\ 1 \\ 2 \end{pmatrix}$

15.13

   a. $A = (-2, 0, 0)$, $\mathbf{n} = \begin{pmatrix} 3 \\ -2 \\ 0 \end{pmatrix}$

   b. $A = (1, 4, 1)$, $\mathbf{n} = \begin{pmatrix} 0 \\ 3 \\ -1 \end{pmatrix}$

   c. $A = (5, 1, -2)$, $\mathbf{n} = \begin{pmatrix} 3 \\ -1 \\ 1 \end{pmatrix}$

   d. $A = (6, 0, 0)$, $\mathbf{n} = \begin{pmatrix} 1 \\ 0 \\ 0 \end{pmatrix}$

   e. $A = (4, 0, 4)$, $\mathbf{n} = \begin{pmatrix} 0 \\ 1 \\ 0 \end{pmatrix}$

Ebenen und Normalenvektoren

Eine lineare Gleichung in x, y und z wie $15x + 20y + 12z = 60$ stellt eine Ebene im Raum dar. Den Schnittpunkt mit der x-Achse finden wir, indem wir $y = z = 0$ setzen, woraus $15x = 60$, also $x = 4$ folgt. Der Schnittpunkt ist deshalb $(4, 0, 0)$. Auf die gleiche Weise finden wir den Schnittpunkt $(0, 3, 0)$ mit der y-Achse und den Schnittpunkt $(0, 0, 5)$ mit der z-Achse.

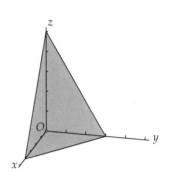

Wenn jedoch der Koeffizient von x, y oder z in der Gleichung der Ebene gleich Null ist, gibt es keinen Schnittpunkt mit der dazugehörenden Achse. Die Ebene ist dann parallel zu dieser Achse. So ist zum Beispiel die Ebene $2x + 3y = 4$ parallel zur z-Achse.

Die *mittelsenkrechte Ebene* zweier Punkte $A = (a_1, a_2, a_3)$ und $B = (b_1, b_2, b_3)$ ist die Menge aller Punkte $P = (x, y, z)$, für die gilt, dass $d(P, A) = d(P, B)$.

Als Beispiel bestimmen wir die Gleichung der mittelsenkrechten Ebene des Punktes $A = (3, 3, 2)$ und des Ursprungs $O = (0, 0, 0)$. Die Gleichung $d(P, A) = d(P, 0)$ mit $P = (x, y, z)$ führt nach Quadrieren, Vereinfachen und Sortieren zu

$$3x + 3y + 2z = 11$$

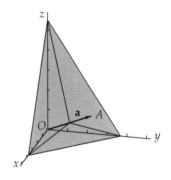

(Prüfen Sie dieses Ergebnis!). Nebenstehend ist diese mittelsenkrechte Ebene eingezeichnet. Der dazugehörende Vektor **a**, welcher von O nach A läuft, steht senkrecht auf dieser Ebene. Wir nennen diesen wiederum einen *Normalenvektor* der Ebene.

Im Allgemeinen ist der Vektor $\begin{pmatrix} a \\ b \\ c \end{pmatrix}$ (wobei a, b und c nicht alle gleichzeitig Null sein dürfen) ein Normalenvektor jeder Ebene $ax + by + cz = d$. (Hierbei ist d beliebig). Wenn $P = (x_0, y_0, z_0)$ ein Punkt einer solchen Ebene ist, so wird eine Gleichung dieser Ebene gegeben durch

$$ax + by + cz = ax_0 + by_0 + cz_0,$$

oder, anders geschrieben, durch

$$a(x - x_0) + b(y - y_0) + c(z - z_0) = 0$$

15.14   In der Abbildung auf der nächsten Seite sind die Schnittpunkte der Ebenen α und β mit einigen Kanten des gezeichneten Würfels angegeben. Kontrollieren Sie, ob die gegebenen Koordinaten dieser Schnittpunkte korrekt sind.

15.15   Nachfolgend sind jeweils ein Punkt A und eine Ebene α gegeben. Bestimmen Sie eine Gleichung der Ebene, die durch A geht und parallel zu α ist.

a. $A = (0, 0, -4)$, $\alpha : 3x + 2y - 4z = 7$
b. $A = (1, -1, 0)$, $\alpha : 2x - 2y - 3z = 1$
c. $A = (1, 2, -1)$, $\alpha : -2x + 3y - z = 2$
d. $A = (0, 2, -2)$, $\alpha : 5x - y + 7z = 0$
e. $A = (1, -2, 1)$, $\alpha : x + 2z = 3$
f. $A = (4, 5, -6)$, $\alpha : x = 7$

15.16   Bestimmen Sie in den nachfolgenden Fällen den Schnittpunkt der Schnittgeraden der Ebenen α und β mit der Ebene $z = 1$ (falls dieser Schnittpunkt existiert).

a.
$$\begin{cases} x - 3y + 2z = 6 & (\alpha) \\ 2x - y - z = 2 & (\beta) \end{cases}$$

b.
$$\begin{cases} 4x + 2y - 2z = 6 & (\alpha) \\ -2x + 3y + 5z = 1 & (\beta) \end{cases}$$

c.
$$\begin{cases} 3x - 3y - 4z = 5 & (\alpha) \\ 4x - 2z = 6 & (\beta) \end{cases}$$

d.
$$\begin{cases} -x + 5y - 3z = 7 & (\alpha) \\ 5x + y = 2 & (\beta) \end{cases}$$

e.
$$\begin{cases} x + 3y + 5z = 5 & (\alpha) \\ -x + y + z = 5 & (\beta) \end{cases}$$

f.
$$\begin{cases} x = 4 & (\alpha) \\ 3x + y + z = 9 & (\beta) \end{cases}$$

g.
$$\begin{cases} 3x + 5y - 2z = 3 & (\alpha) \\ -x - y + z = 0 & (\beta) \end{cases}$$

h.
$$\begin{cases} x + 2y - 2z = 2 & (\alpha) \\ 3x + 6y - z = 1 & (\beta) \end{cases}$$

Parallele und einander schneidende Ebenen

Zwei verschiedene Ebenen sind entweder parallel oder die Schnittmenge ist eine Gerade. Wenn sie parallel sind, so können wir dies sofort an den Gleichungen feststellen, da in diesem Fall die Normalenvektoren Vielfache voneinander sind. Ist dies nicht der Fall, so gibt es unendlich viele Punkte, die in beiden Ebenen liegen und zusammen bilden diese Punkte die Schnittgerade. Wir geben vom letzten Fall ein Beispiel, nämlich die Ebenen α mit der Gleichung $x - 2y + 2z = 1$ und β mit der Gleichung $2x + y - z = 2$. Alle Schnittpunkte (x, y, z) erfüllen das Gleichungssystem:

$$\begin{cases} x & - & 2y & + & 2z & = & 1 & (\alpha) \\ 2x & + & y & - & z & = & 2 & (\beta) \end{cases}$$

Dies ist ein Gleichungssystem mit zwei Gleichungen und drei Unbekannten. Es gibt unendlich viele Lösungen. Wir können nämlich eine der drei Unbekannten, zum Beispiel z, beliebig wählen, wonach wir die anderen zwei aus den zwei Gleichungen bestimmen können. Ist beispielsweise $z = 0$, so erhalten wir $x - 2y = 1$ und $2x + y = 2$ mit Lösung $x = 1$ und $y = 0$. Der Punkt $(1, 0, 0)$ liegt daher auf der Schnittgeraden. Eine andere Wahl, zum Beispiel $z = 1$, gibt wiederum einen anderen Punkt auf der Schnittgeraden, nämlich $(1, 1, 1)$. Dies können Sie selbst kontrollieren. Für $z = -1$ erhalten wir den Punkt $(1, -1, -1)$. Auf diese Weise können Sie so viele Punkte auf der Schnittgeraden bestimmen wie Sie wünschen.

In der Zeichnung rechts sehen wir die Ebenen α und β, insoweit sie innerhalb des Würfels mit Grenzebenen $x = \pm 1$, $y = \pm 1, z = \pm 1$ liegen. Die Schnittgerade ist die Gerade, welche durch die Punkte $(1, -1, -1)$ und $(1, 1, 1)$ geht. In diesem Fall liegt die Schnittgerade in der Ebene $x = 1$. Dies bedeutet, dass x im Gegensatz zu y oder z nicht beliebig gewählt werden kann, um Punkte auf der Schnittgeraden zu bestimmen. Dies gilt, da die erste Koordinate jedes Punktes auf der Schnittgeraden immer gleich 1 ist. Sie können nachprüfen, dass jeder Punkt der Schnittgeraden die Form $(1, t, t)$ für ein gewisses t hat.

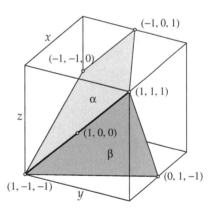

15.17 Nachfolgend sind jeweils drei Ebenen α, β und γ gegeben. Bestimmen Sie ihre gegenseitige Lage. Wenn sie sich in einem Punkt schneiden, so geben Sie den Schnittpunkt an. Geben Sie zwei Punkte auf der Schnittgeraden an, wenn sie sich in einer Geraden schneiden.

a.
$$\begin{cases} x + 2y + 2z = 3 & (\alpha) \\ x - 3y + 3z = 4 & (\beta) \\ 3x - y + z = 4 & (\gamma) \end{cases}$$

b.
$$\begin{cases} 2x - 3y - 3z = 3 & (\alpha) \\ x - 4y - 2z = 0 & (\beta) \\ 2x + y + 3z = -5 & (\gamma) \end{cases}$$

c.
$$\begin{cases} -x - 4y + 3z = -3 & (\alpha) \\ 2x - 3y - z = -5 & (\beta) \\ 2x + 2y = 0 & (\gamma) \end{cases}$$

d.
$$\begin{cases} x - 2y + 2z = 1 & (\alpha) \\ -2x + y + z = 5 & (\beta) \\ -3x + 6y - 6z = 4 & (\gamma) \end{cases}$$

e.
$$\begin{cases} x - 3y + 2z = 2 & (\alpha) \\ x - 2y + 4z = 1 & (\beta) \\ - y - 2z = 1 & (\gamma) \end{cases}$$

f.
$$\begin{cases} 4x + 4z = 8 & (\alpha) \\ x + 3y - 3z = -5 & (\beta) \\ 3x - y - z = 3 & (\gamma) \end{cases}$$

g.
$$\begin{cases} x + 3y - 3z = 1 & (\alpha) \\ x - 3y + 2z = 4 & (\beta) \\ 2x + 6y - 6z = 2 & (\gamma) \end{cases}$$

h.
$$\begin{cases} x - 6y - 3z = 3 & (\alpha) \\ 2x - 2y + 3z = -3 & (\beta) \\ 2x + 4y - 2z = 2 & (\gamma) \end{cases}$$

15.18 Geben Sie eine geometrische Erklärung dafür, was bei den Gleichungssystemen der Aufgaben auf Seite 86 vor sich geht.

Drei Ebenen

Für die Lage dreier Ebenen zueinander gibt es verschiedene Möglichkeiten. Die Ebenen werden durch drei Gleichungen gegeben und eventuelle gemeinsame Punkte findet man als Lösungen des zugehörigen Gleichungssystems.

Wenn mindestens zwei der drei Ebenen parallel sind, gibt es keine gemeinsamen Punkte. Wir können dies sofort an den Gleichungen sehen, da bei parallelen Ebenen die Normalenvektoren Vielfache voneinander sind.

Wenn keine zwei der drei Ebenen parallel sind, gibt es noch drei Möglichkeiten. Diese werden in dem folgenden Satz beschrieben:

Satz der drei Ebenen: Für drei verschiedene Ebenen, wovon keine zwei parallel sind, gilt:
– sie schneiden einander in einem Punkt oder
– sie schneiden einander in einer Geraden oder
– jeweils zwei schneiden sich und die drei Schnittgeraden liegen parallel

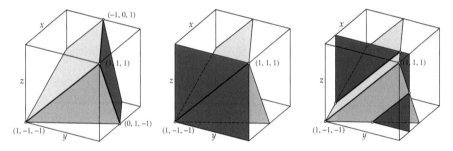

Die Möglichkeiten sind hier oben illustriert für drei Ebenen α, β und γ mit jeweils

$$\alpha : \quad x - 2y + 2z = 1 \qquad \text{und} \qquad \beta : \quad 2x + y - z = 2$$

Im ersten Fall haben wir für γ die Ebene $2x - 4y - z = -3$ genommen, welche durch die drei Punkte $(1, 1, 1), (-1, 0, 1)$ und $(0, 1, -1)$ verläuft. Der Schnittpunkt von α, β und γ ist in diesem Fall der Punkt $(1, 1, 1)$.

Im zweiten Fall ist γ die Ebene $x = 1$. Die gemeinsame Schnittgerade ist die Gerade durch $(1, 1, 1)$ und $(1, -1, -1)$. Im dritten Fall ist γ die Ebene $x = \frac{1}{2}$.

Sie sehen, dass die Schnittgerade von α und β im ersten Fall die Ebene γ schneidet, im zweiten Fall in γ liegt und im dritten Fall parallel zu γ ist.

In jeder der nachfolgenden Aufgaben sind ein Mittelpunkt M und ein Radius r gegeben. Bestimmen Sie jeweils die Gleichung der Kugel mit dem Mittelpunkt M und dem Radius r in der Form $x^2 + y^2 + z^2 + ax + by + cz + d = 0$.

15.19

a. $M = (0,0,1)$ und $r = 2$

b. $M = (2,2,0)$ und $r = 2$

c. $M = (1,0,-3)$ und $r = 5$

d. $M = (1,2,-2)$ und $r = 3$

e. $M = (-2,2,0)$ und $r = 7$

15.20

a. $M = (4,0,1)$ und $r = 1$

b. $M = (3,1,-2)$ und $r = \sqrt{13}$

c. $M = (2,0,-1)$ und $r = 5$

d. $M = (1,7,-2)$ und $r = 7$

e. $M = (-5,2,1)$ und $r = 3$

Untersuchen Sie, ob die nachfolgenden Gleichungen Kugeln beschreiben. Falls ja, bestimmen Sie den Mittelpunkt und den Radius.

15.21

a. $x^2 + y^2 + z^2 + 4x - 2y + 2z = 0$

b. $x^2 + y^2 + z^2 + x - y - 1 = 0$

c. $x^2 + y^2 + z^2 + 2x + 4z = 0$

d. $x^2 + y^2 + z^2 - 8z + 12 = 0$

e. $x^2 + y^2 + z^2 - 4x - 2y$
    $\qquad -8z + 36 = 0$

15.22

a. $x^2 + y^2 + z^2 = 4x - 5$

b. $x^2 + y^2 + z^2 = 4z + 5$

c. $x^2 + y^2 + z^2 = 4y + 4z - 4$

d. $3x^2 + 3y^2 + 3z^2 = 2y$

e. $4x^2 + 4y^2 + 4z^2 - 16x$
    $\qquad -8y + 12z + 60 = 0$

15.23   Bestimmen Sie eine Gleichung der Tangentialebene an die angegebene Kugel im angegeben Punkt.

a. $x^2 + y^2 + z^2 = 9, \quad A = (1,2,2)$

b. $x^2 + y^2 + z^2 = 2, \quad A = (1,0,-1)$

c. $x^2 + y^2 + z^2 - 2x - 4y + 3 = 0, \quad A = (1,1,1)$

d. $x^2 + y^2 + z^2 + 2x + 6y - 2z - 11 = 0, \quad A = (2,0,-1)$

e. $x^2 + y^2 + z^2 + 6x - 4z - 8 = 0, \quad A = (1,-1,0)$

15.24

a. Bestimmen Sie Gleichungen in Oyz-Koordinaten bzw. Oxz-Koordinaten der Schnittkreise der Kugel, welche in der Abbildung auf der nächsten Seite steht, mit den Ebenen $x = 0$ bzw. $y = 0$.

b. Bestimmen Sie den Mittelpunkt und den Radius dieser Kreise.

c. Bestimmen Sie die Koordinaten aller Schnittpunkte dieser Kugel mit den Koordinatenachsen.

d. Bestimmen Sie eine Gleichung der Tangentialebenen an diese Kugel in jedem dieser Schnittpunkte.

Kugeln und Tangentialebenen

Die Kugel mit dem Mittelpunkt $M = (m_1, m_2, m_3)$ und dem Radius r ist die Menge aller Punkte $P = (x, y, z)$, für die gilt $d(P, M) = r$. Die Ausarbeitung hiervon ergibt die Gleichung

$$(x - m_1)^2 + (y - m_2)^2 + (z - m_3)^2 = r^2$$

Dies ist analog zu der Gleichung eines Kreises in der Ebene. Als Beispiel ist nachfolgend die Kugel mit dem Mittelpunkt $M = (1, 2, 2)$ und dem Radius $r = 4$ gezeichnet. Die Gleichung hiervon ist

$$(x - 1)^2 + (y - 2)^2 + (z - 2)^2 = 16$$

was wir zu

$$x^2 + y^2 + z^2 - 2x - 4y - 4z - 7 = 0$$

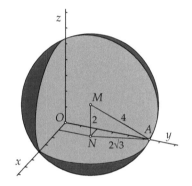

vereinfachen können. Der Schnittkreis mit der xy-Ebene (die Ebene $z = 0$) hat in Oxy-Koordinaten die Gleichung

$$x^2 + y^2 - 2x - 4y - 7 = 0$$

Der Mittelpunkt hiervon ist $N = (1, 2, 0)$ und der Radius ist $2\sqrt{3}$. Der Schnittpunkt davon mit der positiven y-Achse ist der Punkt $A = (0, 2 + \sqrt{11}, 0)$. Die Schnittkreise mit den Ebenen $x = 0$ und $y = 0$ können auf die gleiche Weise bestimmt werden. In der Zeichnung sind nur die Teile der Kreise, welche im ersten Oktanten ($x \geq 0, y \geq 0, z \geq 0$) liegen, gezeichnet.

Auf Seite 111 haben wir die Gleichung für die Tangente an einen Kreis in einem gegebenen Punkt des Kreises bestimmt. Auf die gleiche Weise finden wir die Gleichung für die *Tangentialebene* an eine Kugel:

> Falls $M = (m_1, m_2, m_3)$ der Mittelpunkt einer Kugel und $A = (a_1, a_2, a_3)$ ein Punkt auf dieser Kugel ist, so ist eine Gleichung der Tangentialebene an diese Kugel im Punkt A gegeben durch
> $$(m_1 - a_1)(x - a_1) + (m_2 - a_2)(y - a_2) + (m_3 - a_3)(z - a_3) = 0.$$

Ein Punkt auf der Kugel in dem hier oben gegebenem Beispiel ist $A = (0, 2 + \sqrt{11}, 0)$. Da $M = (1, 2, 2)$, ist eine Gleichung der Tangentialebene an die Kugel im Punkt A gegeben durch

$$x - \sqrt{11}(y - 2 - \sqrt{11}) + 2z = 0$$

VI Funktionen

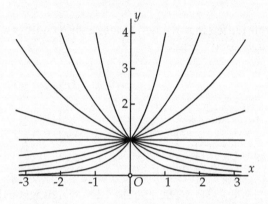

Eine Funktion ist eine Vorschrift, die einer gegebenen Zahl eine andere Zahl, den *Funktionswert*, nach einer bestimmten Regel zuordnet. Beispielsweise ordnet die Wurzelfunktion einer gegebenen Zahl x die Wurzel $\sqrt{x}$ aus dieser Zahl als Funktionswert zu. Dies kann man zum Beispiel mit der Wurzeltaste eines Rechengerätes vergleichen, die bei jeder (nicht negativen) „Eingabezahl" x, welche man eingibt, im Fenster die „Ausgabezahl" $\sqrt{x}$ (auf eine gewisse feste Anzahl von Dezimalen abgerundet) zeigt.

In diesem Teil behandeln wir allerlei oft benutzte Funktionen und deren Graphen. In dem letzten Kapitel beschreiben wir parametrisierte Kurven in der Ebene und im Raum.

16

Funktionen und Graphen

Berechnen Sie die Steigung der nachfolgenden Geraden in der Ebene:

16.1
a. $3x + 5y = 4$
b. $2x = y + 7$
c. $-4x + 2y = 3$
d. $5y = 7$
e. $-x - 5y = 1$

16.2
a. $2x - 7y = -2$
b. $x = 3y - 2$
c. $-5x + 2y = -3$
d. $2x - 11y = 0$
e. $x = 2y$

Berechnen Sie mit Hilfe eines Rechengerätes den Neigungswinkel der nachfolgenden Geraden, gradgenau:

16.3
a. $x - 3y = 2$
b. $-3x = -y + 7$
c. $4x + 3y = 1$
d. $y = 7x$
e. $x - 4y = 2$

16.4
a. $5x - 2y = 12$
b. $4x = y + 8$
c. $x - y = 3$
d. $12x + 11y = 12$
e. $3x = -y$

Berechnen Sie, mittels eines Rechengerätes, den Neigungswinkel der nachfolgenden Geraden in Bogenmaß bis auf zwei Dezimalstellen genau:

16.5
a. $x - 3y = 2$
b. $-3x = -y + 7$
c. $4x + 3y = 1$
d. $y = 7x$
e. $x - 4y = 2$

16.6
a. $5x - 2y = 12$
b. $4x = y + 8$
c. $x - y = 3$
d. $12x + 11y = 12$
e. $3x = -y$

In den nachfolgenden Aufgaben bestimmen Sie die lineare Funktion, deren Graph die Gerade durch P mit Steigung m ist.

16.7
a. $P = (0,0), m = 3$
b. $P = (1, -1), m = -2$
c. $P = (1, 2), m = 0.13$
d. $P = (-1, 1), m = -1$
e. $P = (2, -3), m = 4$

16.8
a. $P = (4, 0), m = -4$
b. $P = (3, -4), m = 2.22$
c. $P = (-1, -3), m = 0$
d. $P = (1, -1), m = -1.5$
e. $P = (-1, -2), m = 0.4$

J. van de Craats, R. Bosch, *Grundwissen Mathematik*, Springer-Lehrbuch,
DOI 10.1007/978-3-642-13501-9_16, © Springer-Verlag Berlin Heidelberg 2010

Lineare Funktionen

Die lineare Gleichung $4x + 3y = 12$ können wir auch schreiben als:

$$y = -\frac{4}{3}x + 4$$

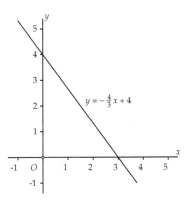

Hiermit ist y als Funktion von x gegeben. Jedes x liefert an der rechten Seite $-\frac{4}{3}x + 4$ den zugehörigen Wert von y. Die Gerade in der Oxy-Ebene, die durch diese Gleichung beschrieben wird, ist der Graph dieser Funktion.

Im Allgemeinen können wir jede lineare Gleichung $ax + by = c$, für die $b \neq 0$ gilt, in der Form

$$y = mx + p$$

schreiben. (Sei dazu $m = -a/b$ und $p = c/b$.) Die Bedingung $b \neq 0$ bedeutet, dass die zugehörige Gerade in der Oxy-Ebene nicht senkrecht ist. Die Funktion $f(x) = mx + p$ nennt man eine *Funktion ersten Grades* in x. Weil der Graph dieser Funktion eine Gerade ist, spricht man hier auch von einer *linearen* Funktion. Der Ausdruck $mx + p$ ist die Funktionsvorschrift.

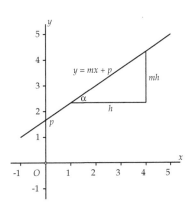

Den Koeffizienten m von x nennt man die *Steigung*. Wenn der x-Wert um h Einheiten wächst, so wächst der y-Wert um mh Einheiten. Ein positives m gehört zu einem steigenden Graphen, ein negatives m zu einem fallenden Graphen.

Wenn die Maßstäbe auf den beiden Achsen gleich gewählt sind, so ist m auch gleich dem *Tangens* des Winkels α welcher der Graph mit der x-Achse hat. Diesen Winkel α nennt man den *Neigungswinkel*.

Bei der Winkelmessung im Grad nimmt man α zwischen $-90°$ und $90°$, bei der Winkelmessung im Bogenmaß nimmt man α zwischen $-\frac{\pi}{2}$ und $\frac{\pi}{2}$. Weiter können wir noch anmerken, dass der Graph der Funktion $y = mx + p$ die y-Achse in dem Punkt $(0, p)$ schneidet, da zu $x = 0$ der Wert $y = p$ gehört.

Bestimmen Sie die Koordinaten (x_t, y_t) des Scheitelpunktes der nachfolgenden Parabeln.

16.9

a. $y = x^2 - 1$

b. $y = -3x^2 + 7$

c. $y = (x + 1)^2$

d. $y = -2(x - 2)^2 + 1$

e. $y = x^2 + 2x$

16.10

a. $y = (x + 3)^2 + 4$

b. $y = 2x^2 - 8x$

c. $y = -3x^2 + 7x + 2$

d. $y = 2x^2 + 12x - 5$

e. $y = 5x^2 + 20x - 6$

16.11

a. $y = x^2 + 2x - 3$

b. $y = x^2 - 2x - 3$

c. $y = x^2 + 2x - 8$

d. $y = 2x^2 + x - 1$

e. $y = 3x^2 - x - 2$

16.12

a. $y = -x^2 - 2x + 3$

b. $y = -x^2 + 4x - 3$

c. $y = -x^2 - x + 2$

d. $y = 2x^2 - 3x - 2$

e. $y = 3x^2 + 2x - 1$

Bestimmen Sie die Gleichung $y = ax^2 + bx + c$ der Parabel mit dem vorgegebenen Scheitelpunkt T, welche ebenfalls durch den gegebenen Punkt P geht.

16.13

a. $T = (0, 0)$ und $P = (1, 2)$

b. $T = (0, 0)$ und $P = (-1, -2)$

c. $T = (0, 0)$ und $P = (2, 1)$

d. $T = (0, 0)$ und $P = (2, -2)$

e. $T = (0, 0)$ und $P = (-1, -5)$

16.14

a. $T = (0, 1)$ und $P = (1, 2)$

b. $T = (0, -1)$ und $P = (2, -2)$

c. $T = (0, -2)$ und $P = (-1, -5)$

d. $T = (3, 0)$ und $P = (-1, -2)$

e. $T = (-2, 0)$ und $P = (2, 1)$

16.15

a. $T = (1, 2)$ und $P = (2, 3)$

b. $T = (-1, 2)$ und $P = (1, 6)$

c. $T = (2, -1)$ und $P = (1, 1)$

d. $T = (0, 3)$ und $P = (1, 4)$

e. $T = (-3, 0)$ und $P = (-2, 3)$

16.16

a. $T = (0, 0)$ und $P = (3, 6)$

b. $T = (\frac{1}{2}, -\frac{1}{2})$ und $P = (1, -\frac{1}{4})$

c. $T = (\frac{1}{3}, -1)$ und $P = (\frac{2}{3}, \frac{2}{9})$

d. $T = (0, \frac{3}{2})$ und $P = (\frac{1}{2}, 2)$

e. $T = (-\frac{3}{4}, \frac{3}{4})$ und $P = (-\frac{1}{2}, \frac{7}{8})$

Quadratische Funktionen und Parabeln

Die Funktionsvorschrift
$$f(x) = -x^2 + 4x + 1$$
definiert eine *Funktion zweiten Grades*, auch *quadratische Funktion* genannt.

Der Graph dieser Funktion ist eine *Parabel*, in diesem Fall eine nach unten geöffnete Parabel (Bergparabel) mit dem *Scheitelpunkt* $T = (2,5)$. Wir sehen dies unmittelbar, wenn wir die Funktionsvorschrift nach quadratischer Ergänzung schreiben als

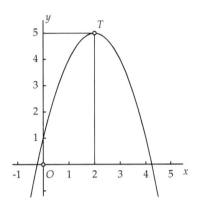

$$
\begin{aligned}
f(x) &= -(x^2 - 4x + 4) + 5 \\
&= -(x - 2)^2 + 5
\end{aligned}
$$

Es gilt nämlich, dass der Term $-(x-2)^2$ immer negativ oder Null ist, und er kann nur Null sein, wenn $x = 2$ ist. In diesem Fall ist $f(x) = 5$ und die Koordinaten (x_t, y_t) des Scheitelpunktes sind deshalb $(x_t, y_t) = (2,5)$. Die Parabel, die der Graph der Funktion $f(x) = -x^2 + 4x + 1$ ist, hat als Gleichung $y = -x^2 + 4x + 1$. Alle Punkte (x, y) in der Oxy-Ebene, die diese Gleichung erfüllen, liegen auf der Parabel. Umgekehrt erfüllen die Koordinaten (x, y) eines beliebigen Punktes der Parabel auch diese Gleichung.

Im Allgemeinen ist $f(x) = ax^2 + bx + c$ die Funktionsvorschrift einer quadratischen Funktion, natürlich $a \neq 0$ vorausgesetzt. Der Graph hiervon ist eine Parabel mit der Gleichung

$$y = ax^2 + bx + c$$

Diese Parabel ist nach *oben geöffnet* (Talparabel) wenn $a > 0$ und nach *unten geöffnet* (Bergparabel) wenn $a < 0$ (wie in obigem Beispiel).

Den niedrigsten bzw. höchsten Punkt der Parabel nennt man den *Scheitelpunkt*. Die Koordinaten hiervon bestimmen wir genau wie im oben angegebenen Beispiel dadurch, dass wir zunächst mittels der quadratischen Ergänzung x_t berechnen. Im Anschluß berechnen wir y_t mit der Funktionsvorschrift: $y_t = f(x_t)$.

Die allgemeine Gleichung einer Parabel mit dem Scheitelpunkt (x_t, y_t) ist

$$y = a(x - x_t)^2 + y_t$$

Die Konstante a können wir bestimmen, falls die Koordinaten eines weiteren Punktes P der Parabel bekannt ist.

Zeichnen Sie die Graphen der Funktionen f und g in einer Figur und berechnen Sie ihre Schnittpunkte.

16.17

a. $f(x) = x^2 + x - 2$
   $g(x) = x + 2$

b. $f(x) = -x^2 - 2x - 1$
   $g(x) = 2x + 3$

c. $f(x) = 2x^2 + x - 3$
   $g(x) = -x - 3$

d. $f(x) = -2x^2 + 5x - 2$
   $g(x) = 2x - 1$

e. $f(x) = 3x^2 + x - 4$
   $g(x) = -3x - 5$

16.18

a. $f(x) = x^2 + 1$
   $g(x) = -x^2 + 3$

b. $f(x) = x^2 + x - 2$
   $g(x) = x^2 + 2x - 3$

c. $f(x) = 2x^2 - x - 1$
   $g(x) = -x^2 + 8x - 7$

d. $f(x) = -2x^2 + 3x + 2$
   $g(x) = x^2 + x + 1$

e. $f(x) = x^2 - 2x - 3$
   $g(x) = -x^2 + 2x - 5$

Für welche reellen Zahlen x gilt $f(x) \geq g(x)$?

16.19

a. $f(x) = x^2 + x - 3$
   $g(x) = -1$

b. $f(x) = x^2 - 2x - 3$
   $g(x) = -2x - 2$

c. $f(x) = -x^2 + 2x - 1$
   $g(x) = x - 3$

d. $f(x) = 2x^2 - x - 1$
   $g(x) = 2x + 2$

e. $f(x) = -3x^2 + x + 2$
   $g(x) = -x + 2$

16.20

a. $f(x) = x^2 + x - 3$
   $g(x) = -x^2 + 3x - 3$

b. $f(x) = x^2 - x - 2$
   $g(x) = 2x^2 - 3x - 4$

c. $f(x) = -x^2 + 2x - 1$
   $g(x) = x^2 - 3x + 2$

d. $f(x) = 2x^2 - x - 1$
   $g(x) = -x^2 + x + 4$

e. $f(x) = -3x^2 + x + 2$
   $g(x) = 2x^2 - 5x - 6$

16.21 Für welche reellen Zahlen p hat der Graph von f keine Schnittpunkte mit der x−Achse?

a. $f(x) = x^2 + px + 1$

b. $f(x) = x^2 - x + p$

c. $f(x) = px^2 + 2x - 1$

d. $f(x) = x^2 + px + p$

e. $f(x) = -x^2 + px + p - 3$

16.22 Für welche reellen Zahlen p schneidet der Graph von f die x-Achse in zwei verschiedenen Punkten?

a. $f(x) = x^2 + 2px - 1$

b. $f(x) = -x^2 + x + p + 1$

c. $f(x) = px^2 + 2x - 3$

d. $f(x) = x^2 + px + p + 3$

e. $f(x) = (p + 1)x^2 - px - 1$

Schnittpunkte von Graphen

Gegeben sind die quadratischen Funktionen

$$f(x) = 2x^2 + 3x - 2$$

und

$$g(x) = -x^2 - 3x + 7$$

Für die x-Koordinate eines Schnittpunktes der Graphen gilt $f(x) = g(x)$, also

$$2x^2 + 3x - 2 = -x^2 - 3x + 7$$

oder $3x^2 + 6x - 9 = 0$. Die Lösungen hiervon sind $x = 1$ und $x = -3$. Da $f(1) = g(1) = 3$ und $f(-3) = g(-3) = 7$, sind die Koordinaten der Schnittpunkte dieser zwei Parabeln deshalb $(1,3)$ und $(-3,7)$. Aus den Graphen können wir weiter ablesen, dass $f(x) \leq g(x)$ wenn $-3 \leq x \leq 1$ und $f(x) \geq g(x)$ wenn $x \leq -3$ oder $x \geq 1$.

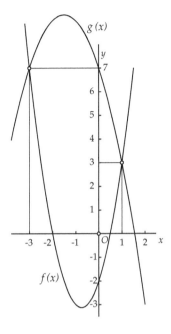

Diese Methode ist allgemein anwendbar. Wenn wir für zwei verschiedene Funktionen f und g die eventuellen Schnittpunkte ihrer Graphen suchen, wird die Gleichung $f(x) = g(x)$ gelöst, um die x-Koordinate der Schnittpunkte zu finden. Durch Einsetzen einer gefundenen x-Koordinate in eine der beiden Funktionsvorschriften, erhalten wir die zugehörige y-Koordinate.

Wenn diese beiden Funktionen quadratische Funktionen sind, so ist die zu lösende Gleichung eine quadratische Gleichung (oder manchmal eine lineare Gleichung) und daher gibt es maximal zwei Schnittpunkte.

Dies gilt auch für den Fall, wenn eine der beide Funktionen eine quadratische und die andere eine lineare Funktion ist.

Zeichnen Sie die Graphen der nachfolgenden Funktionen. Bestimmen Sie hierbei insbesondere die waagerechte und senkrechte Asymptote, sowie die eventuellen Schnittpunkte des Graphen mit den beiden Koordinatenachsen.

16.23

a. $f(x) = \dfrac{1}{x-1}$

b. $f(x) = \dfrac{x+1}{x}$

c. $f(x) = \dfrac{3}{2x-4}$

d. $f(x) = \dfrac{2x}{x-5}$

e. $f(x) = \dfrac{x+2}{x-2}$

16.24

a. $f(x) = \dfrac{-x}{2x-3}$

b. $f(x) = \dfrac{x+2}{3x-1}$

c. $f(x) = \dfrac{2x-4}{1-5x}$

d. $f(x) = \dfrac{x+3}{4+7x}$

e. $f(x) = \dfrac{3-2x}{4x-2}$

Bestimmen Sie mit Hilfe des Graphen von f für welche reellen Zahlen x die Ungleichungen $-1 \le f(x) \le 1$ gelten.

16.25

a. $f(x) = \dfrac{1}{x+3}$

b. $f(x) = \dfrac{2x-1}{x+1}$

c. $f(x) = \dfrac{5}{x-5}$

d. $f(x) = \dfrac{2x}{3-2x}$

e. $f(x) = \dfrac{3x-1}{2x+2}$

16.26

a. $f(x) = \dfrac{2-x}{2x-1}$

b. $f(x) = \dfrac{2x-2}{3x+4}$

c. $f(x) = \dfrac{-x+7}{1-3x}$

d. $f(x) = \dfrac{2x+2}{4-5x}$

e. $f(x) = \dfrac{3-x}{2x+4}$

Berechnen Sie die Schnittpunkte der Graphen der nachfolgenden Funktionen f und g.

16.27

a. $f(x) = \dfrac{8}{x+3}$ und $g(x) = 2x$

b. $f(x) = \dfrac{2x-4}{x+1}$ und $g(x) = 2-x$

c. $f(x) = \dfrac{8}{5-x}$ und $g(x) = x+4$

d. $f(x) = \dfrac{2x-1}{3-2x}$ und
    $g(x) = 3-2x$

16.28

a. $f(x) = \dfrac{x+3}{2x+1}$ und
    $g(x) = 3x-5$

b. $f(x) = \dfrac{2}{x+3}$ und $g(x) = x+2$

c. $f(x) = \dfrac{3x+2}{x+1}$ und $g(x) = 2-x$

d. $f(x) = \dfrac{2+2x}{2x-4}$ und
    $g(x) = 3x-5$

Gebrochen lineare Funktionen

Die Funktion
$$f(x) = \frac{2x+4}{x-3}$$
hat als Funktionsvorschrift einen „Bruch", mit einer linearen Funktion sowohl im Zähler als auch im Nenner. Eine solche Funktion nennt man eine *gebrochen lineare Funktion*. Für $x = 3$ ist der Nenner gleich Null und dann ist $f(x)$ nicht definiert. Der Graph von f hat die senkrechte Gerade $x = 3$ als *senkrechte Asymptote*. Nähert sich x von oben der Zahl 3 an, so nähert $f(x)$ sich $+\infty$ an. Nähert sich x von unten der Zahl 3 an, so nähert $f(x)$ sich $-\infty$ an.

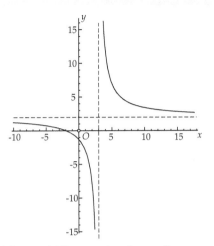

Wenn wir in der Funktionsvorschrift Zähler und Nenner durch x teilen, entsteht

$$f(x) = \frac{2 + \frac{4}{x}}{1 - \frac{3}{x}}$$

Für sehr große positive oder negative Werte von x sind $\frac{4}{x}$ und $\frac{3}{x}$ sehr kleine Zahlen und somit ist $f(x)$ nahezu gleich $\frac{2}{1} = 2$. Die waagerechte Gerade $y = 2$ ist deshalb eine *waagerechte Asymptote* des Graphen von f.

Die allgemeine Form einer gebrochenen linearen Funktion ist

$$f(x) = \frac{ax + b}{cx + d}$$

wobei wir annehmen, dass $c \neq 0$ (sonst wäre sie eine „normale" lineare Funktion). Die waagerechte Asymptote ist die Gerade $y = \frac{a}{c}$. Eine solche Funktion ist nicht definiert, wenn der Nenner gleich Null, also $x = -\frac{d}{c}$, ist. Die senkrechte Gerade $x = -\frac{d}{c}$ ist die senkrechte Asymptote des Graphen, es sei denn der Zähler für $x = -\frac{d}{c}$ ist ebenfalls gleich Null.

Letzteres tritt zum Beispiel bei der Funktion

$$f(x) = \frac{2x - 4}{-6x + 12}$$

auf. Der Nenner ist gleich Null für $x = 2$ und der Zähler ist dann ebenfalls gleich Null. Für alle $x \neq 2$ gilt $f(x) = -\frac{1}{3}$ (teilen Sie Zähler und Nenner durch $2x - 4$). Somit ist der Graph einfach die waagerechte Gerade $y = -\frac{1}{3}$ mit einer Unterbrechung im Punkt $(2, -\frac{1}{3})$.

Zeichnen Sie die Graphen der nachfolgenden Funktionen. Lösen Sie die Klammern nicht auf!

16.29
a. $f(x) = (x-1)^3$
b. $f(x) = x^3 - 1$
c. $f(x) = 1 - x^4$
d. $f(x) = 1 + (x+1)^3$
e. $f(x) = (2x-1)^3$

16.30
a. $f(x) = \sqrt{x-1}$
b. $f(x) = \sqrt[3]{x+1}$
c. $f(x) = 1 - \sqrt[4]{2-x}$
d. $f(x) = \sqrt[3]{4+7x}$
e. $f(x) = \sqrt[5]{x-2}$

16.31
a. $f(x) = \sqrt{x^3}$
b. $f(x) = \sqrt[3]{x^2}$
c. $f(x) = \sqrt{|x|}$
d. $f(x) = \sqrt{|x|^3}$
e. $f(x) = |\sqrt[3]{x}|$

16.32
a. $f(x) = |x|^3$
b. $f(x) = |x-1|^3$
c. $f(x) = |1-x^2|$
d. $f(x) = |1+x^3|$
e. $f(x) = |1-(x+1)^2|$

Lösen Sie die nachfolgenden Gleichungen und Ungleichungen. Benutzen Sie hierzu immer eine Zeichnung.

16.33
a. $x^4 \le x^3$
b. $x^4 = |x|$
c. $x^4 \ge |x|^3$
d. $x^4 \ge \sqrt{x}$
e. $x^4 \le |\sqrt[3]{x}|$

16.34
a. $|2x+3| = 2$
b. $|2x-3| = -2$
c. $|2x+3| = 4x$
d. $|2x+3| \ge |4x|$
e. $|x^2 - 2x| < 1$

Auch bei den nachfolgenden Aufgaben ist es sinnvoll zunächst eine (grobe) Skizze anzufertigen. *Beispiel:* Lösen Sie die Gleichung $\sqrt{x+2} = |x|$. Die Zeichnung hier unten zeigt, dass es zwei Lösungen gibt. Sie finden diese, indem Sie die Gleichung quadrieren (wenn x die ursprüngliche Gleichung erfüllt, erfüllt x auch die quadrierte Gleichung). Dies ergibt $x + 2 = x^2$, welche die Lösungen (quadratische Ergänzung oder pq-Formel) $x = -2$ und $x = 2$ hat.

16.35 Lösen Sie:
a. $\sqrt{x} = |x|$
b. $\sqrt{x-1} = |x-2|$
c. $\sqrt{x+1} \le x-1$
d. $\sqrt{|1-x|} \ge x$
e. $\sqrt{2x+1} \le |x+1|$

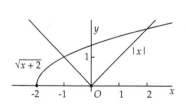

Potenzfunktionen, Wurzelfunktionen und Betragsfunktion

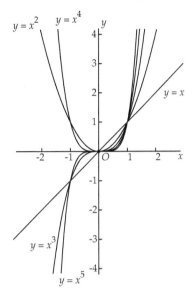

In der Zeichnung rechts sind die Graphen der *Potenzfunktionen* $f(x) = x^n$ für $n = 1, 2, 3, 4, 5$ abgebildet. Sie gehen alle durch den Ursprung und durch den Punkt $(1, 1)$.
Für jedes $n > 1$ hat der Graph von x^n im Ursprung die x-Achse als Tangente. Für n gerade nehmen die Funktionen dort ihr Minimum an.
Für n gerade sind die Graphen symmetrisch bezüglich der y-Achse. Es gilt dann $f(-x) = f(x)$ für jedes x. Für ungerade n sind die Graphen punktsymmetrisch bezüglich dem Ursprung. Es gilt dann $f(-x) = -f(x)$.

Im Allgemeinen nennen wir eine Funktion $f(x)$ *gerade*, wenn $f(-x) = f(x)$ für jedes x und *ungerade*, wenn $f(-x) = -f(x)$ für jedes x. Aber aufgepasst: nicht jede Funktion ist gerade oder ungerade. Die meisten Funktionen sind keines von beiden. Die Funktion $f(x) = x + 1$, ist zum Beispiel weder gerade noch ungerade, wie sich leicht nachprüfen lässt.

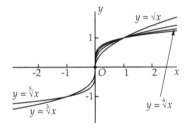

In der Zeichnung nebenan sind die Graphen der *Wurzelfunktionen* $f(x) = \sqrt[n]{x}$ für $n = 2, 3, 4, 5$ abgebildet. Sie gehen alle durch den Ursprung und durch den Punkt $(1, 1)$. Für n gerade sind die Funktionen nur definiert für $x \geq 0$ und für ungerade n sind sie für alle x definiert. Alle diese Graphen haben im Ursprung die y-Achse als Tangente.

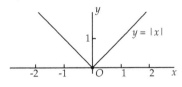

In der untersten Zeichnung ist der Graph der *Betragsfunktion* $f(x) = |x|$ abgebildet. Diese ist definiert durch $|x| = x$, wenn $x \geq 0$ und $|x| = -x$, wenn $x \leq 0$. Für jedes x gilt $|x|^2 = x^2$.

Es gilt $\sqrt[n]{x^n} = |x|$, wenn n gerade und $\sqrt[n]{x^n} = x$, wenn n ungerade ist.

16.36   Geben Sie ein Beispiel von

a. einem Polynom fünften Grades mit fünf verschiedenen Nullstellen,
b. einem Polynom fünften Grades mit vier verschiedenen Nullstellen,
c. einem Polynom fünften Grades mit drei verschiedenen Nullstellen,
d. einem Polynom fünften Grades mit zwei verschiedenen Nullstellen,
e. einem Polynom fünften Grades mit genau einer Nullstelle,
f. einem Polynom sechsten Grades ohne Nullstellen.

Der Faktorsatz auf der nächsten Seite besagt, dass bei jeder Nullstelle $x = a$ eines Polynoms $f(x)$ vom Grad größer oder gleich 1 ein Polynom $g(x)$ existiert, so dass $f(x) = (x - a)g(x)$ gilt. Nehmen wir zum Beispiel

$$f(x) = 3x^4 - 7x^3 + 3x^2 - x - 2$$

und setzen $x = 2$ ein mit dem Ergebnis $f(2) = 0$. Somit ist $x = 2$ eine Nullstelle. Die nachfolgende Polynomdivision liefert das Polynom $g(x) = 3x^3 - x^2 + x + 1$.

$$
\begin{array}{l}
3x^4 - 7x^3 + 3x^2 \ - x - 2 : (x - 2) = 3x^3 - x^2 + x + 1 \\
\underline{3x^4 - 6x^3} \\
\qquad -\ x^3 + 3x^2 \\
\qquad \underline{-\ x^3 + 2x^2} \\
\qquad\qquad x^2 -\ x \\
\qquad\qquad \underline{x^2 - 2x} \\
\qquad\qquad\qquad x - 2 \\
\qquad\qquad\qquad \underline{x - 2} \\
\qquad\qquad\qquad\qquad 0
\end{array}
$$

Hieraus folgern wir $3x^4 - 7x^3 + 3x^2 - x - 2 = (x - 2)(3x^3 - x^2 + x + 1)$.

Prüfen Sie in den nachfolgenden Aufgaben, dass a eine Nullstelle des gegebenen Polynoms $f(x)$ ist. Bestimmen Sie danach mittels Polynomdivision das Polynom $g(x)$ wofür gilt, dass $f(x) = (x - a)g(x)$.

16.37

a. $f(x) = x^2 - x - 2$, $\qquad a = 2$
b. $f(x) = 2x^2 - 2$, $\qquad a = 1$
c. $f(x) = x^3 + 1$, $\qquad a = -1$
d. $f(x) = x^6 - 1$, $\qquad a = 1$
e. $f(x) = 2x^3 - 4x + 8$, $\qquad a = -2$
f. $f(x) = x^4 - 2x^2 + 1$, $\qquad a = 1$
g. $f(x) = -x^3 - 3x^2 + 12x - 4$, $\qquad a = 2$

16.38

a. $f(x) = 2x^4 - 2$, $\qquad a = 1$
b. $f(x) = x^3 + x^2 + 4$, $\qquad a = -2$
c. $f(x) = x^3 + 8$, $\qquad a = -2$
d. $f(x) = x^4 - 16$, $\qquad a = 2$
e. $f(x) = x^3 - 3x^2 + 2x$, $\qquad a = 1$
f. $f(x) = 2x^3 - 4x + 8$, $\qquad a = -2$
g. $f(x) = x^4 - 9x^3 - 6x^2 - 4$, $\qquad a = -1$

Polynome

In der Zeichnung rechts sehen wir den Graphen der Funktion $f(x) = x^5 - 5x^3 - x^2 + 4x + 2$. Die Maßstäbe auf den Achsen sind unterschiedlich gewählt.

Wir sehen drei *Nullstellen* dieser Funktion, d.h. Punkte x, wofür $f(x) = 0$ ist. Ob $f(x)$ noch weitere Nullstellen hat, können wir nicht sofort sehen: Es könnte sein, dass weiter links oder rechts noch welche liegen. Bei einer näheren Betrachtung könnten wir dies vielleicht feststellen.

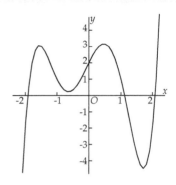

Im Allgemeinen nennen wir eine Funktion der Form

$$f(x) = a_n x^n + a_{n-1} x^{n-1} + \cdots + a_1 x + a_0$$

eine *Polynomfunktion* oder kurz ein *Polynom*. Die Zahlen a_i nennt man die *Koeffizienten*. Man nimmt hierbei an, dass der Leitkoeffizient a_n nicht gleich Null ist (sonst hätte man diesen Term genauso gut weglassen können). Die anderen Koeffizienten dürfen gleich Null sein. Man nennt n den *Grad* des Polynoms. Das oben gegebene Beispiel ist deshalb ein Polynom fünften Grades.

Wichtig ist der *Faktorsatz*:

> *Wenn $f(x)$ ein Polynom vom Grad $n \geq 1$ und a eine reelle Zahl mit $f(a) = 0$ ist, dann gibt es ein Polynom $g(x)$ vom Grad $n - 1$, so dass $f(x) = (x - a)g(x)$.*

Wir nehmen als Beispiel $f(x) = 3x^4 - 7x^3 + 3x^2 - x - 2$. Wenn wir hier $x = 2$ einsetzen, erhalten wir $f(2) = 3 \cdot 16 - 7 \cdot 8 + 3 \cdot 4 - 2 - 2 = 0$, also ist 2 eine Nullstelle von $f(x)$. Die zugehörige Funktion $g(x)$ finden wir mittels *Polynomdivision*. Auf der nebenstehenden Seite ist dies durchgeführt. Wir sehen, dass $f(x) = (x - 2)(3x^3 - x^2 + x + 1)$.

Falls $g(x)$ ebenfalls eine Nullstelle hat, können wir daraus wiederum einen linearen Faktor abspalten usw., so lange bis ein Polynom ohne Nullstellen übrig bleibt. Wir können somit jedes Polynom $f(x)$ folgendermaßen schreiben:

$$f(x) = (x - a_1) \cdots (x - a_k) h(x)$$

wobei $h(x)$ ein Polynom ohne Nullstellen ist. Folgerung:

> *Jedes Polynom vom Grad n mit $n \geq 1$ hat höchstens n Nullstellen.*

Ohne Beweis erwähnen wir noch den nachfolgenden Satz:

> *Jedes Polynom vom Grad n mit n ungerade hat mindestens eine Nullstelle.*

Insbesondere hat jedes Polynom dritten Grades mindestens eine Nullstelle.

16.39   Suchen Sie zu jedem Graphen die dazugehörende Funktionsvorschrift.
Begründen Sie ihre Antwort und benutzen Sie kein graphisches Rechengerät.

I 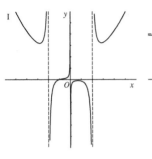   II 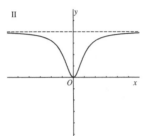   III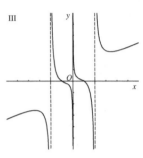

IV 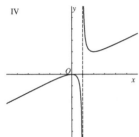   V 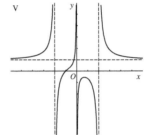   VI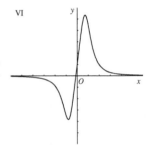

VII 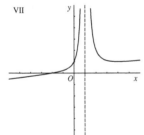   VIII 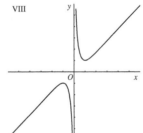   IX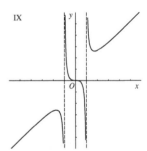

a. $\dfrac{x^4 + 1}{x^3 + x}$ b. $\dfrac{x^3 + 1}{x^3 - 4x}$ c. $\dfrac{4x^2}{x^2 + 1}$

d. $\dfrac{x^4 - 1}{2x^3 - 8x}$ e. $\dfrac{x^5 + 1}{5x^3 - 20x}$ f. $\dfrac{x^2}{2x - 2}$

g. $\dfrac{x^3 + 8}{8(x - 1)^2}$ h. $\dfrac{x^3}{x^2 - 1}$ i. $\dfrac{8x + 1}{x^4 + 1}$

Rationale Funktionen

In der Zeichnung rechts sehen wir den Graph der Funktion

$$f(x) = \frac{(x^2 + 1)(2x - 1)}{3(x - 1)^2(x + 1)}$$

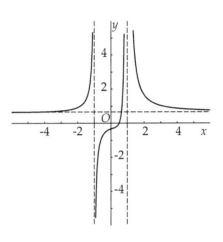

Es gibt zwei senkrechte Asymptoten und eine waagerechte Asymptote. Die senkrechten Asymptoten sind die Geraden $x = 1$ und $x = -1$, genau die Werte von x wofür der Nenner gleich Null ist. Die waagerechte Asymptote ist die Gerade $y = \frac{2}{3}$. Die waagerechte Asymptote ergibt den Grenzwert von $f(x)$, wenn $x \to +\infty$ und $x \to -\infty$.

Am einfachsten finden wir diese Grenzwerte, wenn wir $f(x)$ schreiben als:

$$f(x) = \frac{2x^3 - x^2 + 2x - 1}{3x^3 - 3x^2 - 3x + 3} = \frac{2 - \frac{1}{x} + \frac{2}{x^2} - \frac{1}{x^3}}{3 - \frac{3}{x} - \frac{3}{x^2} + \frac{3}{x^3}}$$

Hierbei wurde ausgeklammert und Zähler und Nenner durch die höchste Potenz von x geteilt. Die einzige Nullstelle der Funktion ist der Punkt, wo der Zähler gleich Null ist und dies ist der Fall für $x = \frac{1}{2}$.

Im Allgemeinen nennt man eine Funktion, deren Funktionsvorschrift als Quotient zweier Polynome geschrieben werden kann, eine *rationale Funktion*. Eine solche Funktion hat daher die Form

$$f(x) = \frac{a(x)}{b(x)} = \frac{a_n x^n + a_{n-1} x^{n-1} + \cdots + a_1 x + a_0}{b_m x^m + b_{m-1} x^{m-1} + \cdots + b_1 x + b_0}$$

Hierbei dürfen wir annehmen, dass das Polynom $a(x)$ im Zähler und das Polynom $b(x)$ im Nenner keine gemeinsamen Nullstellen haben, sonst wäre eine Kürzung nach dem Faktorsatz möglich.

Unter dieser Voraussetzung sind die Nullstellen der Zähler genau die Nullstellen von $f(x)$. Die Nullstellen des Nenners $b(x)$ nennt man die *Pole* von $f(x)$. Zu jedem Pol gehört eine senkrechte Asymptote.

Eine waagerechte Asymptote ist nur vorhanden, wenn $n \leq m$ ist. Wenn $n = m$ ist, ist die Gerade $y = \frac{a_n}{b_n}$ die waagerechte Asymptote. Dieser Fall tritt in dem oben gezeichneten Beispiel auf: dort ist $a_3 = 2$ und $b_3 = 2$. Ist $n < m$, so ist die x-Achse die waagerechte Asymptote. Der Grenzwert von $f(x)$ für $x \longrightarrow \pm\infty$ ist dann gleich Null.

17

Trigonometrie

Berechnen Sie von den nachfolgenden, in Grad angegebenen Winkeln, die Größe in Radianten. Geben Sie genaue Antworten!

17.1
a. $30°$
b. $45°$
c. $60°$
d. $70°$
e. $15°$

17.2
a. $20°$
b. $50°$
c. $80°$
d. $100°$
e. $150°$

17.3
a. $130°$
b. $135°$
c. $200°$
d. $240°$
e. $330°$

Berechnen Sie von den nachfolgend in Radianten angegebenen Winkeln die Größe in Grad. Geben Sie genaue Antworten!

17.4
a. $\frac{1}{6}\pi$
b. $\frac{7}{6}\pi$
c. $\frac{1}{3}\pi$
d. $\frac{2}{3}\pi$
e. $\frac{1}{4}\pi$

17.5
a. $\frac{5}{4}\pi$
b. $\frac{5}{12}\pi$
c. $\frac{11}{24}\pi$
d. $\frac{15}{8}\pi$
e. $\frac{23}{12}\pi$

17.6
a. $\frac{71}{72}\pi$
b. $\frac{41}{24}\pi$
c. $\frac{25}{18}\pi$
d. $\frac{13}{24}\pi$
e. $\frac{31}{36}\pi$

Bestimmen Sie für die nachfolgenden Drehwinkel den Winkel α mit $0 \leq \alpha < 360°$, der das gleiche Drehergebnis liefert.

17.7
a. $-30°$
b. $445°$
c. $-160°$
d. $700°$
e. $515°$

17.8
a. $-220°$
b. $-650°$
c. $830°$
d. $1000°$
e. $1550°$

17.9
a. $-430°$
b. $935°$
c. $1200°$
d. $-240°$
e. $730°$

17.10

a. Was ist der Flächeninhalt des Kreissektors mit dem Radius 3 und mit einem Winkel von 1 Radianten?

b. Was ist der Flächeninhalt eines Halbkreises mit dem *Durchmesser* 1?

c. Was ist der Umfang eines Kreises mit dem Flächeninhalt 1?

J. van de Craats, R. Bosch, *Grundwissen Mathematik*, Springer-Lehrbuch,
DOI 10.1007/978-3-642-13501-9_17, © Springer-Verlag Berlin Heidelberg 2010

Winkelmessung

Winkel messen wir entweder in *Grad* oder in *Radianten*. Hier neben sehen wir den Einheitskreis in der Ebene (der Kreis mit dem Radius 1 und mit O als Mittelpunkt), wobei beide Winkelmaße angegeben sind. Eine vollständige Umdrehung hat 360 Grad oder 2π Radianten.

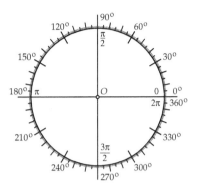

Auch Drehwinkel können wir in Grad oder in Radianten messen. Die *Drehrichtung* ist dabei von Bedeutung. Wir verabreden, dass wir die Drehungen gegen den Uhrzeigersinn mit einem Pluszeichen und die Drehungen im Uhrzeigersinn mit einem Minuszeichen versehen.

Selbstverständlich kann der Drehwinkel auch größer als 360° sein. Für das Endergebnis ist es egal, ob man ein Vielfaches von 360° (oder 2π Radianten) addiert oder subtrahiert.

Der Term *Radiant* ist vom Wort *Radius* abgeleitet, dessen Bedeutung Strahl ist. Wenn wir auf einem Kreis mit dem Radius r einen Bogen mit einem Mittelpunktswinkel von α Radianten zeichnen, so ist die Länge des Bogens genau gleich $\alpha \times r$. Das Winkelmaß in Radianten gibt somit das Verhältnis zwischen Bogenlänge und Radius wieder, daher der Name Radiant. Bei einem Kreis mit dem Radius $r = 1$ ist die Bogenlänge genau *gleich* dem Mittelpunktswinkel α in Radianten.

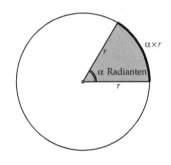

Der Umfang eines Kreises mit dem Radius r ist gleich $2\pi r$. Zu einer vollständigen Umdrehung entlang eines Kreises gehört dann auch ein Drehungswinkel von 2π Radianten. Ein Winkel von 1 Radianten ist etwas kleiner als 60 Grad, nämlich in 8 Nachkommastellen genau, 57.29577950 Grad. Der genaue Wert ist $360/(2\pi)$.

Der Flächeninhalt eines Kreises mit dem Radius r ist πr^2 und der Flächeninhalt eines Sektors mit dem Mittelpunktswinkel α ist deshalb $\frac{\alpha}{2\pi} \times \pi r^2 = \frac{1}{2}\alpha r^2$.

Später in diesem Kapitel werden wir die *Winkelfunktionen* $\sin x$, $\cos x$ und $\tan x$ behandeln. Dabei wird ausschließlich mit dem *Bogenmaß* gearbeitet. Im Folgenden werden deshalb Winkel immer in Radianten gemessen, es sei denn, es ist explizit anders angegeben.

17.11

a. Benutzen Sie den Satz des Pythagoras (Seite 143) um zu zeigen, dass die Länge der Seiten eines Quadrats, dessen Diagonale die Länge 1 hat, gleich $\frac{1}{2}\sqrt{2}$ ist.

b. Benutzen Sie den Satz des Pythagoras um zu zeigen, dass die Länge einer Seitenhalbierenden in einem gleichseitigen Dreieck mit den Seiten der Länge 1, gleich $\frac{1}{2}\sqrt{3}$ ist. (Eine Seitenhalbierende eines Dreiecks ist eine Strecke, welche einen Eckpunkt mit der Mitte der gegenüberliegenden Seite verbindet.)

c. Erklären Sie hiermit die Werte für $\alpha = \frac{1}{3}\pi$, $\alpha = \frac{1}{4}\pi$ und $\alpha = \frac{1}{6}\pi$ aus der Tabelle, die auf der folgenden Seite aufgeführt ist (siehe auch die nachfolgenden Zeichnungen).

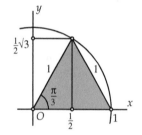 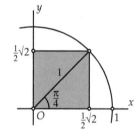 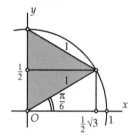

Benutzen Sie die genannte Tabelle und eine Zeichnung des Einheitskreises, um die nachfolgende Sinus-, Cosinus- und Tangenswerte zu berechnen. Bezeichnen Sie genau den Punkt auf dem Einheitskreis, welcher den Winkel beschreibt. Benutzen Sie, wenn nötig, Symmetrie. Geben Sie genaue Ergebnisse!

17.12

a. $\sin \frac{2}{3}\pi$

b. $\cos \frac{3}{4}\pi$

c. $\cos \frac{11}{6}\pi$

d. $\tan \frac{5}{4}\pi$

e. $\sin \frac{5}{6}\pi$

17.13

a. $\sin 3\pi$

b. $\tan 7\pi$

c. $\cos -5\pi$

d. $\tan 12\pi$

e. $\sin -5\pi$

17.14

a. $\sin -\frac{2}{3}\pi$

b. $\tan \frac{7}{4}\pi$

c. $\cos -\frac{7}{6}\pi$

d. $\tan -\frac{5}{3}\pi$

e. $\sin \frac{13}{4}\pi$

17.15

a. $\tan \frac{4}{3}\pi$

b. $\sin -\frac{3}{4}\pi$

c. $\cos \frac{11}{3}\pi$

d. $\tan -\frac{15}{4}\pi$

e. $\cos -\frac{23}{6}\pi$

17.16

a. $\cos 13\pi$

b. $\tan 17\pi$

c. $\sin -7\pi$

d. $\tan 11\pi$

e. $\cos -8\pi$

17.17

a. $\sin \frac{23}{6}\pi$

b. $\tan -\frac{17}{4}\pi$

c. $\sin -\frac{7}{3}\pi$

d. $\tan -\frac{25}{6}\pi$

e. $\sin \frac{23}{4}\pi$

Sinus, Cosinus und Tangens

Jeder Drehwinkel α bestimmt eine Drehung um α in der Ebene. Ein positiver Drehungswinkel korrespondiert mit einer Drehung gegen den Uhrzeigersinn, ein negativer Winkel mit einer Drehung im Uhrzeigersinn. Wir können solch eine Drehung darstellen mittels eines Bogens des Einheitskreises mit dem Mittelpunktswinkel α, der in $(1,0)$ beginnt. Die Koordinaten (x,y) des Endpunktes sind dann der *Cosinus* bzw. der *Sinus* von α, also

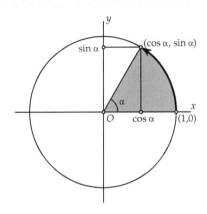

$$x = \cos\alpha \qquad \text{und} \qquad y = \sin\alpha$$

Weil (x,y) auf dem Einheitskreis liegt, gilt $x^2 + y^2 = 1$, daher ist

$$\cos^2\alpha + \sin^2\alpha = 1$$

Beachten Sie hierbei die Notation: $\cos^2\alpha$ bedeutet $(\cos\alpha)^2$ und $\sin^2\alpha$ bedeutet $(\sin\alpha)^2$. Diese Notationen sind allgemein üblich. Aber: $\cos\alpha^2$ bedeutet $\cos(\alpha^2)$. Auch hier gilt wieder: im Zweifel Klammern benutzen!

Der *Tangens* von α ist der Quotient von Sinus und Cosinus, als Formel ausgedrückt:

$$\tan\alpha = \frac{\sin\alpha}{\cos\alpha}$$

Aus den oben gegebenen Definitionen von Sinus und Cosinus mittels des Einheitskreises folgen sofort die nachfolgenden *Symmetrieeigenschaften*:

$$\sin(-\alpha) = -\sin\alpha, \qquad \cos(-\alpha) = \cos\alpha, \qquad \tan(-\alpha) = -\tan\alpha$$

Einige Werte des Sinus, Cosinus und Tangens sind besonders. Für $0 \le \alpha \le \frac{\pi}{2}$ (in Radianten) zeigen wir diese in einer Tabelle. Die Werte aus der Tabelle sollten Sie *im Kopf haben*.

α	0	$\frac{1}{6}\pi$	$\frac{1}{4}\pi$	$\frac{1}{3}\pi$	$\frac{1}{2}\pi$
$\sin\alpha$	0	$\frac{1}{2}$	$\frac{1}{2}\sqrt{2}$	$\frac{1}{2}\sqrt{3}$	1
$\cos\alpha$	1	$\frac{1}{2}\sqrt{3}$	$\frac{1}{2}\sqrt{2}$	$\frac{1}{2}$	0
$\tan\alpha$	0	$\frac{1}{3}\sqrt{3}$	1	$\sqrt{3}$	$-$

17.18 Für jedes α gilt $-1 \le \cos \alpha \le 1$ und $-1 \le \sin \alpha \le 1$. Existieren ebenfalls solche Abschätzungen für den Tangens? Prüfen Sie anhand des „Tangentenbildes", was genau mit dem Tangens passiert, wenn wir mit dem Punkt auf dem Einheitskreis einen vollständigen Rundgang machen.

In den nachfolgenden Aufgaben ist, wie in nebenstehender Figur angedeutet, ein spitzer Winkel α und eine Länge der Seiten eines rechtwinkligen Dreiecks ABC gegeben. Berechnen Sie die anderen zwei Seiten auf vier Nachkommastellen genau, mit Hilfe eines Rechengerätes.

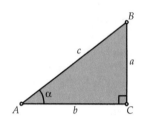

17.19
  a. $\alpha = 32°, c = 3$
  b. $\alpha = 63°, c = 2$
  c. $\alpha = 46°, a = 2$
  d. $\alpha = 85°, c = 7$
  e. $\alpha = 12°, b = 3$

17.20
  a. $\alpha = 23°, a = 3$
  b. $\alpha = 49°, b = 2$
  c. $\alpha = 76°, c = 8$
  d. $\alpha = 21°, b = 2$
  e. $\alpha = 17°, b = 4$

17.21
  a. $\alpha = 1.1$ rad, $c = 3$
  b. $\alpha = 0.5$ rad, $c = 4$
  c. $\alpha = 0.2$ rad, $a = 2$
  d. $\alpha = 1.2$ rad, $b = 7$
  e. $\alpha = 0.7$ rad, $a = 3$

In den nachfolgenden Aufgaben ist entweder der Sinus oder der Cosinus eines Winkels α mit $0 < \alpha < \frac{1}{2}\pi$ gegeben. Berechnen Sie den Sinus bzw. den Cosinus sowie den Tangens. Geben Sie exakte Antworten!

Beispiel: $\sin \alpha = \frac{5}{7}$.
Zeichnen Sie ein rechtwinkliges Dreieck ABC wie nebenan mit $a = 5$ und $c = 7$. Dann ist tatsächlich $\sin \alpha = \frac{5}{7}$. Aus dem Satz des Pythagoras folgt $b = \sqrt{49 - 25} = \sqrt{24} = 2\sqrt{6}$, also ist $\cos \alpha = \frac{b}{c} = \frac{2}{7}\sqrt{6}$ und $\tan \alpha = \frac{a}{b} = \frac{5}{12}\sqrt{6}$.

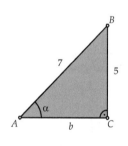

17.22
  a. $\sin \alpha = \frac{1}{5}$
  b. $\cos \alpha = \frac{2}{7}$
  c. $\sin \alpha = \frac{3}{8}$
  d. $\cos \alpha = \frac{2}{5}$
  e. $\cos \alpha = \frac{5}{7}$

17.23
  a. $\sin \alpha = \frac{3}{4}$
  b. $\cos \alpha = \frac{1}{6}$
  c. $\sin \alpha = \frac{1}{8}$
  d. $\cos \alpha = \frac{5}{8}$
  e. $\cos \alpha = \frac{5}{13}$

17.24
  a. $\sin \alpha = \frac{6}{31}$
  b. $\cos \alpha = \frac{4}{23}$
  c. $\sin \alpha = \frac{1}{3}\sqrt{5}$
  d. $\cos \alpha = \frac{1}{3}\sqrt{7}$
  e. $\cos \alpha = \frac{1}{4}\sqrt{10}$

Der Tangens auf der Tangente

Zu einem Punkt auf dem Einheitskreis mit Mittelpunktswinkel α finden wir $\cos\alpha$ und $\sin\alpha$ als Projektion auf die x-Achse und y-Achse. Aber der Tangens von α hat ebenfalls eine geometrische Bedeutung. Dazu zeichnen wir die senkrechte Tangente in dem Punkt $(1,0)$ und schneiden den verlängerten Strahl mit dieser Geraden. Die y-Koordinate des Schnittpunktes ist dann genau gleich dem $\tan\alpha$. Dies hängt mit der Tatsache zusammen, dass das lateinische Wort *Tangens* wörtlich „*berührend*" bedeutet. Die Mehrzahl von Tangens ist *Tangenten*.

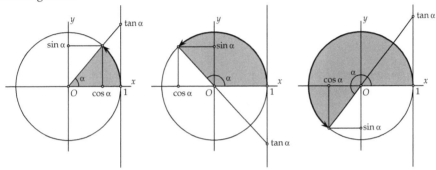

Hier ist die Situation für verschiedene Werte von α gezeichnet, nämlich im ersten, zweiten und dritten Quadranten. Im zweiten Quadranten ist der Sinus positiv und der Cosinus negativ, daher ist $\tan\alpha = \frac{\sin alpha}{\cos\alpha}$ dort negativ. Im dritten Quadranten sind sowohl der Cosinus als auch der Sinus negativ, daher ist der Tangens positiv. Im vierten Quadranten (nicht gezeichnet) ist der Cosinus positiv, der Sinus negativ und der Tangens auch wieder negativ. Wir sehen auf diese Weise, dass für jeden Winkel α gilt

$$\tan(\alpha + \pi) = \tan\alpha$$

Das rechtwinklige Dreieck

Wenn ABC ein rechtwinkliges Dreieck mit einem rechten Winkel in C, einem spitzen Winkel α bei A und Seiten der Längen a, b, c gegenüber den Punkten A, B und C ist, so gelten die nachfolgenden Formeln. Lernen Sie diese auswendig!

$$\sin\alpha = \frac{a}{c}, \qquad \cos\alpha = \frac{b}{c}, \qquad \tan\alpha = \frac{a}{b}$$

$$a^2 + b^2 = c^2 \qquad \text{(Satz des Pythagoras)}$$

17.25   Leiten Sie die nachfolgenden Formeln her. Sie können hier die Formeln von Seite 141 sowie die Additionstheoreme der nächsten Seite benutzen.

a. $\cos 2\alpha = 2\cos^2 \alpha - 1 = 1 - 2\sin^2 \alpha$

b. $1 + \tan^2 \alpha = \dfrac{1}{\cos^2 \alpha}$

c. $\tan(\alpha + \beta) = \dfrac{\tan \alpha + \tan \beta}{1 - \tan \alpha \tan \beta}$

d. $\tan 2\alpha = \dfrac{2\tan \alpha}{1 - \tan^2 \alpha}$

17.26   Zeigen Sie, dass $\cos\left(\frac{\pi}{2} - x\right) = \sin x$ und $\sin\left(\frac{\pi}{2} - x\right) = \cos x$ für alle x gilt.

17.27   Benutzen Sie die Gleichungen $\alpha = \frac{\alpha+\beta}{2} + \frac{\alpha-\beta}{2}$ und $\beta = \frac{\alpha+\beta}{2} - \frac{\alpha-\beta}{2}$, um die nachfolgenden Formeln herzuleiten.

a. $\sin \alpha + \sin \beta = 2\sin \frac{\alpha+\beta}{2} \cos \frac{\alpha-\beta}{2}$

b. $\sin \alpha - \sin \beta = 2\sin \frac{\alpha-\beta}{2} \cos \frac{\alpha+\beta}{2}$

c. $\cos \alpha + \cos \beta = 2\cos \frac{\alpha+\beta}{2} \cos \frac{\alpha-\beta}{2}$

d. $\cos \alpha - \cos \beta = -2\sin \frac{\alpha+\beta}{2} \sin \frac{\alpha-\beta}{2}$

Die Verdopplungsformel $\cos 2\alpha = 2\cos^2 \alpha - 1 = 1 - 2\sin^2 \alpha$ (siehe oben) können Sie auch benutzen, um $\sin \alpha$ und $\cos \alpha$ zu berechnen, wenn $\cos 2\alpha$ bekannt ist:

$$\sin \alpha = \pm\sqrt{\tfrac{1}{2}(1 - \cos 2\alpha)} \qquad \text{und} \qquad \cos \alpha = \pm\sqrt{\tfrac{1}{2}(1 + \cos 2\alpha)}$$

Benutzen Sie dies und eventuell auch die Additionstheoreme in den nachfolgenden Aufgaben.

Beispiel: $\cos \frac{5}{12}\pi = \pm\sqrt{\frac{1}{2}(1 + \cos \frac{5}{6}\pi)} = \pm\sqrt{\frac{1}{2}(1 - \frac{1}{2}\sqrt{3})} = \frac{1}{2}\sqrt{2 - \sqrt{3}}$, weil $\cos \frac{5\pi}{6} = -\frac{1}{2}\sqrt{3}$ und der Winkel $\frac{5}{12}\pi$ liegt im ersten Quadranten, deshalb ist der Cosinus dieses Winkels positiv.

Geben Sie in den nachfolgenden Aufgaben exakte Antworten.

17.28	17.29	17.30
a. $\sin \frac{1}{8}\pi$	a. $\sin \frac{3}{8}\pi$	a. $\sin \frac{11}{8}\pi$
b. $\cos \frac{1}{8}\pi$	b. $\cos \frac{7}{8}\pi$	b. $\cos \frac{17}{12}\pi$
c. $\tan \frac{1}{8}\pi$	c. $\tan \frac{5}{8}\pi$	c. $\tan \frac{15}{8}\pi$
d. $\sin \frac{1}{12}\pi$	d. $\sin \frac{7}{12}\pi$	d. $\tan \frac{13}{12}\pi$
e. $\cos \frac{1}{12}\pi$	e. $\tan \frac{7}{12}\pi$	e. $\cos \frac{13}{8}\pi$

Additionstheoreme und Verdopplungsformeln

Neben der Grundformel $\sin^2 \alpha + \cos^2 \alpha = 1$ und den „Symmetrieformeln" auf Seite 141 existieren noch zwei weitere grundlegende Formeln:

$$\cos(\alpha + \beta) = \cos\alpha\cos\beta - \sin\alpha\sin\beta$$
$$\sin(\alpha + \beta) = \sin\alpha\cos\beta + \cos\alpha\sin\beta$$

Die Gültigkeit dieser Formeln illustrieren wir anhand der unten aufgeführten Zeichnung. Zunächst jedoch leiten wir aus den Additionstheoremen einige andere Formeln her. In den Aufgaben auf der vorherigen Seite werden Sie aufgefordert, weitere Formeln herzuleiten. *Eine komplette Übersicht der Formeln finden Sie auf Seite 317.*

Wenn wir in den Additionstheoremen β durch $-\beta$ ersetzen, erhalten wir

$$\cos(\alpha - \beta) = \cos\alpha\cos\beta + \sin\alpha\sin\beta$$
$$\sin(\alpha - \beta) = \sin\alpha\cos\beta - \cos\alpha\sin\beta$$

Nehmen wir in den Additionstheoremen $\alpha = \beta$, so erhalten wir die *Verdopplungsformeln*:

$$\cos 2\alpha = \cos^2 \alpha - \sin^2 \alpha \quad \text{und} \quad \sin 2\alpha = 2\sin\alpha\cos\alpha$$

In der Aufgabe 17.25a erweitern wir die Formel für $\cos 2\alpha$ zu

$$\cos 2\alpha = \cos^2 \alpha - \sin^2 \alpha = 2\cos^2 \alpha - 1 = 1 - 2\sin^2 \alpha$$

Eine geometrische Illustration der Additionstheoreme
Die dunklen rechtwinkligen Dreiecke in der hier aufgeführten Zeichnung haben beide einen spitzen Winkel α. Die Hypotenuse OQ des untersten Dreiecks hat die Länge $\cos\beta$, denn OQ ist ebenfalls eine Kathete des rechtwinkligen Dreiecks OQP, welches den spitzen Winkel β und die Hypotenuse OP gleich 1 hat. Ebenso gilt $PQ = \sin\beta$. Weil die Hypotenuse OQ des unteren dunklen Dreiecks die Länge $\cos\beta$ hat, sind die Längen der Katheten $\cos\alpha\cos\beta$ (waagerechte Seite) und $\sin\alpha\cos\beta$ (senkrechte Seite). Ebenfalls haben die Katheten des oberen dunklen Dreiecks die Längen $\cos\alpha\sin\beta$ (senkrecht) und $\sin\alpha\sin\beta$ (waagerecht).

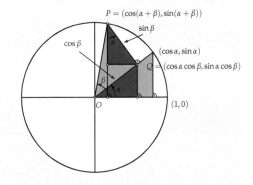

Die x-Koordinate des Punktes P ist nun einerseits gleich $\cos(\alpha + \beta)$, weil P zu einem Drehwinkel $\alpha + \beta$ gehört, und andererseits gleich $\cos\alpha\cos\beta - \sin\alpha\sin\beta$ (die Differenz der waagerechten Katheten der dunklen Dreiecke).

Dies liefert das erste Additionstheorem. Das zweite Additionstheorem folgt auf analoge Weise aus der Tatsache, dass die y-Koordinate von P gleich der Summe der Längen der senkrechten Katheten der dunklen Dreiecke ist.

Aus der Zeichnung des Einheitskreises und der Tabelle auf Seite 141 folgt, dass alle Lösungen der Gleichung $\sin x = \frac{1}{2}$ als $x = \frac{1}{6}\pi + 2k\pi$ oder als $x = \frac{5}{6}\pi + 2k\pi$ für ganze Werte von k geschrieben werden können. Schreiben Sie auf diese Weise alle Lösungen der nachfolgenden Gleichungen auf. Benutzen Sie hierbei stets den Einheitskreis und die Tabelle auf Seite 141.

17.31
a. $\sin x = -\frac{1}{2}$
b. $\cos x = \frac{1}{2}$
c. $\tan x = -1$

17.32
a. $\sin x = \frac{1}{2}\sqrt{2}$
b. $\cos x = -\frac{1}{2}\sqrt{3}$
c. $\tan x = -\sqrt{3}$

17.33
a. $\tan x = \frac{1}{3}\sqrt{3}$
b. $\cos x = -\frac{1}{2}\sqrt{2}$
c. $\cos x = 0$

Fertigen Sie eine Skizze des Graphen der nachfolgenden Funktionen an. Eine grobe Skizze ist ausreichend. Geben Sie jedoch immer die Periode sowie die Schnittpunkte des Graphen mit der x-Achse an.

17.34
a. $\sin(-x)$
b. $\cos(-x)$
c. $\tan(-x)$
d. $\cos(x + \frac{1}{2}\pi)$
e. $\sin(x - \frac{1}{2}\pi)$

17.35
a. $\tan(x + \frac{1}{2}\pi)$
b. $\cos(x - \frac{1}{6}\pi)$
c. $\sin(x + \frac{2}{3}\pi)$
d. $\cos(x - \frac{5}{4}\pi)$
e. $\tan(x - \frac{1}{3}\pi)$

17.36
a. $\tan(x + \frac{1}{6}\pi)$
b. $\cos(x - 3\pi)$
c. $\sin(x + \frac{20}{3}\pi)$
d. $\cos(x - \frac{15}{4}\pi)$
e. $\tan(x - \frac{17}{6}\pi)$

17.37
a. $\sin(\frac{3}{2}\pi - x)$
b. $\cos(\frac{1}{4}\pi + x)$
c. $\tan(\frac{2}{3}\pi - x)$
d. $\cos(\frac{5}{3}\pi + x)$
e. $\sin(\frac{1}{3}\pi - x)$

17.38
a. $\tan(2x)$
b. $\cos(3x)$
c. $\sin(\frac{2}{3}x)$
d. $\cos(\frac{5}{4}x)$
e. $\tan(8x)$

17.39
a. $\tan(3x + \frac{1}{6}\pi)$
b. $\cos(2x - 3\pi)$
c. $\sin(2x + \frac{20}{3}\pi)$
d. $\cos(\frac{1}{2}x - \frac{15}{4}\pi)$
e. $\tan(\frac{1}{3}x - \frac{17}{6}\pi)$

17.40
a. $\sin(2\pi x)$
b. $\cos(3\pi x)$
c. $\tan(\pi x)$
d. $\cos(2\pi x + \frac{1}{2}\pi)$
e. $\sin(2\pi x - \frac{1}{3}\pi)$

17.41
a. $\tan(6\pi x + \pi)$
b. $\cos(4\pi x - 7\pi)$
c. $\sin(2\pi x + \frac{2}{3}\pi)$
d. $\cos(\frac{5}{4}\pi x - \pi)$
e. $\tan(\frac{1}{3}\pi x + 2\pi)$

17.42
a. $\tan(\pi x + \frac{1}{6}\pi)$
b. $\cos(\frac{1}{2}\pi x - 3\pi)$
c. $\sin(7\pi x + \frac{2}{3}\pi)$
d. $\cos(5\pi x - \frac{5}{4}\pi)$
e. $\tan(\frac{3}{4}\pi x - \frac{7}{6}\pi)$

Graphen der Winkelfunktionen

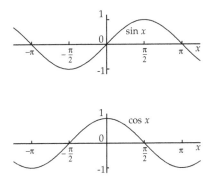

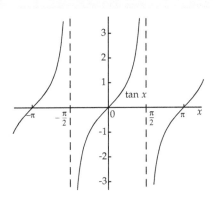

Obige Zeichnung zeigt die Graphen der Funktionen $\sin x, \cos x$ und $\tan x$, wobei x in Radianten gegeben ist. Die Funktionen sind *periodisch*: Sinus und Cosinus haben die Periode 2π, der Tangens hat die Periode π. Der Tangens hat senkrechte Asymptoten für alle $x = \frac{\pi}{2} + k\pi$ mit k ganz, denn für diese Werte von x ist der Cosinus gleich Null und dann ist $\tan x = (\sin x)/(\cos x)$ nicht definiert. Betrachten wir zum Beispiel die Asymptote $x = \frac{\pi}{2}$. Wenn sich x *von links* $\frac{\pi}{2}$ annähert, dann geht $\tan x$ nach $+\infty$, wenn sich x jedoch *von rechts* $\frac{\pi}{2}$ annähert, geht $\tan x$ nach $-\infty$. Notation:

$$\lim_{x\uparrow\frac{\pi}{2}} \tan x = +\infty \qquad \text{und} \qquad \lim_{x\downarrow\frac{\pi}{2}} \tan x = -\infty$$

Die Symmetrieeigenschaften von Sinus, Cosinus und Tangens (siehe Seite 141) können wir auch an den Graphen erkennen. Zur Erinnerung:

$$\sin(-x) = -\sin x, \qquad \cos(-x) = \cos x, \qquad \tan(-x) = -\tan x$$

Hierneben sind Beispiele von zwei oft benutzten Transformationen gezeichnet. In der oberen Figur sehen wir außer dem Graphen der Funktion $\sin x$ auch den der Funktion $\sin 2x$. Der Graph der Sinusfunktion ist in der waagerechten Richtung mit dem Faktor 2 zusammengedrückt worden. Die Periode ist zweimal so klein geworden: π statt 2π.

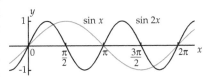

Die untere Figur zeigt neben dem Graphen von $\cos x$ auch den der Funktion $\cos(x - \frac{\pi}{3})$. Der Graph der Cosinusfunktion ist nun in waagerechter Richtung über eine Distanz von $\frac{\pi}{3}$ nach rechts verschoben.

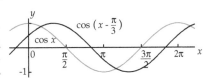

Berechnen Sie den exakten Wert:

17.43
a. $\arcsin -1$
b. $\arccos 0$
c. $\arctan -1$
d. $\arcsin \frac{1}{2}\sqrt{2}$
e. $\arccos -\frac{1}{2}\sqrt{3}$

17.44
a. $\arctan -\frac{1}{3}\sqrt{3}$
b. $\arccos -\frac{1}{2}\sqrt{2}$
c. $\arcsin \frac{1}{2}\sqrt{3}$
d. $\arctan -\sqrt{3}$
e. $\arccos -1$

17.45
a. $\arctan(\tan \pi)$
b. $\arccos(\cos -\pi)$
c. $\arcsin(\sin 3\pi)$
d. $\arcsin(\sin \frac{2}{3}\pi)$
e. $\arctan(\tan \frac{5}{4}\pi)$

17.46 Setzen Sie für α den Wert $\arcsin \frac{1}{3}$ ein. Berechnen Sie den exakten Wert:

a. $\cos \alpha$
b. $\tan \alpha$
c. $\sin 2\alpha$
d. $\cos\left(\alpha + \frac{\pi}{4}\right)$
e. $\cos \frac{1}{2}\alpha$

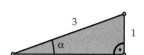

Berechnen Sie den genauen Wert der nachfolgenden Ausdrücke. Zeichnen Sie, wenn nötig, zur Hilfe die Figur eines geschickt gewählten rechtwinkligen Dreiecks.

17.47
a. $\sin\left(\arcsin -\frac{5}{7}\right)$
b. $\sin(\arccos 0)$
c. $\tan\left(\arctan \frac{3}{4}\right)$
d. $\cos(\arctan 1)$
e. $\sin(\arctan -1)$

17.48
a. $\cos\left(\arcsin \frac{3}{5}\right)$
b. $\sin\left(\arccos \frac{2}{3}\right)$
c. $\cos\left(-\arctan \frac{3}{4}\right)$
d. $\tan\left(\arcsin \frac{5}{7}\right)$
e. $\sin(\arctan -4)$

17.49 Berechnen Sie

a. $\arcsin\left(\cos \frac{1}{5}\pi\right)$ *Tipp:* Benutzen Sie, dass $\cos \alpha = \sin\left(\frac{\pi}{2} - \alpha\right)$
b. $\arccos\left(\sin \frac{3}{7}\pi\right)$
c. $\arcsin\left(\cos \frac{2}{3}\pi\right)$
d. $\arcsin\left(\cos \frac{7}{5}\pi\right)$
e. $\arctan\left(\tan \frac{9}{5}\pi\right)$

Arcussinus, Arcuscosinus und Arcustangens

Wenn wir von einem (in Radianten gemessenen) Winkel x wissen, dass $\sin x = \frac{1}{2}$ ist, existieren für x noch immer unendlich viele Möglichkeiten. Der Sinus ist nämlich eine periodische Funktion, außerdem wird jeder Wert (außer 1 und -1) während eines Periodenverlaufes zweimal angenommen. So gilt $\sin x = \frac{1}{2}$, wenn $x = \frac{1}{6}\pi$ und ebenfalls, wenn $x = \frac{5}{6}\pi$. Zu jedem dieser Winkel können wir auch noch beliebige ganze Vielfache von 2π addieren.

Alle diese Wahlmöglichkeiten verschwinden, wenn wir *verabreden*, dass wir x in dem Intervall $[-\frac{\pi}{2}, \frac{\pi}{2}]$ wählen, d.h. $-\frac{\pi}{2} \le x \le \frac{\pi}{2}$. In der Abbildung hier unten ist der entsprechende Teil des Graphen fett gezeichnet.

Für den Cosinus und den Tangens, wo entsprechende Probleme auftreten, hat man ebenfalls solche Vorzugsintervalle verabredet: $[0, \pi]$ beim Cosinus und $\langle -\frac{\pi}{2}, \frac{\pi}{2} \rangle$ beim Tangens.

Wenn nun ein Wert y_0 vorgegeben ist, so gibt es genau ein x_0 im Vorzugsintervall, wofür gilt $\sin x_0 = y_0$, $\cos x_0 = y_0$ oder $\tan x_0 = y_0$. In der Abbildung unten ist angegeben, wie wir bei einem solchen y_0 das zugehörige x_0 finden.

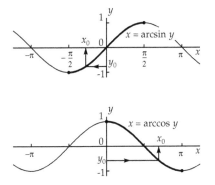

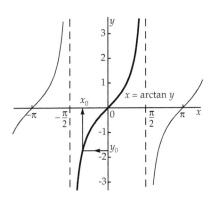

Die zugehörigen Funktionen nennen wir Arcussinus, Arcuscosinus und Arcustangens. Sie werden meist zu arcsin, arccos und arctan abgekürzt. Sie finden diese ebenfalls auf Ihrem Rechengerät, manchmal unter den Namen $\sin^{-1}$, $\cos^{-1}$ und $\tan^{-1}$.

Demnach gilt:

$$
\begin{array}{llll}
x = \arcsin y & \Longleftrightarrow & y = \sin x & \text{und} \quad -\frac{1}{2}\pi \le x \le \frac{1}{2}\pi \\
x = \arccos y & \Longleftrightarrow & y = \cos x & \text{und} \quad\;\; 0 \le x \le \pi \\
x = \arctan y & \Longleftrightarrow & y = \tan x & \text{und} \quad -\frac{1}{2}\pi < x < \frac{1}{2}\pi
\end{array}
$$

Skizzieren Sie die Graphen der nachfolgenden Funktionen. Eine grobe Skizze ist ausreichend. Stellen Sie zunächst fest, für welche Werte von x die Funktion definiert ist und welche Werte die Funktion dabei annehmen kann. Achten Sie auch auf die Schnittpunkte mit den Koordinatenachsen und auf eventuelle Asymptoten.

17.50

   a. $\arcsin 2x$

   b. $\arccos 2x$

   c. $\arctan -x$

   d. $\arcsin -2x$

   e. $\arccos -\frac{1}{3}x$

17.51

   a. $\arcsin \frac{1}{3}x$

   b. $\arccos -\frac{1}{2}x$

   c. $\arctan -3x$

   d. $\arcsin(1-x)$

   e. $\arccos(1+x)$

17.52 Berechnen Sie die nachfolgenden Grenzwerte:

   a. $\lim\limits_{x \to \infty} \arctan 2x$

   b. $\lim\limits_{x \to \infty} \arctan -\frac{1}{5}x$

   c. $\lim\limits_{x \to -\infty} \arctan(x+3)$

   d. $\lim\limits_{x \to \infty} \arctan(2-5x)$

   e. $\lim\limits_{x \to -\infty} \arctan(x^2)$

17.53 Skizzieren Sie den Graphen der nachfolgenden Funktionen:

   a. $\arctan(-3x+1)$

   b. $\arcsin(1-2x)$

   c. $\frac{1}{2}\pi + \arcsin x$

   d. $\arctan(1-x^2)$

   e. $\arctan \frac{1}{x}$

Graphen von Arcussinus, Arcuscosinus und Arcustangens

Die Funktionen arcsin x und arccos x haben beide als Definitionsbereich das abgeschlossene Intervall $-1 \leq x \leq 1$. Ihre Graphen können aus den Graphen von Seite 149 bestimmt werden. Wir spiegeln hierfür die fett gezeichneten Teile in der Geraden $y = x$. Nachfolgend sehen wir das Ergebnis.

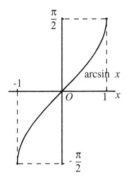
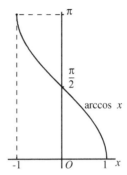

Auf die gleiche Weise erhalten wir den Graphen der Funktion arctan x. Diese Funktion ist für *alle* Werte von x definiert. Der Graph hat zwei waagerechte Asymptoten; die Geraden $y = -\frac{1}{2}\pi$ und $y = \frac{1}{2}\pi$.

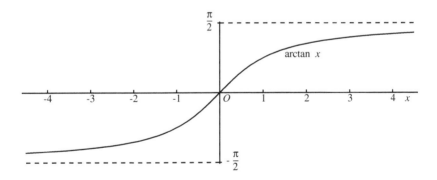

Die Bedeutung der beiden waagerechten Asymptoten ist wie folgt: Die Funktion arctan x nähert sich für $x \to \infty$ stets mehr dem *Grenzwert* $\frac{1}{2}\pi$ an. Als Formel: $\lim_{x \to \infty} \arctan x = \frac{1}{2}\pi$. Ebenfalls nähert arctan x sich für $x \to -\infty$ stets mehr dem *Grenzwert* $-\frac{1}{2}\pi$ an. Als Formel: $\lim_{x \to \infty} \arctan x = -\frac{1}{2}\pi$.

Berechnen Sie die nachfolgenden Grenzwerte mit Hilfe des Standardgrenzwertes der nächsten Seite. Wir geben zwei Beispiele.

Beispiel 1:

$$\lim_{x \to 0} \frac{\sin 3x}{x} = \lim_{x \to 0} \frac{\sin 3x}{3x} \times 3 = 3 \times \lim_{y \to 0} \frac{\sin y}{y} = 3 \times 1 = 3$$

Beim zweiten Gleichheitszeichen haben wir $y = 3x$ gesetzt. Wenn $x \to 0$, dann gilt $y \to 0$ und umgekehrt.

Beispiel 2:

$$\lim_{x \to 0} \frac{\sin 5x}{\sin 4x} = \lim_{x \to 0} \frac{\sin 5x}{5x} \times \frac{4x}{\sin 4x} \times \frac{5}{4} = \frac{5}{4} \times \frac{\lim_{x \to 0} \dfrac{\sin 5x}{5x}}{\lim_{x \to 0} \dfrac{\sin 4x}{4x}} = \frac{5}{4} \times \frac{1}{1} = \frac{5}{4}$$

17.54

a. $\lim\limits_{x \to 0} \dfrac{x}{\sin 2x}$

b. $\lim\limits_{x \to 0} \dfrac{x}{\tan x}$

c. $\lim\limits_{x \to 0} \dfrac{\sin 7x}{\sin 3x}$

d. $\lim\limits_{x \to 0} \dfrac{\sin 4x}{x \cos x}$

e. $\lim\limits_{x \to 0} \dfrac{\tan x}{\sin 3x}$

17.55

a. $\lim\limits_{x \to 0} \dfrac{\sin^2 x}{x^2}$

b. $\lim\limits_{x \to 0} \dfrac{\tan^2 4x}{x \sin x}$

c. $\lim\limits_{x \to 0} \dfrac{1 - \cos 2x}{3x^2}$

d. $\lim\limits_{x \to 0} \dfrac{1 - \cos x}{x}$

e. $\lim\limits_{x \to 0} \dfrac{x^2}{\sin x \tan 3x}$

Berechnen Sie die nachfolgenden Grenzwerte mit Hilfe einer sinnvoll gewählten Substitution. Für die ersten drei Grenzwerte können Sie zum Beispiel $y = x - \pi$, $y = x - \frac{\pi}{2}$ und $y = \arcsin x$ wählen. Auf diese Weise können Sie einen solchen Grenzwert wiederum zurückführen auf einen Grenzwert, den Sie mittels des Standardgrenzwertes bestimmen können.

17.56

a. $\lim\limits_{x \to \pi} \dfrac{\sin x}{x - \pi}$

b. $\lim\limits_{x \to \frac{\pi}{2}} \dfrac{\cos x}{2x - \pi}$

c. $\lim\limits_{x \to 0} \dfrac{\arcsin x}{3x}$

d. $\lim\limits_{x \to 0} \dfrac{\frac{\pi}{2} - \arccos x}{x}$

e. $\lim\limits_{x \to \frac{\pi}{4}} \dfrac{\sin x - \cos x}{x - \frac{\pi}{4}}$

17.57

a. $\lim\limits_{x \to 0} \dfrac{\arcsin x}{\arctan x}$

b. $\lim\limits_{x \to -1} \dfrac{\sin 2\pi x}{\tan 3\pi x}$

c. $\lim\limits_{x \to \infty} x \sin \dfrac{1}{x}$

d. $\lim\limits_{x \to 1} \dfrac{\arctan(x - 1)}{x - 1}$

e. $\lim\limits_{x \to -\infty} \cos \dfrac{1}{x}$

Ein Standardgrenzwert

Ein wichtiger Grenzwert für die Anwendungen der Trigonometrie ist

$$\lim_{x \to 0} \frac{\sin x}{x} = 1$$

Dies bedeutet, dass für kleine Werte von x der Quotient $\sin x / x$ nahezu gleich 1 ist; je dichter x bei Null liegt, je dichter liegt der Quotient bei 1. Eine andere Weise das Gleiche auszudrücken ist, dass $\sin x$ für kleine Winkel x (in Radianten gemessen!) nahezu gleich x ist. Also $\sin x \approx x$ für kleine x. Wir können dies ebenfalls anhand des Graphen der Sinusfunktion auf Seite 147 feststellen. Dieser Graph fällt für kleine Werte von x nahezu mit der Geraden $y = x$ zusammen. Eine Herleitung des Grenzwertes wird weiter unten gegeben.

Als viel benutzte Anwendung gilt der nachfolgende Grenzwert:

$$\lim_{x \to 0} \frac{\tan x}{x} = 1$$

Der Beweis dieser Formel ist wie folgt:

$$\lim_{x \to 0} \frac{\tan x}{x} = \lim_{x \to 0} \frac{\frac{\sin x}{\cos x}}{x} = \lim_{x \to 0} \frac{\sin x}{x \cos x} = \lim_{x \to 0} \frac{\sin x}{x} \times \frac{1}{\cos x} = 1 \times 1 = 1$$

weil $\lim_{x \to 0} \cos x = \cos 0 = 1$.

Ein geometrischer Beweis des Standardgrenzwertes

Weil $\frac{\sin(-x)}{(-x)} = \frac{\sin x}{x}$ gilt, reicht es allein positive Werte von x zu betrachten.

In der Zeichnung sehen wir einen Sektor OQP des Einheitskreises mit einem Mittelpunktswinkel $2x$, wobei auch die Sehnen PQ und die Tangenten PR und QR gezeichnet sind. Der Bogen PQ hat die Länge $2x$. Weiterhin gilt $PS = \sin x$ und $PR = \tan x$. Da die direkte Verbindungsgerade PQ kürzer ist als der Kreisbogen PQ, der seinerseits wieder kürzer ist als der Umweg $PR + RQ$, gilt $2 \sin x < 2x < 2 \tan x$. Aus der ersten Ungleichung folgt $\frac{\sin x}{x} < 1$ und aus der zweiten folgt $\frac{\sin x}{x} > \cos x$, weil $\tan x = \frac{\sin x}{\cos x}$. Die Kombination beider Ungleichungen ergibt

$$\cos x < \frac{\sin x}{x} < 1$$

Geht x nach Null, so geht $\cos x$ nach 1, daher geht der Quotient $\frac{\sin x}{x}$, welcher eingeschlossen ist zwischen $\cos x$ und 1, ebenfalls nach 1. Hiermit ist der Beweis geliefert.

17.58   Nachfolgend sind jeweils einige Seiten und/oder Winkel eines Dreiecks gegeben. Berechnen Sie mittels eines Rechengerätes die gesuchten Winkel oder Seiten sowie den Flächeninhalt O des Dreiecks. Geben Sie Ihre Antworten in einer Genauigkeit von vier Nachkommastellen an. (Geben Sie die Winkel in Radianten an.)

a. $\alpha = 43°$, $\beta = 82°$, $a = 3$. Berechnen Sie b und O.

b. $\alpha = 113°$, $\beta = 43°$, $b = 2$. Berechnen Sie a und O.

c. $\alpha = 26°$, $\beta = 93°$, $a = 4$. Berechnen Sie c und O.

d. $\alpha = 76°$, $a = 5$, $c = 3$. Berechnen Sie γ und O.

e. $\beta = 36°$, $a = 2$, $b = 4$. Berechnen Sie α und O.

f. $\beta = 1.7 \text{ rad}$, $a = 3$, $b = 4$. Berechnen Sie γ und O.

g. $a = 4$, $b = 5$, $c = 6$. Berechnen Sie γ und O.

h. $a = 5$, $b = 5$, $c = 6$. Berechnen Sie α und O.

i. $\beta = 0.75 \text{ rad}$, $b = 6$, $c = 5$. Berechnen Sie a und O.

j. $\alpha = 71°$, $b = 2$, $c = 3$. Berechnen Sie a und O.

k. $\alpha = 58°$, $a = 6$, $b = 5$. Berechnen Sie c und O.

Dreiecksgeometrie

Es sei ABC ein beliebiges Dreieck mit den Winkeln α, β und γ bei den Eckpunkten A, B und C. Die Längen der Seiten gegenüber A, B und C bezeichnen wir mit a, b und c und den Flächeninhalt des Dreiecks mit O. Es gelten die nachfolgenden Gleichungen:

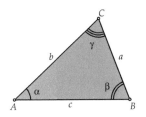

$$\frac{a}{\sin \alpha} = \frac{b}{\sin \beta} = \frac{c}{\sin \gamma} \qquad \textit{(Sinussatz)}$$

$$a^2 = b^2 + c^2 - 2bc \cos \alpha \qquad \textit{(Cosinussatz)}$$

$$O = \tfrac{1}{2} bc \sin \alpha = \tfrac{1}{2} ca \sin \beta = \tfrac{1}{2} ab \sin \gamma \qquad \textit{(Flächeninhaltsformel)}$$

Beweis des Sinussatzes:

$$h = b \sin \alpha = a \sin \beta, \text{ also } \frac{a}{\sin \alpha} = \frac{b}{\sin \beta}$$

und ebenso $\dfrac{a}{\sin \alpha} = \dfrac{c}{\sin \gamma}$.

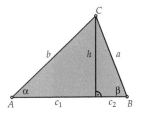

Beweis der Flächeninhaltsformel:

$$O = \tfrac{1}{2} hc = \tfrac{1}{2} bc \sin \alpha, \text{ usw.}$$

Beweis des Cosinussatzes:

$$a^2 = h^2 + c_2^2 = (b^2 - c_1^2) + (c - c_1)^2 = b^2 + c^2 - 2c_1 c = b^2 + c^2 - 2bc \cos \alpha$$

In dem Fall, dass α ein stumpfer Winkel ist, sind die Beweise des Sinussatzes und der Flächeninhaltsformel gleich. Für den Cosinussatz muss der Beweis ein wenig angepasst werden (siehe die Abbildung nebenan).

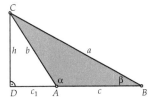

Wenn $AD = c_1$ und $BD = c_2$, so gilt $c = AB = c_2 - c_1$. Es gilt, dass $\cos \alpha$ negativ ist, weil $\frac{\pi}{2} < \alpha < \pi$. Es folgt $c_1 = -b \cos \alpha$ und daher:

$$a^2 = h^2 + c_2^2 = (b^2 - c_1^2) + (c + c_1)^2 = b^2 + c^2 + 2c_1 c = b^2 + c^2 - 2bc \cos \alpha$$

Somit ist auch in diesem Fall der Cosinussatz bewiesen.

In dem Fall, dass α ein rechter Winkel ist, ist der Cosinussatz nichts anderes als der Satz des Pythagoras, jedoch hier in der Form $a^2 = b^2 + c^2$.

18

Exponentialfunktionen und Logarithmen

Vereinfachen Sie die nachfolgenden Ausdrücke soweit wie möglich.

18.1

a. $2^{(3^5)}$

b. $(2^3)^5 \, (2^5)^3$

c. $2^{(3^5)} : 2^{(5^3)}$

d. $2^{1+x} \, 3^x$

e. $4^{2x} : 2^x$

18.2

a. $\left(2^{3-2x}\right)^4$

b. $\sqrt{9^{x-1}}$

c. $\sqrt[5]{10^{20x+10}}$

d. $2^x \times 4^{1-x} : 8^x$

e. $\left(10^{-2x}\right)^2$

Zeichnen Sie die Graphen der nachfolgenden Funktionen. Eine grobe Skizze ist ausreichend. Achten Sie dabei auf eventuelle Schnittpunkte mit den Koordinatenachsen sowie auf waagerechte Asymptoten. Es ist hierbei nicht notwendig, die Maßstäbe auf beiden Achsen gleich zu wählen.

18.3

a. $f(x) = 2^{x-1}$

b. $f(x) = 2^{1-x}$

c. $f(x) = 10^{2x}$

d. $f(x) = (11/10)^{x+2}$

e. $f(x) = 3^{3x}$

18.4

a. $f(x) = 3^{2x-1}$

b. $f(x) = (1/3)^{3-x}$

c. $f(x) = (1/10)^{x+1}$

d. $f(x) = (9/10)^{x-2}$

e. $f(x) = (2/3)^{2x+2}$

18.5

a. $f(x) = 2^{x-1} - \frac{1}{2}$

b. $f(x) = 2^{1-x} - 8$

c. $f(x) = 10^{2x} - 100$

d. $f(x) = (11/10)^{x+2} + 1$

e. $f(x) = 3^{3x} - 9$

18.6

a. $f(x) = 4^{(x-1)/2} - 4$

b. $f(x) = 7^{1-2x} - 49$

c. $f(x) = (1/3)^{2+x} + 2$

d. $f(x) = (4/3)^{(x+2)/2} + 1$

e. $f(x) = 13^{3x} - 13$

18.7 Zeichnen Sie in ein Koordinatensystem die Graphen der Funktionen
$$f(x) = 2^x, \quad g(x) = 2^{-x} \quad \text{und} \quad h(x) = 2^x + 2^{-x}$$

18.8 Zeichnen Sie in ein Koordinatensystem die Graphen der Funktionen
$$f(x) = 3^x, \quad g(x) = -3^{-x} \quad \text{und} \quad h(x) = 3^x - 3^{-x}$$

J. van de Craats, R. Bosch, *Grundwissen Mathematik*, Springer-Lehrbuch,
DOI 10.1007/978-3-642-13501-9_18, © Springer-Verlag Berlin Heidelberg 2010

Exponentialfunktionen

Funktionen der Form $f(x) = a^x$ für $a > 0$ nennt man *Exponentialfunktionen*. Nachfolgend ist für einige Werte von a der Graph von $f(x) = a^x$ abgebildet.

Alle diese Graphen gehen durch den Punkt $(0,1)$, denn für jedes a gilt $a^0 = 1$. Ein solcher Graph wächst, wenn $a > 1$ und fällt, wenn $0 < a < 1$.
Für $a = 1$ ist der Graph die waagerechte Gerade $y = 1$, da $1^x = 1$ für jedes x gilt.
Wir erhalten den Graphen von $(1/a)^x$ aus dem Graphen von a^x durch Spiegelung an der y-Achse, weil

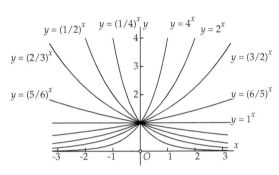

$$(1/a)^x = (a^{-1})^x = a^{-x}$$

Für jedes $a \neq 1$ ist die x-Achse eine waagerechte Asymptote des Graphen. Für $a > 1$ gilt nämlich $\lim\limits_{x \to -\infty} a^x = 0$ und für $a < 1$ gilt $\lim\limits_{x \to +\infty} a^x = 0$. Alle Graphen liegen ganz in der oberen Halbebene, da $a^x > 0$ für jedes x und alle $a > 0$ gilt.

Die Rechenregeln für Potenzen aus Kapitel 3 (siehe Seite 27), welche wir dort für rationale Exponenten hergeleitet haben, behalten ihre Gültigkeit für beliebige reelle Zahlen als Exponent. Wir geben diese hier in einer angepassten Form an. Sie sind für jedes positive a und b und alle reellen Zahlen x und y gültig.

$$
\begin{aligned}
a^x \times a^y &= a^{x+y} \\
a^x : a^y &= a^{x-y} \\
(a^x)^y &= a^{x \times y} \\
(a \times b)^x &= a^x \times b^x \\
\left(\frac{a}{b}\right)^x &= \frac{a^x}{b^x}
\end{aligned}
$$

Vereinfachen Sie die nachfolgenden Ausdrücke soweit wie möglich:

18.9

a. $^2\log \frac{1}{4}$

b. $^4\log 8$

c. $^2\log 5 + {}^2\log 3$

d. $^3\log \frac{2}{9} - {}^3\log \frac{8}{27}$

e. $^{10}\log(2^6) - {}^{10}\log \frac{1}{2}$

18.10

a. $^5\log 8 + {}^5\log 4$

b. $^5\log 8 - {}^5\log 4$

c. $^5\log 8 \times {}^5\log 4$

d. $^5\log 8 : {}^5\log 4$

e. $^{1/2}\log 5 + {}^2\log 5$

Zeichnen Sie die Graphen der nachfolgenden Funktionen. Eine grobe Skizze ist ausreichend. Achten Sie dabei auf eventuelle Schnittpunkte mit den Koordinatenachsen sowie auf waagerechte Asymptoten. Es ist hierbei nicht notwendig, die Maßstäbe auf beiden Achsen gleich zu wählen.

18.11

a. $f(x) = {}^2\log(x - 1)$

b. $f(x) = {}^2\log(1 - x)$

c. $f(x) = {}^{10}\log(2x)$

d. $f(x) = {}^3\log(x + 2)$

e. $f(x) = {}^{3/2}\log(3x)$

18.12

a. $f(x) = {}^{1/2}\log(x - 2)$

b. $f(x) = {}^{2/3}\log(4x)$

c. $f(x) = {}^{1/10}\log(3x + 10)$

d. $f(x) = {}^{3/4}\log(3x - 2)$

e. $f(x) = {}^{1/2}\log(32x)$

18.13

a. $f(x) = {}^2\log |x|$

b. $f(x) = {}^2\log |4x|$

c. $f(x) = {}^{10}\log |x - 1|$

d. $f(x) = {}^3\log \sqrt{x}$

e. $f(x) = {}^{3/2}\log(x^2)$

18.14

a. $f(x) = {}^{1/2}\log(2/x)$

b. $f(x) = {}^{2/3}\log(\frac{2}{3}x^2)$

c. $f(x) = {}^{1/10}\log |10 - 3x|$

d. $f(x) = {}^4\log(64x^5)$

e. $f(x) = {}^{10}\log(1000/x^2)$

18.15 Zeichnen Sie in ein Koordinatensystem die Graphen der Funktionen
$f(x) = {}^{10}\log x, \quad g(x) = {}^{10}\log 10x \quad$ und $\quad h(x) = {}^{10}\log 100x$

18.16 Zeichnen Sie in ein Koordinatensystem die Graphen der Funktionen
$f(x) = {}^2\log(1 - x), \quad g(x) = {}^2\log(1 + x) \quad$ und $\quad h(x) = {}^2\log(1 - x^2)$

Lösen Sie die nachfolgenden Gleichungen:

18.17

a. $2^x = 5$

b. $5^{x+5} = 2$

c. $10^{1-x} = \frac{1}{100}$

d. $10^{2x} = 25$

e. $(49\sqrt{7})^x = 49$

18.18

a. $^{10}\log x = 2$

b. $^{10}\log x = \frac{1}{4}$

c. $^5\log(2x - 1) = 2$

d. $^2\log x^2 = 3$

e. $^{1/3}\log x = -4$

Logarithmische Funktionen

Für jedes $x > 0$ und jedes $a > 0$, $a \neq 1$ definiert man den *Logarithmus* $^a\log(x)$ mit der Grundzahl a als die Zahl y, für die gilt $a^y = x$, also

$$^a\log x = y \qquad \Longleftrightarrow \qquad a^y = x$$

Funktionen der Form $f(x) = {}^a\log(x)$ nennt man *logarithmische Funktionen*. Die logarithmische Funktion mit der Grundzahl a und die Exponentialfunktion mit der Grundzahl a sind zueinander inverse Funktionen, d.h. was die eine Funktion macht, wird durch die andere Funktion rückgängig gemacht. Es gilt deshalb:

$$a^{^a\log x} = x \qquad \text{für jedes } x > 0$$

$$^a\log(a^y) = y \quad \text{für jedes } y$$

Stets ist $a > 0$, $a \neq 1$ vorausgesetzt, da sonst der Logarithmus nicht existiert.

Den Graphen einer logarithmischen Funktion erhalten wir, indem wir den Graphen der dazu gehörenden Exponentialfunktion an der Geraden $y = x$ spiegeln.

Auf diese Weise ist auch die nebenstehende Abbildung aus der Abbildung auf Seite 157 entstanden. Alle Graphen gehen durch $(1,0)$, da für jedes a gilt $^a\log(1) = 0$. Ein solcher Graph wächst für $a > 1$ und fällt für $0 < a < 1$.
Wir erhalten den Graphen von $^{1/a}\log x$ aus dem Graphen von $^a\log x$ durch Spiegelung an der x-Achse.
Aus den Eigenschaften der Exponentialfunktion (siehe Seite 157) können Eigenschaften der logarithmischen Funktionen hergeleitet werden. Wir nennen hier die Wichtigsten:

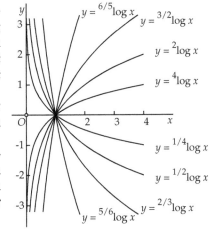

$$
\begin{aligned}
^a\log(xy) &= {}^a\log x + {}^a\log y & (x, y > 0)\\
^a\log(x/y) &= {}^a\log x - {}^a\log y & (x, y > 0)\\
^a\log(x^p) &= p\,{}^a\log x & (x > 0)\\
^a\log x &= \frac{^b\log x}{^b\log a} & (x > 0)
\end{aligned}
$$

Mittels der letzten Formel können Sie Logarithmen mit der Grundzahl b umformen zu Logarithmen mit einer beliebigen anderen Grundzahl a.

Zeichnen Sie die Graphen der nachfolgenden Funktionen. Eine grobe Skizze ist ausreichend. Es ist hierbei nicht notwendig, die Maßstäbe auf beiden Achsen gleich zu wählen.

18.19

a. $f(x) = e^{1-x}$

b. $f(x) = e^{-|x|}$

c. $f(x) = e^{-x^2}$

d. $f(x) = e^{-|x-1|}$

e. $f(x) = e^{1-x^2}$

18.20

a. $f(x) = \ln(1+x)$

b. $f(x) = \ln(1-x)$

c. $f(x) = \ln|x|$

d. $f(x) = \ln|1-x|$

e. $f(x) = \ln|1-x^2|$

18.21   Der *Cosinus hyperbolicus*, der *Sinus hyperbolicus* und der *Tangens hyperbolicus*, abgekürzt zu *cosh*, *sinh* und *tanh*, sind definiert durch:

$$\cosh x = \frac{e^x + e^{-x}}{2}, \qquad \sinh x = \frac{e^x - e^{-x}}{2}, \qquad \tanh x = \frac{\sinh x}{\cosh x}$$

Skizzieren Sie die Graphen dieser Funktionen und beweisen Sie die nachfolgenden Formeln:

a. $\cosh^2 x - \sinh^2 x = 1$

b. $\tanh^2 x + 1/\cosh^2 x = 1$

c. $\sinh(x+y) = \sinh x \cosh y + \cosh x \sinh y$

d. $\cosh(x+y) = \cosh x \cosh y + \sinh x \sinh y$

Bemerkung: Man kann beweisen, dass der Graph des Cosinus hyperbolicus die Form einer hängenden Kette hat. Der Graph wird deshalb auch *Kettenlinie* (Englisch: *catenary*) genannt.

18.22   Berechnen Sie:

a. $\displaystyle\lim_{x\to 0}\frac{e^{-x}-1}{x}$

b. $\displaystyle\lim_{x\to 0}\frac{e^{2x}-1}{x}$

c. $\displaystyle\lim_{x\to 0}\frac{e^{-3x}-1}{x}$

d. $\displaystyle\lim_{x\to 0}\frac{e^{ax}-1}{x}$

e. $\displaystyle\lim_{x\to 0}\frac{e^{x}-1}{\sqrt{x}}$

18.23   Berechnen Sie:

a. $\displaystyle\lim_{x\to 1}\frac{e^x-e}{x-1}$

b. $\displaystyle\lim_{x\to 2}\frac{e^x-e^2}{x-2}$

c. $\displaystyle\lim_{x\to a}\frac{e^x-e^a}{x-a}$

d. $\displaystyle\lim_{x\to 0}\frac{\sinh x}{x}$

e. $\displaystyle\lim_{x\to 0}\frac{\tanh x}{x}$

Die Funktion e^x und der natürliche Logarithmus

Die Graphen der Exponentialfunktionen der Form $f(x) = a^x$ mit $a > 0$ schneiden alle die y-Achse im Punkt $(0, 1)$. Alle Graphen haben in diesem Punkt eine Tangente. Diese Tangenten sind alle verschieden, und alle haben eine Gleichung der Form $y = 1 + mx$ für ein bestimmtes m.

Es gibt genau einen Wert für a, wofür $m = 1$ ist, d.h. die Gerade $y = 1 + x$ ist die Tangente an den Graphen von $f(x) = a^x$ im Punkt $(0, 1)$. Diese Zahl wird e genannt und die dazu gehörende Funktion $f(x) = e^x$ spielt eine wichtige Rolle in der Differenzial- und Integralrechnung. Hierneben ist der Graph dieser Funktion gezeichnet. Man kann beweisen, dass die Zahl e, genau wie die Zahl π oder die Zahl $\sqrt{2}$, eine *irrationale* Zahl ist. Es gilt e $=$ 2.718281828459 . . ..

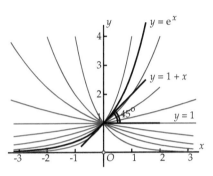

Für kleine Werte von x fällt der Graph von $f(x) = e^x$ fast mit der Tangente $y = 1 + x$ zusammen: für kleine x gilt $e^x \approx 1 + x$. Auch gilt $\dfrac{e^x - 1}{x} \approx 1$ für $x \approx 0$ oder präziser mit einem Grenzwert ausgedrückt:

$$\lim_{x \to 0} \frac{e^x - 1}{x} = 1$$

Den Logarithmus mit der Grundzahl e nennt man den *natürlichen Logarithmus*. Statt $^e\log x$ schreiben wir meistens $\ln(x)$.

Weil die Funktion e^x und der natürliche Logarithmus zueinander invers sind, gilt für jedes $x > 0$, dass $x = e^{\ln(x)}$. Wenden wir dies auf a^x statt auf x an, so erhalten wir $a^x = e^{\ln a^x}$. Da $\ln(a^x) = x \ln a$, liefert dies eine Methode, um die Exponentialfunktion a^x als e -Potenz zu schreiben:

$$a^x = e^{x \ln a}$$

Dies ist etwas, das viele nützliche Anwendungen hat, wie wir später sehen werden. Als erste Anwendung zeigen wir:

$$\lim_{x \to 0} \frac{a^x - 1}{x} = \ln a$$

Beweis: $\dfrac{a^x - 1}{x} = \dfrac{e^{x \ln a} - 1}{x} = \dfrac{e^{x \ln a} - 1}{x \ln a} \ln a \; \to \; \ln a$, wenn $x \to 0$.

Zeichnen Sie die Graphen der nachfolgenden Funktionen. Eine grobe Skizze ist ausreichend.

Tipp: Schreiben Sie zunächst die Funktionsvorschrift mit Hilfe der Rechenregeln für Logarithmen in eine handlichere Form. Bestimmen Sie zunächst auch den Definitionsbereich der Funktion, d.h. die x−Werte wofür die Funktionsvorschrift sinnvoll angewandt werden kann.

18.24

a. $f(x) = \ln(x - 4)$

b. $f(x) = \ln 4x$

c. $f(x) = \ln(4 - x)$

d. $f(x) = \ln(4x - 4)$

e. $f(x) = \ln(2x - 3)$

f. $f(x) = \ln(2 - 3x)$

g. $f(x) = \ln|x - 3|$

h. $f(x) = \ln \dfrac{1}{x}$

i. $f(x) = \ln \dfrac{1}{x - 1}$

j. $f(x) = \ln \dfrac{2}{x - 2}$

18.25

a. $f(x) = \ln \dfrac{1}{x^2}$

b. $f(x) = \ln \dfrac{2}{1 - 2x}$

c. $f(x) = \ln \dfrac{1}{\sqrt{x}}$

d. $f(x) = \ln \dfrac{1}{|x|}$

e. $f(x) = \ln \dfrac{2}{|x - 2|}$

f. $f(x) = \ln \dfrac{3}{x^3}$

g. $f(x) = \ln \left| \dfrac{x - 1}{x + 1} \right|$

18.26 Beweisen Sie, dass ${}^a\log b = \dfrac{1}{{}^b\log a}$.

Berechnen Sie die nachfolgenden Grenzwerte.

18.27

a. $\lim\limits_{x \to 0} \dfrac{\ln(1 - x)}{x}$

b. $\lim\limits_{x \to 0} \dfrac{\ln(1 + 2x)}{x}$

c. $\lim\limits_{x \to 0} \dfrac{\ln(1 - 3x)}{2x}$

d. $\lim\limits_{x \to 0} \dfrac{\ln(1 + x^2)}{x}$

e. $\lim\limits_{x \to 0} \dfrac{\ln(1 + x)}{\ln(1 - x)}$

18.28

a. $\lim\limits_{x \to 1} \dfrac{{}^2\log x}{x - 1}$

b. $\lim\limits_{x \to 1} \dfrac{{}^3\log x}{1 - x}$

c. $\lim\limits_{x \to 2} \dfrac{\ln \frac{x}{2}}{x - 2}$ (*Tipp:* Sei $y = \frac{x}{2}$)

d. $\lim\limits_{x \to 3} \dfrac{\ln x - \ln 3}{x - 3}$

e. $\lim\limits_{x \to a} \dfrac{\ln x - \ln a}{x - a}$

Weiteres zum natürlichen Logarithmus

Die nebenstehende Abbildung zeigt den Graphen des natürlichen Logarithmus inmitten der Graphen anderer Logarithmusfunktionen.

Die charakteristische Eigenschaft des natürlichen Logarithmus ist, dass die Gerade $y = x - 1$, welche die x—Achse unter einem Winkel von 45° schneidet, die Tangente an den Graphen im Punkt $(1, 0)$ ist. Für Werte von x, die nahe bei 1 liegen, fallen der Graph und die Tangente fast zusammen. Es gilt nicht nur, dass $\ln x \approx x - 1$ wenn $x \approx 1$, aber auch

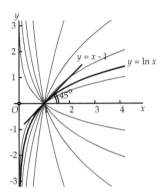

$$\lim_{x \to 1} \frac{\ln x}{x - 1} = 1$$

Wenn wir hier $x = 1 + u$ einsetzen, so erhalten wir einen Grenzwert für $u \to 0$, welcher in dieser Form in den Anwendungen oft benutzt wird:

$$\lim_{u \to 0} \frac{\ln(1 + u)}{u} = 1$$

Wenn wir in der Formel

$$^a\log x = \frac{^b\log x}{^b\log a}$$

(siehe Seite 159) für b die Grundzahl e des natürlichen Logarithmus einsetzen, entsteht die Formel

$$^a\log x = \frac{1}{\ln a} \ln x$$

woraus sich ergibt, dass jede logarithmische Funktion bis auf einen konstanten Faktor gleich dem *natürlichen* Logarithmus $\ln x$ ist. Auch in der obenstehenden Abbildung ist dies gut zu sehen. In der Differenzial- und Integralrechnung machen wir von dieser Eigenschaft oft Gebrauch.

Berechnen Sie die nachfolgenden Grenzwerte.

18.29

a. $\displaystyle\lim_{x\to\infty} \frac{x^2}{2^x}$

b. $\displaystyle\lim_{x\to\infty} \frac{x^2}{3^{x-1}}$

c. $\displaystyle\lim_{x\to\infty} \frac{x^{20}}{(3/2)^x}$

d. $\displaystyle\lim_{x\to\infty} \frac{x^{30}}{4^{2x}}$

e. $\displaystyle\lim_{x\to\infty} \frac{x^{70}}{2^{x-5}}$

18.30

a. $\displaystyle\lim_{x\to\infty} \frac{(x+1)^2}{2^x}$

b. $\displaystyle\lim_{x\to\infty} \frac{x^2+5x}{3^{x-1}}$

c. $\displaystyle\lim_{x\to-\infty} \frac{x^{20}}{(4/3)^{-x}}$

d. $\displaystyle\lim_{x\to-\infty} \frac{x^{30}}{4^{1-2x}}$

e. $\displaystyle\lim_{x\to-\infty} \frac{x^{70}}{2^{2-2x}}$

18.31

a. $\displaystyle\lim_{x\to-\infty} \frac{2^x}{x^{200}}$

b. $\displaystyle\lim_{x\to\infty} \frac{2^{-x}}{x^{-1}}$

c. $\displaystyle\lim_{x\to-\infty} \frac{3^{-x}}{x^5}$

d. $\displaystyle\lim_{x\to-\infty} \frac{3^{2x}}{2^{3x}}$

e. $\displaystyle\lim_{x\to-\infty} \frac{x^7}{7^{x-5}}$

Berechnen Sie die nachfolgenden Grenzwerte.

18.32

a. $\displaystyle\lim_{x\to\infty} \frac{{}^{10}\log x}{x+1}$

b. $\displaystyle\lim_{x\to\infty} \frac{{}^{10}\log(x+1)}{x}$

c. $\displaystyle\lim_{x\to\infty} \frac{{}^{10}\log(x^2)}{x^2+1}$

d. $\displaystyle\lim_{x\to\infty} \frac{{}^{10}\log(x^{100})}{\sqrt[100]{x}}$

e. $\displaystyle\lim_{x\to\infty} \frac{{}^{1/10}\log(1000x)}{1000x+1}$

18.33

a. $\displaystyle\lim_{x\downarrow 0} x\left({}^2\log x\right)$

b. $\displaystyle\lim_{x\downarrow 0} \sqrt{x}\left({}^{1/2}\log x\right)$

c. $\displaystyle\lim_{x\downarrow 0} x\left({}^{10}\log(100x)\right)$

d. $\displaystyle\lim_{x\downarrow 0} x^3\left({}^{1/3}\log x\right)$

e. $\displaystyle\lim_{x\to 0} \sqrt[3]{x}\left({}^3\log|x|\right)$

Tipp bei dieser Spalte: Schreiben Sie $y = \frac{1}{x}$

Standardgrenzwerte

Falls $a > 1$ ist, so wächst die Funktion $f(x) = a^x$ schnell nach unendlich. Dieses Wachstum ist auf die Dauer größer als das Wachstum einer Funktion der Form $g(x) = x^p$, wie groß p auch sein möge. Es gilt nämlich für jedes p, dass

$$\lim_{x \to +\infty} \frac{x^p}{a^x} = 0, \quad \text{wenn} \quad a > 1$$

Wir nehmen zur Veranschaulichung $p = 1\,000\,000 (= 10^6)$ und $a = 10$. Für $x > 1$ ist $x^{1000000}$ anfänglich viel größer als 10^x, aber wenn man z.B. $x = 10^{100}$ nimmt, dann ist 10^x eine Zahl mit $10^{100} + 1$ Ziffern, während $x^{1000000}$ „lediglich" $10^8 + 1$ Ziffern hat.

Für $a > 1$ ist $f(x) = {}^a\log x$ eine wachsende Funktion, aber das Wachstum ist viel langsamer. Tatsächlich wächst eine solche logarithmische Funktion *langsamer* als jede Funktion der Form $g(x) = x^q$ mit $q > 0$, auch wenn q noch so klein ist (aber dennoch positiv). Dies sehen wir z.B. für $a = 10$ und $q = 1/1\,000\,000$. Obwohl $f(x)$ und $g(x)$ für $x \to +\infty$ nach unendlich streben, strebt der Quotient $f(x)/g(x)$ nach Null. Die allgemeine Formel lautet:

$$\lim_{x \to +\infty} \frac{{}^a\log x}{x^q} = 0, \quad \text{wenn} \quad q > 0$$

Außer bei den oben stehenden *Standardgrenzwerten* sind uns in diesem Kapitel noch zwei weitere wichtige Grenzwerte begegnet. Auch diese Grenzwerte werden Standardgrenzwerte genannt. Wir wiederholen diese hier noch einmal, so dass wir alle Standardgrenzwerte der Exponentialfunktionen zusammen haben. Der erste ist ein Grenzwert für die e -Funktion:

$$\lim_{x \to 0} \frac{e^x - 1}{x} = 1$$

Dieser Grenzwert besagt, dass der Graph von e^x die y-Achse unter einem Winkel von 45° Grad schneidet.

Der zweite Grenzwert handelt von dem natürlichen Logarithmus $\ln x$:

$$\lim_{x \to 1} \frac{\ln x}{x - 1} = 1$$

Dieser Grenzwert besagt, dass der Graph der Funktion $\ln x$ die x-Achse im Punkt $(1, 0)$ unter einem Winkel von 45° Grad schneidet. Eine äquivalente auch oft benutzte Form erhalten wir durch Einsetzen von $x = 1 + u$

$$\lim_{u \to 0} \frac{\ln(1 + u)}{u} = 1$$

19

Parametrisierte Kurven

19.1 Zeigen Sie, dass $x = 3\sin t, y = 2\cos t$ eine weitere Parametrisierung der Ellipse auf der nächsten Seite ist. Was ist der Umlaufsinn und was ist P_0?

19.2 Geben Sie eine Parametrisierung der Ellipse, die auf der nächsten Seite gezeichnet ist, gegen den Uhrzeigersinn an, wobei $P_0 = (-3,0)$ ist.

19.3 Geben Sie eine Parametrisierung der Ellipse $\dfrac{x^2}{16} + \dfrac{y^2}{25} = 1$ an.

19.4 Geben Sie eine Parametrisierung

a. des Kreises mit dem Mittelpunkt $(0,0)$ und dem Radius 2.
b. des Kreises mit dem Mittelpunkt $(-1,3)$ und dem Radius 3.
c. des Kreises mit dem Mittelpunkt $(2,-3)$ und dem Radius 5.
d. der Parabel $x = y^2$.
e. der Hyperbel $xy = 1$.

19.5 Zeigen Sie, dass $(x,y) = \left(t + \frac{1}{t}, t - \frac{1}{t}\right)$ eine Parametrisierung der Hyperbel $x^2 - y^2 = 4$ ist und zeichnen Sie die Kurve. Welche Werte von t korrespondieren mit dem linken Zweig und welche mit dem rechten Zweig? Wie findet man die Asymptoten?

19.6 Finden Sie bei jeder Kurve die dazu gehörende Parametrisierung. Begründen Sie Ihre Antwort. Benutzen Sie kein graphisches Rechengerät.

I 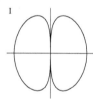 II III 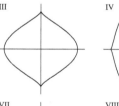 IV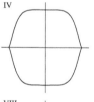

V VI VII VIII

a. $(\cos 3t, \sin 2t)$
b. $(\cos 2t, \sin 3t)$
c. $(\cos^3 t, \sin^3 t)$
d. $(\cos^3 t, \sin t)$

e. $(\cos^3 t, \sin 2t)$
f. $(\cos \frac{1}{2}t, \sin^3 t)$
g. $(\sqrt[3]{\cos t}, \sqrt[3]{\sin t})$
h. $(\sqrt[3]{\cos t}, \sin^3 t)$

J. van de Craats, R. Bosch, *Grundwissen Mathematik*, Springer-Lehrbuch,
DOI 10.1007/978-3-642-13501-9_19, © Springer-Verlag Berlin Heidelberg 2010

Kurven in der Ebene

Die hier abgebildete Ellipse ist die Menge aller Punkte $P = (x, y)$ wofür gilt, dass $x = 3\cos t$ und $y = 2\sin t$. Die Koordinaten x und y sind somit Funktionen einer Variablen t. Wenn t von 0 nach 2π geht, durchläuft der Punkt P die Ellipse in der Pfeilrichtung. Für $t = 0$ ist $P = (3, 0)$, für $t = \frac{\pi}{2}$ ist $P = (0, 2)$, für $t = \pi$ ist $P = (-3, 0)$ für $t = \frac{3\pi}{2}$ ist $(0, -2)$ und für $t = 2\pi$ ist P wieder zurück in $(3, 0)$.

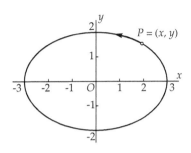

Im Allgemeinen können wir mittels zweier Funktionen $x = x(t)$ und $y = y(t)$ eine *Kurve in der Ebene* beschreiben. Eine solche Beschreibung nennt man eine *Parametrisierung* oder *Parameterdarstellung* der Kurve. Die Variable t nennt man in diesem Zusammenhang den *Parameter*. Man nimmt dabei immer an, dass die Funktionen $x(t)$ und $y(t)$ im Definitionsbereich *stetig* sind, d.h. sie machen keine Sprünge. Die Kurve $(x(t), y(t))$ hat dann ebenfalls keine Sprungstellen. Es kann sich um eine *geschlossene* Kurve handeln, d.h. sie kehrt zu einem gewissen Moment zurück in einen Punkt, welcher bereits besucht wurde (wie bei der Ellipse hier oben), dies ist jedoch nicht notwendig.

Die Variable t, die den Ort des Punktes P auf der Kurve beschreibt, stellt in vielen Anwendungen die *Zeit* dar, z.B. in Sekunden gemessen. In diesem Fall ist somit $(x(t), y(t))$ genau der Ort, wo sich der Punkt P zum Zeitpunkt t befindet. Manchmal schreibt man P_t für die Stelle von P zum Zeitpunkt t.

Der Graph einer Funktion $y = f(x)$ ist selbstverständlich auch eine Kurve in der Ebene. Es ist einfach dafür eine Parametrisierung zu geben, nämlich $x = t$, $y = f(t)$. Aber umgekehrt ist nicht jede Kurve in Parameterdarstellung auch der Graph einer Funktion, wie oben stehendes Beispiel der Ellipse zeigt.

Manchmal ist es möglich den Parameter t aus der Parameterdarstellung der Kurve zu eliminieren, womit man eine *Gleichung* der Kurve bekommt. Im Fall der oben genannten Ellipse gelingt dies, wenn man die bekannte Relation $\cos^2 t + \sin^2 t = 1$ benutzt. Weil $x/3 = \cos t$ und $y/2 = \sin t$, gilt

$$\frac{x^2}{9} + \frac{y^2}{4} = 1.$$

Dies ist die Gleichung der Ellipse. Vergleichen Sie diese auch mit der Gleichung $x^2 + y^2 = 1$ des Einheitskreises.

19.7   Zeichnen Sie in der Ebene die Menge aller Punkte, welche die nachfolgenden Bedingungen erfüllen.

a. $r < 3$

b. $0 \leq \varphi \leq \frac{\pi}{5}$

c. $1 \leq r \leq 2, \quad -\frac{\pi}{3} \leq \varphi \leq \frac{\pi}{3}$

d. $r > 2, \quad |\varphi| < \frac{\pi}{2}$

e. $r = \varphi, \quad 0 \leq \varphi \leq \pi$

f. $0 \leq r \leq \varphi, \quad 0 \leq \varphi \leq \pi$

g. $r = \dfrac{1}{\cos \varphi}, \quad 0 \leq \varphi < \frac{\pi}{2}$

19.8   Leiten Sie den *Cosinussatz*

$$d^2 = r_1^2 + r_2^2 - 2r_1 r_2 \cos \varphi$$

her, indem Sie für das Dreieck mit den Ecken $O = (0,0)$, $P = (r_1 \cos \varphi, r_1 \sin \varphi)$ und $Q = (r_2, 0)$ das Quadrat des Abstandes $d = d(P, Q)$ berechnen.

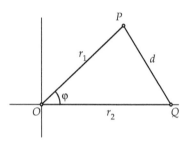

19.9   Suchen Sie zu jeder Kurve die dazu gehörende Gleichung in r und φ. Begründen Sie Ihre Antwort. Benutzen Sie kein graphisches Rechengerät.

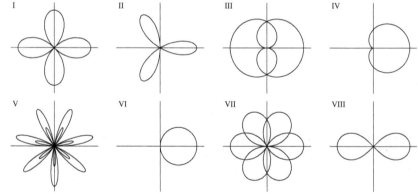

a. $r = \cos \varphi$

b. $r = \cos 2\varphi$

c. $r = \cos 3\varphi$

d. $r = \sin \frac{1}{2} \varphi$

e. $r = \cos \frac{3}{2} \varphi$

f. $r^2 = \cos 2\varphi$

g. $r = 1 + \cos \varphi$

h. $r = 1 + 3 \cos 7\varphi$

Polarkoordinaten

Wenn in der Ebene ein *Oxy*-Koordinatensystem gegeben ist, kann die Position eines Punktes P außer durch die Koordinaten (x, y) auch durch zwei andere Zahlen festgelegt werden: Den Abstand $r = d(O, P)$ von P zum Ursprung O und den Winkel φ zwischen der Verbindungsgerade OP und der positiven x-Achse.

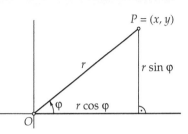

Wie üblich messen wir diesen Winkel in Bogenmaß, und zwar gegen den Uhrzeigersinn. Natürlich ist φ nur bis auf ganze Vielfache von 2π eindeutig bestimmt. Die Zahlen r und φ nennt man die *Polarkoordinaten* von P. Der Ursprung O wird in diesem Zusammenhang auch *Pol* genannt und die positive Achse nennt man die *Polachse*. Aus den Polarkoordinaten lassen sich die gewöhnlichen Koordinaten einfach herleiten:

$$x = r \cos \varphi \quad \text{und} \quad y = r \sin \varphi$$

Nach dem Satz des Pythagoras und nach der Definition des Tangens gilt

$$r = \sqrt{x^2 + y^2} \quad \text{und} \quad \tan \varphi = \frac{y}{x} \quad \text{(vorausgesetzt } x \neq 0\text{)}$$

Für $P = (0, 0)$ ist φ nicht definiert.

Manche Kurven sind einfach zu beschreiben, wenn man den Zusammenhang zwischen r und φ angibt. So wird eine *logarithmische Spirale* durch eine Gleichung der Form

$$\ln r = c\varphi$$

für eine gewisse Konstante c gegeben. In der nebenstehenden Zeichnung ist $c = 0.1$ gewählt.

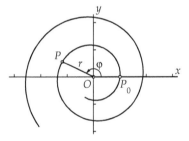

Die Gleichung kann ebenfalls in der From $r = e^{c\varphi}$ geschrieben werden, und damit liegen die gewöhnlichen Koordinaten (x, y) eines Punktes auf der Spirale fest:

$$P = (x, y) = (r \cos \varphi, r \sin \varphi) = (e^{c\varphi} \cos \varphi, e^{c\varphi} \sin \varphi)$$

Dies ist eine Parametrisierung der logarithmischen Spirale mit φ als Parameter. Im Allgemeinen definiert jede stetige Funktion $r = r(\varphi)$ eine parametrisierte Kurve

$$(x, y) = (r(\varphi) \cos \varphi, r(\varphi) \sin \varphi)$$

mit φ als Parameter. Auch wenn $r(\varphi) < 0$ für gewisse Werte von φ gilt, wird diese Definition benutzt, obwohl genau genommen die Polarkoordinaten eines solchen Punktes nicht r und φ, sondern $-r = |r|$ und $\varphi + \pi$ sind.

19.10   Geben Sie eine Parametrisierung der Spirale auf der nächsten Seite, welche von oben nach unten läuft, d.h. mit $P_{-1} = (1, 0, 1)$ und $P_1 = (1, 0, -1)$, an.

19.11   Zeichnen Sie die nachfolgenden Raumkurven. Zeichnen Sie zunächst einen geeigneten Quader um diese Kurve herum, damit der räumliche Eindruck vergrößert wird.

   a. $(t, t^2, t^3), -1 \leq t \leq 1$

   b. $(\cos 2\pi t, \sin 2\pi t, t), 0 \leq t \leq 1$

   c. $(t, \sin 2\pi t, \cos 2\pi t), 0 \leq t \leq 1$

   d. $(\cos t, \sin t, \cos t), 0 \leq t \leq 2\pi$

19.12   Suchen Sie zu jeder Kurve die zugehörige Parametrisierung. Begründen Sie Ihre Antworten. Benutzen Sie kein graphisches Rechengerät. Jede Kurve ist innerhalb des Würfels mit den Ecken $(\pm 1, \pm 1, \pm 1)$ gezeichnet.

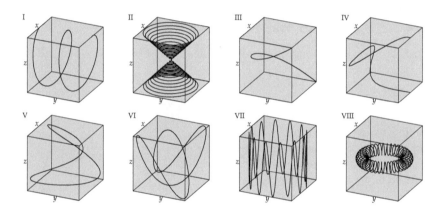

   a. $(t, 2t^2 - 1, t^3)$ e. $(\sin 2\pi t, t^2 - 1, t^3)$

   b. $(\sin t, \sin 2t, \cos t)$ f. $\frac{1}{5}((4 + \sin 40t) \cos t, (4 + \sin 40t) \sin t, \cos 40t)$

   c. $(\sin t, \sin 2t, \cos 3t)$ g. $(\cos t, \sin t, \cos 12t)$

   d. $(\sin 2\pi t, t, \cos 2\pi t)$ h. $(t \cos 24\pi t, t \sin 24\pi t, t)$

Raumkurven

Wenn im Raum ein $Oxyz$-Koordinatensystem gegeben ist, wird eine parametrisierte Kurve durch *drei* stetige Funktionen $x = x(t), y = y(t)$ und $z = z(t)$ eines Parameters t gegeben. In diesem Fall ist $(x(t), y(t), z(t))$ der Punkt der Kurve, welcher mit dem Parameterwert t korrespondiert. Wenn t die Zeit darstellt und P ein Punkt ist, der sich gemäß dieser Parametrisierung entlang der Kurve bewegt, so ist $(x(t), y(t), z(t))$ die Position von P zum Zeitpunkt t. Auch diese Position bezeichnen wir oft mit P_t.

In der nebenstehenden Figur ist die Kurve gezeichnet, welche gegeben wird durch die Parametrisierung

$$\begin{cases} x(t) &= \cos 8\pi t \\ y(t) &= \sin 8\pi t \\ z(t) &= t \end{cases}$$

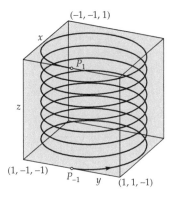

Hierbei ist t im Bereich $-1 \leq t \leq 1$ gewählt. Die Kurve ist eine Spirale, die in $P_{-1} = (1, 0, -1)$ beginnt und nach acht vollständigen Umdrehungen in $P_1 = (1, 0, 1)$ endet. Um den räumlichen Eindruck zu vergrößern ist der Würfel mit den Ecken $(\pm 1, \pm 1, \pm 1)$ gezeichnet worden.

Sie werden vielleicht schon bemerkt haben, dass die Parametrisierung einer ebenen Kurve oder einer Raumkurve nicht eindeutig bestimmt ist in dem Sinne, dass viele verschiedene Parametrisierungen *die gleiche* Kurve (als geometrisches Objekt) darstellen können. Wenn wir den Parameter t wieder als Zeit auffassen, können wir sagen, dass eine solche Kurve durch den Punkt $P = P_t$ auf viele (sogar unendlich viele) Arten durchlaufen werden kann. Die Parametrisierung legt nicht nur die Kurve fest, sondern ebenfalls die Weise, wie sie durchlaufen wird.

So kann die oben stehende Spirale z.B. auch durch

$$\begin{cases} x(t) &= \cos 8\pi t^3 \\ y(t) &= \sin 8\pi t^3 \\ z(t) &= t^3 \end{cases}$$

parametrisiert werden, wobei wiederum $-1 \leq t \leq 1$.

19.13   Geben Sie eine Parametrisierung der nachfolgenden Geraden an:

a.   Die Gerade durch die Punkte $(-1, 1)$ und $(1, -2)$.
b.   Die Gerade durch die Punkte $(1, 0)$ und $(0, 2)$.
c.   Die Gerade durch die Punkte $(-1, 2)$ und $(1, 2)$.
d. $x + y = 1$.
e. $3x - 4y = 2$.
f. $5x + 7y = -2$.
g. $x = 1$.
h. $y = -3$.

19.14   Bestimmen Sie eine Gleichung jeder der nachfolgenden, in Parameter-darstellung beschriebenen, Geraden.

a. $(3t + 2, 2t + 3)$
b. $(2t - 1, 2t)$
c. $(t + 7, 3t - 1)$
d. $(4t + 2, 3)$
e. $(0, t)$
f. $(4t - 2, -2t + 1)$

19.15   Bestimmen Sie eine Parametrisierung der nachfolgenden Geraden.

a.   Die Gerade durch $(0, 1, 1)$ und $(-1, 1, 2)$.
b.   Die Gerade durch $(1, -1, 1)$ und $(2, 0, 0)$.
c.   Die Gerade durch $(3, 0, 1)$ und $(-1, -1, 0)$.
d.   Die Gerade durch $(1, 0, -1)$ und $(-2, 4, 1)$.
e.   Die Gerade durch $(2, -1, -1)$ und $(0, 0, -2)$.
f.   Die Schnittgerade der Ebenen $x - y + 2z = 0$ und $2x + y - z = 1$.
g.   Die Schnittgerade der Ebenen $-x + 3y + z = 1$ und $2x + 2y - z = -2$.
h.   Die Schnittgerade der Ebenen $3x - y = 5$ und $x - 2y - 3z = 0$.
i.   Die Schnittgerade der Ebenen $2x - y + 2z = 0$ und $2x + y - z = 1$.
j.   Die Schnittgerade der Ebenen $-x + 3z = 2$ und $x + y - z = 3$.

19.16   Bestimmen Sie eine Parametrisierung der nachfolgenden Geraden.

a.   Die x-Achse, die y-Achse und die z-Achse.
b.   Die Schnittgerade der Ebenen $x = 1$ und $z = -1$.
c.   Die Schnittgerade der Ebenen $x = y$ und $y = z$.

Geraden in Parameterdarstellung

Eine einfache Situation einer Parametrisierung in der Ebene liegt vor, wenn x und y beide *lineare* Funktionen von t sind, also $x = a + mt$ und $y = b + nt$ für gewisse a, b, m und n. Die „Kurve", die der Punkt $P = (x, y)$ durchläuft, ist dann die Gerade durch $P_0 = (a, b)$ und $P_1 = (a + m, b + n)$. Der Vektor, der von P_0 nach P_1 läuft, hat die Koordinaten $\binom{m}{n}$. Man nennt diesen einen *Richtungsvektor* der Geraden.

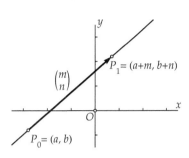

Alle Geraden in der Ebene, auch die senkrechten Geraden, können auf diese Weise beschrieben werden. Die einzige Bedingung ist, dass m und n nicht beide Null sind. Wenn $m = 0$ und $n \neq 0$ ist, so ist die Gerade senkrecht, wenn $m \neq 0$ und $n = 0$, so ist die Gerade waagerecht.

Die Gleichung einer solchen Gerade bekommen wir durch Elimination von t. Wenn $x = a + mt$ und $y = b + nt$ ist, so ist $nx - my = na - mb$ eine Gleichung der Geraden.

Auch im Raum beschreibt eine lineare Parametrisierung eine Gerade. Ist $x(t) = a + mt$, $y(t) = b + nt$, $z(t) = c + pt$, so ist die „Kurve" $(x(t), y(t), z(t)) = (a + mt, b + nt, c + pt)$ eine Gerade. Der *Richtungsvektor* ist in diesem Fall der Vektor mit den Koordinaten $\begin{pmatrix} m \\ n \\ p \end{pmatrix}$.

Eine Parametrisierung der Schnittgeraden zweier Ebenen finden wir, indem wir aus beiden Gleichungen eine Veränderliche eliminieren und eine der beiden anderen Veränderlichen als Parameter t wählen. Als Beispiel nehmen wir die Ebenen:

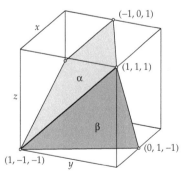

$$\begin{array}{rcrcrcll} x & - & 2y & + & 2z & = & 1 & (\alpha) \\ 2x & + & y & - & z & = & 2 & (\beta) \end{array}$$

Die Elimination von x ergibt $-5y + 5z = 0$. Setze z.B. $z = t$, dann ist auch $y = t$ und Einsetzen dieser Werte in der Gleichung von α ergibt $x - 2t + 2t = 1$, also $x = 1$.

Eine Parametrisierung der Schnittgeraden ist deshalb $(x, y, z) = (1, t, t)$.

VII Differenzial- und Integralrechnung

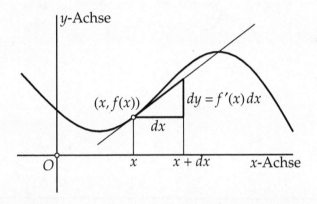

Die Differenzial- und die Integralrechnung – in der amerikanischen Literatur als Abkürzung von *differential and integral calculus* kurz mit dem Wort „Calculus" ausgedrückt – gehört ohne Zweifel zu den erfolgreichsten Teilen der Mathematik. Ihre Anwendungen erstrecken sich von Astronomie bis Nanotechnologie, von ziviler Technik bis Quantenmechanik, von Physik und Chemie bis Wirtschaftswissenschaften, von Wahrscheinlichkeitsrechnung und Statistik bis Bevölkerungsdynamik.

Wir behandeln in diesem Buch hauptsächlich die mathematischen Techniken. Dennoch spielen die Anwendungen im Hintergrund eine wichtige Rolle. Unser Ansatz ist dermaßen angelegt, dass eine optimale Grundlage dafür gelegt wird. Daher wird dem Arbeiten mit Differenzialen viel Aufmerksamkeit gewidmet, da sie den Angriffspunkt für die mathematische Modellbildung in nahezu allen Anwendungen liefern.

20

Differenzieren

Auf Seite 179 stehen fünf Rechenregeln für das Differenzieren. Für die Aufgaben auf dieser Seite benötigen Sie lediglich die ersten zwei:

$$(c\,f(x))' = c\,f'(x) \quad \text{für jede Konstante } c$$
$$(f(x) + g(x))' = f'(x) + g'(x)$$

Weiterhin sollten Sie wissen, dass für jede reelle Zahl p gilt: $(x^p)' = p\,x^{p-1}$.
Berechnen Sie die Ableitungen der nachfolgenden Funktionen.

20.1
a. $2x - 3$
b. 2
c. $4x^2 + 1$
d. $10\,x^7$
e. $4x + x^3$

20.2
a. $x^3 - 3$
b. $x^2 - 2x + 1$
c. $x^4 - 3x^3 + 2$
d. $8x^8$
e. $x^6 - 6x^4$

20.3
a. $4x^4 - 3x^2 + 2$
b. $2000\,x^{2000}$
c. $7x^7 - 6x^6$
d. $x^3 + 7x^7 - 12$
e. $x^2 - 5x^3 + x$

20.4
a. $\sqrt{x}$
b. $x\sqrt{x}$
  Tip: $x\sqrt{x} = x^{3/2}$
c. $\sqrt{x^3}$
d. $x^2\sqrt{x}$
e. $\sqrt{2x}$
  Tip: $\sqrt{2x} = \sqrt{2}\sqrt{x}$

20.5
a. $\sqrt[3]{x}$
b. $x^{2/3}$
c. $\sqrt[4]{x}$
d. $x\sqrt[4]{x}$
e. $x^2\sqrt[5]{x^2}$

20.6
a. $\sqrt[7]{x^2}$
b. $\sqrt{3x^3}$
c. $\sqrt[3]{2x^5}$
d. $\sqrt[4]{x^5}$
e. $\sqrt{x^7}$

20.7
a. x^{-1}
b. $2x^{-2}$
c. $3x^{-3}$
d. $x^{-1/2}$
e. $x^{-2/3}$

20.8
a. $x^{2.2}$
b. $x^{4.7}$
c. $x^{-1.6}$
d. $x^{0.333}$
e. $x^{-0.123}$

20.9
a. $\dfrac{1}{x}$
b. $\dfrac{3}{2x}$
c. $\dfrac{5}{x^5}$
d. $\dfrac{\sqrt{x}}{x}$
e. $\dfrac{1}{x\sqrt[3]{x}}$

J. van de Craats, R. Bosch, *Grundwissen Mathematik*, Springer-Lehrbuch,
DOI 10.1007/978-3-642-13501-9_20, © Springer-Verlag Berlin Heidelberg 2010

Tangente und Ableitung

Die Graphen vieler Funktionen haben in allen oder fast allen Punkten einen „glatten" Verlauf. Wenn wir den Graphen in der Nähe eines solchen Punktes vergrößern, ähnelt dieser immer mehr einer Geraden. Diese Gerade ist die Tangente an den Graphen in diesem Punkt.

Nebenan ist der Graph einer solchen Funktion $f(x)$ mit der Tangente in dem Punkt $(a, f(a))$ abgebildet. In der Nähe dieses Punktes sind der Graph und die Tangente tatsächlich kaum voneinander zu unterscheiden. Um dies genau zu illustrieren, haben wir das kleine Rechteck um den Punkt $(a, f(a))$ in der Abbildung unten als Vergrößerung wiedergegeben.

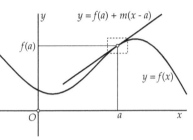

Falls die Tangente nicht senkrecht ist, können wir die Gleichung dieser schreiben als $y = f(a) + m(x - a)$ für ein gewisses m. Man nennt m die Steigung der Tangente. Für x ganz nahe an a gilt dann offenbar

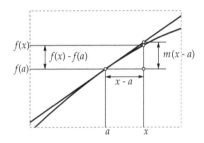

$$\frac{f(x) - f(a)}{x - a} \approx \frac{m(x - a)}{x - a} = m$$

und die Annäherung ist umso besser je näher x bei a liegt.

Genauer formuliert, mit einem Grenzwert:

$$m = \lim_{x \to a} \frac{f(x) - f(a)}{x - a}$$

Wir nennen m die *Ableitung* von $f(x)$ in a, Notation $m = f'(a)$.

Wenn eine Funktion $f(x)$ in allen Punkten eines Intervalls eine Tangente hat, die nicht senkrecht ist, so ist in jedem Punkt x dieses Intervalls die Ableitung $f'(x)$ definiert. Damit ist die Ableitung auf dem Intervall selbst zu einer Funktion geworden, die *Ableitung* oder *abgeleitete Funktion* von $f(x)$. Oft benutzte Notationen für die Ableitung von $f(x)$ sind auch $\frac{df}{dx}(x)$ und $\frac{d}{dx}f(x)$.

Das Bestimmen der Ableitung einer Funktion nennt man *Differenzieren*.

Übrigens: Wenn $f(x)$ eine *lineare* Funktion ist, also $f(x) = mx + c$, dann ist der Graph eine Gerade mit Steigung m und die Tangente fällt in jedem Punkt mit dem Graphen zusammen. Für jedes x gilt dann $f'(x) = m$. Insbesondere ist die Ableitung jeder konstanten Funktion gleich Null.

Berechnen Sie mit Hilfe der Kettenregel die Ableitung der nachfolgenden Funktionen. *Beispiele:*

1. $\left((x^3-1)^5\right)' = 5(x^3-1)^4 \cdot 3x^2 = 15x^2(x^3-1)^4$

2. $\left(\sin(x^2+1)\right)' = \left(\cos(x^2+1)\right) \cdot 2x = 2x\cos(x^2+1)$

Beachten Sie: Bei der Anwendung der Kettenregel auf eine zusammengesetzte Funktion $f(g(x))$ ist es *nicht* empfehlenswert die Funktionen f und g einzeln aufzuschreiben! Sie sollten einfach während dem Differenzieren die zusammengesetzte Funktion $f(g(x))$ schrittweise von außen nach innen abarbeiten, so wie dies oben auch gemacht worden ist. Oft können Sie danach die Antwort noch etwas vereinfachen.

20.10
a. $(2+3x)^3$
b. $(3-5x)^7$
c. $(1-3x^2)^{-1}$
d. $(1-\sqrt{x})^4$
e. $(x-x^4)^{-2}$

20.11
a. $(2x-3)^5$
b. $(x^2+5)^{-1}$
c. $\sqrt{3x-4}$
d. $\sqrt{x^2+x}$
e. $(x+4x^3)^{-3}$

20.12
a. $\sqrt{1+x+x^2}$
b. $\sqrt[3]{1+x+x^2}$
c. $(x^2-1)^4$
d. $\sqrt{x^3+1}$
e. $(x^2+x)^{3/2}$

Berechnen Sie mit Hilfe der Produktregel die Ableitung von:

20.13
a. $x\sin x$
b. $x\cos 2x$
c. $x^2\ln x$
d. $(x+1)\tan x$
e. $(2x+1)\ln x$

20.14
a. $\sqrt{x+1}\ln x$
b. $(\sin x)(\ln x^2)$
c. $x\ln\sqrt[3]{x}$
d. $x\ln(\sin x)$
e. $\sqrt{x}\ln(1-x^2)$

20.15
a. $x\,(^2\!\log x)$
b. $\sqrt{x}\,(^5\!\log x^3)$
c. $(x-1)(^2\!\log x)$
d. xe^{-x}
e. $x^2e^{-x^2}$

Berechnen Sie mit Hilfe der Quotientenregel die Ableitung von:

20.16
a. $\dfrac{x}{x+1}$
b. $\dfrac{x-1}{x+1}$
c. $\dfrac{x^2}{x+1}$
d. $\dfrac{x}{x^2+1}$
e. $\dfrac{x-1}{x^2+x}$

20.17
a. $\dfrac{\sqrt{x}}{x-1}$
b. $\dfrac{x^2-1}{x+2}$
c. $\dfrac{x^2-1}{x^2+1}$
d. $\dfrac{2x-3}{4x+1}$
e. $\dfrac{1-x}{2-x}$

20.18
a. $\dfrac{\sin x}{1+\cos x}$
b. $\dfrac{\cos x}{x+1}$
c. $\dfrac{\arcsin x}{x+1}$
d. $\dfrac{\ln x}{\sin x}$
e. $\dfrac{e^x}{1+e^x}$

Rechenregeln und Standardableitungen

Rechenregeln für differenzierbare Funktionen:

$$
\begin{aligned}
(c\,f(x))' &= c\,f'(x) \quad \text{für jede Konstante } c \\
(f(x)+g(x))' &= f'(x)+g'(x) \\
(f(g(x)))' &= f'(g(x))g'(x) \quad \text{(Kettenregel)} \\
(f(x)g(x))' &= f'(x)g(x)+f(x)g'(x) \quad \text{(Produktregel)} \\
\left(\frac{f(x)}{g(x)}\right)' &= \frac{f'(x)g(x)-f(x)g'(x)}{(g(x))^2} \quad \text{(Quotientenregel)}
\end{aligned}
$$

Standardfunktionen und ihre Ableitungen:

$f(x)$	$f'(x)$	
x^p	$p\,x^{p-1}$	für jedes p
a^x	$a^x \ln a$	für jedes $a > 0$
e^x	e^x	
$^a\!\log x$	$\dfrac{1}{x \ln a}$	für jedes $a > 0, a \neq 1$
$\ln x$	$\dfrac{1}{x}$	
$\sin x$	$\cos x$	
$\cos x$	$-\sin x$	
$\tan x$	$\dfrac{1}{\cos^2 x}$	
$\arcsin x$	$\dfrac{1}{\sqrt{1-x^2}}$	
$\arccos x$	$-\dfrac{1}{\sqrt{1-x^2}}$	
$\arctan x$	$\dfrac{1}{1+x^2}$	

Berechnen Sie die Ableitung der nachfolgenden Funktionen:

20.19

a. $\sin(x-3)$
b. $\cos(2x+5)$
c. $\sin(3x-4)$
d. $\cos(x^2)$
e. $\sin\sqrt{x}$

20.20

a. $\tan(x+2)$
b. $\tan(2x-4)$
c. $\sin(x^2-1)$
d. $\cos(1/x)$
e. $\tan\sqrt[3]{x}$

20.21

a. $\arcsin 2x$
b. $\arcsin(x+2)$
c. $\arccos(x^2)$
d. $\arctan\sqrt{x}$
e. $\ln(\cos x)$

20.22

a. e^{2x+1}
b. e^{1-x}
c. $2e^{-x}$
d. $3e^{1-x}$
e. e^{x^2}

20.23

a. e^{x^2-x+1}
b. e^{1-x^2}
c. $3e^{3-x}$
d. $2e^{\sqrt{x}}$
e. $e^{1+\sqrt{x}}$

20.24

a. 2^{x+2}
b. 3^{1-x}
c. 2^{2-3x}
d. 5^{x^2}
e. $3^{\sqrt[3]{x}}$

20.25

a. $\ln(1-2x)$
b. $\ln(3x^2-8)$
c. $\ln(3x-4x^2)$
d. $\ln(x^3+x^6)$
e. $\ln(x^2+1)$

20.26

a. $\ln\sqrt{x+1}$
b. $\ln x^2$
c. $\ln\sqrt[3]{x}$
d. $\ln\sqrt[3]{1-x}$
e. $\ln(4-x)^2$

20.27

a. $^2\log x$
b. $^3\log x^3$
c. $^{10}\log(x+1)$
d. $^{10}\log\sqrt{x+1}$
e. $^2\log(x^2+x+1)$

Für welche x sind die nachfolgenden Funktionen definiert, jedoch nicht differenzierbar? Eine grobe Skizze des Graphen kann hilfreich sein!

20.28

a. $f(x)=|x-1|$
b. $f(x)=|x^2-1|$
c. $f(x)=\sqrt{|x|}$
d. $f(x)=|\ln(x-1)|$
e. $f(x)=e^{|x|}$

20.29

a. $f(x)=\sin|x|$
b. $f(x)=\cos|x|$
c. $f(x)=|\sin x|$
d. $f(x)=\sin\sqrt[3]{x}$
e. $f(x)=\ln(1+\sqrt{x})$

Bestimmen Sie in den nachfolgenden Fällen die Gleichung der Tangenten an den Graphen von $f(x)$ in dem Punkt $(a, f(a))$ (siehe Seite 177):

20.30

a. $f(x)=2x^2-3,\qquad a=1$
b. $f(x)=x^5-3x^2+3,\ a=-1$
c. $f(x)=4x^3+2x-3,\ a=0$
d. $f(x)=8x^4-x^7,\qquad a=2$
e. $f(x)=4x-2x^2+x^3, a=-1$

20.31

a. $f(x)=x^2-3x^{-1},\qquad a=1$
b. $f(x)=x^2-3\sqrt{x}-3, a=4$
c. $f(x)=x^3+x-3,\qquad a=0$
d. $f(x)=x^{-4}-2,\qquad a=1$
e. $f(x)=8x-2x^2,\qquad a=-3$

Differenzierbarkeit

Im letzten Abschnitt ist $f'(a)$ folgendermaßen definiert:

$$f'(a) = \lim_{x \to a} \frac{f(x) - f(a)}{x - a}$$

Die Zahl $f'(a)$ ist die Steigung der Tangente an den Graphen von $f(x)$ im Punkt $(a, f(a))$. In diesem muss der Grenzwert existieren und überdies endlich sein, denn wir haben angenommen, dass die Tangente nicht senkrecht ist. Wenn diese beiden Bedingungen erfüllt sind, nennt man $f(x)$ *differenzierbar* in a.

Nicht jede Funktion ist in jedem Punkt differenzierbar. Zum Beispiel ist die Funktion $f(x) = |x|$ nicht differenzierbar in 0, weil $\dfrac{f(x) - f(0)}{x - 0}$ gleich 1 ist, wenn $x > 0$ und gleich -1, wenn $x < 0$. Der Grenzwert für $x \to 0$ besteht demnach nicht. Wir können dies auch anhand des Graphen sehen; dieser hat im Ursprung einen Knick. Beim Vergrößern bleibt dieser Knick immer sichtbar.

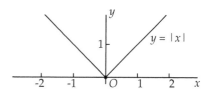

Aber selbst wenn es eine Tangente gibt, braucht die Funktion nicht differenzierbar zu sein, denn diese Tangente kann senkrecht sein. Der Grenzwert, durch den die Ableitung definiert wird, ist dann plus oder minus unendlich.

Z.B. ist die Tangente an den Graphen der Funktion $f(x) = \sqrt[3]{x}$ im Ursprung senkrecht und tatsächlich ist

$$\lim_{x \to 0} \frac{\sqrt[3]{x} - \sqrt[3]{0}}{x - 0} = \lim_{x \to 0} \frac{1}{\sqrt[3]{x^2}} = +\infty$$

Für $x = 0$ ist die Funktion $f(x) = \sqrt[3]{x}$ deshalb nicht differenzierbar.

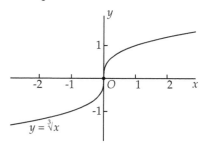

Berechnen Sie die zweite Ableitung der nachfolgenden Funktionen.

20.32

a. $\sqrt{x+1}$

b. $\dfrac{x-1}{x+1}$

c. $\ln(x^2+1)$

d. $x\ln x$

e. $x\sin x$

f. $x^2\cos 2x$

20.33

a. $\sin(\sqrt{x})$

b. $\tan x$

c. $\arctan x$

d. $x\sqrt{x-1}$

e. $\dfrac{\sin x}{x}$

f. $\sin^2 x$

Berechnen Sie die zehnte Ableitung der nachfolgenden Funktionen. Versuchen Sie dabei zunächst ein Muster in den aufeinander folgenden Ableitungen zu entdecken.

20.34

a. x^9

b. x^{10}

c. x^{11}

d. e^{-x}

e. e^{2x}

f. e^{x+1}

20.35

a. $\dfrac{1}{x+1}$

b. $\ln x$

c. $\sin 2x$

d. $\sin\left(x+\frac{\pi}{4}\right)$

e. xe^{x}

f. xe^{-x}

Höhere Ableitungen

Wenn eine Funktion $f(x)$ differenzierbar in allen Punkten eines Intervalls ist, kann es vorkommen, dass die Ableitung erneut eine differenzierbare Funktion ist. Die Ableitung der Ableitung nennt man dann die *zweite Ableitung*. Gebräuchliche Notationen dafür sind $f''(x)$, $\frac{d^2 f}{dx^2}(x)$ und $\frac{d^2}{dx^2}f(x)$. (Achten Sie bei den letzten zwei Notationen auf die unterschiedliche Stelle des „Exponenten" 2 im „Zähler" und im „Nenner"!)

Wir können so weitermachen und die n-te Ableitung einer Funktion definieren als die Ableitung der $(n-1)$ten Ableitung, vorausgesetzt letztere ist eine differenzierbare Funktion. Im Allgemeinem wird für die n-te Ableitung, mit $n > 2$, meistens eine der nachfolgenden Notationen benutzt: $f^{(n)}(x)$, $\frac{d^n f}{dx^n}(x)$ oder $\frac{d^n}{dx^n}f(x)$.

Manche Funktionen können wir beliebig oft differenzieren: für jedes n existiert die n-te Ableitung. Man nennt solche Funktionen *beliebig oft differenzierbar*. Wir geben einige Beispiele.

a. $f(x) = x^n$, wobei n eine positive ganze Zahl ist.
Dann ist $f'(x) = nx^{n-1}$, $f''(x) = n(n-1)x^{n-2}$ usw. Der Exponent wird bei jedem Schritt um eins kleiner und die n-te Ableitung ist eine Konstante, nämlich $n!$ (n-Fakultät, siehe Seite 57). Alle weiteren Ableitungen sind gleich Null.

b. $f(x) = e^x$. Dann ist $f^{(n)}(x) = e^x$ für jedes n.

c. $f(x) = \sin x$. Dann ist $f'(x) = \cos x$, $f''(x) = -\sin x$, $f^{(3)}(x) = -\cos x$, $f^{(4)}(x) = \sin x$ usw.

d. $f(x) = \cos x$. Dann ist $f'(x) = -\sin x$, $f''(x) = -\cos x$, $f^{(3)}(x) = \sin x$, $f^{(4)}(x) = \cos x$ usw.

e. $f(x) = \frac{1}{x}$. Weil wir $f(x)$ auch als $f(x) = x^{-1}$ schreiben können, ist es einfach die höheren Ableitungen zu bestimmen:
$f'(x) = (-1)x^{-2} = -x^{-2}$,
$f''(x) = (-1)(-2)x^{-3} = 2!x^{-3}$,
$f^{(3)}(x) = (-1)(-2)(-3)x^{-4} = -3!x^{-4}$ usw.

f. $f(x) = \sqrt{x} = x^{\frac{1}{2}}$. Dann ist $f'(x) = \frac{1}{2}x^{-\frac{1}{2}}$,
$f''(x) = (\frac{1}{2})(-\frac{1}{2})x^{-\frac{3}{2}} = -\frac{1}{4}x^{-\frac{3}{2}}$,
$f^{(3)}(x) = (\frac{1}{2})(-\frac{1}{2})(-\frac{3}{2})x^{-\frac{5}{2}} = \frac{3}{8}x^{-\frac{5}{2}}$ usw.

Bestimmen Sie bei jedem der nachfolgenden Funktionen die eventuellen Nullstellen der Ableitung und die Intervalle, auf denen die Funktion streng monoton wachsend oder streng monoton fallend ist.

20.36

a. $x^3 + 1$

b. $x^4 - 4x^3 + 4$

c. $\dfrac{x^2 - 1}{x^2 + 1}$

20.37

a. $x^3 + x$

b. $x^6 - 6x + 3$

c. $\dfrac{1}{x^2}$

20.38

a. $\dfrac{x^2 + 1}{x + 1}$

b. $x^3 - 2x^2 + 3x - 1$

c. $\arctan x^2$

20.39 Prüfen Sie die Richtigkeit der nachfolgenden Aussagen. Begründen Sie Ihre Antwort. Geben Sie in dem Fall, dass die Aussage falsch ist ein *Gegenbeispiel*, d.h. ein Beispiel einer Funktion $f(x)$ auf einem Intervall I, wofür die Aussage nicht gültig ist.

a. Wenn $f(x)$ auf I streng monoton wachsend ist, dann ist $f(x)$ auf I auch monoton wachsend.

b. Wenn $f(x)$ auf I monoton fallend ist, dann ist $f(x)$ auf I auch streng monoton fallend.

c. Eine Funktion kann auf I nicht gleichzeitig streng monoton wachsend und streng monoton fallend sein.

d. Eine Funktion kann auf I nicht gleichzeitig monoton fallend und monoton wachsend sein.

e. Wenn $f(x)$ streng monoton wachsend und differenzierbar ist auf I, dann ist $f'(x) > 0$ für alle $x \in I$.

20.40 Prüfen Sie die Richtigkeit der nachfolgenden Aussagen. Begründen Sie Ihre Antwort. Geben Sie in dem Fall, dass die Aussage falsch ist ein *Gegenbeispiel*, d.h. ein Beispiel einer Funktion $f(x)$ auf einem Intervall I, wofür die Aussage nicht gültig ist.

a. Wenn $f(x)$ auf I streng monoton wachsend ist, so ist $g(x) = (f(x))^2$ auf I ebenfalls streng monoton wachsend.

b. Wenn $f(x)$ auf I streng monoton wachsend ist, so ist $g(x) = (f(x))^3$ auf I ebenfalls streng monoton wachsend.

c. Wenn $f(x)$ auf I streng monoton fallend ist, dann ist $g(x) = e^{-f(x)}$ auf I streng monoton wachsend.

20.41 Prüfen Sie die Richtigkeit der nachfolgenden Aussagen. Begründen Sie Ihre Antwort. Geben Sie in dem Fall, dass die Aussage falsch ist ein *Gegenbeispiel*, d.h. Beispiele von Funktion $f(x)$ und $g(x)$ auf einem Intervall I, wofür die Aussage nicht gültig ist.

a. Wenn $f(x)$ und $g(x)$ auf I streng monoton wachsend sind, dann ist auch $f(x) + g(x)$ auf I streng monoton wachsend.

b. Wenn $f(x)$ und $g(x)$ auf I streng monoton wachsend sind, dann ist auch $f(x) \times g(x)$ auf I streng monoton wachsend.

Wachsende, fallende Funktionen, Vorzeichen der Ableitung

Es sei eine Funktion $f(x)$ auf einem Intervall gegeben.

Die Funktion $f(x)$ nennt man *streng monoton wachsend* auf I, wenn für alle Zahlen x_1 und x_2 mit $x_1 < x_2$ gilt, dass $f(x_1) < f(x_2)$.
Die Funktion $f(x)$ nennt man *monoton wachsend* auf I, wenn für alle Zahlen x_1 und x_2 mit $x_1 < x_2$ gilt, dass $f(x_1) \leq f(x_2)$.
Die Funktion $f(x)$ nennt man *streng monoton fallend* auf I, wenn für alle Zahlen x_1 und x_2 mit $x_1 < x_2$ gilt, dass $f(x_1) > f(x_2)$.
Die Funktion $f(x)$ nennt man *monoton fallend* auf I, wenn für alle Zahlen x_1 und x_2 mit $x_1 < x_2$ gilt, dass $f(x_1) \geq f(x_2)$.

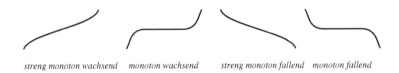

streng monoton wachsend   *monoton wachsend*   *streng monoton fallend*   *monoton fallend*

Die evtl. Differenzierbarkeit von $f(x)$ spielt bei diesen Definitionen keine Rolle. Für differenzierbare Funktionen gilt der nachfolgende Satz.

Satz: Die Funktion $f(x)$ sei differenzierbar in allen Punkten des Intervalls I. Dann gilt:

a. Wenn die Funktion $f(x)$ monoton wachsend auf dem Intervall I ist, so ist $f'(x) \geq 0$ für alle x in I,

b. Wenn die Funktion $f(x)$ monoton fallend auf dem Intervall I ist, so ist $f'(x) \leq 0$ für alle x in I

c. Wenn $f'(x) > 0$ für alle x in I ist, so ist $f(x)$ streng monoton wachsend

d. Wenn $f'(x) \geq 0$ für alle x in I ist, so ist $f(x)$ monoton wachsend

e. Wenn $f'(x) < 0$ für alle x in I ist, so ist $f(x)$ streng monoton fallend

f. Wenn $f'(x) \leq 0$ für alle x in I ist, so ist $f(x)$ monoton fallend

g. Wenn $f'(x) = 0$ für alle x in I ist, so ist $f(x)$ konstant.

Die Beweise der Aussagen (a) und (b) sind nicht schwierig, die der anderen Aussagen jedoch schon. Wir lassen hier alle Beweise aus.

Bestimmen Sie bei den nachfolgenden Funktionen den x-Wert aller lokalen und globalen Maxima und Minima und geben Sie jeweils die Art des Extremums an. Fertigen Sie jeweils eine Skizze des Graphen der Funktion an und benutzen Sie, wenn erforderlich, auch die Ableitung.

20.42

    a. $x^3 - x$

    b. $x^4 - 2x^2$

    c. $x^4 - 6x^2 + 5$

    d. $|x - 1|$

    e. $|x^2 - 1|$

20.43

    a. $\sin x$

    b. $\sin x^2$

    c. $\sin \sqrt{x}$

    d. $\sin |x|$

    e. $|\sin x|$

20.44

    a. $x \ln x$

    b. $(\ln x)^2$

    c. $\arcsin x$

    d. $\ln \cos x$

    e. $\ln |\cos x|$

20.45

    a. $x e^x$

    b. e^{-x^2}

    c. $x e^{-x^2}$

    d. $e^{\sin x}$

    e. $e^{-|x|}$

20.46 Nachfolgend ist der Graph der Funktion $f(x) = \sin \dfrac{\pi}{x}$ skizziert.

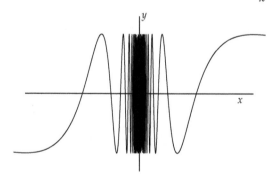

    a. Bestimmen Sie alle Nullstellen.

    b. Bestimmen Sie die Stellen aller Maxima und aller Minima.

    c. Berechnen Sie $\lim_{x \to \infty} f(x)$ und $\lim_{x \to -\infty} f(x)$.

    d. Existiert $\lim_{x \to 0} f(x)$? Begründen Sie Ihre Antwort.

Extremwerte

Dieser Abschnitt handelt von Maxima und Minima von Funktionen. Zunächst erwähnen wir, was wir hierunter genau verstehen.

> Gilt $f(x) \leq f(c)$ (bzw. $f(x) \geq f(c)$) für alle x aus dem Definitionsbereich von $f(x)$, so nennt man $f(c)$ das *globale Maximum* (bzw. das *globale Minimum*) der Funktion $f(x)$.
> Man nennt $f(c)$ ein *lokales Minimum* (bzw. *lokales Maximum*) von $f(x)$, wenn eine Zahl $r > 0$ existiert, so dass für alle x aus dem Definitionsbereich von $f(x)$ mit $|x - c| < r$ gilt, dass $f(x) \leq f(c)$ (bzw. $f(x) \geq f(c)$).

Das allgemeine Wort für Minimum oder Maximum ist *Extremum* oder *Extremwert*. Ein globales Maximum oder Minimum ist auch immer ein lokales Maximum oder Minimum, aber die Umkehrung ist i.A. falsch. Hier neben ist der Graph eines Polynoms vierten Grades mit drei Extremwerten gezeichnet: ein lokales Minimum, ein lokales Maximum und ein globales Minimum, das natürlich gleichzeitig auch ein lokales Minimum ist. Es gibt kein globales Maximum.

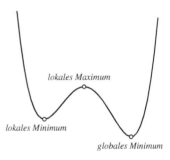

Ein Begriff, der auch oft benutzt wird, ist das *Randextremum*. Das ist ein Extremwert, welcher auf dem Rand des Definitionsbereichs einer Funktion liegt. Ist beispielsweise $g(x) = \sqrt{x}$, so wird das globale Minimum für $x = 0$ am Rande des Definitionsbereiches $[0, \infty)$ angenommen.

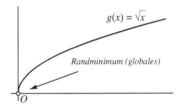

Differenzierbarkeit spielt bei diesen Definitionen keine Rolle: So ist zum Beispiel das globale Minimum der Funktion $f(x) = |x|$ gleich $f(0) = 0$, auch wenn die Funktion dort nicht differenzierbar ist (siehe auch Seite 181).

Wenn jedoch eine Funktion differenzierbar ist in einem Punkt, wo ein lokales (oder globales) Maximum oder Minimum angenommen wird, dann hat die Ableitung eine besondere Eigenschaft. Diese ist dann nämlich gleich Null.

> **Satz:** Wenn eine Funktion $f(x)$ für $x = a$ ein lokales Minimum oder Maximum annimmt und dort differenzierbar ist, so ist $f'(a) = 0$.

Beachten Sie: die *Umkehrung* dieses Satzes ist falsch: Wenn $f'(a) = 0$ ist, braucht $f(x)$ in a kein lokales Maximum oder Minimum anzunehmen. Denken Sie hierbei an die Funktion $f(x) = x^3$, welche in $x = 0$ kein Maximum oder Minimum annimmt, aber wofür gilt $f'(0) = 0$.

Bestimmen Sie alle kritischen Punkte und alle Wendepunkte der nachfolgenden Funktionen.

20.47

a. x^3

b. $x^3 - x$

c. $x^4 - x^2 - 2x + 1$

d. $x^5 + 10x^2 + 2$

e. $\dfrac{1}{1 + x^2}$

20.48

a. $\sin x$

b. $\arctan x$

c. $x^2 \ln x$

d. $x e^{-x}$

e. e^{-x^2}

20.49   Nachfolgend sind die Graphen der Funktion

$$f(x) = \begin{cases} x^2 \sin \dfrac{\pi}{x} & \text{als } x \neq 0 \\ 0 & \text{als } x = 0 \end{cases}$$

und ihre Ableitung $f'(x)$ gezeichnet.

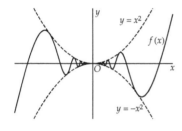 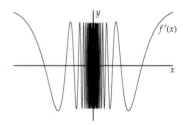

a.   Zeigen Sie, dass $-x^2 \leq f(x) \leq x^2$ für alle x und bestimmen Sie die Werte von x, wofür $f(x) = -x^2$ bzw. $f(x) = x^2$ gilt.

b.   Geben Sie eine Formel für $f'(x)$ für $x \neq 0$.

c.   Zeigen Sie, dass $\lim\limits_{x \to 0} \dfrac{f(x)}{x} = 0$.
  (Dies bedeutet, dass $f(x)$ differenzierbar ist in $x = 0$ und $f'(0) = 0$.)

d.   Berechnen Sie $f'(\frac{1}{2k})$ und $f'(\frac{1}{2k+1})$ für k eine ganze Zahl.

e.   Zeigen Sie, dass $\lim\limits_{x \to 0} f'(x)$ nicht existiert.
  (Hieraus folgt, dass $f'(x)$ in $x = 0$ nicht stetig ist.)

f.   Nimmt $f(x)$ in $x = 0$ ein lokales Minimum oder Maximum an?

g.   Ist $x = 0$ ein Wendepunkt von $f(x)$?

h.   Es sei $g(x) = f(x) + x$. Dann ist $g'(0) = 1$. Existiert ein $c > 0$, so dass $g(x)$ streng monoton wachsend auf dem Intervall $(-c, c)$ ist?

Kritische Punkte und Wendepunkte

Wenn $f(x)$ differenzierbar ist in a und $f'(a) = 0$, dann ist die Tangente an den Graphen dort waagerecht, also ist $f(x)$ in der Nähe von a nahezu konstant. Man nennt einen solchen Punkt deshalb einen *kritischen Punkt*.

Wenn $f'(a) = 0$, so nennt man a einen *kritischen Punkt* von $f(x)$.

Lokale Extrema differenzierbarer Funktionen treten in kritischen Punkten auf, aber ein kritischer Punkt braucht nicht ein lokales Maximum oder Minimum zu liefern, wie die Funktion $f(x) = x^3$ zeigt (siehe auch Seite 187).

Auch die lokalen Extremwerte der Ableitung $f'(x)$ sind spezielle Punkte der ursprünglichen Funktion. Es sind die *Wendepunkte*.

Wenn $f(x)$ eine differenzierbare Funktion ist, so nennt man jeden Punkt, wo die Ableitung $f'(x)$ ein lokales Minimum oder Maximum annimmt, einen *Wendepunkt* der Funktion $f(x)$.

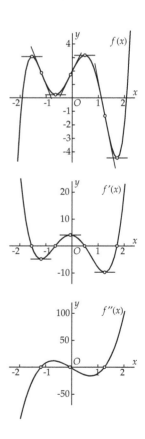

Hier neben ist als Beispiel der Graph der Funktion $f(x) = x^5 - 5x^3 - x^2 + 4x + 2$ gezeichnet, zusammen mit dem Graphen der Ableitung $f'(x) = 5x^4 - 15x^2 - 2x + 4$ und dem Graphen der zweiten Ableitung $f''(x) = 20x^3 - 30x - 2$. (Beachten Sie die Maßstäbe auf der y-Achse, die verschieden gewählt wurden, um deutlichere Zeichnungen zu erhalten.) In den Graphen haben wir die lokalen Maxima und Minima von $f(x)$ und $f'(x)$ zusammen mit den zugehörigen Tangenten angegeben. Gleichzeitig sind die Tangenten in den Wendepunkten von $f(x)$ eingezeichnet, d.h. die Punkte, wo $f'(x)$ ein lokales Maximum oder Minimum annimmt. Weil $f'(x)$ erneut eine differenzierbare Funktion ist, gilt in diesen Punkten deshalb $f''(x) = 0$.

Wir sehen, dass der Graph von $f(x)$ in den Wendepunkten die Tangente durchschneidet und die „Krümmung" des Graphen sich dort ändert. Dies korrespondiert mit der Tatsache, dass $f''(x)$ das Vorzeichen in diesen Punkten ändert. Wenn $f''(x) > 0$, so ist $f'(x)$ eine streng monoton wachsende Funktion und die Steigung der Tangente an den Graphen von $f(x)$ nimmt deshalb zu. Wenn $f''(x) < 0$, so ist $f'(x)$ eine streng monoton fallende Funktion und die Steigung der Tangente an den Graphen von $f(x)$ nimmt deshalb ab.

20.50 Der Graph des Polynoms $f(x) = x^5 - 5x^3 - x^2 + 4x + 2$ ist auf Seite 189 gezeichnet. Sie sehen dort drei Nullstellen. Gibt es noch weitere? Wenn ja, wo liegen die ungefähr, wenn nein, warum gibt es sie nicht?

20.51 Nachfolgend sind in einer beliebigen Reihenfolge die Graphen von zwei Funktion $f(x)$ und $g(x)$, ihre Ableitungen $f'(x)$ und $g'(x)$ und ihre zweiten Ableitungen $f''(x)$ und $g''(x)$ gezeichnet. Identifizieren Sie diese.

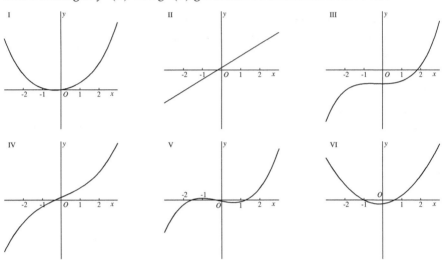

20.52 Die gleiche Aufgabe für die nachfolgenden Graphen. Auch hier handelt es sich um zwei Funktionen $f(x)$ und $g(x)$, ihre Ableitungen $f'(x)$ und $g'(x)$ und ihre zweiten Ableitungen $f''(x)$ und $g''(x)$. Identifizieren Sie diese.

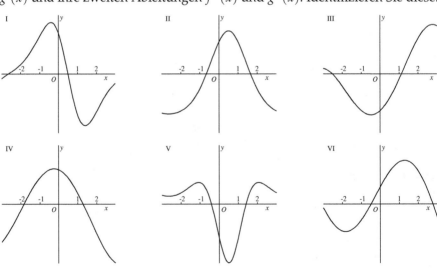

Knobeln mit Funktionen und ihren Ableitungen

Bei der Untersuchung von Eigenschaften differenzierbarer Funktionen kann die Ableitung von großem Nutzen sein. So haben wir gesehen, dass es einen Zusammenhang gibt zwischen dem Vorzeichen der Ableitung (Plus oder Minus) und der Frage, ob eine Funktion wachsend oder fallend ist (siehe den Satz auf Seite 185). Mit Hilfe der Nullstellen der Ableitung können Sie die möglichen Extremwerte der Funktion herausfinden und mit Hilfe der Nullstellen der zweiten Ableitung die möglichen Wendepunkte. Auf den letzten Seiten haben Sie diesbezüglich schon eine Menge Aufgaben gemacht.

Wir schließen dieses Kapitel mit einigen Knobelaufgaben ab, wobei Sie Ihre Kenntnisse vom Zusammenhang zwischen Funktionen und ihren Ableitungen auf eine ungewöhnliche, herausfordernde Art überprüfen können. Diese stehen auf der vorherigen Seite. Um die Aufgaben zu lösen, werden Sie all Ihren Spürsinn benötigen!

21

Differenziale und Integrale

Schreiben Sie die nachfolgenden Differenziale in der Form $f'(x)dx$.

21.1

  a. $d(3x^2 + 2x + 2)$

  b. $d(x + \sin 2x + 9)$

  c. $d(4x^2 \sin(x+1))$

  d. $d(x^3 \sqrt{x^3 + 1})$

  e. $d(\cos(x^2) + 5)$

  f. $d(3 - 2x)$

21.2

  a. $d(5 + x)$

  b. $d(\ln(x^2 + 1))$

  c. $d(2 - e^{-x^2})$

  d. $d(e^{\cos x})$

  e. $d\left(x - \dfrac{1}{x}\right)$

21.3

  a. $d\left(5x^3 + \dfrac{3}{x^2 + 1}\right)$

  b. $d(x + 4)^4$

  c. $d((x^4 - 1)\sin 2x)$

  d. $d(\sqrt[4]{x+1})$

  e. $d(\tan(x+5))$

21.4

  a. $d(x^{2/3} + x^{-2/3})$

  b. $d(x - \ln(x^2 + 1))$

  c. $d(e^{-\sin 2x})$

  d. $d\left(\dfrac{1 + x^2}{1 - x^2}\right)$

Schreiben Sie die nachfolgenden Differenziale in der Form $d(f(x))$.

21.5

  a. $(x^2 + 2x + 2)\,dx$

  b. $(x^3 - 4x)\,dx$

  c. $(x^4 - 4x + 5)\,dx$

  d. $\sqrt{x}\,dx$ (Tipp: $\sqrt{x} = x^{1/2}$)

  e. $\dfrac{4}{x^2}\,dx$

21.6

  a. $x\sqrt{x}\,dx$ (Tipp: $x\sqrt{x} = x^{3/2}$)

  b. $\dfrac{1}{2\sqrt{x}}\,dx$

  c. $(x + 1)^4\,dx$

  d. $\sin x\,dx$

  e. $\sin 5x\,dx$

21.7

  a. $(3x^2 + 2x + 2)\,dx$

  b. $(x - \sqrt{x})\,dx$

  c. $(x^4 - 4x^3 + 2x - 5)\,dx$

  d. $\sqrt{x+1}\,dx$

  e. $\left(\dfrac{1}{x}\right)dx \;\; (x > 0)$

21.8

  a. $\sqrt[3]{x}\,dx$

  b. $(3 + x + \sin 2x)\,dx$

  c. $\sin(x + 1)\,dx$

  d. $\cos(2x + 1)\,dx$

  e. $\left(\dfrac{1}{x}\right)dx \;\; (x < 0)$

J. van de Craats, R. Bosch, *Grundwissen Mathematik*, Springer-Lehrbuch,
DOI 10.1007/978-3-642-13501-9_21, © Springer-Verlag Berlin Heidelberg 2010

Differenziale – Definition und Rechenregeln

Die Funktion $y = f(x)$ sei differenzierbar im Punkt x. Wenn x ein wenig um dx zunimmt, so ist die Differenz $f(x + dx) - f(x)$ näherungsweise gleich $f'(x)dx$. Diese Annäherung ist genauer je kleiner dx ist. Man nennt $f'(x)dx$ das *Differenzial* von f und benutzt hierfür die Notationen dy, df oder $d(f(x))$, kurz:

$$\text{Wenn } y = f(x), \text{ dann ist } dy = f'(x)dx$$

Einerseits hängt das Differenzial von der Wahl des Punktes x ab und andererseits auch von der Zunahme dx. Bei gegebenem x können wir das Differenzial dy sehen als die Zunahme von y, welche mit einer Zunahme dx von x, nach der *Linearisierung* der Funktion, korrespondiert. Hierbei muss das Wort „Zunahme" großzügig aufgefasst werden: Sowohl dx als auch dy können natürlich sowohl positiv als auch negativ sein.

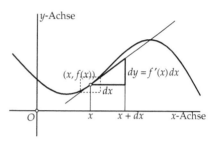

Der Hintergrundgedanke bei dieser Definition ist erneut, dass der Graph einer differenzierbaren Funktion nahezu gleich einer Geraden ist, sobald man die Umgebung eines Punktes des Graphen hinreichend vergrößert. Diese Gerade ist die Tangente an den Graphen in dem Punkt.

In der nebenstehenden Figur ist dies gezeigt, wobei dx jetzt viel kleiner gewählt wurde. Wir sehen, dass $dy = f'(x)dx$ wieder die Zunahme entlang der Tangente an den Graphen in dem Punkt $(x, f(x))$ ist, welche zu der Zunahme dx von x gehört. Wir sehen ebenfalls, dass sich dy, wenn dx kleiner wird, immer besser der Differenz $f(x + dx) - f(x)$ annähert.

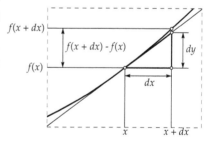

Für Differenziale gelten die folgenden Rechenregeln, welche faktisch die bekannten Rechenregeln für das Differenzieren sind.

$$d(c\,f(x)) = c\,d(f(x)) \qquad \text{für jede Konstante } c$$

$$d(f(x) + g(x)) = d(f(x)) + d(g(x))$$

$$d(f(x)\,g(x)) = g(x)\,d(f(x)) + f(x)\,d(g(x)) \qquad \text{(Produktregel)}$$

$$d\left(\frac{f(x)}{g(x)}\right) = \frac{g(x)\,d(f(x)) - f(x)\,d(g(x))}{(g(x))^2} \qquad \text{(Quotientenregel)}$$

$$d(f(g(x))) = f'(g(x))\,d(g(x)) = f'(g(x))\,g'(x)\,dx \qquad \text{(Kettenregel)}$$

21.9 In den nachfolgenden Fällen sind ein Messwert x_m, eine obere Schranke h für den Messfehler und eine differenzierbare Funktion gegeben. Berechnen Sie $f(x_m)$ und geben Sie mit Hilfe des Differenzials eine obere Schranke k für den Fehler in dieser Berechnung. Sie dürfen hierbei ein Rechengerät benutzen. Runden Sie k auf, bis auf eine Ihrer Meinung nach vernünftige Anzahl von Dezimalstellen (dies braucht nicht für jede Frage die gleiche zu sein).

   a. $x_m = 2.124$, $f(x) = 1 + x^2$, $h = 0.01$

   b. $x_m = 0.2124$, $f(x) = 1 + x^2$, $h = 0.001$

   c. $x_m = 1.284$, $f(x) = 1 - x^2$, $h = 0.003$

   d. $x_m = 12.84$, $f(x) = 1 - x^2$, $h = 0.03$

   e. $x_m = 8.372$, $f(x) = \sin x$, $h = 0.01$

   f. $x_m = 0.672$, $f(x) = \tan 2x$, $h = 0.005$

   g. $x_m = 0.4394$, $f(x) = \ln x$, $h = 0.001$

   h. $x_m = 4.394$, $f(x) = \ln x$, $h = 0.01$

   i. $x_m = 43.94$, $f(x) = \ln x$, $h = 0.1$

   j. $x_m = 2.984$, $f(x) = \dfrac{1}{x}$, $h = 0.01$

21.10 Sie können die Fehlerabschätzung $k = |f'(x_m)|h$, die Sie in der letzten Aufgabe berechnet haben, testen, indem Sie jeweils auch $f(x_m + h)$ und $f(x_m - h)$ berechnen. Die Differenz sollte in etwa gleich $2k$ sein. Prüfen Sie dieses in einer Anzahl von Fällen mit Hilfe eines Rechengerätes.

21.11 Wenn x_m der Messwert und x_w der wirkliche Wert einer Größe x ist, so nennt man den Ausdruck $|x_w - x_m|$ den *absoluten Fehler* und den Quotienten $\frac{|x_w - x_m|}{|x_m|}$ den *relativen Fehler*. Da wir x_w meistens nicht kennen, müssen wir uns mit Schätzungen zufrieden geben. Wenn h eine Abschätzung ist für den maximalen absoluten Fehler, nimmt man meistens den Quotienten $q = \frac{h}{|x_m|}$ als Abschätzung für den maximalen relativen Fehler. Geben Sie eine Erklärung für die nachfolgenden vielfach benutzten Faustregeln. Hierbei sind h_x, q_x, h_y, q_y Abschätzungen für den maximalen und relativen Fehler in Messungen x_m bzw. y_m.

   a. $h_x + h_y$ ist eine Abschätzung für den maximalen absoluten Fehler in $x_m + y_m$.

   b. $h_x + h_y$ ist eine Abschätzung für den maximalen absoluten Fehler in $x_m - y_m$.

   c. $q_x + q_y$ ist eine Abschätzung für den maximalen absoluten Fehler in $x_m y_m$.

   d. $q_x + q_y$ ist eine Abschätzung für den maximalen absoluten Fehler in $\dfrac{x_m}{y_m}$.

Fehlerabschätzungen

Differenziale werden vielfach benutzt für Fehlerabschätzungen. Angenommen, x_m ist ein Messwert einer Größe x und der (kleine) Fehler in der Messung wird auf maximal h geschätzt. Wir erwarten dann, dass der unbekannte wirkliche Wert x_w von x die Ungleichung $|x_w - x_m| < h$ erfüllt.

Es sei weiter angenommen, dass wir nicht x selbst, sondern einen Funktionswert $f(x)$ brauchen. Wir berechnen dann $f(x_m)$, aber möchten eigentlich $f(x_w)$ kennen. Kennen wir nun eine vernünftige obere Schranke für den Fehler $|f(x_w) - f(x_m)|$?

Schreibe $x_w = x_m + dx$. Wenn dx klein ist, gilt

$$f(x_w) - f(x_m) = f(x_m + dx) - f(x_m) \approx f'(x_m)\, dx$$

Weil wir angenommen haben, dass $|dx| < h$ ist, ist $k = |f'(x_m)|h$ eine gute Annäherung für den maximalen Fehler, wenn wir $f(x_m)$ als Annäherung für den unbekannten Funktionswert $f(x_w)$ nehmen.

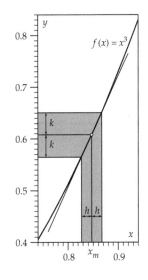

Es sei z.B. $x_m = 0.847$, $f(x) = x^3$ und angenommen wir können $h = 0.02$ nehmen. Dann ist $f(x_m) = (0.847)^3 = 0.607645423$ und $f'(x_m) = 3x_m^2 = 3(0.847)^2 = 2.152227$, daher $f'(x_m)\, h = 0.04304454$. Eine vernünftige Fehlerabschätzung ist also $|f(x_w) - f(x_m)| < 0.044$ oder direkt in Termen des gesuchten (unbekannten) Wertes $f(x_w)$ ausgedrückt:

$$0.563 < f(x_w) < 0.651$$

Etwas ungenau formuliert:

Bei der Berechnung eines Funktionswertes $f(x_m)$ von einem Messresultat x_m wird der Fehler in x_m mit dem Betrag der Ableitung $f'(x_m)$ multipliziert.

Auch hier ist der Hintergrundgedanke, dass wir die Funktion *linearisieren*, d.h. wir ersetzen den Graphen der Funktion durch seine Tangente in dem betreffenden Punkt $(x_m, f(x_m))$. Eine kleine Ableitung hat als Folge, dass die Ungenauigkeit abnimmt, eine große Ableitung bedeutet, dass die Ungenauigkeit zunimmt. Bedingung ist natürlich, dass h klein und die Funktion $f(x)$ differenzierbar in x_m ist.

21.12   Nachfolgend sind jeweils ein Punkt x und eine Funktion $f(x)$ gegeben. Erstellen Sie mit Hilfe eines Rechengerätes eine Tabelle, welche der auf der nächsten Seite ähnlich ist. Nehmen Sie für dx immer die Werte $dx = 0.1, dx = 0.01, dx = 0.001$ und $dx = 0.0001$.

a. $x = 2,$ $f(x) = 1 + x^2$

b. $x = 1,$ $f(x) = \ln x$

c. $x = \frac{1}{4}\pi,$ $f(x) = \tan x$

d. $x = 2,$ $f(x) = \arctan x$

e. $x = 0,$ $f(x) = \cos x$

f. $x = 0,$ $f(x) = \sin x$ (Erklären Sie, was Ihnen hierbei auffällt!)

Wie gut ist das Differenzial als Annäherung?

Das Differenzial $dy = f'(x)dx$ ist für kleines dx eine gute Annäherung für die Differenz der Funktionswerte $\Delta f = f(x + dx) - f(x)$. Wie gut? Dies ist abhängig von der Funktion $y = f(x)$, dem Punkt x und der Zunahme dx.

Wir richten hier unsere Aufmerksamkeit auf die Abhängigkeit von dx bei einem fest gewählten x. Der Fehler, den wir machen, wenn wir die Differenz $\Delta f = f(x + dx) - f(x)$ durch das Differenzial $df = f'(x)dx$ ersetzen, ist für „glatte" Funktionen[1] in der Größenordnung von $(dx)^2$. Es gilt nämlich, dass

$$\Delta f - df = (f(x + dx) - f(x)) - f'(x)\,dx \approx \frac{1}{2}f''(x)\,(dx)^2$$

wenn dx klein ist. Bedenken Sie hierbei, dass für kleine dx das Quadrat $(dx)^2$ noch viel kleiner ist. Ist z.B. $dx = 0.01$, so ist $(dx)^2 = 0.0001$. Die Differenz zwischen Δf und dem Differenzial df geht somit „viel schneller gegen Null" als dx selbst, wenn dx gegen Null geht.

Ein Beweis der oben stehenden Tatsache fällt nicht in den Rahmen dieses Buches. Wir veranschaulichen es nur in einer Tabelle, in der wir $f(x) = \sin x$ und $x = \frac{1}{4}\pi$ nehmen und für x nacheinander $dx = 0.1, dx = 0.001, dx = 0.001$ und $dx = 0.0001$ einsetzen.

dx	$df = f'(x)\,dx$	Δf	$\Delta f - df$	$\frac{1}{2}f''(x)\,(dx)^2$
0.1	0.0707106781	0.0670603	-0.0036504	-0.0035355
0.01	0.00707106781	0.007035595	-0.000035473	-0.000035355
0.001	0.000707106781	0.00070675311	-0.00000035367	-0.00000035355
0.0001	0.0000707106781	0.0000707071425	-0.0000000035357	-0.0000000035355

Wir sehen: Wenn dx *zehn* mal so klein genommen wird, so wird $\Delta f - df$ (vierte Spalte) in etwa *hundert* mal so klein! Bei kleinerem dx nähert sich die Differenz immer mehr den Ausdruck an (fünfte Spalte).

Für spätere Benutzung bemerken wir noch, dass wir die Differenz $\Delta f - df$ abschätzen können, wenn eine obere Schranke M für $|f''(x)|$ auf dem Intervall, auf dem wir arbeiten, bekannt ist. In diesem Fall gilt nämlich

$$|\Delta f - df| \le \frac{1}{2}M|dx|^2.$$

In dem gegebenen Beispiel $f(x) = \sin x$ ist $f''(x) = -\sin x$. Wir können dann $M = 1$ nehmen. Prüfen Sie selbst, dass die Abschätzung der vierten Spalte der Tabelle erfüllt ist.

---

[1]Eine Funktion wird in diesem Zusammenhang eine „glatte" Funktion genannt, wenn $f''(x)$ existiert und in der Nähe von x stetig ist.

21.13 Berechnen Sie den Flächeninhalt des Gebietes, das eingeschlossen wird durch die x-Achse und den Graphen der Funktion $f(x) = x - x^3$ zwischen den Punkten $(0,0)$ und $(1,0)$.

21.14 Berechnen Sie den Flächeninhalt des Gebietes, das eingeschlossen wird durch die x-Achse und den Graphen der Funktion $f(x) = x^3 - x^4$ zwischen den Punkten $(0,0)$ und $(1,0)$.

21.15 Berechnen Sie den Flächeninhalt des Gebietes, das eingeschlossen wird durch die x-Achse und den Graphen der Funktion $f(x) = \sin x$ zwischen den Punkten $(0,0)$ und $(\pi,0)$.

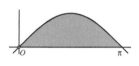

21.16 Berechnen Sie den Flächeninhalt des Gebietes, das eingeschlossen wird durch die x-Achse und den Graphen der Funktion $f(x) = 2\cos 2x$ zwischen den Punkten $\left(-\frac{\pi}{4},0\right)$ und $\left(\frac{\pi}{4},0\right)$.

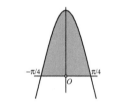

21.17 Berechnen Sie den Flächeninhalt des Gebietes, das eingeschlossen wird durch die x-Achse und den Graphen der Funktion $f(x) = (\sin x)e^{\cos x}$ zwischen den Punkten $(0,0)$ und $(\pi,0)$.

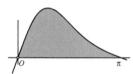

Eine Flächeninhaltsberechnung

Der Flächeninhalt des Gebietes V, das durch die x-Achse und den Graphen der Funktion $f(x) = 1 - x^2$ zwischen den Punkten $(-1, 0)$ und $(1, 0)$ eingeschlossen ist, soll berechnet werden. Dies ist auf folgende Weise möglich. Wir wählen eine Zahl x zwischen -1 und 1 und bezeichnen mit $O(x)$ den Flächeninhalt der Teilmenge von V, die links von der senkrechten Geraden durch $(x, 0)$ liegt.

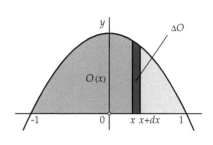

Sobald wir eine Formel für $O(x)$ als Funktion von x kennen, so kennen wir auch den Flächeninhalt von V, denn dieser ist gleich $O(1)$.

Für kleine positive dx ist die Zunahme $O(x + dx) - O(x)$, welche wir kurz mit ΔO bezeichnen werden, gleich dem Flächeninhalt des schmalen Streifens von V, der zwischen den vertikalen Geraden durch die Punkte $(x, 0)$ und $(x + dx, 0)$ liegt.

Dieser Streifen ist fast gleich dem hier neben gezeichneten Rechteck mit der Basis dx und der Höhe $f(x) = 1 - x^2$. Der Flächeninhalt dieses Rechtecks ist gleich $f(x) \times dx = (1 - x^2)dx$. Je kleiner dx gewählt wird, desto besser ist die Annäherung. Dies führt zu der Idee, dass $(1 - x^2)dx$ nichts anderes als das Differenzial der gesuchten Funktion $O(x)$ ist.

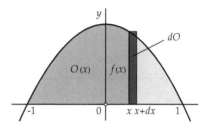

Man kann zeigen, dass dies in der Tat der Fall ist, mit anderen Worten, $dO = (1 - x^2)dx$. Die Ableitung der Funktion $O(x)$ ist deshalb $1 - x^2$ und darum ist $O(x) = x - \frac{1}{3}x^3 + c$ für eine gewisse Konstante c. Weil $O(-1) = 0$ ist (da für $x = -1$ der Flächeninhalt gleich Null ist) ist notwendigerweise $c = \frac{2}{3}$, daher ist $O(x) = x - \frac{1}{3}x^3 + \frac{2}{3}$. Der gesuchte Flächeninhalt von V ist deshalb gleich $O(1) = 1 - \frac{1}{3} + \frac{2}{3} = \frac{4}{3}$.

21.18 Berechnen Sie den Flächeninhalt unterhalb des Graphen der angegebenen Funktion $f(x)$ zwischen den senkrechten Geraden $x = a$ und $x = b$. Fertigen Sie zur Orientierung zunächst eine grobe Skizze des Graphen von $f(x)$ an, suchen Sie dann eine Stammfunktion $F(x)$ von $f(x)$ und bestimmen Sie danach den gesuchten Flächeninhalt . Sie können hierbei, wenn gewünscht, die Liste der Stammfunktionen auf Seite 205 benutzen.

a. $f(x) = 1 + x^2$ $a = -1, \; b = 1$

b. $f(x) = x^3 + x^2$ $a = 0, \quad b = 2$

c. $f(x) = 1 + \sqrt{x}$ $a = 0, \quad b = 1$

d. $f(x) = 2 + \cos x$ $a = 0, \quad b = \pi$

e. $f(x) = e^x$ $a = -1, \; b = 1$

f. $f(x) = x^{\frac{3}{2}}$ $a = 1, \quad b = 4$

g. $f(x) = \dfrac{1}{x}$ $a = 1, \quad b = e$

h. $f(x) = \dfrac{1}{1 + x^2}$ $a = -1, \; b = 1$

Berechnen Sie die nachfolgenden Integrale. Fertigen Sie ebenfalls wieder zur Orientierung eine grobe Skizze des Graphen des Integrands an.

21.19

a. $\displaystyle\int_0^2 (2x + x^3 + 1)\, dx$

b. $\displaystyle\int_1^4 (x + \sqrt{x})\, dx$

c. $\displaystyle\int_0^1 (1 + x^{-\frac{3}{4}})\, dx$

d. $\displaystyle\int_{-\pi}^{\pi} (1 - \sin x)\, dx$

21.20

a. $\displaystyle\int_0^2 e^{-2x}\, dx$

b. $\displaystyle\int_0^1 (e^x + e^{-x})\, dx$

c. $\displaystyle\int_0^1 \frac{1}{x + 1}\, dx$

d. $\displaystyle\int_0^{\frac{1}{2}} \frac{1}{\sqrt{1 - x^2}}\, dx$

Flächeninhalt und Stammfunktion

Wenn $F'(x) = f(x)$ für jedes x aus einem Intervall I ist, so nennt man $F(x)$ eine *Stammfunktion* von $f(x)$ auf I. Eine solche Stammfunktion ist nicht eindeutig bestimmt: für jede Konstante c ist $G(x) = F(x) + c$ ebenfalls eine Stammfunktion von $f(x)$ und *jede* Stammfunktion von $f(x)$ auf I hat diese Form. Stammfunktionen sind deshalb bis auf eine Konstante eindeutig bestimmt: Kennen wir eine, so kennen wir alle.

Die Methode, welche wir auf Seite 199 benutzt haben, um den Flächeninhalt unter dem Graphen der Funktion $f(x) = 1 - x^2$ zu berechnen, können wir jetzt wiederholen für eine beliebige Funktion f, welche auf $[a, b]$ stetig und nicht-negativ ist.

Wähle ein x zwischen a und b. Der Flächeninhalt unter dem Graphen von $f(x)$ zwischen den senkrechten Geraden durch $(a, 0)$ und $(x, 0)$ nennen wir $O(x)$. Genau wie bei der Funktion auf Seite 199 kann gezeigt werden, dass das Differenzial dO gleich $f(x)dx$ ist (bei dem Beweis wird die Stetigkeit von $f(x)$ benutzt). Dies bedeutet, dass $O'(x) = f(x)$ ist, d.h. $O(x)$ ist eine Stammfunktion von $f(x)$ auf $[a, b]$.

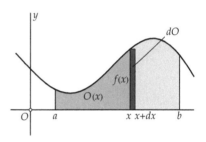

Sei $F(x)$ eine beliebige andere Stammfunktion von $f(x)$. Dann gibt es eine Konstante c, so dass $F(x) = O(x) + c$ gilt. Da $O(a) = 0$ ist, gilt $F(a) = c$, daher ist $O(x) = F(x) - F(a)$. Insbesondere gilt $O(b) = F(b) - F(a)$.

Die Zahl $F(b) - F(a)$ nennt man das *bestimmte Integral* (auch kurz *Integral*) von $f(x)$ über dem Intervall $[a, b]$, Notation

$$\int_a^b f(x)\, dx = F(b) - F(a)$$

Die Funktion $f(x)$ nennt man den *Integrand*. Das Zeichen $\int$, welches vor dem Differenzial $f(x)dx$ steht, nennt man das *Integralzeichen*. Es ist von G.W. Leibniz (1646-1716) ausgedacht worden, einer der Pioniere der Differenzial- und Integralrechnung. Dem Ursprung her ist es ein lang gezogener Buchstabe „S", der erste Buchstabe des lateinischen Wortes *summa*, was Summe bedeutet. Später werden wir tiefer auf die Beziehung zwischen Summieren und Integrieren eingehen.

Übrigens, die *Integrationsvariable* x kann durch jeden anderen Buchstabe ersetzt werden, es sei denn, ein solcher Buchstabe hat bereits eine andere Bedeutung. Er ist eine „dummy" Variable, vergleichbar mit dem Summationsindex in einer Summenformel.

Berechnen Sie die nachfolgenden Integrale:

21.21

a. $\int_0^2 (x^4 - 5x^3 - 1)\, dx$

b. $\int_0^2 (x - \sqrt{x})\, dx$

c. $\int_{\frac{1}{2}}^2 \left(x + \frac{1}{x}\right) dx$

d. $\int_{-\pi}^{\pi} \sin x\, dx$

e. $\int_{\frac{\pi}{2}}^{\pi} \cos x\, dx$

21.22

a. $\int_{-2}^2 (3x^2 - 2x^3)\, dx$

b. $\int_1^2 \sqrt[5]{x}\, dx$

c. $\int_{-1}^1 (x - e^{-x})\, dx$

d. $\int_{-\pi}^0 (x + \sin x)\, dx$

e. $\int_{\frac{\pi}{4}}^{\frac{\pi}{2}} (\sin x - \cos x)\, dx$

21.23

a. $\int_0^2 2^x\, dx$

b. $\int_1^2 e^{x-1}\, dx$

c. $\int_{-1}^1 (e^x - e^{-x})\, dx$

d. $\int_{-\frac{\pi}{2}}^0 \sin 2x\, dx$

e. $\int_0^1 \cos \pi x\, dx$

21.24

a. $\int_1^0 \frac{1}{1+x^2}\, dx$

b. $\int_{-1}^0 \frac{1}{x+2}\, dx$

c. $\int_0^{-2} \frac{1}{1 - 2x + x^2}\, dx$

d. $\int_{\frac{1}{2}}^{-\frac{1}{2}} \frac{1}{\sqrt{1-x^2}}\, dx$

e. $\int_{\frac{\pi}{3}}^0 \frac{1}{\cos^2 x}\, dx$

Berechnen Sie:

21.25

a. $\dfrac{d}{dx} \int_0^x t^2\, dt$

b. $\dfrac{d}{dx} \int_{-5}^x t^2\, dt$

c. $\dfrac{d}{dx} \int_x^3 t^2\, dt$

d. $\dfrac{d}{dx} \int_{-x}^x t^2\, dt$

21.26

a. $\dfrac{d}{dx} \int_x^0 \sin t\, dt$

b. $\dfrac{d}{dx} \int_{-x}^0 \sin t\, dt$

c. $\dfrac{d}{dx} \int_0^{2x} \cos t\, dt$

d. $\dfrac{d}{dx} \int_{-x}^x \cos t\, dt$

Integrale – allgemeine Definition und Rechenregeln

Es sei $F(x)$ eine Stammfunktion einer Funktion $f(x)$ auf einem Intervall I. Eine solche Stammfunktion ist bis auf eine Konstante eindeutig durch $f(x)$ bestimmt. Für beliebige Punkte a und b in I ist die Differenz $F(b) - F(a)$ der Funktionswerte dann unabhängig von der Wahl der Stammfunktion. Diese Differenz nennt man das *(bestimmte) Integral* von $f(x)$, mit *unterer Grenze a* und *oberer Grenze b*, Notation $\int_a^b f(x)dx$. Für $F(b) - F(a)$ benutzt man auch oft die kurze Notation $[F(x)]_a^b$, also

$$\int_a^b f(x)\,dx = \big[F(x)\big]_a^b = F(b) - F(a)$$

Diese Definition des Integrals erweitert die Definition von Seite 201, welche sich zum Fall $a < b$ und $f(x)$ stetig und nicht-negativ auf $[a,b]$ beschränkte. Wir haben dort gezeigt, dass die Flächeninhaltsfunktion $O(x) = \int_a^x f(t)dt$ eine Stammfunktion von $f(x)$ ist und für jede andere Stammfunktion $F(x)$ gilt, dass $F(x) = F(a) + \int_a^x f(t)dt$.

Aus der allgemeineren Definition des Integrals folgen sofort die nachfolgenden Eigenschaften:

a. $\displaystyle\int_a^b c\,f(x)\,dx = c\int_a^b f(x)\,dx$ für jede Konstante c

b. $\displaystyle\int_a^b (f(x) + g(x))\,dx = \int_a^b f(x)\,dx + \int_a^b g(x)\,dx$

c. $\displaystyle\int_b^a f(x)\,dx = -\int_a^b f(x)\,dx$

d. $\displaystyle\int_a^c f(x)\,dx = \int_a^b f(x)\,dx + \int_b^c f(x)\,dx$ für alle $a,b,c \in I$

e. $\displaystyle\frac{d}{dx}\int_a^x f(t)\,dt = f(x)$ und $\displaystyle\frac{d}{dx}\int_x^b f(t)\,dt = -f(x)$

Die Eigenschaft (e.) zeigt was geschieht, wenn man ein Integral nach seiner unteren oder oberen Grenze differenziert. Weil wir hier den Buchstaben x in einer der Grenzen benutzen, müssen wir einen anderen Buchstaben als Integrationsvariable wählen.

Naheliegende Fragen sind jetzt: Besitzt jede Funktion $f(x)$ eine Stammfunktion? Und: Wenn eine Funktion Stammfunktionen besitzt, wie kann man diese dann finden? Die erste Frage hat als Antwort nein. Es gibt Funktionen, die keine Stammfunktion besitzen. Dennoch werden wir im nächsten Abschnitt sehen, dass es immer Stammfunktionen gibt, falls $f(x)$ *stetig* ist. Das nächste Kapitel ist der Beantwortung der zweiten Frage gewidmet.

Berechnen Sie:

21.27

a. $\displaystyle\int_1^2 \frac{3}{x^2}\,dx$

b. $\displaystyle\int_0^2 10^x\,dx$

c. $\displaystyle\int_0^8 \sqrt[3]{x}\,dx$

d. $\displaystyle\int_{-\frac{\pi}{4}}^0 \cos x\,dx$

e. $\displaystyle\int_{-2}^{-1} \frac{1}{x}\,dx$

21.28

a. $\displaystyle\int_{-1}^1 \frac{1}{1+x^2}\,dx$

b. $\displaystyle\int_{-1}^0 \frac{1}{x-3}\,dx$

c. $\displaystyle\int_1^2 \frac{4}{3x^5}\,dx$

d. $\displaystyle\int_{-\frac{1}{2}}^{\frac{1}{2}\sqrt{3}} \frac{1}{\sqrt{1-x^2}}\,dx$

e. $\displaystyle\int_1^2 \frac{2}{x\sqrt{x}}\,dx$

Stammfunktionen der Standardfunktionen

Wenn $F(x)$ auf $[a, b]$ eine Stammfunktion der Funktion $f(x)$ auf dem Intervall $[a, b]$ ist, d.h $F'(x) = f(x)$ auf $[a, b]$, so gilt:

$$\int_a^b f(x)dx = F(b) - F(a)$$

Es ist daher sinnvoll eine Liste von Stammfunktionen der Standardfunktionen zur Verfügung zu haben. Eigentlich ist es ausreichend hier auf die Liste der Standardableitungen auf Seite 179 zu verweisen: Sie brauchen die Liste nur „verkehrtherum" zu lesen. Für die Bequemlichkeit fügen wir eine solche Liste extra an. Sie kann etwas kürzer sein als die Liste auf Seite 179.

$f(x)$	$F(x)$	
x^p	$\dfrac{1}{p+1} x^{p+1}$	vorausgesetzt $p \neq -1$
a^x	$\dfrac{1}{\ln a} a^x$	für jedes $a > 0$, $a \neq 1$
e^x	e^x	
$\dfrac{1}{x}$	$\ln |x|$	
$\sin x$	$-\cos x$	
$\cos x$	$\sin x$	
$\dfrac{1}{\cos^2 x}$	$\tan x$	
$\dfrac{1}{\sqrt{1-x^2}}$	$\arcsin x$	
$\dfrac{1}{1+x^2}$	$\arctan x$	

Wie wir früher bereits bemerkt haben, ist eine Stammfunktion nicht eindeutig bestimmt: Für jede Konstante c ist $F(x) + c$ auch eine Stammfunktion von $f(x)$.

Separate Aufmerksamkeit verdient die angegebene Stammfunktion $F(x) = \ln |x|$ der Funktion $f(x) = 1/x$. Dabei ist zu bedenken, dass $f(x)$ für alle $x \neq 0$ definiert ist, die Funktion $\ln x$ aber nur für $x > 0$. Wenn jedoch $x < 0$ ist, dann hat die Funktion $\ln(-x)$ nach der Kettenregel die Ableitung $-\frac{1}{-x} = \frac{1}{x}$, also für $x < 0$ ist $\ln(-x)$ eine Stammfunktion von $1/x$. Man kann diese zwei Fälle zusammennehmen, da $\ln |x|$ sowohl für $x > 0$ als auch für $x < 0$ eine Stammfunktion von $1/x$ ist. Wir kommen auf Seite 211 hierauf zurück.

21.29

a.   Zeigen Sie anhand des Graphen von $\sin x$ und $\cos x$, dass

$$\int_0^{2\pi} \sin x\, dx = \int_0^{2\pi} \cos x\, dx = 0$$

b.   Skizzieren Sie die Graphen von $\sin^2 x$ und $\cos^2 x$ und zeigen Sie, dass sie bis auf eine horizontale Verschiebung gleich sind.

c.   Leiten Sie hieraus ab, dass

$$\int_0^{\pi} \sin^2 x\, dx = \int_0^{\pi} \cos^2 x\, dx$$

d.   Berechnen Sie jetzt, mit Hilfe der Gleichung $\sin^2 x + \cos^2 x = 1$, diese beiden Integrale.

e.   Berechnen Sie ebenfalls die Integrale

$$\int_0^{\frac{\pi}{2}} \sin^2 x\, dx \quad \text{und} \quad \int_0^{\frac{\pi}{2}} \cos^2 x\, dx$$

21.30   Berechnen Sie den Flächeninhalt des Gebietes, das eingeschlossen wird durch die nachfolgenden Kurven. Fertigen Sie zunächst eine (grobe) Skizze der Situation an und benutzen Sie anschließend, dass $\int_a^b f(x)\, dx - \int_a^b g(x)\, dx = \int_a^b (f(x) - g(x))\, dx$.

a.   Die Parabel $y = x^2$ und die Parabel $y = 1 - x^2$.

b.   Die Parabel $y = x^2 - 2$ und die Gerade $y = x$.

c.   Die Graphen der Funktionen $f(x) = \sqrt{x}$ und $g(x) = x^3$.

d.   Die Graphen der Funktionen $f(x) = \cos \frac{\pi}{2} x$ und $g(x) = x^2 - 1$.

e.   Der Graph der Funktion $f(x) = e^x$, die y-Achse und die Gerade $y = e$.

21.31   Auf dem Graphen der Funktion $f(x) = x^3$ liegt der Punkt $P = (1, 1)$. Die Tangente in P schneidet den Graphen von $f(x)$ in einem weiteren, von P verschiedenen, Punkt Q. Berechnen Sie die Koordinaten von Q und berechnen Sie den Flächeninhalt des Gebietes, das eingeschlossen wird durch den Graphen von $f(x)$ und das Geradenstück PQ.

Tipp: Berechnen Sie zunächst eine Gleichung der Tangente. Wenn Sie diese mit dem Graphen von $f(x)$ schneiden, erhalten Sie eine Gleichung dritten Grades in x. Bedenken Sie nun, dass Sie schon eine doppelte Wurzel dieser Gleichung kennen, nämlich $x = 1$! Die dritte Lösung ist die x-Koordinate von Q.

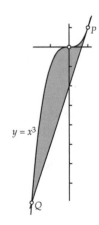

Nochmals der Zusammenhang zwischen Fläche und Integral

Die Funktion $f(x)$ sei auf dem Intervall $[a,b]$ stetig. Wenn $f(x) \geq 0$ auf $[a,b]$ ist, dann sei $O(x)$ die Funktion, welche den Flächeninhalt unterhalb des Graphen von f auf dem Intervall $[a,x]$ beschreibt. Wie wir schon auf Seite 201 gesehen haben, ist $O(x)$ eine Stammfunktion von $f(x)$.

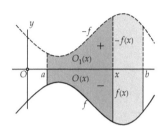

Wenn $f(x) \leq 0$ auf $[a,b]$ ist, so ist $-f(x) \geq 0$. Deshalb ist die (nicht negative) Funktion $O_1(x)$, welche den Flächeninhalt unterhalb des Graphen von $-f(x)$ auf $[a,x]$ beschreibt, eine Stammfunktion von $-f(x)$. Eine Stammfunktion von $f(x)$ ist somit $O(x) = -O_1(x)$. Dieser Wert ist ebenfalls der Flächeninhalt zwischen dem Graphen von f auf $[a,x]$ und der x-Achse, versehen mit einem Minuszeichen.

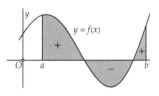

Falls $f(x)$ auf $[a,b]$ das Vorzeichen wechselt, müssen wir die positiven und negativen Beiträge kombinieren. Bei der Flächeninhaltsfunktion $O(x)$ werden die Flächeninhalte der Gebiete, wo $f(x) \leq 0$ ist, mit einem Minuszeichen versehen. In der nebenstehenden Abbildung gibt es auf dem Intervall $[a,b]$ zwei Gebiete mit einem positiven und ein Gebiet mit einem negativen Beitrag.

In jedem Fall ist $O(x)$ eine Stammfunktion von $f(x)$. Jede andere Stammfunktion $F(x)$ hat die Form $F(x) = O(x) + c$. Da $O(a) = 0$ ist, gilt $\int_a^b f(x)dx = F(b) - F(a) = O(b) - O(a) = O(b)$. Jedoch ist $O(b)$ ebenfalls der „Flächeninhalt" zwischen dem Graphen von $f(x)$ und der x-Achse und somit:

Das Integral $\int_a^b f(x)dx$ ist gleich dem Flächeninhalt zwischen dem Graphen von f, der x-Achse und der senkrechten Geraden $x = a$ und $x = b$, wobei die Teile, welche unterhalb der x-Achse liegen, negativ gezählt werden müssen.

Beispiel: $f(x) = \cos x$ auf $\left[\frac{\pi}{4}, \pi\right]$. Dann ist $F(x) = \sin x$ eine Stammfunktion, also

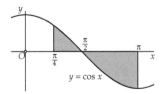

$$\int_{\frac{\pi}{4}}^{\pi} \cos x\, dx = \sin \pi - \sin \frac{\pi}{4} = -\frac{1}{2}\sqrt{2}$$

Schreiben Sie die nachfolgenden unbestimmten Integrale in der Form $F(x) + c$. Benutzen Sie in der zweiten Serie geeignete trigonometrische Formeln (siehe Seite 317 und das Beispiel auf der nächsten Seite).

21.32

a. $\displaystyle\int (4x^3 - 2x^2 + x + 1)\, dx$

b. $\displaystyle\int (3 - 2x^3)\, dx$

c. $\displaystyle\int \sin(3x)\, dx$

d. $\displaystyle\int (\sqrt{x} - \frac{2}{x^2})\, dx$

21.33

a. $\displaystyle\int \sin^2 x\, dx$

b. $\displaystyle\int \cos^2 3x\, dx$

c. $\displaystyle\int \sin^2 5x\, dx$

d. $\displaystyle\int \cos^2 \frac{x}{2}\, dx$

21.34 Bestimmen Sie die nachfolgenden Integrale mittels geeigneter trigonometrischer Formeln (siehe Seite 317).

a. $\displaystyle\int \sin x \cos 5x\, dx$

b. $\displaystyle\int \cos 3x \cos 2x\, dx$

c. $\displaystyle\int \sin 2x \sin 4x\, dx$

21.35 In der *Fourieranalysis* (ein Teil der Mathematik, der viele Anwendungen hat, unter anderem in der Signaltheorie) spielen die nachfolgenden Ergebnisse eine wichtige Rolle. Hierbei sind m und n positive ganze Zahlen mit $m \neq n$. Beweisen Sie diese Ergebnisse mit Hilfe von geeigneten trigonometrischen Formeln.

a. $\displaystyle\int_0^{2\pi} \sin mx \cos nx\, dx = 0$

b. $\displaystyle\int_0^{2\pi} \sin mx \sin nx\, dx = 0$

c. $\displaystyle\int_0^{2\pi} \cos mx \cos nx\, dx = 0$

d. $\displaystyle\int_0^{2\pi} \sin^2 mx\, dx = \pi$

e. $\displaystyle\int_0^{2\pi} \cos^2 mx\, dx = \pi$

Unbestimmte Integrale

Wenn $F(x)$ auf dem Intervall I eine Stammfunktion von $f(x)$ ist, so gilt für jedes a und x in I

$$F(x) = F(a) + \int_a^x f(t)\,dt$$

Jede Stammfunktion von $f(x)$ auf dem Intervall I kann man auf diese Weise schreiben. Eine solche Stammfunktion von $f(x)$ bezeichnet man oft mit der Notation

$$\int f(x)dx$$

(also ohne Integrationsgrenzen). Man spricht dann von dem *unbestimmten Integral* von $f(x)$. Jede andere Stammfunktion auf I bekommen wir durch Addition einer Konstante.

Beispielsweise, mit $I = \langle -\infty, \infty \rangle$:

$$\int x^5 dx = \frac{1}{6}x^6 + c$$

Hierbei liefert jede Wahl der sogenannten *Integrationskonstante* c eine Stammfunktion von $f(x) = x^5$. Viele Computeralgebrasysteme geben für jedes unbestimmte Integral als Anwort lediglich eine Stammfunktion an, also ohne die Integrationskonstante c zu erwähnen.

Hier folgt noch ein Beispiel, wobei wir die trigonometrische Formel $\cos 2x = 2\cos^2 x - 1$ benutzen.

$$\int \cos^2 x\,dx = \int \frac{\cos 2x + 1}{2}\,dx = \frac{1}{4}\sin 2x + \frac{1}{2}x + c$$

Bestimmen Sie *alle* Stammfunktionen der nachfolgenden Funktionen.

21.36

a. $f(x) = \dfrac{1}{x-1}$

b. $f(x) = \dfrac{1}{2-x}$

c. $f(x) = \dfrac{3}{2x-1}$

d. $f(x) = \dfrac{4}{2-3x}$

e. $f(x) = \dfrac{1}{x^2}$

f. $f(x) = \dfrac{1}{(x-1)^3}$

21.37

a. $f(x) = \dfrac{1}{\sqrt{|x|}}$

b. $f(x) = \dfrac{1}{\sqrt[3]{x}}$

c. $f(x) = \dfrac{1}{\sqrt[5]{x-1}}$

d. $f(x) = \dfrac{1}{\sqrt{|2-x|}}$

e. $f(x) = \dfrac{1}{\cos^2 x}$

f. $f(x) = \dfrac{1}{\cos^2 \pi x}$

Die Stammfunktionen von $f(x) = \frac{1}{x}$

Der Definitionsbereich der Funktion $f(x) = \frac{1}{x}$ zerfällt in zwei Intervalle: $\langle -\infty, 0 \rangle$ und $\langle 0, \infty \rangle$. Auf dem Intervall $\langle 0, \infty \rangle$ ist $F(x) = \ln x$ eine Stammfunktion, auf $\langle -\infty, 0 \rangle$ ist $F(x) = \ln(-x)$ eine Stammfunktion, denn nach der Kettenregel ist $\frac{d}{dx} \ln(-x) = \frac{1}{-x}(-1) = \frac{1}{x}$. Wir können die beiden Formeln für $F(x)$ zusammenfassen zu $F(x) = \ln|x|$, denn $|x| = x$, wenn $x > 0$ und $|x| = -x$, wenn $x < 0$ ist. Weitere Stammfunktionen von $f(x)$ sind $\ln|x| + c$ mit c einer beliebigen Konstanten. Dennoch haben wir jetzt *nicht* alle Stammfunktionen beschrieben, weil die Integrationskonstante auf $\langle -\infty, 0 \rangle$ nicht gleich der Integrationskonstante auf $\langle 0, \infty \rangle$ sein muss. Genau genommen ist es daher nicht korrekt

$$\int \frac{1}{x}\,dx = \ln|x| + c$$

zu schreiben, obwohl man dies oft sieht. Eine Stammfunktion, welche nicht durch diese Formel beschrieben wird, ist beispielsweise

$$F(x) = \begin{cases} \ln x + 1 & \text{wenn} \quad x > 0 \\ \ln(-x) - 1 & \text{wenn} \quad x < 0 \end{cases}$$

Nachfolgend sind die Graphen von $f(x) = \frac{1}{x}$ und diese Stammfunktion $F(x)$ gezeichnet.

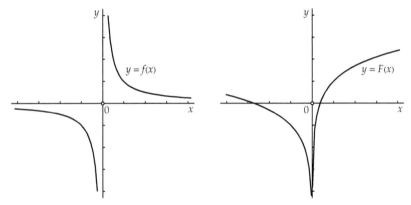

Alle Stammfunktionen von $f(x) = \frac{1}{x}$ werden gegeben durch

$$F(x) = \begin{cases} \ln x + c_1 & \text{wenn} \quad x > 0 \\ \ln(-x) + c_2 & \text{wenn} \quad x < 0 \end{cases}$$

Der gleiche Sachverhalt tritt auf bei allen Funktionen, deren Definitionsbereich aus verschiedenen Teilintervallen besteht, z.B. weil senkrechte Asymptoten auftreten.

22

Integrationstechniken

Berechnen Sie die nachfolgenden Integrale mit Hilfe der Substitutionsregel. Arbeiten Sie mit der Technik „hinter das d bringen". Schreiben Sie hierbei auch alle Zwischenschritte auf, genau wie in den Beispielen auf der nächsten Seite.

22.1

a. $\displaystyle\int_0^1 (1+x)^9\,dx$

b. $\displaystyle\int_{-1}^1 (2+3x)^5\,dx$

c. $\displaystyle\int_0^2 (3-x)^6\,dx$

d. $\displaystyle\int_{-1}^0 (5-2x)^5\,dx$

e. $\displaystyle\int_1^e \frac{\ln x}{x}\,dx$

f. $\displaystyle\int_e^{e^2} \frac{1}{x(1+\ln x)}\,dx$

22.2

a. $\displaystyle\int_{-1}^1 e^{2x+1}\,dx$

b. $\displaystyle\int_0^1 x e^{x^2}\,dx$

c. $\displaystyle\int_{-1}^1 x e^{-x^2}\,dx$

d. $\displaystyle\int_0^1 x^2 e^{x^3}\,dx$

e. $\displaystyle\int_0^1 \frac{e^x}{1+e^{2x}}\,dx$

f. $\displaystyle\int_{-1}^0 \frac{e^x}{\sqrt{1+e^x}}\,dx$

22.3

a. $\displaystyle\int_0^\pi \cos\frac{1}{3}x\,dx$

b. $\displaystyle\int_{-1}^0 \sin \pi x\,dx$

c. $\displaystyle\int_0^{\sqrt[3]{\pi}} x^2 \cos x^3\,dx$

d. $\displaystyle\int_0^{\frac{3\pi}{4}} \sin x \cos x\,dx$

e. $\displaystyle\int_0^{\frac{2\pi}{3}} \sin x \cos^2 x\,dx$

f. $\displaystyle\int_0^{\frac{\pi}{6}} \cos^3 x\,dx$

22.4

a. $\displaystyle\int_0^\pi \sin^5 x\,dx$

b. $\displaystyle\int_0^{\frac{5\pi}{6}} \cos x \sqrt{1+\sin x}\,dx$

c. $\displaystyle\int_{-\frac{\pi}{2}}^0 \tan\frac{x}{2}\,dx$

d. $\displaystyle\int_0^\pi \frac{\cos\sqrt{x}}{\sqrt{x}}\,dx$

e. $\displaystyle\int_0^{\frac{3\pi}{4}} \cos x \sin(\sin x)\,dx$

f. $\displaystyle\int_0^{\frac{\pi}{2}} \frac{\sin x}{2+\cos x}\,dx$

J. van de Craats, R. Bosch, *Grundwissen Mathematik*, Springer-Lehrbuch,
DOI 10.1007/978-3-642-13501-9_22, © Springer-Verlag Berlin Heidelberg 2010

Die Substitutionsregel

Wenn $\frac{d}{dy}F(y) = f(y)$ ist, so gilt $d(F(y)) = f(y)dy$. Wenn wir hier $y = g(x)$ einsetzen, so erhalten wir

$$d(F(g(x))) = f(g(x))d(g(x)) = f(g(x))g'(x)\,dx$$

Der letzte Schritt ist die „Wegnahme von $g(x)$ hinter dem d", unter Benutzung der bekannten Regel für Differenziale $d(g(x)) = g'(x)dx$.

Dies übersetzen wir in Terme von Integralen. Wir drehen hierbei die Reihenfolge um, weil wir diese Regel vor allem benutzen möchten, um Integrale zu berechnen. Es ist deshalb auch nicht die Absicht, etwas „hinter dem d wegzunehmen", sondern eben etwas „hinter das d zu bringen". Natürlich mit Hilfe der gleichen Eigenschaft $d(g(x)) = g'(x)dx$, aber dann umgekehrt gelesen.

$$\begin{aligned}
\int_a^b f(g(x))g'(x)\,dx &= \int_a^b f(g(x))d(g(x)) = \int_a^b d(F(g(x))) \\
&= \left[F(g(x))\right]_a^b = F(g(b)) - F(g(a))
\end{aligned}$$

Diese Regel ist bekannt als die *Substitutionsregel* für Integrale. Beispiel:

$$\begin{aligned}
\int_0^{\pi/2} \cos x\, e^{\sin x}dx &= \int_0^{\pi/2} e^{\sin x}d(\sin x) = \int_0^{\pi/2} d(e^{\sin x}) \\
&= \left[e^{\sin x}\right]_0^{\pi/2} = e^1 - e^0 = e - 1
\end{aligned}$$

In diesem Fall ist $F(y) = e^y$ und $g(x) = \sin x$. Weitere Beispiele:

$$\int_0^{\sqrt{\pi}} x \sin(x^2)\,dx = \frac{1}{2}\int_0^{\sqrt{\pi}} \sin(x^2)\,d(x^2) = \frac{1}{2}\left[-\cos(x^2)\right]_0^{\sqrt{\pi}} = 1$$

$$\int_0^3 \sqrt{x+1}\,dx = \int_0^3 \sqrt{x+1}\,d(x+1) = \left[\frac{2}{3}(x+1)^{3/2}\right]_0^3 = \frac{14}{3}$$

$$\int_2^4 (2x-5)^5 dx = \frac{1}{2}\int_2^4 (2x-5)^5 d(2x-5) = \frac{1}{12}\left[(2x-5)^6\right]_2^4 = \frac{182}{3}$$

$$\int_2^3 \frac{1}{x\ln x}\,dx = \int_2^3 \frac{1}{\ln x}\,d(\ln x) = \left[\ln(\ln x)\right]_2^3 = \ln(\ln 3) - \ln(\ln 2)$$

$$\int_{-\pi/4}^{\pi/3} \tan x\,dx = \int_{-\pi/4}^{\pi/3} \frac{\sin x}{\cos x}\,dx = -\int_{-\pi/4}^{\pi/3} \frac{1}{\cos x}\,d(\cos x)$$
$$= -\left[\ln(\cos x)\right]_{-\pi/4}^{\pi/3} = -\ln\frac{1}{2} + \ln\frac{1}{\sqrt{2}} = \frac{1}{2}\ln 2$$

Berechnen Sie die nachfolgenden Integrale. Benutzen Sie dabei wahlweise eine explizite Substitution oder die Technik „hinter das d bringen". Manchmal ist die eine, manchmal die andere Methode besser. Geben Sie, wenn eine explizite Substitution benutzt wird, diese deutlich an, auch in den Integrationsgrenzen. Wir verweisen hierfür auf die Beispiele der nächsten Seite.

22.5

a. $\displaystyle\int_0^1 x(1+x)^9\,dx$

b. $\displaystyle\int_0^1 x(1-x)^4\,dx$

c. $\displaystyle\int_{-1}^0 x(2x+3)^5\,dx$

d. $\displaystyle\int_{-1}^1 x(1-x^2)^7\,dx$

e. $\displaystyle\int_0^1 x(1+x^2)^8\,dx$

f. $\displaystyle\int_0^1 (x+1)(2x+x^2)^3\,dx$

22.6

a. $\displaystyle\int_0^1 \frac{x}{1+x}\,dx$

b. $\displaystyle\int_{-1}^1 \frac{x-1}{x+2}\,dx$

c. $\displaystyle\int_0^{\frac{1}{4}} \frac{x}{1-2x}\,dx$

d. $\displaystyle\int_{-1}^0 \frac{x}{1+x^2}\,dx$

e. $\displaystyle\int_0^1 \frac{x}{4-x^2}\,dx$

f. $\displaystyle\int_0^{\frac{1}{2}} \frac{x}{1+4x^2}\,dx$

22.7

a. $\displaystyle\int_0^5 x\sqrt{x+4}\,dx$

b. $\displaystyle\int_{-1}^1 x\sqrt{x^2+1}\,dx$

c. $\displaystyle\int_2^6 x\sqrt{2x-3}\,dx$

d. $\displaystyle\int_2^3 \frac{x}{\sqrt{x-1}}\,dx$

e. $\displaystyle\int_{-1}^0 \frac{x}{\sqrt{1-x}}\,dx$

22.8

a. $\displaystyle\int_1^2 x\sqrt[3]{x-1}\,dx$

b. $\displaystyle\int_0^1 \frac{\sqrt{x}}{1+x}\,dx$

c. $\displaystyle\int_0^1 \frac{x}{1+\sqrt{x}}\,dx$

d. $\displaystyle\int_0^1 \frac{\sqrt{x}}{1+\sqrt{x}}\,dx$

e. $\displaystyle\int_0^{\sqrt{3}} \frac{1}{\sqrt{4-x^2}}\,dx$

Explizite Substitutionen

Manchmal empfiehlt es sich, eine Substitution explizit durchzuführen und deshalb eine neue Variable einzuführen. Hierbei ist zu beachten, dass die Substitution auch bei den Integrationsgrenzen durchgeführt wird. In dem nachfolgenden Integral wählen wir die Substitution $y = x - 1$, also $x = y + 1$ und $dx = dy$.

$$\int_0^2 x(x-1)^5 \, dx = \int_{y=-1}^{y=1} (y+1)y^5 \, dy = \int_{y=-1}^{y=1} (y^6 + y^5) \, dy$$
$$= \left[\frac{1}{7}y^7 + \frac{1}{6}y^6 \right]_{-1}^{1} = \frac{2}{7}$$

In dem nachfolgenden Beispiel setzen wir $y = \sqrt{x+1}$, woraus $x = y^2 - 1$ und $dx = 2y \, dy$ folgt. Achten Sie darauf, dass wir auch in den Integrationsgrenzen diese Substitution durchführen.

$$\int_0^3 x\sqrt{x+1} \, dx = \int_{y=1}^{y=2} (y^2 - 1)y \cdot 2y \, dy = \int_{y=1}^{y=2} (2y^4 - 2y^2) \, dy$$
$$= \left[\frac{2}{5}y^5 - \frac{2}{3}y^3 \right]_1^2 = \frac{116}{15}$$

In dem nachfolgenden Integral benutzen wir die Substitution $y = e^x$. Dann gilt $x = \ln y$ und $dx = \frac{1}{y} dy$.

$$\int_{-1}^1 \frac{1}{e^x + e^{-x}} \, dx = \int_{y=1/e}^{y=e} \frac{1}{y + \frac{1}{y}} \frac{1}{y} \, dy = \int_{y=1/e}^{y=e} \frac{1}{y^2 + 1} \, dy$$
$$= \left[\arctan y \right]_{1/e}^{e} = \arctan e - \arctan \frac{1}{e}$$

Im nächsten Beispiel setzen wir $x = 3 \sin t$. Dann ist $dx = 3 \cos t \, dt$ und $\sqrt{9 - x^2} = \sqrt{9 - 9 \sin^2 t} = 3 \cos t$.

$$\int_0^3 \frac{1}{\sqrt{9 - x^2}} \, dx = \int_{t=0}^{t=\pi/2} \frac{1}{3 \cos t} 3 \cos t \, dt$$
$$= \int_{t=0}^{t=\pi/2} dt = \left[t \right]_0^{\pi/2} = \frac{\pi}{2}$$

Beim nächsten Integral setzen wir $y = \sqrt{x}$. Dann ist $x = y^2$ und $dx = 2y \, dy$.

$$\int_1^4 \frac{1}{x + 2\sqrt{x}} \, dx = \int_{y=1}^{y=2} \frac{2y}{y^2 + 2y} \, dy = \int_{y=1}^{y=2} \frac{2}{y + 2} \, dy$$
$$= \left[2\ln(y+2) \right]_1^2 = 2(\ln 4 - \ln 3)$$

Benutzen Sie die partielle Integration zur Berechnung der nachfolgenden Integrale. Ziehen Sie, wenn nötig, die Beispiele von Seite 219 zu Rate.

22.9

a. $\displaystyle\int_{-\pi}^{0} x \cos x \, dx$

b. $\displaystyle\int_{1}^{e} x \ln x \, dx$

c. $\displaystyle\int_{1}^{e} \ln x \, dx$

d. $\displaystyle\int_{0}^{1} x \arctan x \, dx$

e. $\displaystyle\int_{0}^{\pi} x^2 \sin x \, dx$

f. $\displaystyle\int_{0}^{\frac{1}{2}} \arcsin x \, dx$

22.10

a. $\displaystyle\int_{0}^{1} x \, e^{3x} dx$

b. $\displaystyle\int_{0}^{1} x^2 \, e^{-x} \, dx$

c. $\displaystyle\int_{-2}^{0} (2x+1) e^{x} \, dx$

d. $\displaystyle\int_{0}^{1} x^3 e^{-x^2} \, dx$

e. $\displaystyle\int_{-\pi}^{\pi} e^{2x} \cos x \, dx$

f. $\displaystyle\int_{1}^{e} \sqrt{x} \ln x \, dx$

Partielle Integration

Die Produktregel für Differenziale (siehe Seite 193) können wir ebenfalls als $f(x)\,d(g(x)) = d(f(x)\,g(x)) - g(x)\,d(f(x))$ schreiben. Somit gilt auch

$$\int_a^b f(x)\,d(g(x)) = \int_a^b d(f(x)\,g(x)) - \int_a^b g(x)\,d(f(x))$$

woraus folgt

$$\begin{aligned}
\int_a^b f(x)\,d(g(x)) &= \left[f(x)\,g(x)\right]_a^b - \int_a^b g(x)\,d(f(x)) \\
&= f(b)\,g(b) - f(a)\,g(a) - \int_a^b g(x)\,d(f(x))
\end{aligned}$$

Diesen Vorgang nennt man *partielle Integration*. In Zusammenarbeit mit der Substitutionsregel erlaubt uns die partielle Integration manchmal Integrale zu berechnen, die wir sonst unmöglich ausrechnen können. Beispiel:

$$\begin{aligned}
\int_1^2 x^3 \ln x\,dx &= \int_1^2 \ln x\,d\left(\frac{1}{4}x^4\right) \\
&= \left[(\ln x)\left(\frac{1}{4}x^4\right)\right]_1^2 - \int_1^2 \frac{1}{4}x^4\,d(\ln x) \\
&= 4\ln 2 - \int_1^2 \frac{1}{4}x^3\,dx = 4\ln 2 - \left[\frac{1}{16}x^4\right]_1^2 = 4\ln 2 - \frac{15}{16}
\end{aligned}$$

Wir sehen, dass wir zunächst den Faktor x^3 „hinter das d gebracht haben". Nach der Anwendung der partiellen Integration konnten wir $\ln x$ „hinter dem d wegnehmen" nach der Regel $d(\ln x) = \frac{1}{x}dx$. Hierdurch ist ein Integral entstanden, welches einfach zu berechnen war.

Die Frage, welchen Faktor wir in einer konkreten Aufgabe hinter das d bringen sollten, kann man im Allgemeinen nicht beantworten. Manchmal bringt eine ungeschickte Wahl einen vom Regen in die Traufe. Beispiel:

$$\int_0^1 x\mathrm{e}^x dx = \int_0^1 x\,d(\mathrm{e}^x) = \left[x\mathrm{e}^x\right]_0^1 - \int_0^1 \mathrm{e}^x dx = \mathrm{e} - \left[\mathrm{e}^x\right]_0^1 = \mathrm{e} - (\mathrm{e} - 1) = 1$$

aber

$$\int_0^1 x\mathrm{e}^x dx = \int_0^1 \mathrm{e}^x d\left(\frac{1}{2}x^2\right) = \left[\frac{1}{2}x^2\mathrm{e}^x\right]_0^1 - \int_0^1 \frac{1}{2}x^2\mathrm{e}^x dx = ??$$

Gemischte Aufgaben

Berechnen Sie die nachfolgenden Integrale:

22.11

a. $\displaystyle\int_0^{\pi^2} \sin\sqrt{x}\,dx$

b. $\displaystyle\int_1^4 e^{\sqrt{x}}\,dx$

c. $\displaystyle\int_1^e x^{\frac{2}{3}}\ln x\,dx$

d. $\displaystyle\int_{-\frac{1}{2}}^{\frac{1}{2}} \arccos x\,dx$

e. $\displaystyle\int_0^{\frac{\pi}{3}} \sin 2x\,dx$

f. $\displaystyle\int_0^{\frac{1}{2}} \arctan 2x\,dx$

22.12

a. $\displaystyle\int_{-2}^1 |x|\,dx$

b. $\displaystyle\int_0^1 (1-x+x^3)\,dx$

c. $\displaystyle\int_0^1 x\sqrt{4-x^2}\,dx$

d. $\displaystyle\int_1^e \ln 2x\,dx$

e. $\displaystyle\int_{-\pi}^{\pi} \sin^2 x\,dx$

f. $\displaystyle\int_0^1 \frac{1}{1+\sqrt{x}}\,dx$

22.13

a. $\displaystyle\int_0^1 \sin^2(\pi x)\,dx$

b. $\displaystyle\int_0^2 x^3 e^{-x^2}\,dx$

c. $\displaystyle\int_0^1 \sqrt{x+1}\,dx$

d. $\displaystyle\int_0^{2\pi} |\cos x|\,dx$

e. $\displaystyle\int_0^{\frac{\pi}{3}} \sin 2x\, e^{\cos x}\,dx$

f. $\displaystyle\int_0^1 x \arctan 2x\,dx$

22.14

a. $\displaystyle\int_0^2 \frac{x^2}{1+x^3}\,dx$

b. $\displaystyle\int_0^1 x(1-x)^{20}\,dx$

c. $\displaystyle\int_{-1}^1 \sin^3(\pi x)\,dx$

d. $\displaystyle\int_0^{\frac{\pi}{3}} \cos^3 x\,dx$

e. $\displaystyle\int_0^e \ln(1+3x)\,dx$

f. $\displaystyle\int_0^{\frac{\pi}{4}} \cos 2x\, e^{-\sin 2x}\,dx$

Beispiele der partiellen Integration

1. $\displaystyle\int_0^{\pi} x \sin x \, dx = -\int_0^{\pi} x \, d(\cos x) = -\left[x \cos x\right]_0^{\pi} + \int_0^{\pi} \cos x \, dx$

   $$= \pi + \left[\sin x\right]_0^{\pi} = \pi$$

2. $\displaystyle\int_0^1 \arctan x \, dx = \left[x \arctan x\right]_0^1 - \int_0^1 x \, d(\arctan x) = \frac{\pi}{4} - \int_0^1 \frac{x}{1+x^2} \, dx$

   $$= \frac{\pi}{4} - \frac{1}{2} \int_0^1 \frac{1}{1+x^2} \, d(1+x^2) = \frac{\pi}{4} - \frac{1}{2} \left[\ln(1+x^2)\right]_0^1$$

   $$= \frac{\pi}{4} - \frac{1}{2} \ln 2$$

Im nachfolgenden Beispiel wird die partielle Integration zweimal angewandt, beide Male indem wir e^x hinter das d bringen.

3. $\displaystyle\int_0^{\pi} e^x \sin x \, dx = \int_0^{\pi} \sin x \, d(e^x) = \left[e^x \sin x\right]_0^{\pi} - \int_0^{\pi} e^x d(\sin x)$

   $$= -\int_0^{\pi} e^x \cos x \, dx = -\int_0^{\pi} \cos x \, d(e^x)$$

   $$= -\left[e^x \cos x\right]_0^{\pi} + \int_0^{\pi} e^x d(\cos x)$$

   $$= e^{\pi} + 1 - \int_0^{\pi} e^x \sin x \, dx$$

Es scheint nun, als ob wir nicht weiter gekommen sind, denn wir haben das ursprüngliche Integral zurück bekommen. Jedoch sehen wir bei näherer Betrachtung, dass die Berechnung nicht sinnlos war. Wenn wir das ursprüngliche Integral I nennen, so haben wir die Formel $I = e^{\pi} + 1 - I$ hergeleitet und somit eine Gleichung, in der wir I lösen können, erhalten! Das Ergebnis ist

$$I = \int_0^{\pi} e^x \sin x \, dx = \frac{e^{\pi} + 1}{2}$$

Berechnen Sie die nachfolgenden Integrale, vorausgesetzt sie existieren.

22.15

a. $\displaystyle\int_1^\infty \frac{1}{x^2}\,dx$

b. $\displaystyle\int_2^\infty \frac{1}{x^3}\,dx$

c. $\displaystyle\int_1^\infty \frac{1}{x^{10}}\,dx$

d. $\displaystyle\int_2^\infty \frac{1}{x^p}\,dx \quad (p>1)$

e. $\displaystyle\int_{-\infty}^{-1} \frac{1}{x}\,dx$

22.16

a. $\displaystyle\int_1^\infty \frac{1}{\sqrt{x}}\,dx$

b. $\displaystyle\int_2^\infty \frac{1}{\sqrt{x+1}}\,dx$

c. $\displaystyle\int_{-\infty}^\infty \frac{1}{4+x^2}\,dx$

d. $\displaystyle\int_4^\infty \frac{x}{1+x^2}\,dx$

e. $\displaystyle\int_{-\infty}^\infty \frac{1}{1+|x|}\,dx$

22.17

a. $\displaystyle\int_0^\infty e^{-x}\,dx$

b. $\displaystyle\int_{-\infty}^0 e^{3x}\,dx$

c. $\displaystyle\int_1^\infty x\,e^{-x}\,dx$

d. $\displaystyle\int_{-\infty}^0 x^2\,e^x\,dx$

e. $\displaystyle\int_{-\infty}^\infty e^{-|x|}\,dx$

22.18

a. $\displaystyle\int_1^\infty \frac{\ln x}{x^2}\,dx$

b. $\displaystyle\int_1^\infty \frac{\ln x}{x}\,dx$

c. $\displaystyle\int_{-\infty}^0 \frac{\arctan x}{1+x^2}\,dx$

d. $\displaystyle\int_{-\infty}^\infty \sin x\,dx$

e. $\displaystyle\int_0^\infty \sin x\,e^{-x}\,dx$

Uneigentliche Integrale vom Typ I

Manche bestimmten Integrale sind nicht direkt definierbar, jedoch mit Hilfe eines Grenzwertes. Solche Integrale nennt man *uneigentliche Integrale*. Wir unterscheiden dabei zwei Typen: Beim Typ I wird über einem Intervall unendlicher Länge integriert und beim Typ II ist der Integrand in einem Randpunkt des Integrationsintervalls nicht stetig, weil dort zum Beispiel eine senkrechte Asymptote auftritt. Bei beiden Typen gehen wir davon aus, dass der Integrand $f(x)$ stetig ist, außer vielleicht in den Randpunkten des Definitionsintervalls. Es existieren deshalb Stammfunktionen des Integrands $f(x)$: eine davon nennen wir $F(x)$.

TYP I:

Wenn $f(x)$ auf dem Intervall $[a, \infty\rangle$ stetig ist und wenn $\lim_{M \to \infty} F(M)$ existiert, dann ist

$$\int_a^\infty f(x)\, dx = \lim_{M \to \infty} \int_a^M f(x)\, dx = \lim_{M \to \infty} F(M) - F(a)$$

Wenn $f(x)$ auf dem Intervall $\langle -\infty, b]$ stetig ist und wenn $\lim_{N \to -\infty} F(N)$ existiert, dann ist

$$\int_{-\infty}^b f(x)\, dx = \lim_{N \to -\infty} \int_N^b f(x)\, dx = F(b) - \lim_{N \to -\infty} F(N)$$

Wenn $f(x)$ auf $\langle -\infty, \infty \rangle$ stetig ist, die Grenzwerte $\lim_{M \to \infty} F(M)$ und $\lim_{N \to -\infty} F(N)$ existieren und mindestens einer dieser beiden endlich ist, dann ist

$$\int_{-\infty}^\infty f(x)\, dx = \lim_{M \to \infty} \lim_{N \to -\infty} \int_N^M f(x)\, dx = \lim_{M \to \infty} F(M) - \lim_{N \to -\infty} F(N)$$

Beispiel:

$$\int_{-\infty}^\infty \frac{1}{1 + x^2}\, dx = \lim_{M \to \infty} \lim_{N \to -\infty} \int_N^M \frac{1}{1 + x^2}\, dx = \lim_{M \to \infty} \lim_{N \to -\infty} \Big[\arctan x \Big]_N^M$$

$$= \lim_{M \to \infty} \arctan M - \lim_{N \to -\infty} \arctan N = \frac{\pi}{2} - \left(-\frac{\pi}{2} \right) = \pi$$

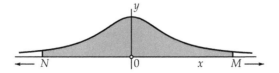

Berechnen Sie die nachfolgenden Integrale, vorausgesetzt sie existieren.

22.19

a. $\displaystyle\int_0^1 \frac{1}{\sqrt{x}}\,dx$

b. $\displaystyle\int_0^2 \frac{1}{\sqrt[3]{x}}\,dx$

c. $\displaystyle\int_0^1 \frac{1}{\sqrt[10]{x}}\,dx$

d. $\displaystyle\int_0^2 \frac{1}{x^p}\,dx \quad (0 < p < 1)$

e. $\displaystyle\int_0^1 \frac{1}{x}\,dx$

22.20

a. $\displaystyle\int_0^1 \frac{1}{x^2}\,dx$

b. $\displaystyle\int_{-1}^0 \frac{1}{\sqrt{x+1}}\,dx$

c. $\displaystyle\int_{-1}^0 \frac{1}{\sqrt[3]{x}}\,dx$

d. $\displaystyle\int_{-2}^2 \frac{1}{\sqrt{2-x}}\,dx$

e. $\displaystyle\int_{-1}^2 \frac{1}{\sqrt{|x|}}\,dx$

22.21

a. $\displaystyle\int_0^1 \ln x\,dx$

b. $\displaystyle\int_0^{\frac{\pi}{2}} \tan x\,dx$

c. $\displaystyle\int_{-1}^1 \ln(1-x)\,dx$

d. $\displaystyle\int_0^1 \ln 3x\,dx$

e. $\displaystyle\int_0^4 \frac{\ln x}{\sqrt{x}}\,dx$

22.22

a. $\displaystyle\int_0^1 \frac{x}{1-x}\,dx$

b. $\displaystyle\int_0^{\frac{\pi}{2}} \frac{\cos x}{\sin x}\,dx$

c. $\displaystyle\int_{-2}^2 \frac{1}{\sqrt{4-x^2}}\,dx$

d. $\displaystyle\int_0^2 \frac{x}{\sqrt{4-x^2}}\,dx$

e. $\displaystyle\int_0^1 x \ln x\,dx$

Uneigentliche Integrale vom Typ II

TYP II:

Wenn $f(x)$ auf dem Intervall $[a, b\rangle$ stetig ist und $\lim_{t \uparrow b} F(t)$ existiert, dann ist

$$\int_a^b f(x)\, dx = \lim_{t \uparrow b} \int_a^t f(x)\, dx = \lim_{t \uparrow b} F(t) - F(a)$$

Wenn $f(x)$ auf dem Intervall $\langle a, b]$ stetig ist und $\lim_{u \downarrow a} F(u)$ existiert, dann ist

$$\int_a^b f(x)\, dx = \lim_{u \downarrow a} \int_u^b f(x)\, dx = F(b) - \lim_{u \downarrow a} F(u)$$

Wenn $f(x)$ auf dem Intervall $\langle a, b\rangle$ stetig ist, beide Grenzwerte $\lim_{t \uparrow b} F(t)$ und $\lim_{u \downarrow a} F(u)$ existieren und mindestens einer dieser beiden Grenzwerte endlich ist, dann ist

$$\int_a^b f(x)\, dx = \lim_{u \downarrow a} \lim_{t \uparrow b} \int_u^t f(x)\, dx = \lim_{t \uparrow b} F(t) - \lim_{u \downarrow a} F(u)$$

Beispiel:

$$\begin{aligned}
\int_{-1}^1 \frac{1}{\sqrt{1 - x^2}}\, dx &= \lim_{u \downarrow -1} \lim_{t \uparrow 1} \int_u^t \frac{1}{\sqrt{1 - x^2}}\, dx = \lim_{u \downarrow -1} \lim_{t \uparrow 1} \Big[\arcsin x\Big]_u^t \\
&= \lim_{t \uparrow 1} \arcsin t - \lim_{u \downarrow -1} \arcsin u = \frac{\pi}{2} - \left(-\frac{\pi}{2}\right) = \pi
\end{aligned}$$

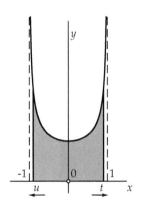

22.23 Für die Bearbeitung dieser Aufgabe benötigen Sie entweder ein programmierbares Rechengerät oder ein Computeralgebrasystem.

Berechnen Sie für $N = 10, N = 100$ und $N = 1000$ die Näherungssumme $\sum_{i=0}^{N-1} f(x_i)dx$ des angegebenen Integrals. Teilen Sie hierbei das Integrationsintervall in N gleiche Teilintervalle auf. Listen Sie die Ergebnisse in einer Tabelle auf und vergleichen Sie diese mit den exakten Ergebnissen.

a. $\displaystyle\int_{-1}^{1} (1 - x^2)\, dx$

b. $\displaystyle\int_{0}^{1} 2^x\, dx$

c. $\displaystyle\int_{1}^{10} \log x\, dx$

22.24 Bestimmen Sie bei jeder der oben genannten Integrale eine obere Schranke M für $|f'(x)|$ auf dem Integrationsintervall. Wie auf der nächsten Seite erläutert, ist der Fehler, der durch das Ersetzen des Integrals durch die Summe entsteht (wie Sie es in der vorherigen Aufgabe gemacht haben), höchstens gleich $\frac{1}{2}M(b - a)dx$. Prüfen Sie diese Abschätzung für die Integrale der vorherigen Aufgabe.

Summen und Integrale

Es sei $F(x)$ eine Stammfunktion von $f(x)$ auf dem Intervall $[a, b]$. Wir zerlegen $[a, b]$ in N Teilintervalle mit Hilfe von Punkten $x_0, x_1, x_2, \ldots, x_N$, welche $a = x_0 < x_1 < \cdots < x_N = b$ erfüllen. Dann ist

$$\int_a^b f(x)dx = \int_{x_0}^{x_1} f(x)dx + \int_{x_1}^{x_2} f(x)dx + \cdots + \int_{x_{N-1}}^{x_N} f(x)dx$$

$$= \sum_{i=0}^{N-1} \int_{x_i}^{x_{i+1}} f(x)dx = \sum_{i=0}^{N-1} F(x_{i+1}) - F(x_i)$$

Wir schreiben $dx_i = x_{i+1} - x_i$, $\Delta F_i = F(x_{i+1}) - F(x_i)$ und $dF_i = F'(x_i)dx_i = f(x_i)dx_i$. Dann ist $\Delta F_i \approx dF_i$, vorausgesetzt dF_i ist klein. Also

$$\int_a^b f(x)dx \approx \sum_{i=0}^{N-1} f(x_i)dx_i$$

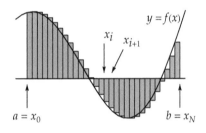

Wir sehen, dass wir ein Integral durch eine *Summe* von Differenzialen, eines für jedes Teilintervall, annähern können (deshalb auch das Integralzeichen $\int$ als lang gezogener Großbuchstabe S).

Bemerken Sie, dass $f(x_i)dx_i$ der Flächeninhalt des Rechtecks mit Basis dx_i und Höhe $f(x_i)$ ist; mit einem Minuszeichen versehen, wenn $f(x_i) < 0$ ist. Wenn die Anzahl der Teilintervalle zunimmt und die Längen dieser gegen Null streben, erhalten wir eine immer bessere Annäherung der Summe an das Integral.

Wir können die letzte Aussage, wie in der Abbildung illustriert, auch auf folgende Weise glaubhaft machen. Wir nehmen an, die Funktion $f(x)$ hat auf $[a, b]$ eine stetige Ableitung und es existiert eine Zahl M, so dass $|f'(x)| < M$ für alle x in $[a, b]$. Die meisten „glatten" Funktionen erfüllen diese Bedingungen. Der Einfachheit halber werden wir annehmen, dass die Teilintervalle $[x_i, x_{i+1}]$ alle gleich lang sind. Die Länge $dx = x_{i+1} - x_i$ ist dann gleich $dx = (b - a)/N$. Wegen $F'(x) = f(x)$ ist $F''(x) = f'(x)$ und wegen der Abschätzung auf Seite 197 gilt $|\Delta F_i - dF_i| \leq \frac{1}{2}M(dx)^2$, so dass

$$\left| \int_a^b f(x)dx - \sum_{i=0}^{N-1} f(x_i)dx \right| = \left| F(b) - F(a) - \sum_{i=0}^{N-1} f(x_i)dx \right| = \left| \sum_{i=0}^{N-1} \Delta F_i - \sum_{i=0}^{N-1} dF_i \right|$$

$$= \left| \sum_{i=0}^{N-1} (\Delta F_i - dF_i) \right| \leq N \times \frac{1}{2}M(dx)^2 = \frac{1}{2}M(b - a)dx$$

weil $Ndx = (b - a)$. Hieraus folgt, dass die Differenz zwischen dem Integral und der Summe nach Null strebt, wenn dx nach Null strebt.

22.25   Für die Bearbeitung dieser Aufgabe brauchen Sie entweder ein programmierbares Rechengerät oder ein Computeralgebrasystem. Falls Sie ein solches Rechengerät benutzen, sollten Sie mit maximaler Präzision arbeiten. Falls Sie mit einem Computeralgebrasystem arbeiten, nehmen Sie eine Präzision von mindestens 15 Dezimalen.

Wir werden das Integrationsintervall immer in n *gleiche* Teile zerlegen. Unter $M(n)$ verstehen wir das Ergebnis der Mittelpunktsregel und unter $T(n)$ das Ergebnis der Trapezregel (vgl. die Definitionen auf der nächsten Seite). Weiter definieren wir

$$S(n) = \frac{2M(n) + T(n)}{3}$$

Diese Regel ist unter dem Namen *Simpsonsche Regel* bekannt. Man kann zeigen, dass $S(n)$ eine noch viel bessere Annäherung an das Integral ist, als $M(n)$ und $T(n)$.

Beispiel: Da $\int_0^1 \frac{4}{1+x^2} = \left[4\arctan x\right]_0^1 = \pi$ können wir numerische Methoden für die Berechnung des Integrals benutzen, um hiermit eine Annäherung von π zu erhalten. Zum Vergleich: mit einer Genauigkeit von 15 Dezimalen ist

$$\pi = 3.141592653589793\ldots$$

Nachfolgend sehen Sie eine Tabelle mit den Werten von $M(n), T(n)$ und $S(n)$ für $n = 8, n = 16, n = 32$ und $n = 64$.

n	$M(n)$	$T(n)$	$S(n)$
8	3.142894729591688	3.138988494491089	3.141592651224821
16	3.141918174308560	3.140941612041388	3.141592653552836
32	3.141674033796337	3.141429893174975	3.141592653589217
64	3.141612998641850	3.141551963485654	3.141592653589784

Erstellen Sie jetzt selbst eine Tabelle für die numerische Berechnung der nachfolgenden Integrale. Bei jeder Aufgabe geben wir außerdem den auf 15 Nachkommastellen abgerundeten „exakten" Wert zum Vergleich.

a. $\int_0^4 e^{-x^2} dx \approx 0.886226911789569$

b. $\int_0^1 \sin(e^x)\, dx \approx 0.874957198780384$

c. $\int_0^{\sqrt{\pi}} \sin\left(x^2\right) dx \approx 0.894831469484145$

Numerische Integration

Es sei $f(x)$ eine auf dem Intervall $[a, b]$ stetige Funktion. Ist $F(x)$ eine Stammfunktion von $f(x)$, so ist $\int_a^b f(x)dx = F(b) - F(a)$. Wir werden jedoch auf den nachfolgenden Seiten sehen, dass es nicht immer möglich ist, eine solche Stammfunktion mittels einer Formel zu geben, selbst wenn $f(x)$ als solches vorgegeben ist. In solchen Fällen ergibt eine Zerlegung des Intervalls $[a, b]$ in kleine Teilintervalle mittels der Formel von Seite 225 einen numerischen Näherungswert des Integrals

$$\int_a^b f(x)dx \approx \sum_{i=0}^{N-1} f(x_i)dx_i$$

Diese Annäherung bezeichnen wir mit L. Bei der Berechnung von L multiplizieren wir die Länge $dx_i = x_{i+1} - x_i$ jedes Teilintervalls mit dem Funktionswert $f(x_i)$ des *linken* Randpunktes x_i des Teilintervalls.

An Stelle des linken Randpunktes x_i können wir ebenfalls einen anderen Punkt des Intervalls $[x_i, x_{i+1}]$ nehmen, z.B. den Mittelpunkt $\frac{1}{2}(x_i + x_{i+1})$ oder den rechten Randpunkt x_{i+1}. Auf diese Weise entstehen die *Mittelpunktsregel M* und die *Rechterpunktregel R* mit den Formeln

$$M = \sum_{i=0}^{N-1} f\left(\frac{x_i + x_{i+1}}{2}\right) dx_i \quad \text{und} \quad R = \sum_{i=0}^{N-1} f(x_{i+1}) dx_i$$

Diese Formeln geben ebenfalls eine numerische Annäherung des Integrals. Nachfolgende Illustration zeigt den Fall, dass alle Teilintervalle gleich groß sind.

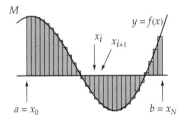
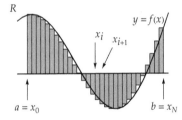

Ein besseres Ergebnis als L oder R liefert der *Mittelwert* $\frac{1}{2}(L + R)$ von L und R. Die dazugehörende Regel nennt man die *Trapezregel*, welche im Fall, dass alle Teilintervalle die gleiche Länge dx haben, die folgende Form hat:

$$T = \left(\frac{1}{2}f(x_0) + f(x_1) + f(x_2) + \cdots + f(x_{N-2}) + f(x_{N-1}) + \frac{1}{2}f(x_N)\right) dx$$

Noch bessere Ergebnisse liefert eine Kombination von M und T, die sogenannte *Simpsonsche Regel*. Sie wird auf der vorherigen Seite beschrieben.

22.26 Hier neben sehen Sie den Graphen der *Dichtefunktion* $\varphi(t) = \frac{1}{\sqrt{2\pi}}e^{-\frac{1}{2}t^2}$ der Standardnormalverteilung aus der Statistik und nachfolgend die dazugehörende *Verteilungsfunktion*

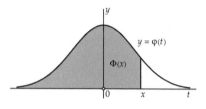

$$\Phi(x) = \frac{1}{\sqrt{2\pi}} \int_{-\infty}^{x} e^{-\frac{1}{2}t^2}\, dt$$

Man kann beweisen (aber dies ist nicht leicht!), dass $\lim_{x\to\infty} \Phi(x) = 1$.

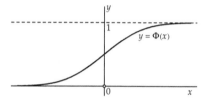

a. Schreiben Sie $\int_{x}^{\infty} \varphi(t)\, dt$ in Termen von $\Phi(x)$.

b. Zeigen Sie, dass $\Phi(-x) = 1 - \Phi(x)$.

c. Berechnen Sie $\Phi(0)$.

d. Berechnen Sie $\int_{-\infty}^{\infty} e^{-x^2}\, dx$.

22.27 Die *Fehlerfunktion* wird definiert durch das Integral

$$\text{Erf}(x) = \frac{2}{\sqrt{\pi}} \int_{0}^{x} e^{-t^2}\, dt$$

a. Berechnen Sie $\text{Erf}(0)$, $\lim_{x\to\infty} \text{Erf}(x)$ und $\lim_{x\to-\infty} \text{Erf}(x)$.

b. Skizzieren Sie den Graphen von $\text{Erf}(x)$.

c. Schreiben Sie $\text{Erf}(x)$ in Termen von $\Phi(x)$.

22.28 Die *Sinusintegralfunktion* $\text{Si}(x)$ wird definiert durch das Integral

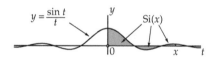

$$\text{Si}(x) = \int_{0}^{x} \frac{\sin t}{t}\, dt$$

Nebenstehend sehen Sie die Graphen der Funktionen $\frac{\sin t}{t}$ und $\text{Si}(x)$. Man kann beweisen (doch dies ist nicht einfach!), dass $\lim_{x\to\infty} \text{Si}(x) = \frac{\pi}{2}$.

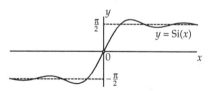

a. Zeigen Sie, dass $\text{Si}(-x) = -\text{Si}(x)$.

b. Berechnen Sie die x-Werte der lokalen Maxima und Minima von $\text{Si}(x)$.

c. Berechnen Sie $\int_{-\infty}^{\infty} \frac{\sin t}{t}\, dt$.

d. Schreiben Sie $\int_{a}^{b} \frac{\sin mt}{t}\, dt$ (*m* eine Konstante) in Termen von $\text{Si}(x)$.

Gibt es immer eine Formel für die Stammfunktion?

Angenommen, wir möchten das Integral $\int_a^b f(x)dx$ berechnen. Oft ist in einem solchen Fall der Integrand $f(x)$ durch eine Formel gegeben, deren Terme Standardfunktionen (Potenzen, Sinus, Cosinus, Exponentialfunktionen, Logarithmen usw.) sind. Wir würden für eine Stammfunktion $F(x)$ auch gerne eine solche Formel haben, weil wir das gesuchte Integral dann mittels $F(b) - F(a)$ berechnen könnten.

Obwohl die inverse Operation, das Differenzieren von Funktionen mittels Formeln, keinerlei Probleme bereitet (dank der Regeln für das Differenzieren, die wir kennengelernt haben), wirft das Integrieren schnell unüberwindbare Schwierigkeiten auf, selbst wenn $f(x)$ stetig ist und durch eine einfache Formel gegeben wird.

Nehmen wir beispielsweise $\varphi(x) = \frac{1}{\sqrt{2\pi}}e^{-\frac{1}{2}x^2}$. Diese Funktion tritt in der Wahrscheinlichkeitsrechnung als die Dichtefunktion der Standardnormalverteilung auf. Der Graph dieser Funktion ist unter dem Namen Gaußsche Glockenkurve bekannt. Die Wahrscheinlichkeit, dass eine Wahrscheinlichkeitsvariable, welche standardnormalverteilt ist, einen Wert in dem Intervall $[a, b]$ annimmt, ist dem Integral $\int_a^b \frac{1}{\sqrt{2\pi}}e^{-\frac{1}{2}x^2}dx$ gleich. Es wäre daher erfreulich, wenn wir eine Formel für eine Stammfunktion hätten. Es wird aber niemandem gelingen (und das kann auch *bewiesen* werden!) eine solche Formel in den Termen der bekannten Standardfunktionen zu geben. Eine derartige Formel existiert definitiv nicht.

Jedoch existiert eine Stammfunktion, nämlich die Flächeninhaltsfunktion

$$O(x) = \int_0^x \frac{1}{\sqrt{2\pi}}e^{-\frac{1}{2}t^2}\, dt$$

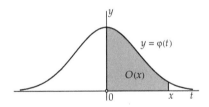

denn der Integrand ist stetig (siehe auch Seite 201).

Übrigens, statt 0 können wir natürlich auch jede andere Zahl als untere Grenze nehmen: die Differenz ist nur eine Konstante. In der Wahrscheinlichkeitsrechnung arbeitet man oft mit $-\infty$ als untere Grenze. Die dazugehörende Stammfunktion bezeichnet man mit $\Phi(x)$.

In solchen Fällen können wir die Werte von $O(x)$ (oder $\Phi(x)$) durch die Wahl einer geschickten Annäherungsmethode numerisch berechnen. Auf diese Weise sind z.B. die Tabellen für die Verteilungsfunktion der Standardnormalverteilung gefertigt, die wir in vielen Statistikbüchern vorfinden können.

23

Anwendungen

23.1 Berechnen Sie die Tangentialvektoren an die nachfolgenden parametrisierten Kurven. Sollten Sie Bilder der Kurven benötigen, können Sie die Aufgaben aus Kapitel 19 auf Seite 166 zu Rate ziehen. Untersuchen Sie ebenfalls, ob Punkte auf der Kurve existieren, bei denen der Tangentialvektor gleich dem Nullvektor ist.

a. $(\cos 3t, \sin 2t)$

b. $(\cos 2t, \sin 3t)$

c. $(\cos^3 t, \sin^3 t)$

d. $(\cos^3 t, \sin t)$

e. $(\cos^3 t, \sin 2t)$

f. $(\cos \frac{1}{2}t, \sin^3 t)$

g. $(\sqrt[3]{\cos t}, \sqrt[3]{\sin t})$

h. $(\sqrt[3]{\cos t}, \sin^3 t)$

23.2 Berechnen Sie die Tangentialvektoren an die nachfolgenden Kurven, welche in Polarkoordinaten gegeben sind. Nehmen Sie φ als den Parameter: die Parametrisierung ist dann durch $(r(\varphi)\cos(\varphi), r(\varphi)\sin(\varphi))$ gegeben. Sollten Sie Bilder der Kurven benötigen, können Sie die Aufgaben aus Kapitel 19 auf Seite 168 zu Rate ziehen.

a. $r = \cos\varphi$

b. $r = \cos 2\varphi$

c. $r = \cos 3\varphi$

d. $r = \sin \frac{1}{2}\varphi$

e. $r = \cos \frac{3}{2}\varphi$

f. $r^2 = \cos 2\varphi$

g. $r = 1 + \cos\varphi$

h. $r = 1 + 3\cos 7\varphi$

23.3 Die in Polarkoordinaten gegebene Gleichung $r = e^{c\varphi}$ beschreibt die logarithmische Spirale (siehe Seite 169). Zeigen Sie, dass der Winkel zwischen dem Ortsvektor und dem Tangentialvektor konstant ist (d.h. der Winkel hängt nur von c ab). Berechnen Sie diesen Winkel für $c = 1$.

23.4 Berechnen Sie die Tangentialvektoren an die nachfolgenden Raumkurven. Sollten Sie Bilder der Kurven benötigen, können Sie die Aufgaben aus Kapitel 19 auf Seite 170 zu Rate ziehen.

a. $(t, 2t^2 - 1, t^3)$

b. $(\sin t, \sin 2t, \cos t)$

c. $(\sin t, \sin 2t, \cos 3t)$

d. $(\sin 2\pi t, t, \cos 2\pi t)$

e. $(\sin 2\pi t, t^2 - 1, t^3)$

f. $(\cos t, \sin t, \cos 12t)$

J. van de Craats, R. Bosch, *Grundwissen Mathematik*, Springer-Lehrbuch,
DOI 10.1007/978-3-642-13501-9_23, © Springer-Verlag Berlin Heidelberg 2010

Der Tangentialvektor an eine parametrisierte Kurve

Nebenstehende Kurve hat die Parametrisierung

$$(x(t), y(t)) = (t^3 - 2t, 2t^2 - 2t - 2.4)$$

Der gezeichnete Teil hiervon korrespondiert mit den Werten $-1.6 \leq t \leq 2.2$ für t. Die Punkte $P = (x(t), y(t))$ und $Q = (x(t + dt), y(t + dt))$ liegen auf der Kurve nahe beieinander. Hier ist $t = 1.9$ und $dt = 0.1$ gewählt. Da dt klein ist, ist der Teil der Kurve zwischen P und Q fast gerade; er fällt fast zusammen mit einem Teil der Tangente an die Kurve im Punkt P.

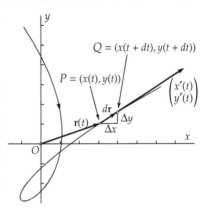

Üblicherweise nennt man den Vektor, welcher von O nach P läuft, den *Ortsvektor*, den wir mit $\mathbf{r}(t)$ bezeichnen. Die Differenz $\Delta\mathbf{r} = \mathbf{r}(t + dt) - \mathbf{r}(t)$ ist der Vektor, welcher von P nach Q läuft. Die Koordinaten dieses Vektors sind $\Delta x = x(t + dt) - x(t)$ und $\Delta y = y(t + dt) - y(t)$. Weil dt klein ist, gilt $\Delta x \approx dx = x'(t)dt$ und $\Delta y \approx dy = y'(t)\,dt$ und deshalb ist

$$\Delta\mathbf{r} = \begin{pmatrix} \Delta x \\ \Delta y \end{pmatrix} \approx d\mathbf{r} = \begin{pmatrix} dx \\ dy \end{pmatrix} = \begin{pmatrix} x'(t)\,dt \\ y'(t)\,dt \end{pmatrix} = \begin{pmatrix} x'(t) \\ y'(t) \end{pmatrix} dt$$

Den Vektor $\mathbf{v}(t) = \begin{pmatrix} x'(t) \\ y'(t) \end{pmatrix}$ nennt man den Tangentialvektor an die Kurve in dem Punkt P. Es ist üblich den Tangentialvektor in dem Punkt P in diesem Punkt beginnen zu lassen. In diesem Fall fällt der Tangentialvektor mit einem Teil der Tangente an die Kurve in P zusammen.

Der Vektor $d\mathbf{r}$, mit den Differenzialen dx und dy als Komponenten, ist gleich dem Produkt des Tangentialvektors mit dem Faktor dt. Wenn dt klein ist, ist $d\mathbf{r}$ fast gleich $\Delta\mathbf{r}$. In der obigen Zeichnung gilt $t = 1.9$, $dt = 0.1$, $P = (3.059, 1.02)$ und $\Delta\mathbf{r} = \begin{pmatrix} 0.941 \\ 0.58 \end{pmatrix}$, $\mathbf{v}(t) = \begin{pmatrix} 8.83 \\ 5.6 \end{pmatrix}$ und $d\mathbf{r} = \begin{pmatrix} 0.883 \\ 0.56 \end{pmatrix} = \mathbf{v}(t)\,dt$. Der Tangentialvektor $\mathbf{v}(t)$ ist hier lediglich in halber Größe abgebildet, um eine Zeichnung in angemessenen Proportionen zu erhalten.

In vielen Anwendungen bezeichnet der Parameter t die Zeit. Dann ist der Ortsvektor $\mathbf{r}(t)$ der Ort von P zum Zeitpunkt t. Der Tangentialvektor ist in diesem Fall der *Geschwindigkeitsvektor*, der Vektor, der die Geschwindigkeit von P zum Zeitpunkt t beschreibt.

Für Raumkurven gelten analoge Begriffe, in diesem Fall haben alle Vektoren drei statt zwei Komponenten.

23.5 Berechnen Sie die Bogenlängen der nachfolgenden Kurven.

a. Der Kreis $(\cos t, \sin t)$, $0 \le t \le 2\pi$.

b. Der Kreis $(R \sin t, R \cos t)$, $0 \le t \le 2\pi$.

c. Die Schraubenlinie $(R \cos 2\pi t, R \sin 2\pi t, at)$, $0 \le t \le 1$.

d. Die logarithmische Spirale $(e^{c\varphi} \cos \varphi, e^{c\varphi} \sin \varphi)$, $0 \le \varphi \le 2\pi$.

23.6 Betrachten Sie die Parameterdarstellung.

$$(x,y) = (t - \sin t, 1 - \cos t)$$

Sie beschreibt den Ortsvektor eines Punktes P auf einem Kreis, welcher über die x-Achse rollt. Eine solche Kurve nennt man *Zykloide*. Der Radius des Kreises ist gleich 1 und der Mittelpunkt M bewegt sich entlang der Geraden $y = 1$ mit der Parameterdarstellung $(t, 1)$. Die Bewegung von P in Bezug auf M ist die Kreisbewegung $(-\sin t, -\cos t)$ und die Summe dieser Parameterdarstellungen gibt die Parameterdarstellung der Zykloide.

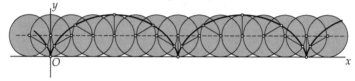

a. Berechnen Sie die Koordinaten von P für $t = 0$, $t = \frac{\pi}{2}$, $t = \pi$, $t = \frac{3\pi}{2}$ und $t = 2\pi$.

b. Es sei Q der Kontaktpunkt des Kreises mit der x-Achse zum Zeitpunkt t. Zeigen Sie, dass OQ die gleiche Länge hat wie der Kreisbogen PQ. (Diese Aussage bedeutet, dass der Kreis in der Tat ohne zu rutschen über die x-Achse rollt.)

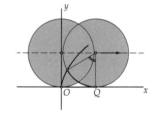

c. Berechnen Sie den Geschwindigkeitsvektor (Tangentialvektor) und die skalare Geschwindigkeit. Vereinfachen Sie den Ausdruck der Geschwindigkeit mit Hilfe einer sinnvoll gewählten trigonometrischen Formel. Untersuchen Sie, ob Punkte auf der Kurve existieren, bei welchen die Geschwindigkeit Null ist. Für welche Punkte ist die Geschwindigkeit maximal?

d. Berechnen Sie die Länge eines Bogens der Zykloide.

Die Bogenlänge einer Kurve

Angenommen, eine ebene Kurve ist in der Parameterdarstellung $(x(t), y(t))$ gegeben, wobei $x(t)$ und $y(t)$ differenzierbare Funktionen einer Variablen t auf dem Intervall $[a, b]$ sind. Überdies seien $x'(t)$ und $y'(t)$ beide stetig auf $[a, b]$. Für jedes t mit $a \leq t \leq b$ stellt $(x(t), y(t))$ einen Punkt in der Ebene dar, und wenn t von a nach b läuft, so läuft der Punkt $(x(t), y(t))$ über die Kurve von $A = (x(a), y(a))$ nach $B = (x(b), y(b))$. Wir nehmen hierbei an, dass der Tangentialvektor nie die Richtung wechselt, damit der Punkt immer in der gleichen Richtung über die Kurve läuft. Es wird sich herausstellen, dass die Bogenlänge L der Kurve zwischen A und B gegeben ist durch

$$L = \int_a^b \sqrt{(x'(t))^2 + (y'(t))^2} \, dt.$$

Die Bogenlänge des Teils der Kurve, welcher zwischen $A = (x(a), y(a))$ und $P = (x(t), y(t))$ liegt, nennen wir $L(t)$. Für positives dt ist die Zunahme $\Delta L = L(t + dt) - L(t)$ gleich der Länge der Kurve zwischen den Punkten $P = (x(t), y(t))$ und $Q = (x(t + dt), y(t + dt))$. Für kleine dt ist die Länge ΔL nahezu gleich dem Abstand $d(P, Q)$. Diese Länge ist nach dem Satz des Pythagoras gleich $d(P, Q) = \sqrt{(\Delta x)^2 + (\Delta y)^2}$.

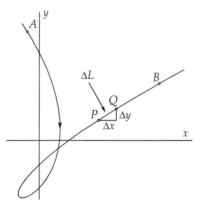

Weil $\Delta x \approx x'(t) dt$ und $\Delta y \approx y'(t) dt$, gilt $d(P, Q) \approx \sqrt{(x'(t))^2 + (y'(t))^2} \, dt$. Der letzte Ausdruck ist wiederum ein Differenzial und zwar das Differenzial dL der Bogenlängenfunktion $L(t)$. Deshalb wird die Bogenlänge der Kurve zwischen A und B in der Tat durch das oben genannte Integral beschrieben.

Wenn t die Zeit darstellt, so beschreibt der Tangentialvektor $\mathbf{v}(t) = \begin{pmatrix} x'(t) \\ y'(t) \end{pmatrix}$ die Geschwindigkeit von P zum Zeitpunkt t. Die Länge des Vektors, $|\mathbf{v}(t)| = \sqrt{(x'(t))^2 + (y'(t))^2}$, wird die *skalare Geschwindigkeit* von P genannt und mit $v(t)$ bezeichnet. Wir sehen, dass der Abstand, welcher von P zwischen $t = a$ und $t = b$ zurückgelegt wird, durch das Integral $\int_a^b v(t) dt$ gegeben wird. Auch hier gilt wiederum, dass die Behandlung der Raumkurven vollkommen analog vor sich geht. In diesem Fall ist $v(t) = \sqrt{(x'(t))^2 + (y'(t))^2 + (z'(t))^2}$ und

$$L = \int_a^b v(t) \, dt = \int_a^b \sqrt{(x'(t))^2 + (y'(t))^2 + (z'(t))^2} \, dt$$

23.7 Der Inhalt eines Kegels mit der Höhe h und dem Radius r des Grundkreises ist gleich $\frac{1}{3}\pi r^2 h$ ($\frac{1}{3}$ mal Grundfläche mal Höhe). Prüfen Sie diese Formel durch die Inhaltsberechnung des Rotationskörpers, der entsteht, indem Sie den Graphen der Funktion $z = \frac{r}{h}y$ ($0 \leq y \leq h$) um die y-Achse drehen.

23.8 Berechnen Sie den Inhalt des Rotationskörpers, der entsteht, indem Sie den Graphen von $f(x) = \sin x$, $0 \leq x \leq \pi$, um die x-Achse drehen.

23.9 Berechnen Sie den Inhalt des Rotationskörpers, der entsteht, indem Sie den Graphen von $f(x) = x^2$, $-1 \leq x \leq 1$, um die y-Achse drehen.

23.10 Berechnen Sie den Inhalt des Rotationskörpers, der entsteht, indem Sie den Graphen von $f(x) = x^4$, $-1 \leq x \leq 1$, um die y-Achse drehen.

23.11 Berechnen Sie den Inhalt des Rotationskörpers, der entsteht, indem Sie den Graphen von $f(x) = \dfrac{1}{\sqrt{x}}$, $1 \leq x < \infty$, um die x-Achse drehen.

23.12 Berechnen Sie den Inhalt des Rotationskörpers, der entsteht, indem Sie den Graphen von $f(x) = \dfrac{1}{\sqrt{x}}$, $1 \leq x < \infty$, um die x-Achse drehen.

23.13 Berechnen Sie den Inhalt des Rotationskörpers, der entsteht, indem Sie den Graphen von $f(x) = e^{-x}$, $0 \leq x < \infty$, um die x-Achse drehen.

23.14 Berechnen Sie den Inhalt des Rotationskörpers, der entsteht, indem Sie den Graphen von $f(x) = \ln 2x$, $0 < x \leq 1$, um die y-Achse drehen.
Tipp: Vertauschen Sie x und y und benutzen Sie die Umkehrfunktion.

23.15 Es sei G das Gebiet, das eingeschlossen wird durch die Parabeln $y = x^2$ und $x = y^2$. Berechnen Sie den Inhalt des Rotationskörpers, der entsteht, indem Sie G um die x-Achse drehen.

23.16 Berechnen Sie den Inhalt des Teils der Kugel $x^2 + y^2 + z^2 \leq R^2$, welcher zwischen den Ebenen $z = h$ und $z = R$ liegt ($-R \leq h \leq R$).

Der Inhalt eines Rotationskörpers

Die Funktion $z = f(y)$ sei stetig und nicht negativ auf dem Intervall $[a, b]$. Den Körper, der beschränkt wird durch die Ebenen $y = a, y = b$ und die Fläche, welche entsteht, indem wir den Graphen dieser Funktion um die y-Achse drehen, bezeichnen wir mit K und nennen ihn den Rotationskörper. In der nachfolgenden Abbildung ist lediglich das Viertel von K skizziert, das im ersten Oktanten liegt. (Der erste Oktant ist der Teil des Raumes für den gilt $x \geq 0, y \geq 0$ und $z \geq 0$.) Was ist der Inhalt von K?

Wir wählen dazu eine Zahl y zwischen a und b. Der Inhalt des Teils von K, der sich links der senkrechten Ebene durch $(0, y, 0)$ befindet, bezeichnen wir mit $I(y)$. Der gesuchte Inhalt von K ist dann gleich $I(b)$.

Für kleine positive dy ist die Zunahme $\Delta I = I(y + dy) - I(y)$ gleich dem Inhalt der dünnen Scheibe von K, die zwischen den senkrechten Ebenen durch die Punkte $(0, y, 0)$ und $(0, y + dy, 0)$ liegt.

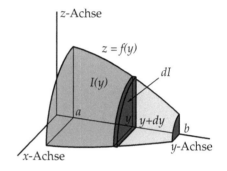

Diese Scheibe ist für kleine positive dy nahezu gleich der in der Abbildung angegebenen dünnen Zylinderscheibe, (mit Dicke dy) und Kreisen mit dem Radius $f(y)$ als linker und rechter Schranke.

Diese Kreise haben den Flächeninhalt $\pi \times f(y)^2$ und deshalb ist der Inhalt dieser Zylinderscheibe gleich $\pi f(y)^2 dy$. Der Ausdruck $\pi f(y)^2 dy$ ist ein Differenzial und zwar das Differenzial dI der Inhaltsfunktion $I(y)$, also $dI = \pi f(y)^2 dy$. Der Inhalt von K wird daher gegeben durch das Integral:

$$\text{Inhalt}(K) = I(b) = \int_a^b \pi f(y)^2 \, dy$$

Wenn $G(y)$ eine beliebige Stammfunktion von $\pi f(y)^2$ ist, dann ist dieses Integral gleich $G(b) - G(a)$.

Wir nehmen z.B. die Funktion $z = \sqrt{R^2 - y^2}$ auf dem Intervall $[-R, R]$. Der Graph dieser Funktion ist ein Halbkreis mit dem Radius R und der dazugehörende Rotationskörper ist die Kugel mit dem Radius R und dem Mittelpunkt O. Der Inhalt dieser Kugel ist somit

$$\int_{-R}^{R} \pi (R^2 - y^2) \, dy$$

Eine Stammfunktion von $\pi(R^2 - y^2)$ ist gegeben durch $\pi(R^2 y - \frac{1}{3}y^3)$ und der Inhalt der Kugel ist deshalb $G(R) - G(-R) = \frac{4}{3}\pi R^3$.

23.17 Zeigen Sie, dass der Flächeninhalt des gekrümmten Teils eines Kegels mit der Höhe h und dem Radius r des Grundkreises gleich $\pi r \sqrt{r^2 + h^2}$ ist.

23.18 Zeigen Sie, dass der Flächeninhalt einer Sphäre mit dem Radius R gleich $4\pi R^2$ ist.

23.19 Berechnen Sie den Flächeninhalt des Teils der Sphäre $x^2 + y^2 + z^2 = R^2$, der sich zwischen den Ebenen $z = h$ und $z = R$ befindet ($-R \leq h \leq R$).

23.20 Man dreht den Teil der Parabel $y = x^2$ mit $-1 \leq x \leq 1$ um die y-Achse. Berechnen Sie den Flächeninhalt der so entstehenden Mantelfläche.

23.21 Man dreht den Graphen der Funktion $f(x) = \dfrac{1}{x}$ mit $1 \leq x < \infty$ um die x−Achse. Zeigen Sie, dass der Flächeninhalt dieser so entstandenen Mantelfläche unendlich ist.

Flächeninhalt der Mantelfläche eines Rotationskörpers

Die Funktion $z = f(y)$ sei nicht negativ, differenzierbar auf dem Intervall $[a, b]$ und die Ableitung $f'(y)$ sei stetig. Wir wenden uns jetzt der *Mantelfläche* des Rotationskörpers zu, welche entsteht indem wir den Graphen dieser Funktion um die y-Achse drehen. Wir werden sehen, dass der Flächeninhalt dieser Mantelfläche gleich dem nachfolgenden Integral ist :

$$\int_a^b 2\pi f(y) \sqrt{1 + (f'(y))^2} \, dy$$

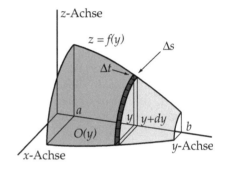

Wir wählen ein y zwischen a und b. Den Flächeninhalt der Mantelfläche des Teils, welcher sich links der senkrechten Ebene durch $(0, y, 0)$ befindet, bezeichnen wir mit $O(y)$. Der gesuchte Flächeninhalt der Mantelfläche ist gleich $O(b)$.

Für kleine positive dy ist die Zunahme $\Delta O = O(y + dy) - O(y)$ gleich dem Flächeninhalt des schmalen dunklen Streifens zwischen den senkrechten Ebenen durch die Punkte $(0, y, 0)$ und $(0, y + dy, 0)$.

Wir teilen diesen Streifen in N gleich große Kästchen. In der Abbildung ist $N = 40$ genommen, somit gibt es zehn Kästchen im ersten Oktanten. Jedes Kästchen ist fast ein Rechteck. Die Seiten hiervon nennen wir Δs und Δt. Da der linke Rand des dunklen Streifens ein Kreis mit dem Radius $f(y)$ ist, ist der Umfang hiervon gleich $2\pi f(y)$ und somit gilt $\Delta t = \frac{2\pi}{N} f(y)$. Für kleines dy ist Δs fast ein kleines Geradenstück mit der Länge

$$\sqrt{dy^2 + (f(y + dy) - f(y))^2} \approx \sqrt{dy^2 + (f'(y) dy)^2} = \sqrt{1 + f'(y)^2} \, dy.$$

Jedes Kästchen hat einen Flächeninhalt, der fast gleich $\Delta t \times \Delta s$ ist. Es gibt insgesamt N Kästchen und deshalb ist der Flächeninhalt des dunklen Streifens nahezu gleich $2\pi f(y) \sqrt{1 + (f'(y))^2} dy$. Man kann beweisen, dass dieser Ausdruck in der Tat das Differenzial dO von $O(y)$ ist. Der Flächeninhalt der Mantelfläche selbst wird, wie wir ja zeigen wollten, durch obiges Integral gegeben.

Wenn die Kurve, welche um die y-Achse gedreht wird, in Parametergestalt $(y(t), z(t))$ gegeben wird, wobei t ein Intervall $[c, d]$ durchläuft, dann ist der Flächeninhalt der Mantelfläche des Rotationskörpers gleich

$$\int_c^d 2\pi z(t) \sqrt{(y'(t))^2 + (z'(t))^2} \, dt$$

23.22 In nebenstehendem Beispiel haben wir $\lambda = 0.3$ und $P_0 = 1300$ gewählt. Berechnen Sie mit Hilfe eines Rechengerätes den Zeitpunkt t, für den $P(t) = 2000$ gilt .

23.23 Wir betrachten ein exponentielles Wachstumsmodell, d.h. ein Wachstumsmodell, in der eine Differenzialgleichung $dP = \lambda P dt$ die Lösungsfunktionen $P = P(t)$ beschreibt. Zeigen Sie, dass eine sogenannte *Verdopplungszeit* existiert, d.h. eine Zahl t_d mit der Eigenschaft, dass $P(t + t_d) = 2P(t)$ für jedes t gilt. Berechnen Sie t_d in Termen von λ. (In dieser Aufgabe ist $\lambda > 0$ vorausgesetzt.)

23.24 Es sei $P(t)$ die Lösungsfunktion eines exponentiellen Wachstumsmodells mit der Verdopplungszeit $t_d = 5$. Angenommen $P_0 = 100$. Berechnen Sie mit Hilfe eines Rechengerätes den Zeitpunkt t, für den $P(t) = 1\,000\,000$ gilt. Machen Sie zunächst eine grobe Schätzung.

23.25 Wenn $\lambda < 0$, so beschreibt die Differenzialgleichung $dP = \lambda P dt$ ein Modell der *exponentiellen Abnahme*, ein Phänomen, dass z.B. bei radioaktivem Zerfall vorkommt. In diesem Fall arbeitet man meist nicht mit der Verdopplungszeit, sondern mit der *Halbwertszeit*. Erklären Sie, was hiermit gemeint wird und berechnen Sie mit Hilfe eines Rechengerätes die Halbwertszeit, wenn $\lambda = -0.2$ ist.

23.26 Berechnen Sie mit Hilfe eines Rechengerätes wie lange es bei einer exponentiellen Abnahme, mit Halbwertszeit $t_h = 3$, dauert bis sich eine Menge $P_0 = 100$ auf $P = 0.001$ reduziert hat. Machen Sie zunächst eine grobe Schätzung.

23.27 Die Differenzialgleichung

$$\frac{1}{P^{1+a}} \, dP = \lambda \, dt$$

(hierbei ist $\lambda > 0$ und $a > 0$) nennt man *doomsday Gleichung*. Wir können diese Differenzialgleichung für kleine positive a als eine geringfügige Variante der Differenzialgleichung für exponentielles Wachstum betrachten. Wir werden sehen, dass die Lösungskurven qualitativ anders verlaufen werden.

  a. Zeigen Sie, dass wir die Differenzialgleichung in der Form $d(P^{-a}) = d(-a\lambda t)$ schreiben können.

  b. Zeigen Sie, dass wir alle Lösungen in der Form $P(t) = (a\lambda(T - t))^{-1/a}$ für eine gewisse Konstante T schreiben können. Insbesondere gilt für $t = 0$, dass $P_0 = P(0) = (a\lambda T)^{-1/a}$.

  c. Drücken Sie T in a, λ und P_0 aus und zeigen Sie, dass $\lim_{t \uparrow T} P(t) = \infty$. Dies ist der Grund, dass man den Zeitpunkt T *doomsday* nennt.

  d. Berechnen Sie *doomsday* mit Hilfe eines Rechengerätes, wenn $a = 0.2, \lambda = 0.05$ und $P_0 = 100$ ist und geben Sie in diesem Fall auch eine Formel für $P(t)$ an.

Exponentielles Wachstum

In vielen Anwendungen werden mathematische Modelle für Wachstumsprozesse gesucht. Hierbei geht es z.B um eine Population, deren Größe sich mit der Zeit ändert. Als Modell wählt man oft eine differenzierbare Funktion $P(t)$ der Variablen t, welche die Zeit darstellt. $P(t)$ ist dann die Größe der Population zum Zeitpunkt t. In einem der einfachsten Wachstumsmodelle nimmt man an, dass für eine kleine Zunahme der Zeit dt die *relative* Populationszunahme $\dfrac{\Delta P}{P} = \dfrac{P(t + dt) - P(t)}{P(t)}$ bei Annäherung proportional zu dT ist. Dies bedeutet, dass es eine Konstante λ gibt, so dass $\dfrac{\Delta P}{P} \approx \lambda dt$. Dies führt zu der *Differenzialgleichung*

$$\frac{1}{P} \, dP = \lambda \, dt$$

als mathematisches Modell, welche die differenzierbare Funktion $P = P(t)$, die das Populationswachstum beschreibt, erfüllen sollte.

Die linke Seite ist gleich dem Differenzial $d(\ln P)$ und die rechte Seite ist gleich dem Differenzial $d(\lambda t)$. Die Differenzialen sind gleich und somit gilt für eine gewisse Konstante c, dass

$$\ln P(t) = \lambda t + c$$

oder mit $P_0 = e^c$,

$$P(t) = e^{\lambda t + c} = P_0 e^{\lambda t}$$

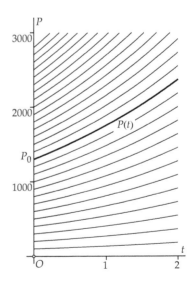

Dieses Modell nennt man das *exponentielle Wachstumsmodell*. Hierin beschreibt P_0 offensichtlich die Populationsgröße zum Zeitpunkt $t = 0$ (Setzen Sie $t = 0$ in der Formel ein).

In der hier neben gezeichneten Figur haben wir den Wachstumsfaktor $\lambda = 0.3$ gewählt. Die dicke Kurve ist der Graph der Funktion $P(t)$, mit dem Anfangswert $P_0 = 1300$. Daneben sind für eine gewisse Anzahl von anderen Werten von P_0 die Graphen mit einer dünnen Kurve gezeichnet.

Der Wert von λ ist durch äußere Umstände (Fruchtbarkeit, Futtermenge usw.) bestimmt. Der Startwert P_0 bestimmt danach die Lösungsfunktion $P(t)$.

In dem hier neben behandelten Beispiel ist das Richtungsfeld der logistischen Differenzialgleichung 23.28

$$dP = \mu(M - P)P\,dt$$

gezeichnet für $M = 4000$ und $\mu = 0.0004$. Die Maßstäbe auf den Achsen sind nicht gleich: eine Einheit auf der t-Achse korrespondiert mit tausend Einheiten auf der P-Achse.

a. Zeigen Sie, dass alle Linienelemente auf einer waagerechten Gerade $P = c$ die gleiche Richtung haben.

b. Berechnen Sie die Steigung eines Linienelementes auf der Gerade $P = 2000$. (Achtung: Weil die Maßstäbe auf den Achsen nicht gleich sind, ist diese Steigung nicht gleich $\frac{dP}{dt}$.)

c. Berechnen Sie ebenfalls die Steigung der Linienelemente auf den Geraden $P = 1000$ und $P = 3000$. Vergleichen Sie die gefundenen Werte mit den Werten, welche Sie mit einem Geodreieck aus der Zeichnung ablesen können.

d. Fertigen Sie eine grobe Skizze des Richtungsfeldes in dem Gebiet der (t, P)-Ebene, für die $P > 4000$ ist, an. Interpretieren Sie diese Skizze in Termen des Wachstumsmodells.

e. Fertigen Sie eine grobe Skizze des Richtungsfeldes in dem Gebiet der (t, P)-Ebene, für die $P > 0$ ist, an.

23.29 Suchen Sie zu jedem Richtungsfeld die dazugehörende Differenzialgleichung. Begründen Sie Ihre Antworten.

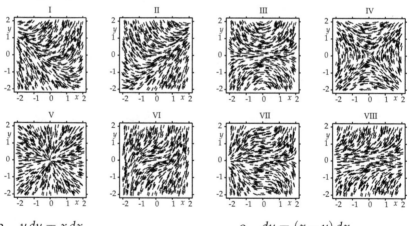

a. $y\,dy = x\,dx$

b. $dy = xy\,dx$

c. $dy = y^2\,dx$

d. $dy = (x^2 + y^2)\,dx$

e. $dy = (x - y)\,dx$

f. $dy = (x + y)\,dx$

g. $dy = x^2 y\,dx$

h. $x\,dy = y\,dx$

Logistisches Wachstum – das Richtungsfeld

Wenn λ positiv ist, so beschreibt die Differenzialgleichung $dP = \lambda P dt$ exponentielles Wachstum. Die Populationsgröße $P(t)$ zum Zeitpunkt t wird in diesem Fall gegeben durch die Formel $P(t) = P_0 e^{\lambda t}$, wobei P_0 die Populationsgröße zum Zeitpunkt $t = 0$ ist.

Für große Werte von t kann ein solches Wachstumsmodell jedoch nicht realistisch sein, denn die e-Potenz wächst immer schneller. Futtermangel und andere Einschränkungen bremsen das Wachstum auf Dauer. Wir suchen nun ein mathematisches Modell, das diese Tatsache berücksichtigt. Die einfachste Lösung bekommen wir, indem λ (der Wachstumsfaktor) nicht mehr konstant ist, sondern von der Populationsgröße P abhängig ist. Wenn P sich einem „Sättigungswert" M nähert, so sollte das Wachstum geringer werden.

Die Funktion $\lambda(P) = \mu(M - P)$ hat diese Eigenschaft, vorausgesetzt die Konstante μ ist positiv. Das auf diese Weise angepasste Modell hat als Differenzialgleichung

$$dP = \mu(M - P)P\, dt$$

Hierbei ist $P = P(t)$ eine (noch unbekannte) Funktion von t. Weiter sind μ und M positive Konstanten, welche von den spezifischen Umständen abhängig sind. Dieses Wachstumsmodell ist unter dem Namen *logistisches Wachstum* bekannt.

Wir wählen als Beispiel $M = 4000$ und $\mu = 0.0004$. Um ein Gefühl für die Lösungsfunktionen $P(t)$ zu bekommen, skizzieren wir das *Richtungsfeld* in diesem Fall mit $0 \le t \le 10$ und $0 \le P \le 4000$.

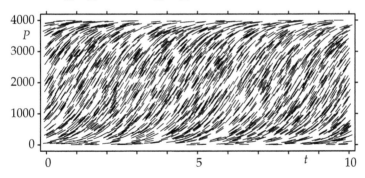

In diesem Gebiet sind 2500 Punkte (t, P) *zufällig* gewählt und in jedem Punkt ist ein kleines Geradenstück (Linienelement) mit Steigung $\frac{dP}{dt} = \mu(M - P)P$ gezeichnet. Genauso wie Eisenspäne die Feldlinien eines magnetischen Feldes sichtbar machen, so macht das Richtungsfeld die Lösungskurven, d.h. die Graphen der Lösungsfunktion $P = P(t)$ der Differenzialgleichung, sichtbar.

23.30   Sei $P(t)$ die Lösung der logistischen Differenzialgleichung

$$dP = \mu(M - P)P\, dt$$

mit $M = 4000$, $\mu = 0.0004$ (genau wie in der Abbildung auf der nächsten Seite) und $P(0) = 2000$.

   a. Berechnen Sie t aus der Gleichung $P(t) = 3000$.

   b. Berechnen Sie t aus der Gleichung $P(t) = 1000$.

   c. Zeigen Sie, dass $P(-t) + P(t) = M$. Was ist die geometrische Bedeutung dieser Gleichung?

23.31   Zeigen Sie, dass für jede Lösungsfunktion $P(t)$ der logistischen Differenzialgleichung gilt, dass $P(t_0 + t) + P(t_0 - t) = M$ ist. Hierbei ist (wie auf der nächsten Seite), t_0 der Zeitpunkt für den gilt, dass $P(t_0) = \frac{1}{2}M$ ist. Erklären Sie, warum der Graph von $P(t)$ zum Punkt $(t_0, \frac{1}{2}M)$ punktsymmetrisch ist.

23.32   In der Herleitung der Formel für die Lösungsfunktionen der logistischen Differenzialgleichung sind die Ungleichungen $0 < P < M$ benutzt worden, d.h. es wurde angenommen, dass die Populationsgröße P positiv und kleiner als der Sättigungswert M ist.

Es sei nun $P > M$. Benutzen Sie die Formel

$$\frac{d}{dP}\left(\ln \frac{P}{P - M}\right) = \frac{M}{(M - P)P},$$

um eine Formel für die Lösungsfunktionen zu finden. Zeigen Sie insbesondere, dass die Lösungsfunktion $P(t)$ mit der Bedingung $P(0) = 2M$ durch die Formel $P(t) = \dfrac{2M}{2 - e^{-\mu Mt}}$ gegeben wird. Berechnen Sie ebenfalls $\lim_{t \to \infty} P(t)$.

23.33   Bestimmen Sie Gleichungen für alle Lösungskurven der nachfolgenden Differenzialgleichungen. Benutzen Sie dabei, genau wie auf der nächsten Seite, die „*Trennung der Variablen*" Methode. Dies bedeutet, dass Sie alle Ausdrücke mit x auf eine Seite und alle Ausdrücke mit y auf die andere Seite bringen.

   a. $y\,dy = x\,dx$

   b. $x\,dy = y\,dx$

   c. $dy = xy\,dx$

   d. $dy = y^2\,dx$

   e. $dy = x^2 y\,dx$

Logistisches Wachstum – Die Lösungsfunktionen

Das Richtungsfeld eines logistischen Wachstumsmodells, das durch die Differenzialgleichung

$$dP = \mu(M - P)P\, dt$$

beschrieben wird, gibt einen guten qualitativen Eindruck des Verhaltens der Lösungskurven. Dennoch ist es in diesem Fall ebenfalls möglich, eine genaue Formel für die Lösungsfunktionen $P = P(t)$ zu bestimmen.

Im ersten Schritt schreiben wir die Differenzialgleichung folgendermaßen:

$$\frac{M}{(M - P)P}\, dP = \mu M\, dt$$

Sie können selbst nachprüfen, dass $\dfrac{d}{dP}\left(\ln\dfrac{P}{M - P}\right) = \dfrac{M}{(M - P)P}$. Wir können die Differenzialgleichung deshalb auch schreiben als

$$d\left(\ln\frac{P}{M - P}\right) = d(\mu M t)$$

Hieraus folgt, dass $\ln\dfrac{P}{M - P} = \mu M t + c$ für eine gewisse Konstante c. Wenn wir jetzt $c = -\mu M t_0$ nehmen und P aus dieser Gleichung auflösen, erhalten wir:

$$P = P(t) = \frac{M e^{\mu M(t - t_0)}}{e^{\mu M(t - t_0)} + 1} = \frac{M}{1 + e^{-\mu M(t - t_0)}}$$

Für $t = t_0$ ist die Populationsgröße gleich $M/2$, die Hälfte des Sättigungswertes M. Der Graph von $P(t)$ ist lang gezogen in der Form eines S. Weiter gilt $\lim_{t \to -\infty} P(t) = 0$ und $\lim_{t \to \infty} P(t) = M$.

Nachfolgend sind einige Lösungskurven gezeichnet, wiederum mit $M = 4000$ und $\mu = 0.0003$, mit dem Richtungsfeld als Hintergrund.

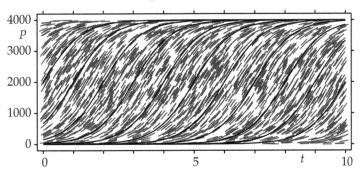

VIII   Hintergrundwissen

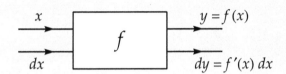

In diesem Teil geben wir – ohne Aufgaben – ergänzendes Hintergrundmaterial zu einigen Themen, die wir in den vorhergehenden Kapiteln behandelt haben. Sie können diese nach Bedarf zu Rate ziehen. Besprochen werden unter anderem die Zahlengerade, die verschiedenen Arten von Intervallen und die Symbole ∞ und $-\infty$. Weiter behandeln wir Koordinatensysteme in der Ebene und im Raum, den Funktionsbegriff, Graphen, Grenzwerte und die Stetigkeit. Schließlich geben wir Beweise für die Rechenregeln zum Differenzieren und für die Ableitungen der Standardfunktionen.

24

Reelle Zahlen und Koordinaten

Die Zahlengerade

Die Menge aller reellen Zahlen bezeichnen wir mit $\mathbb{R}$. Die positiven reellen Zahlen sind die reellen Zahlen, welche größer als 0 sind und die negativen reellen Zahlen sind die, welche kleiner als 0 sind. Der *Betrag* $|r|$ einer reellen Zahl ist gleich r wenn $r \geq 0$ ist und gleich $-r$ wenn $r < 0$ ist.

Wir bekommen ein geometrisches Bild aller reellen Zahlen, indem wir auf einer Geraden zwei Punkte wählen, diese 0 und 1 nennen und nachfolgend alle anderen Zahlen auf übliche Weise eine Stelle auf dieser Geraden zuordnen (siehe hier unten). Hierbei ist gedacht, dass die Gerade nach beiden Seiten unbeschränkt weiter läuft. Auf diese Weise entsteht die *Zahlengerade*, eine Gerade bei der jeder Punkt mit einer reellen Zahl korrespondiert. Neben den ganzen Zahlen

$$\dots, -5, -4, -3, -2, -1,\ 0,\ 1,\ 2,\ 3,\ 4,\ 5, \dots$$

und den nicht-ganzen rationalen Zahlen (Zahlen, die durch Brüche dargestellt werden können) enthält die Zahlengerade ebenfalls die irrationalen Zahlen wie $\sqrt{2}$, e und π.

Die Zahlengerade

Weil wir reelle Zahlen auf diese Weise mit Punkten auf der Zahlengerade identifizieren können, reden wir oft (einigermaßen ungenau) vom „Punkt r" wenn wir eigentlich die „reelle Zahl r" meinen.

Jede reelle Zahl kann als endliche oder unendliche Dezimalbruchentwicklung geschrieben werden. Beispiele:

$$\sqrt{2} = 1.4142135623730950488\dots$$
$$\frac{3}{16} = 0.1875$$
$$\pi = 3.1415926535897932385\dots$$
$$\frac{22}{7} = 3.1428571428571428571\dots$$
$$e = 2.7182818284590452354\dots$$
$$\frac{271801}{99990} = 2.7182818281828182818\dots$$

J. van de Craats, R. Bosch, *Grundwissen Mathematik*, Springer-Lehrbuch,
DOI 10.1007/978-3-642-13501-9_24, © Springer-Verlag Berlin Heidelberg 2010

In diesem Buch arbeiten wir mit dem dezimalen Punkt und nicht mit dem dezimalen Komma. Dies stimmt mit dem überein, was heutzutage in der internationalen wissenschaftlichen und technischen Literatur üblich ist.

Die Akkoladen-Notation für Mengen

Es ist oft bequem, Mengen reeller Zahlen mit der Akkoladen-Notation zu beschreiben. Die Elemente einer solchen Menge (d.h. die Zahlen, die zu dieser Menge gehören) werden dann in ein Paar Akkoladen (geschweifte Klammern) entweder aufgezählt, in Worten oder mit Formeln beschrieben. Beispielsweise ist

$$A = \{1, 2, 3, 4, 5, 6\}$$

die Menge aller Ergebnisse des Wurfes eines Würfels und

$$B = \{x \in \mathbb{R} \mid x > 0\}$$

die Menge aller positiven reellen Zahlen. In der letzten Notation ist die Bedeutung des Symbols $\in$: „ist ein Element von". Links vom senkrechten Strich steht, dass die Menge aus gewissen reellen Zahlen besteht und rechts vom Strich steht, welche Bedingung diese erfüllen sollen. Wir können diese Notation also folgendermaßen lesen: „B ist die Menge aller x aus $\mathbb{R}$, welche die Bedingung $x > 0$ erfüllen".

Intervalle

Unter einem *Intervall* versteht man eine Menge reeller Zahlen, die mit einem zusammenhängendem Teil der Zahlengeraden korrespondiert. Wir unterscheiden folgende Arten von Intervallen (hierbei wird immer angenommen, dass a und b reelle Zahlen sind und $a < b$ ist).

Notation:	Akkoladen-Form:	Name:
$\langle a, b \rangle$	$\{x \in \mathbb{R} \mid a < x < b\}$	beschränktes offenes Intervall
$[a, b]$	$\{x \in \mathbb{R} \mid a \leq x \leq b\}$	beschränktes abgeschlossenes Intervall
$\langle a, b]$	$\{x \in \mathbb{R} \mid a < x \leq b\}$	beschränktes halboffenes Intervall
$[a, b\rangle$	$\{x \in \mathbb{R} \mid a \leq x < b\}$	beschränktes halboffenes Intervall
$[a, \infty\rangle$	$\{x \in \mathbb{R} \mid a \leq x\}$	unbeschränktes Intervall
$\langle a, \infty\rangle$	$\{x \in \mathbb{R} \mid a < x\}$	unbeschränktes offenes Intervall
$\langle -\infty, b]$	$\{x \in \mathbb{R} \mid x \leq b\}$	unbeschränktes Intervall
$\langle -\infty, b\rangle$	$\{x \in \mathbb{R} \mid x < b\}$	unbeschränktes offenes Intervall
$\langle -\infty, \infty\rangle$	$\{$ alle reelle Zahlen $\}$	unbeschränktes offenes Intervall

Die ersten vier Intervalle sind *beschränkte* Intervalle. Ihre Länge ist immer gleich $b - a$. Die anderen Intervalle sind alle unbeschränkt; sie haben „unendliche Länge". Die Symbole ∞ und −∞ (die nicht zu ℝ gehören!) werden als „unendlich" und „minus unendlich" ausgesprochen. Manchmal schreibt man +∞ („plus unendlich") statt ∞.

Unter einer *offenen Umgebung* eines Punktes $r \in \mathbb{R}$ verstehen wir ein offenes Intervall $\langle a, b \rangle$, das r enthält, für das also gilt $a < r < b$.

Mathematik und Realität

Die Zahlengerade ist ein gutes illustratives Beispiel des Spannungsfeldes, welches zwischen der Realität und der Mathematik, die man benutzt um diese Realität zu beschreiben, immer existiert. Mathematik ist immer eine Idealisierung und so gilt dies auch für die Zahlengerade. Trotz seines Namens (*Zahlen*gerade) ist sie ein mathematisches Modell, ein von Menschen erdachtes Idealbild.

In der Realität ist eine Gerade nie 100%-tig gerade und hat auch nie eine unbeschränkte Länge. In Wirklichkeit müssen wir uns mit einem gezeichnetem Strich auf einem Stück Papier, einem Lineal oder einem Maßband mit einer Einteilung in Zentimetern, Inches oder irgendeiner anderen Maßeinheit auseinandersetzen. Auf einem solchen gezeichneten Strich, Lineal oder Maßband gibt es kaum einen Unterschied zwischen π und $22/7$, noch weniger zwischen e und $271801/99990$ (siehe Seite 247).

Dennoch arbeiten die Anwender der Mathematik gerne mit einem idealisierten mathematischen Modell, da sie dann alle Herleitungen, Formeln und Berechnungen im Griff haben; sie sind „exakt". Das Anwenden der Mathematik besteht meistens aus vier Schritten:

1. Wahl eines mathematischen Modells.
2. Durchführung von Herleitungen und Berechnungen in diesem Modell.
3. Interpretation dieser Ergebnisse in der Realität.
4. Prüfung der (näherungsweisen) Übereinstimmung der erhaltenen Ergebnisse mit der Realität.

Die Schritte 1, 3 und 4 gehören zum Arbeitsgebiet des Anwenders. Dieser wird die nötigen Sachkenntnisse und Erfahrungen, sowie Kenntnisse der zur Verfügung stehenden mathematischen Modelle haben müssen. Dieses Buch handelt fast ausschließlich von dem 2. Schritt: Es beschreibt das grundlegende Werkzeug, welches jede Person, die an einer Universität oder Fachhochschule Mathematik benutzt, beherrschen muss.

Koordinaten in der Ebene

In der Ebene können wir wie folgt ein *Koordinatensystem* einführen. Wir wählen einen Punkt O, der Ursprung genannt wird, und zwei Geraden durch O, die

Koordinatenachsen. Dann bringen wir auf beiden Achsen Maßeinheiten an, damit beide zu einer Zahlengeraden werden. Ist P ein beliebiger Punkt in der Ebene, so nehmen wir zwei Geraden durch P, welche parallel zu den Koordinatenachsen sind. Die Koordinaten von P sind dann die reellen Zahlen, die mit den Schnittpunkten dieser Geraden mit den Koordinatenachsen korrespondieren.

Fast immer wählt man die Koordinatenachsen senkrecht zueinander. Man spricht dann von einem *rechtwinkligen* oder *orthogonalen* Koordinatensystem. Meist zeichnet man die erste Gerade waagerecht und weil die zugehörige Koordinate oft mit dem Buchstabe x bezeichnet wird, wird diese Achse dann auch die x-Achse genannt. Die senkrechte Achse heißt dann meist die y-Achse und das Koordinatensystem ein Oxy-Koordinatensystem. Weiter ist es üblich die Maßeinteilungen so zu wählen, dass die x-Koordinate von links nach rechts und die y-Koordinate von unten nach oben wächst. Alle diese Verabredungen sind jedoch nicht festgeschrieben. Manchmal werden für x und y andere Buchstaben benutzt, und manchmal werden auch die Achsen anders gewählt.

Wenn x und y die zwei Koordinaten eines Punktes P sind, bezeichnet man diese als (x,y). Oft schreibt man $P = (x,y)$, hierbei wird also der Punkt P mit seinem Koordinatenpaar identifiziert. Weil die Koordinaten eines jeden Punktes aus zwei reellen Zahlen bestehen, nennt man die Ebene mit einem solchen Koordinatensystem $\mathbb{R}^2$ (sprich: R-zwei). Auch hier handelt es sich um eine mathematische Idealisierung: Man denkt sich die Ebene nach allen Seiten unbeschränkt und man denkt auch, dass zu jedem Paar (x,y) reeller Zahlen ebenfalls genau ein Punkt in dieser idealisierten Ebene gehört.

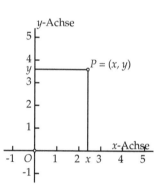

Beim Zeichnen der Graphen von Funktionen ist es in vielen Fällen sinnvoll, die Maßeinheiten auf der x- und y-Achse nicht gleich zu wählen (siehe zum Beispiel den Graphen auf Seite 135). Sind beide Maßeinheiten gleich, spricht man von einem *orthonormalen* oder einem *kartesischen* Koordinatensystem, nach René Descartes (1596-1650), der sich auch Cartesius nannte und einer der Pioniere der Benutzung von Koordinaten in der Geometrie war.

Bei einem orthonormalen Koordinatensystem wird der Abstand $d(P_1, P_2)$ zwischen den Punkten P_1 und P_2 mit Koordinaten (x_1, y_1) bzw. (x_2, y_2) nach dem Satz des Pythagoras durch $d(P_1, P_2) = \sqrt{(x_1 - x_2)^2 + (y_1 - y_2)^2}$ gegeben.

Der Satz des Pythagoras

Der Grieche Pythagoras lebte ca. 500 v. Chr., zunächst auf Samos und später in Süditalien. Der nach ihm benannte Satz ist dennoch bereits viel früher entdeckt und bewiesen worden. In Mesopotamien (dem heutigen Irak) wurden Tontafeln aus der Zeit ca. 1800 v. Chr. gefunden, auf denen der Satz des Pythagoras erwähnt ist.

Satz des Pythagoras: In einem rechtwinkligen Dreieck mit Katheten a und b und Hypotenuse c gilt $a^2 + b^2 = c^2$.

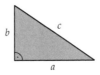

Beweis: Wir zeichnen acht Exemplare (vier weiße und vier graue) des angebenen Dreiecks in ein Quadrat mit den Seiten $a + b$, auf die unten angegebene Weise. Das kleine Quadrat in der Mitte färben wir ebenfalls grau. Es entsteht dann ein schräg gezeichnetes graues Quadrat mit Seitenlänge c (siehe die linke Figur), das somit den Flächeninhalt c^2 hat.

Dann vertauschen wir (siehe die mittlere Figur) nachfolgend die grauen Dreiecke, die links und rechts oben stehen, mit den weißen Dreiecken links und rechts unten. Die daraus resultierende graue Figur besteht aus zwei Quadraten neben einander: Ein Quadrat mit der Seitenlänge b und ein Quadrat mit der Seitenlänge a (siehe die rechte Figur). Hieraus folgt, dass c^2, der Flächeninhalt der grauen Fläche links, gleich $a^2 + b^2$ ist, dem Flächeninhalt der grauen Fläche rechts. Hiermit ist der Satz bewiesen.

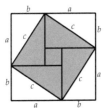 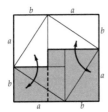 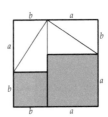

In vielen alten Texten wird der Satz des Pythagoras folgendermaßen formuliert:

Satz des Pythagoras (Rechtecksvariante): In einem Rechteck mit Seiten a und b und Diagonale c gilt $a^2 + b^2 = c^2$.

Im Raum gilt eine ähnliche Aussage:

Satz des Pythagoras (dreidimensional): In einem Quader mit Seiten a, b, c und Diagonale d gilt $a^2 + b^2 + c^2 = d^2$.

Der Beweis des Satzes des Pythagoras in dreidimensionaler Form erfolgt durch zweimalige Anwendung des gewöhnlichen Satzes des Pythagoras. Zunächst wenden wir diesen auf der senkrechten Diagonalebene, welche durch eine Kante c und die Diagonale d geht, an. Hier entsteht ein Rechteck mit der Diagonalen d. Wenn e die waagerechte Seite dieses Rechtecks ist, so gilt $d^2 = e^2 + c^2$, während für e selbst gilt: $e^2 = a^2 + b^2$. Wenn wir diese beiden Ergebnisse zusammenfügen, folgt $d^2 = a^2 + b^2 + c^2$, was zu zeigen war.

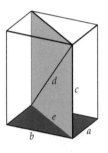

Koordinaten im Raum

Im Raum können wir folgendermaßen ein Koordinatensystem einführen. Wählen wir einen Punkt O, *Ursprung* genannt und drei Geraden durch O, die nicht in einer Ebene liegen, die sogenannten *Koordinatenachsen*. Wir bringen auf diesen drei Achsen Maßeinheiten an, damit drei Zahlengeraden entstehen. Je zwei Achsen bestimmen eine Ebene durch 0. Es gibt drei solcher Ebenen, die *Koordinatenebenen*.

Wenn nun P ein beliebiger Punkt im Raum ist, so nehmen wir drei Ebenen durch P, die parallel zu den Koordinatenebenen sind. Die Koordinaten von P sind dann die reellen Zahlen, die mit den Schnittpunkten der Ebenen mit den Koordinatenachsen korrespondieren. Den Raum, versehen mit einem solchen Koordinatensystem, nennt man $\mathbb{R}^3$ (sprich: R-drei).

Fast immer wählt man die Koordinatenachsen senkrecht zueinander. Man spricht dann von einem *rechtwinkligen* oder *orthogonalen* Koordinatensystem. Meist zeichnet man die ersten zwei Achsen waagerecht. Weil die dazugehörenden Koordinaten oft mit den Buchstaben x und y bezeichnet werden, werden diese Achsen oft die x-Achse und die y-Achse genannt. Die senkrechte Achse nennt man meist die z-Achse und das Koordinatensystem ein *Oxyz*-Koordinatensystem. Sind die Maßstäbe auf den drei Koordinatenachsen gleich, so spricht man von einem *orthonormalen* oder einem *kartesischen* Koordinatensystem.

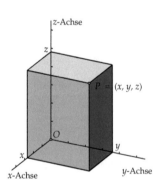

Bei einem orthonormalen Koordinatensystem im Raum wird der Abstand zwischen den Punkten P_1 und P_2 mit Koordinaten (x_1, y_1, z_1) bzw. (x_2, y_2, z_2) nach der dreidimensionalen Form des Satzes des Pythagoras gegeben durch

$$d(P_1, P_2) = \sqrt{(x_1 - x_2)^2 + (y_1 - y_2)^2 + (z_1 - z_2)^2}$$

25

Funktionen, Grenzwerte und Stetigkeit

Funktionen, Definitionsbereich und Bildmenge

Man versteht unter einer *Funktion von* $\mathbb{R}$ *nach* $\mathbb{R}$ eine Vorschrift, die in eindeutiger Weise reelle Zahlen in andere reelle Zahlen umsetzt. Dies kann mit Hilfe einer Formel, einer Beschreibung in Worten oder auf irgendeine andere Weise geschehen. Ein gutes Bild einer Funktion gibt das nachfolgende *Input-Output-Modell*. Dieses ist eine Art „Black Box", die als Eingabe reelle Zahlen akzeptiert und bei jeder akzeptierten Eingabe eine reelle Zahl als Ausgabe gibt.

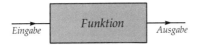

Die Eingabe wird oft mit einem Buchstaben z.B. x, gekennzeichnet, die zugehörige Ausgabe mit einem anderen Buchstaben z.B. y. Um anzudeuten, dass y die Ausgabe ist, die zu x gehört, schreibt man $y = f(x)$. Hierbei ist f das *Funktionszeichen*, welches für den Vorgang in der Black Box steht.

Anstelle des Buchstabens f können wir natürlich auch jeden anderen Buchstaben oder jedes andere Symbol benutzen. Denken Sie z.B. an die Quadratwurzel, die durch $y = \sqrt{x}$ gegeben wird. Als Eingabe kann jede reelle Zahl $x \geq 0$ genommen werden; die dazu gehörende Ausgabe y ist dann die Wurzel von x. Natürlich dürfen für die Buchstaben x und y auch andere Buchstaben genommen werden, solange diese nicht anderweitig in einer anderen Bedeutung benutzt werden.

In vielen Fällen sind nicht alle reellen Zahlen als Eingabe erlaubt; bei der Wurzelfunktion muß man sich auf Zahlen, die größer oder gleich Null sind, beschränken. Im Allgemeinen nennt man die Menge aller reellen Zahlen, die als Eingabe akzeptabel sind, den *Definitionsbereich* der Funktion. Die Menge aller reellen Zahlen, die als Ausgabe auftreten, nennen wir die *Bildmenge* oder das *Bild* der Funktion. Beispiele:

Funktion:	*Definitionsbereich:*	*Bildmenge:*
$f(x) = \sqrt{x}$	$[0, \infty\rangle$	$[0, \infty\rangle$
$f(x) = x^2$	$\mathbb{R}$	$[0, \infty\rangle$
$f(x) = \sin x$	$\mathbb{R}$	$[-1, 1]$
$f(x) = \ln x$	$\langle 0, \infty\rangle$	$\mathbb{R}$

Für die Notation von Funktionen gibt es verschiedene Möglichkeiten. Am deutlichsten ist die Pfeil-Notation, die für die Wurzelfunktion folgendermaßen aussieht:

$$f: x \longrightarrow y = \sqrt{x}$$

Hierbei steht links des Doppelpunktes das Funktionssymbol f, links vom Pfeil die Eingabevariable x und rechts vom Pfeil die Formel, die angibt, wie aus der Eingabevariable die Ausgabevariable y berechnet wird. In der höheren Mathematik ist diese Notation allgemein gebräuchlich, aber in den Anwendungen wird meist die kürzere Form $y = \sqrt{x}$ oder $f(x) = \sqrt{x}$ benutzt. In diesem Buch benutzen auch wir meist die letztere Form, also $f(x) = \sqrt{x}$. Nachteilig ist, dass diese wie eine Gleichung aussieht, obwohl es sich in Wirklichkeit um eine Funktionsvorschrift handelt. Bei der Pfeil-Notation ist Letzteres unmittelbar klar. In Computeralgebrasystemen darf diese Verwechslung nicht auftreten. Aus diesem Grund muss dort für Funktionen immer eine Pfeil-Notation oder eine ähnliche Notation benutzt werden.

Bemerken Sie, dass ein Unterschied zwischen einer Funktionsvorschrift, wie $f(x) = x^3$, und dem dazugehörenden Graphen existiert. Der Graph einer Funktion ist eine Kurve in $\mathbb{R}^2$. Sie ist die Kurve, welche als Menge geschrieben werden kann als:

$$\{(x,y) \in \mathbb{R}^2 \mid y = x^3\}$$

Oft wird dies abgekürzt zu: „Die Kurve $y = x^3$". (Auch in diesem Buch machen wir dies.) In der Praxis geht aus dem Kontext klar hervor was gemeint ist: eine Funktionsvorschrift oder ein Graph.

Umkehrbare Funktionen

Wenn f eine Funktion mit dem Definionsbereich D_f und der Bildmenge B_f ist, gehört zu jedem $x \in D_f$ genau ein Wert $y = f(x) \in B_f$. Der Wert y kann jedoch für mehr als ein x auftreten. Man denke z.B. an die Funktion $f(x) = x^2$, die sowohl für $x = 2$ als für $x = -2$ den Wert $y = 4$ liefert.

Wenn die Situation auftritt, dass zu jedem $y \in B_f$ nur *ein* $x \in D_f$ gehört, nennt man die Funktion f *umkehrbar* oder *invertierbar*. Neben f ist dann auch die *Umkehrfunktion* f^{-1} mit dem Definitionsbereich B_f und der Bildmenge D_f definiert, die sozusagen Eingabe- und Ausgabevariablen vertauscht, also

$$y = f(x) \qquad \Longleftrightarrow \qquad x = f^{-1}(y)$$

Selbstverständlich gilt $f^{-1}(f(x)) = x$ für alle $x \in D_f$ und $f(f^{-1}(y)) = y$ für alle $y \in B_f$.

Wenn wir bei der Umkehrfunktion f^{-1} die Eingabevariable erneut x und die Ausgabevariable erneut y nennen, so erhalten wir die Funktion $y = f^{-1}(x)$.

Den Graphen der Funktion $y = f^{-1}(x)$ erhalten wir aus dem von $y = f(x)$ durch Spiegelung an der Geraden $y = x$. Beispiele von umkehrbaren Funktionen sind in den Kapiteln 17 und 18 zu finden.

Symmetrie

Eine ebene Figur nennt man *achsensymmetrisch* zur Geraden ℓ, wenn die Spiegelung der Figur an der Geraden ℓ diese als Ganzes in sich selbst überführt. Eine ebene Figur nennt man *punktsymmetrisch* zum Punkt P, wenn die Punktspiegelung an P die Figur als Ganzes in sich selbst überführt.

Der Graph einer Funktion $y = f(x)$ ist achsensymmetrisch zur senkrechten Geraden $x = c$, wenn $f(c - x) = f(c + x)$ für jedes x ist. Der Graph einer Funktion $y = f(x)$ ist punktsymmetrisch zum Punkt $P = (p, q)$, wenn $f(p + x) - q = q - f(p - x)$ für jedes x ist. So ist zum Beispiel der Graph der Funktion $f(x) = \sin(x)$ achsensymmetrisch zu jeder senkrechten Geraden $x = \frac{\pi}{2} + k\pi$ und punktsymmetrisch zu jedem Punkt $(k\pi, 0)$ (k eine ganze Zahl). Der Graph von $f(x) = \cos(x)$ ist achsensymmetrisch zu jeder senkrechten Geraden $x = k\pi$ und punktsymmetrisch zu jedem Punkt $(\frac{\pi}{2} + k\pi, 0)$.

Eine Funktion, deren Graph achsensymmetrisch zur y-Achse ist nennt man *gerade*, eine Funktion deren Graph punktsymmetrisch zum Ursprung ist, nennt man *ungerade*. So ist z.B. $f(x) = x^n$ eine gerade Funktion, wenn n gerade ist und eine ungerade Funktion, wenn n ungerade ist. Weiterhin ist $f(x) = \cos x$ eine gerade Funktion und $f(x) = \sin x$ eine ungerade Funktion.

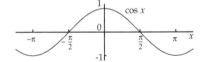 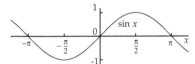

Periodizität

Eine Funktion f nennt man *periodisch*, falls eine Zahl $p > 0$ existiert, so dass $f(x + p) = f(x)$ für jedes x gilt. Die Zahl p nennt man in diesem Fall eine *Periode* der Funktion. Für jede positive ganze Zahl k ist kp ebenfalls eine Periode. Wenn es eine kleinste positive Periode gibt, nennt man diese „die" Periode der Funktion. Eine solche kleinste Periode braucht übrigens nicht zu existieren: Jede konstante Funktion ist periodisch mit Periode p für jedes $p > 0$. Dies ist jedoch ein banales Beispiel.

Interessanter sind die Funktionen $f(x) = \sin x$ und $f(x) = \cos x$, die beide 2π als kleinste Periode haben. Beachten Sie aber, dass die Funktion $\tan x = \frac{\sin(x)}{\cos(x)}$

die Zahl π als kleinste Periode hat und nicht 2π, denn für jedes x gilt:

$$\tan(x + \pi) = \frac{\sin(x + \pi)}{\cos(x + \pi)} = \frac{-\sin x}{-\cos x} = \frac{\sin x}{\cos x} = \tan x$$

Grenzwerte

Auf Seite 69 haben wir genau formuliert, was unter dem Grenzwert einer Folge reeller Zahlen $a_1, a_2, a_3, \cdots$ zu verstehen ist. Wir haben dabei einen Unterschied zwischen den Fällen $\lim_{n\to\infty} a_n = L$ mit $L \in \mathbb{R}$, $\lim_{n\to\infty} a_n = \infty$ und $\lim_{n\to\infty} a_n = -\infty$ gemacht. Nachfolgend wiederholen wir diese Übersicht:

„lim"-Notation:	Pfeil-Notation:	Beschreibung:
$\lim\limits_{n\to\infty} a_n = L$	$a_n \to L$ wenn $n \to \infty$	Zu jeder positiven Zahl p (wie klein p auch ist) gibt es eine Zahl a_N in der Folge, so dass für alle $n > N$ die Zahlen a_n die Ungleichung $|a_n - L| < p$ erfüllen.
$\lim\limits_{n\to\infty} a_n = \infty$	$a_n \to \infty$ wenn $n \to \infty$	Zu jeder positiven Zahl P (wie groß P auch ist) gibt es eine Zahl a_N in der Folge, so dass für alle $n > N$ die Zahlen a_n die Ungleichung $a_n > P$ erfüllen.
$\lim\limits_{n\to\infty} a_n = -\infty$	$a_n \to -\infty$ wenn $n \to \infty$	Dieses bedeutet einfach, dass $\lim\limits_{n\to\infty}(-a_n) = \infty$.

Grenzwerte von Funktionen haben wir auf eine etwas intuitivere Art behandelt, z.B. auf Seite 153 und auf Seite 161. Auf Seite 153 haben wir gezeigt, dass $\lim\limits_{x\to 0} \frac{\sin(x)}{x} = 1$ und auf Seite 161 haben wir im Zusammenhang mit der Definition der Zahl e gezeigt, dass $\lim\limits_{x\to 0} \frac{e^x - 1}{x} = 1$. Auch bei der Definition der Ableitung einer Funktion in einem Punkt a müssen wir mit Grenzwerten von Funktionen arbeiten.

Eine etwas vage, intuitive Definition von $\lim_{x\to a} f(x) = L$ ist: „Wenn x sich immer besser a annähert, so nähert sich $f(x)$ immer besser L an". Unter Zuhilfenahme von Grenzwerten von Folgen können wir diese Aussage präzisieren. Die Idee ist folgendermaßen: Wenn ein solcher Grenzwert existiert und $a_1, a_2, a_3, \ldots$ eine Folge aus dem Definitionsbereich von f ist mit $a_n \neq a$ für alle n und $\lim_{n\to\infty} a_n = a$, dann gilt auch $\lim_{n\to\infty} f(a_n) = L$.

Um eine genaue Definition des Grenzwertbegriffes für Funktionen zu erhalten, drehen wir den Spieß um. Wir sagen, dass $\lim_{x \to a} f(x) = L$, wenn für *jede* Folge $a_1, a_2, a_3, \ldots$ in dem Definitionsbereich von f mit $a_n \neq a$ für jedes n und $\lim_{n \to \infty} a_n = a$ gilt, dass $\lim_{n \to \infty} f(a_n) = L$. Wir führen die Definition also zurück auf den Grenzwertbegriff für Folgen, den wir schon behandelt haben. Beachten Sie das Wort *jede*, was kursiv geschrieben wurde. Der Grenzwert $\lim_{n \to \infty} f(a_n) = L$ muss für *jede* Folge mit $\lim_{n \to \infty} a_n = a$ und $a_n \neq a$ für alle n gültig sein.

Übrigens fordern wir, dass alle a_n ungleich a sein müssen, selbst wenn a im Definitionsbereich von f liegt, weil $f(a)$ in diesem Fall ungleich dem Grenzwert L sein kann. Der Wert von f in a hat überhaupt keinen Einfluss auf den Grenzwert von $f(x)$ für $x \to a$, soweit dieser existiert. Im weiteren Verlauf werden wir die Stetigkeit in a definieren durch die Forderung, dass $\lim_{x \to a} f(x) = f(a)$.

Zunächst geben wir die formalen Definitionen verschiedener Arten von Grenzwerten von Funktionen. Angenommen, f ist eine Funktion, die auf einer offenen Umgebung des Punktes a definiert ist, außer vielleicht in a selbst. (Denken Sie zum Beispiel an die Funktion $f(x) = \dfrac{\sin(x)}{x}$, die für $x = 0$ nicht definiert ist.) Sei L eine reelle Zahl.

Definition: $\lim_{x \to a} f(x) = L$ bedeutet: Für jede Folge $a_1, a_2, a_3, \ldots$ im Definitionsbereich von f mit $a_n \neq a$ für alle n und $a_n \to a$, gilt $f(a_n) \to L$.

Auf ähnliche Weise:

Definition: $\lim_{x \to a} f(x) = \infty$ bedeutet: Für jede Folge $a_1, a_2, a_3, \ldots$ im Definitionsbereich von f mit $a_n \neq a$ für alle n und $a_n \to a$, gilt $f(a_n) \to \infty$.

Definition: $\lim_{x \to a} f(x) = -\infty$ bedeutet: Für jede Folge $a_1, a_2, a_3, \ldots$ im Definitionsbereich von f mit $a_n \neq a$ für alle n und $a_n \to a$, gilt $f(a_n) \to -\infty$.

In den beiden letzten Fällen hat der Graph von f für $x = a$ eine senkrechte Asymptote. Einseitige Grenzwerte werden genauso definiert:

Definition: $\lim_{x \uparrow a} f(x) = L$ bedeutet: Für jede Folge $a_1, a_2, a_3, \ldots$ im Definitionsbereich von f mit $a_n < a$ für alle n und $a_n \to a$, gilt $f(a_n) \to L$.

Definition: $\lim_{x \downarrow a} f(x) = L$ bedeutet: Für jede Folge $a_1, a_2, a_3, \ldots$ im Definitionsbereich von f mit $a_n > a$ für alle n und $a_n \to a$, gilt $f(a_n) \to L$.

Bemerken Sie, dass es für rechtsseitige Grenzwerte $\lim_{x \downarrow a} f(x)$ ausreicht, wenn der Definitionsbereich lediglich ein offenes Intervall der Form (a, b) umfasst. Eine ähnliche Bemerkung gilt für linksseitige Grenzwerte.

Auf ähnliche Weise definieren wir die Begriffe $\lim_{x \uparrow a} f(x) = \infty$, $\lim_{x \downarrow a} f(x) = \infty$, $\lim_{x \uparrow a} f(x) = -\infty$, und $\lim_{x \downarrow a} f(x) = -\infty$. Auch hier gibt es eine senkrechte Asymptote bei $x = a$.

Die Möglichkeiten sind hiermit noch nicht erschöpft. Auch der Punkt a kann im „Unendlichen" liegen. Wir geben lediglich ein Beispiel, weitere Möglichkeiten überlassen wir dem Leser.

Definition: $\lim_{x \to \infty} f(x) = L$ bedeutet: Für jede Folge $a_1, a_2, a_3, \ldots$ im Definitionsbereich von f mit $a_n \to \infty$ gilt $f(a_n) \to L$.

Der Graph von f hat in diesem Fall eine waagerechte Asymptote mit der Gleichung $y = L$. Verschiedene Beispiele von Grenzwerten und Aufgaben über Grenzwerte finden Sie in den Kapiteln 17 und 18.

Stetigkeit

Was soll die Aussage, dass eine Funktion stetig in einem Punkt a aus ihrem Definitionsbereich ist, bedeuten? Die Funktionswerte $f(x)$ für x ganz nah bei a sollten kaum von dem Wert $f(a)$ abweichen und zwar immer geringer, wenn x näher bei a liegt. Dies können wir mit Hilfe eines Grenzwertes genau formulieren:

Definition: Die Funktion $f(x)$ nennt man *stetig in a*, wenn a im Definitionsbereich von f liegt und $\lim_{x \to a} f(x) = f(a)$.

Definition: Die Funktion $f(x)$ nennt man *linksseitig stetig in a*, wenn a in Definitionsbereich von f liegt und $\lim_{x \uparrow a} f(x) = f(a)$.

Definition: Die Funktion $f(x)$ nennt man *rechtsseitig stetig in a*, wenn a in Definitionsbereich von f liegt und $\lim_{x \downarrow a} f(x) = f(a)$.

Definition: Eine Funktion f nennt man *stetig auf dem Intervall I*, wenn I Teil des Definitionsbereichs von f ist und f stetig ist in jedem Punkt von I. Ist ein solcher Punkt ein Randpunkt von I (z.B. der Punkt a, wenn $I = [a, b]$), so fordern wir nur, dass f in diesem Punkt linksseitig bzw. rechtsseitig stetig ist, abhängig davon ob der Randpunkt rechts bzw. links liegt.

Nahezu alle durch „gewöhnliche" Formeln und Symbole definierten Funktionen sind stetig auf allen Intervallen in ihrem Definitionsbereich. Es würde an dieser Stelle zu weit führen diese Aussage zu präzisieren und zu beweisen. Als Faustregel gilt: Eine Funktion ist stetig auf einem Intervall, wenn man den Graphen dieser Funktion auf diesem Intervall zeichnen kann ohne den Bleistift vom Papier zu nehmen. Manchmal muss man dabei dennoch aufpassen; betrachten Sie dazu die Funktionen, die in den Aufgaben 20.46 und 20.49 (Seite 186 und 188) behandelt wurden.

Beispiele:

- Die Funktion $f(x) = \dfrac{1}{x}$ ist stetig auf den beiden Intervallen $\langle -\infty, 0 \rangle$ und $\langle 0, \infty \rangle$, welche zusammen den Definitionsbereich von f bilden.
- Die Funktion $f(x) = \tan(x)$ ist stetig auf jedem Intervall $\langle \frac{k-1}{2}\pi, \frac{k+1}{2}\pi \rangle$, wobei k eine ganze Zahl ist.
- Die Funktion $f(x) = \sqrt{x}$ ist stetig auf $[0, \infty\rangle$.
- Die Funktion f, die definiert wird durch $f(x) = 0$, wenn x eine rationale Zahl ist und $f(x) = 1$, wenn x eine irrationale Zahl, ist in keinem Punkt stetig, weil jedes Intervall sowohl rationale als auch irrationale Punkte enthält.
- Die Funktion

$$f(x) = \begin{cases} \dfrac{\sin x}{x} & \text{wenn } x \neq 0 \\ 1 & \text{wenn } x = 0 \end{cases}$$

ist stetig im Punkt 0, da $\lim\limits_{x \to 0} \dfrac{\sin x}{x} = 1$. In allen anderen Punkten ist f ebenfalls stetig, somit ist f stetig auf dem ganzen $\mathbb{R}$.

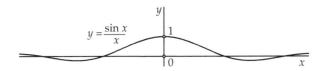

$y = \dfrac{\sin x}{x}$

- Die *Gaußklammer* $f(x) = \lfloor x \rfloor$ ist definiert durch: $\lfloor x \rfloor$ ist die größte ganze Zahl, welche kleiner oder gleich x ist. So ist z.B. $\lfloor \pi \rfloor = 3$, $\lfloor 3 \rfloor = 3$, $\lfloor -\sqrt{2} \rfloor = -2$. Diese Funktion ist nicht stetig in jeder ganzen Zahl, jedoch stetig in allen anderen Punkten. Bei einer ganzen Zahl ist die Funktion rechtsseitig stetig, aber nicht linksseitig stetig. So ist z.B. $\lim_{x \downarrow 3} \lfloor x \rfloor = 3 = \lfloor 3 \rfloor$ aber $\lim_{x \uparrow 3} \lfloor x \rfloor = 2 \neq \lfloor 3 \rfloor$.

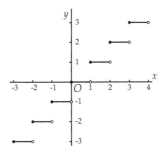

Bemerkung 1: Die Gaußklammer wird manchmal auch *Entier-Klammer* genannt, nach dem französischen Wort *entier*, was *ganz* bedeutet.

Bemerkung 2: Das Abrunden einer reellen Zahl auf eine vorgegebene Anzahl von Nachkommastellen kann mit Hilfe der Gaußklammer genau definiert werden. So ist die Zahl $\pi = 3.1415926\ldots$ auf 3 Nachkommastellen abgerundet gleich

$$\frac{\lfloor 1000\pi + 0.5 \rfloor}{1000} = \frac{\lfloor 3141.5926\ldots + 0.5 \rfloor}{1000} = \frac{3142}{1000} = 3.142$$

Die allgemeine Formel für das Abrunden der Zahl r auf n Nachkommastellen lautet $\dfrac{\lfloor 10^n r + 0.5 \rfloor}{10^n}$.

26

Skalarprodukt und Cosinussatz

In Kapitel 13 auf Seite 103 haben wir das Skalarprodukt $\langle \mathbf{a}, \mathbf{b} \rangle$ zweier Vektoren in der Ebene $\mathbf{a} = \begin{pmatrix} a_1 \\ a_2 \end{pmatrix}$ und $\mathbf{b} = \begin{pmatrix} b_1 \\ b_2 \end{pmatrix}$ wie folgt definiert:

$$\langle \mathbf{a}, \mathbf{b} \rangle = a_1 b_1 + a_2 b_2$$

Wir haben erwähnt, dass

$$\langle \mathbf{a}, \mathbf{b} \rangle = |\mathbf{a}| |\mathbf{b}| \cos \varphi$$

bewiesen werden kann, wobei φ der Winkel zwischen den zwei Vektoren ist. Wir liefern nachfolgend einen Beweis.

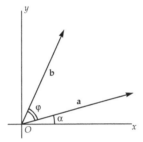

Angenommen, α ist der Winkel zwischen dem Vektor $\mathbf{a}$ und der positiven x-Achse. Dann gilt $a_1 = |\mathbf{a}| \cos \alpha$ und $a_2 = |\mathbf{a}| \sin \alpha$. (Denken Sie hierbei an Polarkoordinaten.) Der Winkel zwischen dem Vektor $\mathbf{b}$ und der positiven x-Achse ist dann gleich $\alpha + \varphi$. Es gilt deshalb $b_1 = |\mathbf{b}| \cos(\alpha + \varphi)$ und $b_2 = |\mathbf{b}| \sin(\alpha + \varphi)$. Hieraus folgt

$$\langle \mathbf{a}, \mathbf{b} \rangle = a_1 b_1 + a_2 b_2 = |\mathbf{a}| |\mathbf{b}| \left(\cos \alpha \cos(\alpha + \varphi) + \sin \alpha \sin(\alpha + \varphi) \right)$$

Nach einer der trigonometrischen Formeln ist der Ausdruck zwischen den Klammern an der rechten Seite gleich $\cos(\alpha - (\alpha + \varphi)) = \cos(-\varphi) = \cos \varphi$, was zu zeigen war.

Exponentialfunktionen und Logarithmen

In Kapitel 18 auf Seite 159 haben wir bereits bemerkt, dass Eigenschaften der logarithmischen Funktionen aus entsprechenden Eigenschaften der Exponentialfunktionen hergeleitet werden können. Wir geben hier die entsprechenden

J. van de Craats, R. Bosch, *Grundwissen Mathematik*, Springer-Lehrbuch, DOI 10.1007/978-3-642-13501-9_26, © Springer-Verlag Berlin Heidelberg 2010

Herleitungen.

Die grundlegende Tatsache ist jeweils:

$$q = a^p \quad \Longleftrightarrow \quad p = {}^a\!\log q$$

(Wir schreiben hier p und q, da wir nachfolgend x und y in einer anderen Bedeutung benutzen werden.)

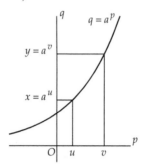

Angenommen, $a > 0$ und $a \neq 1$. Wenn $x = a^u$ und $y = a^v$, so ist $u = {}^a\!\log x$ und $v = {}^a\!\log y$. Nach den Rechenregeln für Exponentialfunktionen, siehe Seite 157, gilt $xy = a^u a^v = a^{u+v}$, also ${}^a\!\log(xy) = u + v = {}^a\!\log x + {}^a\!\log y$. Auf die gleiche Weise gilt $x/y = a^u/a^v = a^{u-v}$, also ${}^a\!\log(x/y) = u - v = {}^a\!\log x - {}^a\!\log y$.

Nach einer weiteren Regel für Exponentialfunktionen gilt $(a^u)^p = a^{up}$, also folgt mit $x = a^u$:

$${}^a\!\log(x^p) = {}^a\!\log\left((a^u)^p\right) = {}^a\!\log\left(a^{up}\right) = up = pu = p \cdot {}^a\!\log x.$$

Aus den Formeln $a^{{}^a\!\log x} = x$ und $p\,{}^b\!\log a = {}^b\!\log a^p$ folgt mit $p = {}^a\!\log x$

$${}^a\!\log x \; {}^b\!\log a = {}^b\!\log\left(a^{{}^a\!\log x}\right) = {}^b\!\log x.$$

Wenn wir dies in der Form

$${}^a\!\log x = \frac{{}^b\!\log x}{{}^b\!\log a}$$

schreiben, können wir hiermit Logarithmen mit der Grundzahl b umrechnen in Logarithmen mit der Grundzahl a. Hiermit haben wir alle Formeln der Seite 159 bewiesen.

Rechenregeln für Ableitungen

Die Ableitung $f'(x)$ einer Funktion $y = f(x)$ im Punkt x ist wie folgt definiert:

$$f'(x) = \lim_{dx \to 0} \frac{f(x + dx) - f(x)}{dx},$$

vorausgesetzt dieser Grenzwert existiert und ist endlich. Auf Seite 179 sind einige Rechenregeln und Ableitungen der Standardfunktionen aufgelistet. Wir schreiben diese Rechenregeln nochmals auf:

$$
\begin{aligned}
(c\,f(x))' &= c\,f'(x) \quad \text{für jede Konstante } c \\
(f(x)+g(x))' &= f'(x)+g'(x) \\
(f(g(x)))' &= f'(g(x))g'(x) \quad \text{(Kettenregel)} \\
(f(x)g(x))' &= f'(x)g(x)+f(x)g'(x) \quad \text{(Produktregel)} \\
\left(\frac{f(x)}{g(x)}\right)' &= \frac{f'(x)g(x)-f(x)g'(x)}{(g(x))^2} \quad \text{(Quotientenregel)}
\end{aligned}
$$

Die ersten zwei Regeln folgen unmittelbar aus der Definition des Grenzwertes. In diesem Abschnitt erläutern wir die Gültigkeit der Produkt- und Quotientenregel.

Einen Beweis der Produktregel geben wir anhand der Definition der Ableitung mittels eines Grenzwertes:

$$
\begin{aligned}
(f(x)g(x))' &= \lim_{dx\to 0} \frac{f(x+dx)g(x+dx)-f(x)g(x)}{dx} \\
&= \lim_{dx\to 0} \frac{f(x+dx)g(x+dx)-f(x+dx)g(x)+f(x+dx)g(x)-f(x)g(x)}{dx} \\
&= \lim_{dx\to 0} \left(f(x+dx)\frac{g(x+dx)-g(x)}{dx} + g(x)\frac{f(x+dx)-f(x)}{dx} \right) \\
&= f(x)g'(x)+g(x)f'(x)
\end{aligned}
$$

Für einen Beweis der Quotientenregel bestimmen wir zunächst die Ableitung von $\frac{1}{g(x)}$.

$$
\begin{aligned}
\left(\frac{1}{g(x)}\right)' &= \lim_{dx\to 0} \frac{\frac{1}{g(x+dx)}-\frac{1}{g(x)}}{dx} \\
&= \lim_{dx\to 0} \frac{g(x)-g(x+dx)}{g(x+dx)g(x)dx} \\
&= \lim_{dx\to 0} \left(\frac{1}{g(x+dx)g(x)} \frac{g(x)-g(x+dx)}{dx} \right) \\
&= \frac{-g'(x)}{(g(x))^2}
\end{aligned}
$$

Der Beweis der Quotientenregel wird vervollständigt, indem wir $\frac{f(x)}{g(x)}$ schreiben als $f(x)\frac{1}{g(x)}$ und unsere Kenntnisse über die Ableitung von $\frac{1}{g(x)}$ mit der Produktregel kombinieren:

$$\left(\frac{f(x)}{g(x)}\right)' = \left(f(x)\frac{1}{g(x)}\right)' = f'(x)\frac{1}{g(x)} + f(x)\frac{-g'(x)}{(g(x))^2} = \frac{f'(x)g(x) - f(x)g'(x)}{(g(x))^2}$$

Differenziale und Kettenregel

In Kapitel 21 haben wir auf Seite 193 das Differenzial dy einer differenzierbaren Funktion $y = f(x)$ im Punkt x bei einer Zunahme dx definiert durch $dy = f'(x)\,dx$. Wir können für eine solche Funktion und das zugehörende Differenzial das nachfolgende *Black Box*-Modell verwenden:

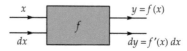

Als *Eingabe* agieren x und dx, als *Ausgabe* y und dy.

Eine zusammengesetzte Funktion $h(x) = f(g(x))$ können wir als die nacheinander Ausführung der Funktionen $y = g(x)$ und $z = f(y)$ betrachten. Auch die zugehörigen Black Boxen können wir nacheinander ausführen, wobei die Ausgabe der g–Box als Eingabe der f–Box genommen wird. Die Eingabe der zusammengesetzten Box ist das Paar x, dx, und die Ausgabe ist $z = h(x)$, $dz = h'(x)\,dx$.

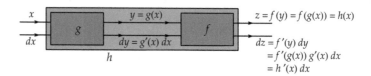

Das Innere der h-Box zeigt, dass $dz = f'(y)\,dy = f'(g(x))\,g'(x)\,dx$, da $y = g(x)$ und $dy = g'(x)\,dx$ ist. Da auch $dz = h'(x)\,dx$, folgt hieraus $h'(x) = f'(g(x))\,g'(x)$, womit die Kettenregel bewiesen ist.

Ableitung der Standardfunktionen

Wir beweisen jetzt die Formeln für die Ableitungen der Standardfunktionen (siehe Seite 179). Hierbei benutzen wir die Definition der Ableitung mittels eines Grenzwerts, sowie der Differenziale, obiger Rechenregeln und der nachfolgenden Standardgrenzwerte (siehe Seite 153 und 161):

$$\lim_{dx\to 0}\frac{e^{dx} - 1}{dx} = 1 \qquad \text{en} \qquad \lim_{dx\to 0}\frac{\sin dx}{dx} = 1$$

- $\dfrac{d}{dx}\mathrm{e}^x = \mathrm{e}^x.$ Der Beweis benutzt die Definition der Ableitung:

$$\lim_{dx\to 0}\frac{\mathrm{e}^{x+dx}-\mathrm{e}^x}{dx} = \mathrm{e}^x\lim_{dx\to 0}\frac{\mathrm{e}^{dx}-1}{dx} = \mathrm{e}^x$$

- $\dfrac{d}{dx}a^x = a^x\ln a.$ Der Beweis erfolgt mit der Kettenregel:

$$\frac{d}{dx}a^x = \frac{d}{dx}\mathrm{e}^{\ln a^x} = \frac{d}{dx}\mathrm{e}^{x\ln a} = \mathrm{e}^{x\ln a}\ln a = a^x\ln a$$

- $\dfrac{d}{dx}\ln x = \dfrac{1}{x}.$ Der Beweis benutzt Differenziale und

$$y = \ln x \quad\Longleftrightarrow\quad x = \mathrm{e}^y$$

Aus $dx = \mathrm{e}^y\,dy$ folgt $d(\ln x) = dy = \dfrac{1}{\mathrm{e}^y}dx = \dfrac{1}{x}dx.$

- $\dfrac{d}{dx}\left({}^a\!\log x\right) = \dfrac{1}{x\ln a}.$ Der Beweis benutzt die Formel ${}^a\!\log x = \dfrac{\ln x}{\ln a}$
und Differenziale:

$$\frac{d}{dx}\left({}^a\!\log x\right) = \frac{d}{dx}\left(\frac{\ln x}{\ln a}\right) = \frac{1}{x\ln a}$$

- $\dfrac{d}{dx}x^p = p\,x^{p-1}.$ Der Beweis erfolgt mit der Kettenregel:

$$\frac{d}{dx}x^p = \frac{d}{dx}\mathrm{e}^{\ln x^p} = \frac{d}{dx}\mathrm{e}^{p\ln x} = \mathrm{e}^{p\ln x}\frac{p}{x} = x^p\frac{p}{x} = p\,x^{p-1}$$

- $\dfrac{d}{dx}\sin x = \cos x.$ Der Beweis erfolgt mit der Definition und dem nachfolgenden Hilfsgrenzwert, welchen wir zunächst beweisen:

$$\lim_{dx\to 0}\frac{1-\cos dx}{dx} = 0$$

Beweis des Hilfsgrenzwertes:

$$\lim_{dx\to 0}\frac{1-\cos dx}{dx} = \lim_{dx\to 0}\frac{2\sin^2(\tfrac{1}{2}dx)}{dx} = \lim_{dx\to 0}\sin(\tfrac{1}{2}dx)\frac{\sin(\tfrac{1}{2}dx)}{\tfrac{1}{2}dx} = 0$$

Jetzt folgt der tatsächliche Beweis:

$$\lim_{dx \to 0} \frac{\sin(x+dx) - \sin x}{dx} = \lim_{dx \to 0} \frac{\sin x \cos dx + \cos x \sin dx - \sin x}{dx}$$

$$= \lim_{dx \to 0} \left(\sin x \frac{\cos dx - 1}{dx} + \cos x \frac{\sin dx}{dx} \right)$$

$$= \cos x$$

- $\dfrac{d}{dx} \cos x = -\sin x.$ Beweis:

$$\frac{d}{dx} \cos x = \frac{d}{dx} \sin \left(\frac{\pi}{2} - x \right) = -\cos \left(\frac{\pi}{2} - x \right) = -\sin x$$

- $\dfrac{d}{dx} \tan x = \dfrac{1}{\cos^2 x}.$ Beweis mittels der Quotientenregel:

$$\frac{d}{dx} \tan x = \frac{d}{dx} \left(\frac{\sin x}{\cos x} \right) = \frac{\sin^2 x + \cos^2 x}{\cos^2 x} = \frac{1}{\cos^2 x}$$

- $\dfrac{d}{dx} \arcsin x = \dfrac{1}{\sqrt{1-x^2}}.$ Der Beweis benutzt:

$$y = \arcsin x \quad \Longleftrightarrow \quad x = \sin y$$

Aus $dx = \cos y \, dy$ folgt $dy = \dfrac{1}{\cos y} dx$, also

$$d(\arcsin x) = dy = \frac{1}{\cos y} dx = \frac{1}{\sqrt{1 - \sin^2 y}} dx = \frac{1}{\sqrt{1 - x^2}} dx$$

- $\dfrac{d}{dx} \arccos x = \dfrac{-1}{\sqrt{1-x^2}}.$ Auf die gleiche Weise, aber jetzt:

$$y = \arccos x \quad \Longleftrightarrow \quad x = \cos y$$

Aus $dx = -\sin y \, dy$ folgt $dy = \dfrac{-1}{\sin y} dx$, also

$$d(\arccos x) = dy = \frac{-1}{\sin y} dx = \frac{-1}{\sqrt{1 - \cos^2 y}} dx = \frac{-1}{\sqrt{1 - x^2}} dx$$

- $\dfrac{d}{dx}\arctan x = \dfrac{1}{1+x^2}$. Jetzt benutzen wir die Formeln

$$1+\tan^2 y = \frac{1}{\cos^2 y} \quad \text{(siehe Seite 144, Aufgabe 17.25)}$$

$$\text{und}\quad y = \arctan x \quad \Longleftrightarrow \quad x = \tan y$$

Aus $dx = \dfrac{1}{\cos^2 y}\,dy$ folgt $dy = \cos^2 y\,dx$, also

$$d(\arctan x) = dy = \cos^2 y\,dx = \frac{1}{1+\tan^2 y}\,dx = \frac{1}{1+x^2}\,dx$$

Antworten

Formelsammlung

Stichwortverzeichnis

J. van de Craats, R. Bosch, *Grundwissen Mathematik*, Springer-Lehrbuch,
DOI 10.1007/978-3-642-13501-9, © Springer-Verlag Berlin Heidelberg 2010

I Zahlen

1. Rechnen mit ganzen Zahlen

1.1 a. 6321 b. 22700

1.2 a. 4815 b. 1298 c. 5635

1.3 a. 3026 b. 3082 c. 5673 d. 605 e. 2964

1.4 a. 29382 b. 36582 c. 36419 d. 66810 e. 70844

1.5 a. $(q,r) = (11,11)$ b. $(16,3)$ c. $(27,10)$ d. $(27,8)$ e. $(21,3)$

1.6 a. $(44,2)$ b. $(63,100)$ c. $(130,12)$ d. $(13,315)$ e. $(86,49)$

1.7 a. $(1405,2)$ b. $(46,72)$ c. $(2753,2)$ d. $(315,82)$ e. $(256,28)$

1.8 a. $(1032,22)$ b. $(133,34)$ c. $(360,1)$ d. $(75,30)$ e. $(1110,53)$

1.9 a. $2^3 \times 3$ b. $2^3 \times 3^2$ c. 2×5^3 d. $2^5 \times 3$ e. 2×7^2

1.10 a. $2^5 \times 3^2$ b. 2^{10} c. $3^2 \times 5 \times 7$ d. $2^2 \times 3^2 \times 11$ e. 3×5^4

1.11 a. $2^2 \times 3^5$ b. $2^2 \times 13^2$ c. $3^4 \times 5^2$ d. $2 \times 3 \times 11 \times 17$ e. $2^2 \times 5 \times 43$

1.12 a. $3 \times 5 \times 17$ b. $3^2 \times 7^2$ c. 2×19^2 d. $2^4 \times 3^3$ e. 5×197

1.13 a. $2^4 \times 5^3$ b. $3 \times 23 \times 29$ c. $2 \times 7 \times 11 \times 13$ d. 2003 (Primzahl)
e. $2^2 \times 3 \times 167$

1.15 a. $\{1,2,3,4,6,12\}$ b. $\{1,2,4,5,10,20\}$ c. $\{1,2,4,8,16,32\}$
d. $\{1,2,3,4,6,9,12,18,27,36,54,108\}$ e. $\{1,2,3,4,6,8,9,12,16,18,24,36,48,72,144\}$

1.16 a. $\{1,2,3,4,6,8,9,12,18,24,36,72\}$ b. $\{1,2,4,5,10,20,25,50,100\}$
c. $\{1,7,11,13,77,91,143,1001\}$ d. $\{1,3,11,17,33,51,187,561\}$
e. $\{1,2,4,7,14,28,49,98,196\}$

1.17 a. 6 b. 12 c. 9 d. 8 e. 17

1.18 a. 45 b. 72 c. 2 d. 27 e. 24

1.19 a. 32 b. 33 c. 125 d. 490 e. 128

1.20 a. 1 b. 1 c. 25 d. 1960 e. 8

1.21 a. 60 b. 135 c. 126 d. 80 e. 363

1.22 a. 156 b. 320 c. 720 d. 1690 e. 204

1.23 a. 250 b. 432 c. 1560 d. 4440 e. 1364

1.24 a. 720 b. 828 c. 3528 d. 945 e. 6851

1.25 a. (3,180) b. (6,360) c. (5,210) d. (9,378) e. (3,1512)

1.26 a. (7,980) b. (16,2240) c. (13,780) d. (12,1008) e. (63,3780)

2. Rechnen mit Brüchen

2.1 a. $\frac{3}{4}$ b. $\frac{2}{5}$ c. $\frac{3}{7}$ d. $\frac{1}{3}$ e. $\frac{1}{4}$

2.2 a. $\frac{5}{12}$ b. $\frac{2}{3}$ c. $\frac{5}{9}$ d. $\frac{27}{32}$ e. $\frac{7}{12}$

2.3 a. $\left(\frac{4}{12},\frac{3}{12}\right)$ b. $\left(\frac{14}{35},\frac{15}{35}\right)$ c. $\left(\frac{20}{45},\frac{18}{45}\right)$ d. $\left(\frac{28}{44},\frac{33}{44}\right)$ e. $\left(\frac{24}{156},\frac{65}{156}\right)$

2.4 a. $\left(\frac{3}{18},\frac{2}{18}\right)$ b. $\left(\frac{9}{30},\frac{4}{30}\right)$ c. $\left(\frac{9}{24},\frac{20}{24}\right)$ d. $\left(\frac{20}{36},\frac{21}{36}\right)$ e. $\left(\frac{6}{40},\frac{5}{40}\right)$

2.5 a. $\left(\frac{20}{60},\frac{15}{60},\frac{12}{60}\right)$ b. $\left(\frac{70}{105},\frac{63}{105},\frac{30}{105}\right)$ c. $\left(\frac{9}{36},\frac{6}{36},\frac{4}{36}\right)$ d. $\left(\frac{6}{30},\frac{2}{30},\frac{25}{30}\right)$ e. $\left(\frac{30}{72},\frac{28}{72},\frac{27}{72}\right)$

2.6 a. $\left(\frac{16}{216},\frac{30}{216},\frac{45}{216}\right)$ b. $\left(\frac{28}{60},\frac{9}{60},\frac{50}{60}\right)$ c. $\left(\frac{40}{210},\frac{45}{210},\frac{49}{210}\right)$ d. $\left(\frac{32}{504},\frac{60}{504},\frac{9}{504}\right)$

e. $\left(\frac{25}{390},\frac{50}{390},\frac{18}{390}\right)$

2.7 a. $\frac{6}{19}$ b. $\frac{7}{15}$ c. $\frac{11}{18}$ d. $\frac{11}{36}$ e. $\frac{25}{72}$

2.8 a. $\frac{2}{3}$ b. $\frac{14}{85}$ c. $\frac{39}{84}$ d. $\frac{31}{90}$ e. $\frac{29}{60}$

2.9 a. $\frac{7}{12}$ b. $\frac{1}{30}$ c. $\frac{16}{63}$ d. $\frac{2}{99}$ e. $\frac{17}{30}$

2.10 a. $\frac{17}{12}$ b. $\frac{1}{35}$ c. $\frac{29}{28}$ d. $\frac{5}{72}$ e. $\frac{119}{165}$

2.11 a. $\frac{5}{12}$ b. $-\frac{1}{45}$ c. $\frac{11}{24}$ d. $\frac{7}{6}$ e. $-\frac{1}{30}$

2.12 a. $\frac{29}{315}$ b. $\frac{17}{108}$ c. $\frac{67}{360}$ d. $\frac{1}{10}$ e. $\frac{13}{42}$

2.13 a. $\frac{47}{60}$ b. $\frac{13}{42}$ c. $\frac{29}{180}$ d. $\frac{1}{42}$ e. $\frac{31}{120}$

2.14 a. $\frac{7}{8}$ b. $\frac{3}{4}$ c. $-\frac{7}{24}$ d. $\frac{1}{12}$ e. $\frac{1}{5}$

2.15 a. $\frac{3}{8}$ b. $\frac{1}{4}$ c. $-\frac{13}{24}$ d. $-\frac{1}{36}$ e. $\frac{1}{3}$

2.16 a. $\frac{7}{27}$ b. $\frac{7}{15}$ c. $-\frac{59}{180}$ d. 1 e. $\frac{11}{30}$

2.17 a. $\frac{11}{70}$ b. $\frac{4}{3}$ c. $\frac{71}{84}$ d. $\frac{85}{286}$ e. $\frac{57}{170}$

2.18 a. $\frac{10}{21}$ b. $\frac{8}{45}$ c. $\frac{10}{91}$ d. $\frac{63}{26}$ e. $\frac{13}{300}$

2.19 a. 3 b. $\frac{2}{3}$ c. $\frac{4}{3}$ d. $\frac{15}{14}$ e. $\frac{16}{9}$

2.20 a. $\frac{14}{15}$ b. $\frac{14}{5}$ c. $\frac{27}{8}$ d. $\frac{15}{8}$ e. $\frac{4}{9}$

2.21 a. 3 b. 1 c. $\frac{20}{27}$ d. $\frac{10}{49}$ e. $\frac{2}{3}$

2.22 a. $\frac{14}{15}$ b. $\frac{2}{3}$ c. 30 d. $\frac{27}{25}$ e. $\frac{28}{25}$

2.23 a. $\frac{3}{2}$ b. $\frac{1}{2}$ c. 6 d. $\frac{14}{15}$ e. $\frac{2}{3}$

2.24 a. $\frac{8}{9}$ b. $\frac{4}{3}$ c. $\frac{8}{3}$

2.25 a. 2 b. $-\frac{154}{25}$ c. $\frac{7}{26}$

2.26 a. $\frac{470}{399}$ b. $\frac{105}{8}$ c. $-\frac{1463}{5220}$

3. Potenzen und Wurzeln

3.1 a. 8 b. 9 c. 1024 d. 625 e. 256

3.2 a. -8 b. 9 c. -1024 d. 625 e. 64

3.3 a. $\frac{1}{8}$ b. $\frac{1}{16}$ c. $\frac{1}{81}$ d. $\frac{1}{7}$ e. $\frac{1}{128}$

3.4 a. 1 b. $\frac{1}{9}$ c. $\frac{1}{121}$ d. $\frac{1}{729}$ e. $\frac{1}{10000}$

3.5 a. -64 b. $\frac{1}{243}$ c. $-\frac{1}{27}$ d. 16 e. $\frac{1}{16}$

3.6 a. 1 b. 0 c. $\frac{1}{12}$ d. 49 e. $-\frac{1}{128}$

3.7 a. $\frac{4}{9}$ b. $\frac{1}{16}$ c. $\frac{64}{125}$ d. $\frac{4}{49}$

3.8 a. $\frac{9}{4}$ b. 8 c. $\frac{9}{7}$ d. $\frac{16}{81}$

3.9 a. $\frac{9}{16}$ b. 16 c. $\frac{5}{4}$ d. $\frac{243}{32}$

3.10 a. 4 b. 1 c. $\frac{64}{27}$ d. $\frac{16}{625}$

3.11 a. $\frac{36}{49}$ b. 1 c. $\frac{49}{36}$ d. $\frac{8}{343}$

3.12 a. $\frac{64}{729}$ b. $\frac{27}{125}$ c. $\frac{25}{121}$ d. 32

3.13 a. 6 b. 9 c. 11 d. 8 e. 13

3.14 a. 15 b. 4 c. 14 d. 16 e. 21

3.15 a. $2\sqrt{2}$ b. $2\sqrt{3}$ c. $3\sqrt{2}$ d. $2\sqrt{6}$ e. $5\sqrt{2}$

3.16 a. $6\sqrt{2}$ b. $4\sqrt{2}$ c. $2\sqrt{5}$ d. $7\sqrt{2}$ e. $2\sqrt{10}$

3.17 a. $3\sqrt{6}$ b. $3\sqrt{11}$ c. $4\sqrt{5}$ d. $4\sqrt{6}$ e. $10\sqrt{2}$

3.18 a. $7\sqrt{3}$ b. $11\sqrt{2}$ c. $5\sqrt{5}$ d. $6\sqrt{6}$ e. $12\sqrt{2}$

3.19 a. $15\sqrt{3}$ b. $9\sqrt{5}$ c. $16\sqrt{2}$ d. $13\sqrt{2}$ e. $14\sqrt{3}$

3.20 a. $11\sqrt{11}$ b. $18\sqrt{3}$ c. 45 d. $19\sqrt{2}$ e. 26

3.21 a. $3\sqrt{2}$ b. $5\sqrt{6}$ c. $-42\sqrt{6}$ d. $-220\sqrt{6}$ e. $36\sqrt{35}$

3.22 a. $\sqrt{15}$ b. $-\sqrt{14}$ c. $\sqrt{30}$ d. $12\sqrt{21}$ e. $-240\sqrt{3}$

3.23 a. 720 b. -1000 c. $84\sqrt{15}$ d. $-90\sqrt{7}$ e. $3024\sqrt{5}$

3.24 a. $\frac{3}{4}$ b. $\frac{9}{2}$ c. $\frac{3}{2}$ d. $\frac{2}{27}\sqrt{2}$ e. $6\sqrt{6}$

3.25 a. $\frac{1}{4}\sqrt{2}$ b. $\frac{2}{9}\sqrt{6}$ c. $\frac{49}{64}$ d. $\frac{3}{4}\sqrt{6}$ e. $\frac{32}{27}\sqrt{3}$

3.26 a. $\frac{1}{3}\sqrt{6}$ b. $\frac{1}{2}\sqrt{6}$ c. $\frac{1}{5}\sqrt{30}$ d. $\frac{1}{2}\sqrt{14}$ e. $\frac{1}{7}\sqrt{14}$

3.27 a. $\frac{1}{6}\sqrt{15}$ b. $\frac{2}{9}\sqrt{3}$ c. $\frac{3}{10}\sqrt{5}$ d. $\frac{1}{5}\sqrt{10}$ e. $\frac{1}{8}\sqrt{14}$

3.28 a. $\frac{1}{2}\sqrt{6}$ b. $\frac{1}{3}\sqrt{15}$ c. $\frac{1}{11}\sqrt{77}$ d. $\frac{1}{5}\sqrt{55}$ e. $\frac{1}{11}\sqrt{22}$

3.29 a. $\frac{1}{2}\sqrt{30}$ b. $\frac{1}{5}\sqrt{30}$ c. $\frac{4}{5}\sqrt{15}$ d. $-\frac{1}{3}\sqrt{30}$ e. $2\sqrt{2}$

3.30 a. 2 b. 3 c. 5 d. 4 e. 6

3.31 a. -3 b. 2 c. 3 d. -2 e. 12

3.32 a. $2\sqrt[3]{2}$ b. $3\sqrt[4]{3}$ c. $5\sqrt[3]{3}$ d. $2\sqrt[5]{3}$ e. $3\sqrt[3]{2}$

3.33 a. $-2\sqrt[3]{5}$ b. $2\sqrt[4]{3}$ c. $2\sqrt[5]{10}$ d. $6\sqrt[6]{2}$ e. $2\sqrt[6]{3}$

3.34 a. $\sqrt[3]{35}$ b. $\sqrt[4]{56}$ c. $2\sqrt[3]{3}$ d. $3\sqrt[4]{10}$ e. $2\sqrt[5]{6}$

3.35 a. 6 b. $6\sqrt[3]{2}$ c. $3\sqrt[5]{5}$ d. $6\sqrt[6]{2}$ e. $10\sqrt[3]{7}$

3.36 a. $\frac{1}{7}$ b. existiert nicht c. $-\frac{2}{3}$ d. $\frac{6}{11}$ e. $\frac{6}{5}$

3.37 a. $\frac{2}{3}$ b. $\frac{5}{2}$ c. $\frac{2}{3}$ d. $\frac{3}{5}$ e. $\frac{12}{5}$

3.38 a. $\frac{1}{2}\sqrt[3]{2}$ b. $\frac{1}{3}\sqrt[4]{6}$ c. $\frac{1}{5}\sqrt[3]{15}$ d. $\frac{1}{3}\sqrt[3]{15}$ e. $\frac{1}{2}\sqrt[6]{24}$

3.39 a. $\frac{1}{6}\sqrt[3]{45}$ b. $\frac{1}{6}\sqrt[4]{126}$ c. $\frac{1}{6}\sqrt[5]{60}$ d. $\frac{1}{10}\sqrt[3]{90}$

3.40 a. $\frac{1}{3}\sqrt[3]{18}$ b. $\frac{1}{2}\sqrt[4]{6}$ c. $\frac{1}{2}\sqrt[5]{2}$ d. $\frac{1}{3}\sqrt[6]{54}$

3.41 a. $-\frac{1}{2}\sqrt[3]{12}$ b. $\frac{1}{2}\sqrt[4]{12}$ c. $-\frac{1}{3}\sqrt[5]{63}$ d. $\frac{1}{6}\sqrt[3]{210}$

Bemerkung: Bei den nächsten zwei Aufgaben sind die Antworten meistens nicht in der Standardform angegeben. Dies wurde hier jedoch auch nicht gefordert.

3.42 a. $\sqrt{2}$ b. $\sqrt{27}$ c. $\sqrt[3]{49}$ d. $\sqrt[4]{3125}$ e. $\sqrt[3]{256}$

3.43 a. $\sqrt{\frac{1}{3}}$ b. $\sqrt{\frac{1}{343}}$ c. $\sqrt[3]{\frac{1}{4}}$ d. $\sqrt[5]{\frac{1}{81}}$ e. $\sqrt{\frac{1}{2}}$

3.44 a. $5^{\frac{1}{3}}$ b. $7^{\frac{1}{2}}$ c. $2^{\frac{1}{4}}$ d. $12^{\frac{1}{6}}$ e. $5^{\frac{1}{5}}$

3.45 a. $5^{-\frac{1}{2}}$ b. $6^{-\frac{1}{3}}$ c. $2^{-\frac{5}{4}}$ d. $3^{\frac{1}{2}}$ e. $7^{\frac{4}{5}}$

3.46 a. $2^{\frac{2}{3}}$ b. $2^{\frac{3}{2}}$ c. $2^{\frac{5}{4}}$ d. $2^{\frac{2}{3}}$ e. $2^{\frac{5}{3}}$

3.47 a. $2^{\frac{3}{2}}$ b. $2^{-\frac{3}{2}}$ c. $2^{\frac{7}{3}}$ d. $2^{\frac{1}{4}}$ e. $2^{-\frac{10}{3}}$

3.48 a. $\sqrt[6]{32}$ b. $\sqrt[6]{243}$ c. $4\sqrt[12]{2}$ d. $3\sqrt[15]{81}$ e. 4

3.49 a. $7\sqrt[6]{7}$ b. $3\sqrt[6]{3}$ c. $\sqrt[6]{3125}$ d. $3\sqrt[20]{3^{11}}$ e. 7

3.50 a. $\sqrt[6]{2}$ b. $\sqrt[6]{3}$ c. $\sqrt[4]{2}$ d. $\sqrt[15]{3}$ e. $\frac{1}{2}\sqrt[6]{32}$

II Algebra

4. Rechnen mit Buchstaben

4.1 a. 18 b. -6 c. 102 d. -108 e. 9

4.2 a. 12 b. 6 c. 24 d. -10 e. -20

4.3 a. 40 b. -32 c. -16 d. -8 e. 64

4.4 a. -15 b. -45 c. -45 d. -77 e. 25

4.5 a. 36 b. 96 c. -192 d. 36 e. -54

4.6 a. 20 b. -36 c. 72 d. 42 e. 29

4.7 a. 320 b. -55 c. 30 d. 6075 e. 8100

4.8 a. 56 b. 196 c. -56 d. 15 e. 16

4.9 a. a^8 b. b^5 c. a^{11} d. b^4 e. a^{14}

4.10 a. a^6 b. b^{12} c. a^{25} d. b^8 e. a^{54}

4.11 a. a^4b^4 b. a^4b^6 c. $a^{12}b^3$ d. a^8b^{12} e. $a^{15}b^{20}$

4.12 a. a^8 b. $6a^{10}$ c. $60a^6$ d. $210a^8$ e. $6a^6$

4.13 a. $8a^6$ b. $81a^{12}b^{16}$ c. $16a^4b^4$ d. $125a^{15}b^9$ e. $16a^4b^{20}$

4.14 a. $15a^3b^5$ b. $24a^9b^6$ c. $6a^5b^5$ d. $35a^{12}b^8$ e. $144a^8b^{10}$

4.15 a. $24a^{10}$ b. $120a^{10}$ c. $40a^{11}$ d. $18a^{15}$ e. $-24a^7$

4.16 a. $-8a^6$ b. $9a^6$ c. $625a^{16}$ d. $-a^{10}b^{20}$ e. $-128a^{21}b^{35}$

4.17 a. $12a^8$ b. $72a^{12}$ c. $-135a^{18}$ d. $750a^{16}$ e. $320a^{12}$

4.18 a. $18a^7b^{10}$ b. $-72a^{10}b^{22}$ c. $-64a^{12}b^6$ d. $-324a^{16}b^{18}$ e. $1152a^{18}b^{13}$

4.19 a. $72a^7b^{12}c^{17}$ b. $-64a^{12}b^{21}c^{16}$ c. $-810a^{15}b^{10}c^{12}$ d. $1000000a^{24}b^{16}c^{22}$
e. $108a^{12}b^{12}c^{12}$

4.20 a. a^{36} b. $16a^{24}$ c. $11664a^{26}b^{24}$ d. $-32a^{35}$ e. $-108a^{36}$

4.21 a. $6a+15$ b. $40a-16$ c. $-15a+10$ d. $-60a+12$ e. $-49a-42$

4.22 a. $2a^2-10a$ b. $14a^2+84a$ c. $-117a^2+65a$ d. $64a^2-120a$
e. $-63a^2-189a$

4.23 a. $2a^3+18a$ b. $12a^3-21a^2$ c. $-10a^4-20a^2$ d. $9a^4+18a^3$ e. $-3a^3+12a^2$

4.24 a. $12a^4+8a^3+12a^2$ b. $-6a^5-15a^4+3a^3$ c. $14a^5+21a^4-42a^3$
d. $-72a^5-24a^4+12a^3-12a^2$ e. $-15a^6-5a^4+10a^2$

4.25 a. $6a+8b$ b. $-10a+25b$ c. $2a^2+4ab$ d. $-64a^2+96ab$ e. $-176a^2+242ab$

4.26 a. $27a^2+15ab-36a$ b. $14a^3-12a^2b$ c. $-56a^3-32a^2b+8a^2$
d. $-12a^3+12a^2b+12a^2$ e. $-169a^3-156a^2b+182a^2$

4.27 a. $6a^4+4a^2b-6a^2$ b. $-10a^5-5a^4+10a^3b$ c. $6a^2b^2+4b^4$
d. $-8a^5+20a^3b^2-8a^3b$ e. $-196a^2b^3-28ab^3+70b^5$

4.28 a. $2a^4+6a^3b$ b. $-15a^4-10a^3b+15a^2b^2$ c. $6a^6+4a^5b^2-2a^3b^2$
d. $-6a^7-6a^6b^2-6a^5b^2$ e. $-49a^6+21a^5b-28a^4b^2$

4.29 a. $2a^3b+4a^2b^2-2ab^3$ b. $15a^3b^2-10a^2b^3+30ab^2$ c. $12a^3b^3-30a^2b^3-6ab^4$

d. $144a^4b^4 - 72a^3b^3 + 144a^2b^2$ e. $12a^3b^3 + 54a^2b^3 - 6a^2b^4$

4.30 a. $-5a^5b^5 + 2a^5b^4 - a^4b^5$ b. $a^5b^5 + a^4b^4 + 14a^2b^3$

c. $-15a^7b^7 - 90a^6b^6 + 15a^5b^7$ d. $-13a^9b^9 + 12a^7b^7 - 9a^6b^9$

e. $-49a^5b^2 - 49a^3b^4 - 7a^2b^2$

4.31 a. $2a^2 + 8a - 8$ b. $-12a^2 - 22a - 6$ c. $-9a$ d. $-8a^2 + 66a - 10$

e. $10a^2 - 15a - 5$ f. $-2a^2 - 3a + 1$

4.32 a. $3a^2 + 8ab - 2b$ b. $-a^2 + b$ c. $4a^2 + 4ab - 2b^2 - 2a + 2b$

d. $-2a^2 - 2b^2 + 6a - 3b$

4.33 a. $6(a + 2)$ b. $4(3a + 4)$ c. $3(3a - 4)$ d. $5(3a - 2)$ e. $27(a + 3)$

4.34 a. $3(a - 2b + 3)$ b. $4(3a + 2b - 4)$ c. $3(3a + 4b + 1)$ d. $6(5a - 4b + 10)$

e. $12(2a + 5b - 3)$

4.35 a. $-3(2a - 3b + 5)$ b. $-7(2a - 5b + 3)$ c. $-6(3a + 4b + 2c)$

d. $-14(2a + 5b - 3c)$ e. $-9(5a - 3b + 7c + 2)$

4.36 a. $a(a + 1)$ b. $a^2(a - 1)$ c. $a(a^2 - a + 1)$ d. $a^2(a^2 + a - 1)$ e. $a^3(a^3 - a + 1)$

4.37 a. $3a(a + 2)$ b. $3a(3a^2 + 2a - 1)$ c. $5a^2(3a^2 - 2a + 5)$ d. $9a^2(3a^4 - 2a^2 - 4)$

e. $12a(4a^3 - 2a^2 + 3a + 5)$

4.38 a. $3ab(a + 2)$ b. $9ab(a - b)$ c. $4ab(3b - 1)$ d. $7ab^2(2a - 3)$ e. $3a^2b(6b - 5)$

4.39 a. $3a^2b(ab + 2)$ b. $3a^2b(2a^2b^2 - 3ab + 4)$ c. $5abc(2a^2bc - ac - 3)$

d. $4a^3b^4c^3(2a^3bc - 3a + 5)$ e. $a^3b^3c(c^2 + c + 1)$

4.40 a. $2a^2bc^2(-2b^2 + b - 3)$ b. $a^3b^5c^3(a^3c - abc - b^2)$ c. $-2a^2c^2(ac^2 - b^2c + 2b)$

d. $-a^5b^6(a^2 - ab + 1)$ e. $-a^6b^6c^6(a^2b + ac - 1)$

4.41 a. $(a + 3)(b + 3)$ b. $(a - 2)(b - 1)$ c. $(2a + 7)(b + 4)$

d. $(a^2 + 2)(2b - 1)$ e. $(a - 1)(b - 2)$

4.42 a. $a(a - 1)(b + 1)$ b. $6(a + 2)(2b + 1)$ c. $-2(a - 2)(b - 1)$

d. $a^2(a - 1)(4b + 3)$ e. $-3a(2a + 3)(2b + 3)$

4.43 a. $(a + 4)(b + 1)$ b. $2b(2a - 1)$ c. $(3a + 2)(2b - 1)$

d. $(2a + 1)(a + 3)$ e. $(a + 2)(a + 1)$

4.44 a. $2(a + 5)(a + 3)$ b. $(a + 1)(a + 3)(b + 1)$ c. $-3(a - 1)(a + 2)$

d. $12(a - 1)(a + 2)(a - 2)$ e. $4(a + 1)(a + 4)^2$

4.45 a. $a^2 + 4a + 3$ b. $2a^2 + 9a + 9$ c. $3a^2 - 17a - 6$ d. $20a^2 - 9a - 20$

e. $6a^2 + 3a - 45$ f. $24a^2 + 12a - 120$

4.46 a. $-24a^2 + 73a - 24$ b. $56a^2 + 19a - 132$ c. $17a^2 - 288a - 17$

d. $6a^2 - 6a - 36$ e. $ab - 5a + 3b - 15$ f. $6ab + 10a + 24b + 40$

4.47 a. $-4ab + 4a + b - 1$ b. $-3ab + 9a + b - 3$ c. $156ab - 169a + 144b - 156$

d. $a^3 - 4a^2 + 4a - 16$ e. $a^3 - a^2 + 7a - 7$ f. $a^4 + 12a^2 + 27$

4.48 a. $2a^3 + 14a^2 - 7a - 49$ b. $6a^4 - 13a^2 + 6$ c. $2a^4 + 3a^3 - 2a^2$

d. $-6a^4 + 23a^3 - 20a^2$ e. $-6a^4 - 6a^3 + 5a^2 + 5a$ f. $18a^4 - 49a^3 - 49a^2$

4.49 a. $-24a^4 + 55a^3 + 24a^2$ b. $-10a^5 + 13a^3 - 4a$ c. $-a^5 + a^3$

d. $54a^7 + 18a^6 - 30a^5 - 10a^4$ e. $56a^6 - 35a^4 - 8a^3 + 5a$ f. $24a^8 + 38a^7 + 15a^6$

4.50 a. $6a^2b^2 - 2ab^2 + 3a^2b - ab$ b. $6a^3b^3 - 9a^3b^2 + 2a^2b^3 - 3a^2b^2$

c. $-4a^3b^4 + 10a^3b^3 - 6a^3b^2$ d. $-32a^5b^5 - 16a^4b^4 + 24a^3b^6 + 12a^2b^5$

e. $-a^8b^8 + 2a^6b^{10} - a^4b^{12}$ f. $2a^3 + 7a^2 + 2a - 6$

4.51 a. $-12a^3 + 11a^2 - 5a + 2$ b. $2a^2 + 3ab + 8a + b^2 + 4b$

c. $-9a^2 + 18ab + 9a - 9b^2 - 9b$ d. $18a^2 - 81ab + 13a - 18b + 2$

e. $a^4 + a$ f. $6a^3 + 10a^2 + a - 2$

4.52 a. $2a^3 + 7a^2 + 11a + 4$ b. $a^2 - b^2 - a - b$

c. $a^4 + a^3b - ab^3 - b^4$ d. $a^3 + 6a^2 + 11a + 6$

e. $a^3 - 2a^2 - 5a + 6$ f. $4a^3 + 4a^2 - 5a - 3$

4.53 a. $4a^3 - 4a^2b - ab^2 + b^3$ b. $60a^3 - 133a^2b + 98ab^2 - 24b^3$

c. $-3a^4 + 6a^3 - 9a^2 + 18a$ d. $3a^3 + 5a^2 - 11a + 3$

e. $2a^6 + 2a^4 - 4a^2$ f. $a^4b^3 + a^3b^4 + a^4b^2 - a^2b^4 - a^3b^2 - a^2b^3$

4.54 a. $6a^5b + 6a^4b^2 - 6a^3b^3 - 6a^2b^4$ b. $a^4 + 2a^3 + a + 2$

c. $a^4 + a^3 + a^2 + 3a + 2$ d. $-6a^4 + 13a^3 - a^2 - 5a - 1$

e. $3a^5 - 6a^4 + 15a^3 - 6a^2 + 12a$ f. $10a^2 + ab - 21a - 2b^2 + 12b - 10$

5. Die binomischen Formeln

5.1 a. $a^2 + 12a + 36$ b. $a^2 - 4a + 4$ c. $a^2 + 22a + 121$ d. $a^2 - 18a + 81$

e. $a^2 + 2a + 1$

5.2 a. $b^2 + 10b + 25$ b. $b^2 - 24b + 144$ c. $b^2 + 26b + 169$ d. $b^2 - 14b + 49$

e. $b^2 + 16b + 64$

5.3 a. $a^2 + 28a + 196$ b. $b^2 - 10b + 25$ c. $a^2 - 30a + 225$ d. $b^2 + 4b + 4$

e. $a^2 - 20a + 100$

5.4 a. $4a^2 + 20a + 25$ b. $9a^2 - 36a + 36$ c. $121a^2 + 44a + 4$ d. $16a^2 - 72a + 81$

e. $169a^2 + 364a + 196$

5.5 a. $25b^2 + 20b + 4$ b. $4a^2 - 12a + 9$ c. $81b^2 + 126b + 49$ d. $16a^2 - 24a + 9$

e. $64b^2 + 16b + 1$

5.6 a. $4a^2 + 20ab + 25b^2$ b. $9a^2 - 78ab + 169b^2$ c. $a^2 + 4ab + 4b^2$

d. $4a^2 - 4ab + b^2$ e. $36a^2 + 84ab + 49b^2$

5.7 a. $144a^2 - 120ab + 25b^2$ b. $4a^2 - 4ab + b^2$ c. $49a^2 - 70ab + 25b^2$

d. $196a^2 - 84a + 9$ e. $a^2 + 22ab + 121b^2$

5.8 a. $a^4 + 10a^2 + 25$ b. $a^4 - 6a^2 + 9$ c. $b^4 - 2b^2 + 1$ d. $a^6 + 4a^3 + 4$

e. $b^8 - 14b^4 + 49$

5.9 a. $4a^2 + 28ab + 49b^2$ b. $9a^2 + 48ab + 64b^2$ c. $25a^2 - 90ab + 81b^2$

d. $49a^2 - 112ab + 64b^2$ e. $36a^2 - 132ab + 121b^2$

5.10 a. $a^4 + 6a^2 + 9$ b. $b^4 - 8b^2 + 16$ c. $4a^6 - 52a^3 + 169$ d. $25b^4 + 140b^2 + 196$

e. $144a^6 + 120a^3 + 25$

5.11 a. $4a^4 - 12a^2b + 9b^2$ b. $9a^4 + 12a^2b + 4b^2$ c. $81a^4 - 90a^2b^2 + 25b^4$

d. $144a^6 + 48a^3b^2 + 4b^4$ e. $400a^4 - 240a^2b^3 + 36b^6$

5.12 a. $5a^2 + 10a + 10$ b. $-18a + 9$ c. $5a^2 + 6a - 8$ d. $5a^2 + 8ab + 5b^2$

e. $-32a^4 + 32b^4$

5.13 a. $(a+4)(a-4)$ b. $(a+1)(a-1)$ c. $(a+12)(a-12)$

d. $(a+9)(a-9)$ e. $(a+11)(a-11)$

5.14 a. $(a+6)(a-6)$ b. $(a+2)(a-2)$ c. $(a+13)(a-13)$

d. $(a+16)(a-16)$ e. $(a+32)(a-32)$

5.15 a. $(2a+3)(2a-3)$ b. $(3a+1)(3a-1)$ c. $(4a+5)(4a-5)$

d. $(5a+9)(5a-9)$ e. $(12a+13)(12a-13)$

5.16 a. $(6a+7)(6a-7)$ b. $(8a+11)(8a-11)$ c. $(20a+21)(20a-21)$

d. $(14a+15)(14a-15)$ e. $(12a+7)(12a-7)$

5.17 a. $(a+b)(a-b)$ b. $(2a+5b)(2a-5b)$ c. $(3a+b)(3a-b)$

d. $(4a+9b)(4a-9b)$ e. $(14a+13b)(14a-13b)$

5.18 a. $(ab+2)(ab-2)$ b. $(ab+25)(ab-25)$ c. $(3ab+5c)(3ab-5c)$

d. $(5a+4bc)(5a-4bc)$ e. $(10ab+3c)(10ab-3c)$

5.19 a. $(a^2+b)(a^2-b)$ b. $(5a^2+4b)(5a^2-4b)$ c. $(4a^2+b^2)(2a+b)(2a-b)$

d. $(9a^2+4b^2)(3a+2b)(3a-2b)$ e. $(16a^2+25b^2)(4a+5b)(4a-5b)$

5.20 a. $(a^2b+1)(a^2b-1)$ b. $(ab^2+c)(ab^2-c)$ c. $(a^2+9b^2c^2)(a+3bc)(a-3bc)$

d. $(a^4+b^4)(a^2+b^2)(a+b)(a-b)$ e. $(16a^4+b^4)(4a^2+b^2)(2a+b)(2a-b)$

5.21 a. $a(a+1)(a-1)$ b. $2(2a+5)(2a-5)$ c. $3(3a+2b)(3a-2b)$

d. $5a(5a+3)(5a-3)$ e. $24a^3(5a+1)(5a-1)$

5.22 a. $3b(ab+3)(ab-3)$ b. $2ab(8ab+3)(8ab-3)$ c. $a^2b(a^2b+1)(a^2b-1)$

d. $5abc(5+ab)(5-ab)$ e. $3b(a+1)(a-1)$

5.23 a. $a(a^2+1)(a+1)(a-1)$ b. $2a(a^2+4)(a+2)(a-2)$

c. $ab(a^2b^2+9)(ab+3)(ab-3)$ d. $a(25-a^3)(25+a^3)$

e. $ab(a^4+16b^4)(a^2+4b^2)(a+2b)(a-2b)$

5.24 a. $2a+5$ b. $(3a+1)(a-3)$ c. $(3a+8)(2-a)$

d. $4a(2-2a)=8a(1-a)$ e. $(5a+3)(-a-1)$

5.25 a. a^2-4 b. a^2-49 c. a^2-9 d. a^2-144 e. a^2-121

5.26 a. $4a^2-25$ b. $9a^2-1$ c. $16a^2-9$ d. $81a^2-144$ e. $169a^2-196$

5.27 a. $36a^2-81$ b. $225a^2-1$ c. $49a^2-64$ d. $256a^2-25$ e. $441a^2-625$

5.28 a. a^4-25 b. a^4-81 c. $4a^4-9$ d. $36a^4-25$ e. $81a^4-121$

5.29 a. a^6-16 b. $a^{10}-100$ c. $81a^4-4$ d. $121a^8-9$ e. $144a^{12}-169$

5.30 a. $4a^2-9b^2$ b. $36a^2-100b^2$ c. $81a^2-4b^2$ d. $49a^2-25b^2$ e. a^2-400b^2

5.31 a. a^4-b^2 b. $4a^4-9b^2$ c. $25a^4-9b^4$ d. $36a^4-121b^4$ e. $169a^4-225b^4$

5.32 a. a^6-4b^4 b. $4a^4-81b^6$ c. $25a^8-9b^6$ d. $49a^4-361b^8$ e. $225a^{10}-64b^8$

5.33 a. $4a^2b^2-c^2$ b. $9a^4b^2-4c^2$ c. $25a^2b^4-c^4$ d. $81a^4b^4-16c^4$

e. $324a^6b^4-49c^6$

5.34 a. $4a^4-9b^2c^4$ b. $49a^6b^2-64c^6$ c. $169a^{10}b^6-196c^{10}$ d. $25a^2b^2c^2-1$

e. $81a^4b^2c^6-49$

5.35 a. $a^2+8a+16$ b. a^2-16 c. $a^2+7a+12$ d. $4a+12$ e. a^2-a-12

5.36 a. a^2-a-42 b. $a^2+14a+49$ c. a^2-36 d. $a^2-12a+36$

e. $2a^2-6a-36$

5.37 a. $a^2+26a+169$ b. $a^2-28a+196$ c. $a^2-a-182$ d. $3a^2-26a-169$

e. $182a^2-27a-182$

5.38 a. $4a^2+32a+64$ b. $a^2-10a+16$ c. $3a^2-18a$ d. $4a^2-64$ e. $2a^2+8a+8$

5.39 a. $a^2-13a-68$ b. $a^2-34a+289$ c. $a^2+13a-68$ d. $16a^2-289$

e. $68a^2+273a-68$

5.40 a. $a^2+42a+441$ b. $a^2+9a-252$ c. $441a^2-144$ d. $a^2-24a+144$

e. $12a^2+123a-252$

5.41 a. $a^4+2a^3-3a^2-8a-4$ b. $a^4+2a^3-3a^2-8a-4$ c. a^4-2a^2+1

d. $4a^4+24a^3+5a^2-24a-9$ e. $4a^4+12a^3+5a^2-12a-9$

5.42 a. a^4-2a^2+1 b. a^4-2a^2+1 c. a^4-2a^2+1 d. $16a^4-72a^2+81$

e. $a^4+4a^3+6a^2+4a+1$

5.43 a. a^4-1 b. $8a^3-18a$ c. a^4-16 d. $54a^6-24a^2$ e. $2a^5-1250a$

5.44 a. 391 b. 2475 c. 4899 d. 8091 e. 4884

5.45 a. $2a^2 + 12a + 26$ b. $2a^2 - 2a - 24$ c. $12a$ d. $6a^2 - 8a - 6$ e. $10a - 2$

5.46 a. $42a - 98$ b. $-12a^2 - 28a$ c. $-a^4 + 81a^2 + 36a + 8$ d. $9a^2 + 2$
e. $2a^4 + 2a^2$

5.47 a. $a^4 - 5a^2 + 4$ b. $a^4 - 41a^2 + 400$ c. $a^8 - 5a^4 + 4$ d. $a^3 + 4a^2 + 5a + 2$
e. $a^3 + 6a^2 + 12a + 8$

5.48 a. $-a^3 - 14a^2 - 25a$ b. $4a^2 + 8a$ c. $-a^3 + 25a^2 - 6a$
d. $5a^3 - 25a^2 + 125a - 625$ e. $2a^3 - a^2 + 3$

6. Brüche mit Buchstaben

6.1 a. $\frac{a}{a-3} + \frac{3}{a-3}$ b. $\frac{2a}{a-b} + \frac{3b}{a-b}$ c. $\frac{a^2}{a^2-3} + \frac{3a}{a^2-3} + \frac{1}{a^2-3}$ d. $\frac{2a}{ab-3} - \frac{b}{ab-3} + \frac{3}{ab-3}$
e. $\frac{2}{b-a^3} - \frac{5a}{b-a^3}$

6.2 a. $\frac{a^2}{a^2-b^2} + \frac{b^2}{a^2-b^2}$ b. $\frac{ab}{a-2b} + \frac{bc}{a-2b} - \frac{ca}{a-2b}$ c. $\frac{b^2}{a^2-1} - \frac{1}{a^2-1}$ d. $\frac{4abc}{c-ab} + \frac{5}{c-ab}$
e. $\frac{5ab^2}{ab-c} - \frac{abc}{ab-c}$

6.3 a. $\frac{6}{a^2-9}$ b. $\frac{2a}{a^2-9}$ c. $\frac{a+9}{a^2-9}$ d. $\frac{a^2-2a+3}{a^2-9}$ e. $\frac{6a}{a^2-9}$

6.4 a. $\frac{7a+1}{a^2+a-6}$ b. $\frac{2a^2+2}{a^2-1}$ c. $\frac{-a}{a^2+7a+12}$ d. $\frac{5a^2-10a+7}{a^2-3a+2}$ e. $\frac{12a}{a^2+2a-8}$

6.5 a. $\frac{a^2-3ab+b^2}{a^2-3ab+2b^2}$ b. $\frac{2a}{a^2-b^2}$ c. $\frac{-2a^2+2a+2ab-4}{a^2-2a-ab+2b}$ d. $\frac{a^2-ab+2a+3b}{2a^2+ab-3b^2}$ e. $\frac{2ab+6a}{a^2-9}$

6.6 a. $\frac{2ab+2ac}{a^2-c^2}$ b. $\frac{3a^2-a+ab+3b}{a^2-b^2}$ c. $\frac{16a+4b-4a^2-ab-a^2b-4ab^2}{4a^2+17ab+4b^2}$
d. $\frac{a^2-ab-5ac+3bc+2b^2+3b-3c}{ab-b^2-ac+bc}$ e. $\frac{2a+2a^2+2b+8}{a^2-b^2-8b-16}$

6.7 a. $\frac{a+6}{3b-2}$ b. a c. $\frac{2}{a}$ d. $\frac{1}{a-2b}$ e. $\frac{a+b^2}{b-3}$

6.8 a. $\frac{a+b}{3c}$ b. $\frac{a-4}{1+2a}$ c. $\frac{4b-3b^2}{a-bc}$ d. $\frac{a+b}{a-b}$ e. $a^2 + b$

6.9 a. $\frac{a+2}{a^2-9}$ b. $\frac{3}{a^2-9}$ c. $\frac{6a^2+2a}{a^2-9}$ d. -1 e. $\frac{2a}{a+1}$

6.10 a. $\frac{6ab-3b^2}{a^2-ab-2b^2}$ b. $\frac{a^2-ab+b}{a-b}$ c. $\frac{1}{a-2}$ d. $\frac{11a^2-5ab-3b^2}{3a^2-3ab}$ e. $\frac{4-3a}{2a}$

III   Zahlenfolgen

7. Fakultäten und Binomialkoeffizienten

7.1 a. $a^3 + 3a^2 + 3a + 1$ b. $a^3 - 3a^2 + 3a - 1$ c. $8a^3 - 12a^2 + 6a - 1$
d. $a^3 + 6a^2 + 12a + 8$ e. $8a^3 - 36a^2 + 54a - 27$

7.2 a. $1 - 3a^2 + 3a^4 - a^6$ b. $a^3b^3 + 3a^2b^2 + 3ab + 1$ c. $a^3 + 6a^2b + 12ab^2 + 8b^3$

d. $a^6 - 3a^4b^2 + 3a^2b^4 - b^6$ e. $8a^3 - 60a^2b + 150ab^2 - 125b^3$

7.3 a. $9a^3 - 18a^2 + 18a - 9$ b. $a^3 - 6a^2b + 12ab^2 - 8b^3$

c. $a^3 + 9a^2b + 27ab^2 + 27b^3$ d. $125a^3 + 150a^2 + 60a + 8$ e. $2a^3 + 294a$

7.4 a. $a^6 - 3a^4b + 3a^2b^2 - b^3$ b. $a^{12} + 6a^8b^2 + 12a^4b^4 + 8b^6$

c. $2a^3 + 24ab^2$ d. $12a^2b + 16b^3$ e. $-7a^3 - 6a^2b + 6ab^2 + 7b^3$

7.5 a. $a^4 + 4a^3 + 6a^2 + 4a + 1$ b. $a^4 - 4a^3 + 6a^2 - 4a + 1$

c. $16a^4 - 32a^3 + 24a^2 - 8a + 1$ d. $a^4 + 8a^3 + 24a^2 + 32a + 16$

e. $16a^4 - 96a^3 + 216a^2 - 216a + 81$

7.6 a. $a^8 - 4a^6 + 6a^4 - 4a^2 + 1$ b. $a^4b^4 + 4a^3b^3 + 6a^2b^2 + 4ab + 1$

c. $a^4 + 8a^3b + 24a^2b^2 + 32ab^3 + 16b^4$ d. $a^8 - 4a^6b^2 + 6a^4b^4 - 4a^2b^6 + b^8$

e. $2a^4 + 12a^2b^2 + 2b^4$

7.7 1 8 28 56 70 56 28 8 1 $(n = 8)$
1 9 36 84 126 126 84 36 9 1 $(n = 9)$
1 10 45 120 210 252 210 120 45 10 1 $(n = 10)$

7.8 $a^8 + 8a^7 + 28a^6 + 56a^5 + 70a^4 + 56a^3 + 28a^2 + 8a + 1$,
$a^9 - 9a^8 + 36a^7 - 84a^6 + 126a^5 - 126a^4 + 84a^3 - 36a^2 + 9a - 1$,
$a^{10} - 10a^9b + 45a^8b^2 - 120a^7b^3 + 210a^6b^4 - 252a^5b^5 + 210a^4b^6 - 120a^3b^7 + 45a^2b^8 - 10ab^9 + b^{10}$

7.9 bis 7.11: selbst kontrollieren; für 7.12 bis 7.15, siehe das (bis $n = 10$ ausgefüllte) Pascalsche Dreieck.

7.16 a. 1 b. 15 c. 1287 d. 210 e. 3060

7.17 a. 792 b. 462 c. 1128 d. 18424 e. 1225

7.18 a. 680 b. 51 c. 220

7.19 a. 11480 b. 1716 c. 80730

7.20 a. 76076 b. 2002 c. 20475

7.21 a. $\sum_{k=0}^{7} \binom{7}{k} a^{7-k}$ b. $\sum_{k=0}^{12} \binom{12}{k} a^{12-k}(-1)^k$ c. $\sum_{k=0}^{12} \binom{12}{k} a^{12-k} 10^k$

d. $\sum_{k=0}^{9} \binom{9}{k} (2a)^{9-k}(-1)^k$ e. $\sum_{k=0}^{10} \binom{10}{k} (2a)^{10-k} b^k$

7.22 a. $\sum_{k=0}^{7} \binom{7}{k} a^{7-k} 5^k$ b. $\sum_{k=0}^{5} \binom{5}{k} (-a)^k$ c. $\sum_{k=0}^{18} \binom{18}{k} (ab)^{18-k}$

d. $\sum_{k=0}^{9} \binom{9}{k} a^{9-k} (2b)^k$ e. $\sum_{k=0}^{8} \binom{8}{k} a^{8-k} (-b)^k$

7.23 a. 2^8 $(a = b = 1)$ b. 0 $(a = 1, b = -1)$ c. 3^8 $(a = 1, b = 2)$

7.24 a. 1 $(a = 1, b = -2)$ b. 2^n $(a = 1, b = 1)$ c. 0 $(a = 1, b = -1)$

7.25 a. 91 b. 0 c. 70

7.26 a. 25 b. $\frac{47}{6}$ c. 978

8. Folgen und Grenzwerte

8.1 a. 2007006 b. 494550 c. 750000 d. 49800 e. 9899100 f. 9902700

8.2 a. 670 b. 16958 c. 3892 d. 570 e. 25250

8.3 49 (Die Summe aller geraden Startnummern ist $\frac{1}{2} \times 48 \times 98$, die Summe aller ungeraden Startnummern ist $\frac{1}{2} \times 49 \times 98$)

8.4 a. 510 b. $\frac{511}{256}$ c. 2186 d. $\frac{1330}{729}$ e. 0.3333333

8.5 a. 8 b. 3 c. $\frac{8}{15}$ d. $\frac{70}{9}$ e. $\frac{10}{19}$

8.6 a. $a = 0.1, r = -0.1$ also $a/(1-r) = \frac{1}{11}$ b. $a = 0.3, r = 0.1$ also $a/(1-r) = \frac{1}{3}$
c. $a = 0.9, r = 0.1$ also $a/(1-r) = 1$ d. $a = 0.12, r = 0.01$ also $a/(1-r) = \frac{4}{33}$
e. $a = 0.98, r = -0.01$ also $a/(1-r) = \frac{98}{101}$

8.7 a. $0.3333\ldots = 0.3 + 0.03 + 0.003 + 0.0003 + \cdots = \frac{1}{3}$
b. $0.9999\ldots = 0.9 + 0.09 + 0.009 + 0.0009 + \cdots = 1$
c. $0.12121212\ldots = 0.12 + 0.0012 + 0.000012 + 0.00000012 + \cdots = \frac{4}{33}$

d. Siehe den Tipp. e. Siehe den Tipp.

8.8 a. $0.2^{100} \approx 0.12677 \times 10^{-69}, 0.2^{1000} \approx 0.10715 \times 10^{-698}$
b. $0.5^{100} \approx 0.78886 \times 10^{-30}, 0.5^{1000} \approx 0.93326 \times 10^{-301}$
c. $0.7^{100} \approx 0.32345 \times 10^{-15}, 0.7^{1000} \approx 0.12533 \times 10^{-154}$
d. $0.9^{100} \approx 0.26561 \times 10^{-4}, 0.9^{1000} \approx 0.17479 \times 10^{-45}$
e. $0.99^{100} \approx 0.36603, 0.99^{1000} \approx 0.43171 \times 10^{-4}$

8.9 a. $\frac{2}{9}$ b. $\frac{31}{99}$ c. 2 d. $\frac{41}{333}$ e. $\frac{37}{300}$

8.10 a. $\frac{10}{99}$ b. $\frac{110}{333}$ c. $\frac{1210}{999}$ d. $\frac{1}{9000}$ e. $\frac{3061}{990}$

8.11 a. $\frac{1001}{45}$ b. $\frac{700}{999}$ c. $\frac{233}{333}$ d. $\frac{1828}{225}$ e. $\frac{112}{99}$

8.12 a. $\frac{11111}{100000}$ b. $\frac{181}{495}$ c. $\frac{31412}{9999}$ d. $\frac{271801}{99990}$ e. $\frac{1}{11}$

8.13 a. $1.02^{101} \approx 7.38954, 1.02^{1001} \approx 0.40623 \times 10^9$
b. $(-2)^{101} \approx -0.25353 \times 10^{31}, (-2)^{1001} \approx -0.21430 \times 10^{302}$
c. $10.1^{101} \approx 0.27319 \times 10^{102}, 10.1^{1001} \approx 0.21169 \times 10^{1006}$
d. $(-0.999)^{101} \approx -0.90389, (-0.999)^{1001} \approx -0.36733$
e. $9.99^{101} \approx 0.90389 \times 10^{101}, 9.99^{1001} \approx 0.36733 \times 10^{1001}$

8.14 a. $a_{100} = 0.1 \times 10^5, a_{1000} = 0.1 \times 10^7$

b. $a_{100} = 0.1 \times 10^{-5}, a_{1000} = 0.1 \times 10^{-8}$

c. $a_{100} \approx 0.63096 \times 10^{-2}, a_{1000} \approx 0.50119 \times 10^{-3}$

d. $a_{100} \approx 0.15849 \times 10^{2001}, a_{1000} \approx 0.19953 \times 10^{3001}$

e. $a_{100} = 0.1 \times 10^2 (= 10), a_{1000} \approx 0.31623 \times 10^2$

8.15 a. $a_{100} \approx 0.21577, a_{1000} \approx 0.10023$, b. $a_{100} \approx 0.10233 \times 10, a_{1000} \approx 0.10023 \times 10$
c. $a_{100} \approx 0.10715 \times 10, a_{1000} \approx 0.10069 \times 10$, d. $a_{100} \approx 0.95499, a_{1000} \approx 0.99541$
e. $a_{100} \approx 0.99895, a_{1000} \approx 0.99989$

8.16 a. 1 b. 2 c. 1 d. $\frac{1}{3}$ e. 0 f. $\frac{2}{5}$

8.17 a. 2 b. 0 c. ∞ d. 1 e. 1 f. 0

8.18 a. 1 b. ∞ c. $\frac{4}{3}$ d. 1 e. $\frac{4}{5}$

8.19 a. 0 b. Dieser Grenzwert existiert nicht c. 1 d. 1 e. ∞

8.20 a. 0 b. 0 c. ∞ d. ∞ e. 1

8.21 a. 0 b. 1 c. 2 d. 1 e. 0 (Schreiben Sie $2^{3n} = 8^n$ und $3^{2n} = 9^n$)

8.22 a. -1 b. ∞ c. -1

d. 0 (weil $(3n)! = n! \times (n+1)(n+2) \cdots 3n > n! \times n^n$ usw.) e. 0

8.23 a. 0 b. ∞ c. ∞ d. 0 e. ∞

8.24 a. 0 b. 0 c. ∞ d. 0 e. ∞

IV   Gleichungen

9. Lineare Gleichungen

9.1 a. $x = 3$ b. $x = 16$ c. $x = -13$ d. $x = 3$ e. $x = -8$

9.2 a. $x = 9$ b. $x = -17$ c. $x = 27$ d. $x = 1$ e. $x = -19$

9.3 a. $x = 1$ b. $x = 5$ c. $x = 2$ d. $x = 3$ e. $x = -1$

9.4 a. $x = -2$ b. $x = -9$ c. $x = -3$ d. $x = -6$ e. $x = -3$

9.5 a. $x = \frac{3}{2}$ b. $x = 7$ c. $x = \frac{7}{2}$ d. $x = \frac{29}{5}$ e. $x = \frac{3}{2}$

9.6 a. $x = -21$ b. $x = \frac{1}{3}$ c. $x = -\frac{5}{6}$ d. $x = -\frac{4}{3}$ e. $x = \frac{19}{5}$

9.7 a. $x = 1$ b. $x = -4$ c. $x = -13$ d. $x = 3$ e. $x = -3$

9.8 a. $x = -3$ b. $x = \frac{3}{4}$ c. $x = -14$ d. $x = \frac{1}{2}$ e. $x = \frac{19}{2}$

9.9 a. $x = 3$ b. $x = \frac{13}{5}$ c. keine Lösung d. $x = \frac{5}{11}$ e. $x = \frac{3}{2}$

9.10 a. $x = \frac{1}{4}$ b. $x = \frac{1}{5}$ c. $x = -2$ d. $x = \frac{3}{2}$ e. $x = \frac{1}{7}$

9.11 a. $x = -3$ b. $x = \frac{1}{8}$ c. $x = -\frac{75}{32}$ d. $x = \frac{45}{2}$ e. $x = -\frac{2}{21}$

9.12 a. $x = -\frac{28}{5}$ b. $x = \frac{26}{5}$ c. $x = -3$

9.13 a. $x = 3$ b. keine Lösung c. $x = \frac{13}{6}$

9.14 a. $x < 2$ b. $x > 14$ c. $x \leq -2$ d. $x \geq -2$ e. $x > 1$

9.15 a. $x > -2$ b. $x < -5$ c. $x \geq 3$ d. $x \leq 1$ e. $x < \frac{1}{2}$

9.16 a. $x < -14$ b. $x > 3$ c. $x \leq -\frac{1}{2}$ d. $x \geq -2$ e. $x > \frac{1}{2}$

9.17 a. $x > -1$ b. $x < -7$ c. $x \geq 8$ d. $x \leq -2$ e. $x < 2$

9.18 a. $x < \frac{6}{5}$ b. $x > \frac{9}{2}$ c. $x \leq -3$ d. $x \leq -\frac{1}{3}$ e. $x < -21$

9.19 a. $x > -\frac{12}{5}$ b. $x < -\frac{15}{2}$ c. $x \geq \frac{14}{15}$ d. $x \leq -\frac{1}{3}$ e. $x < -29$

9.20 a. $-4 < x < 3$ b. $-1 < x < 1$ c. $-2 \leq x < 1$ d. $-1 < x \leq \frac{3}{2}$ e. $0 \leq x \leq \frac{1}{2}$

9.21 a. $-1 < x < 4$ b. $3 < x < 4$ c. $1 < x \leq 3$ d. $-\frac{1}{2} \leq x < 2$ e. $\frac{1}{2} \leq x \leq 1$

9.22 a. $x = -\frac{4}{5}$ b. $x = 8$ c. $x = -\frac{1}{5}$ d. $x = \frac{7}{6}$ e. $x = \frac{1}{4}$

9.23 a. $x = \frac{4}{5}$ b. keine Lösung c. keine Lösung (aufgepasst!) d. $x = \frac{3}{22}$

e. keine Lösung

9.24 a. $x = 0, x = -2$ b. $x = 1, x = 7$ c. $x = -4, x = 6$ d. $x = \frac{1}{2}, x = -\frac{3}{2}$

e. $x = -1, x = \frac{5}{3}$

9.25 a. $x = -2 \pm \sqrt{3}$ b. $x = 1 \pm \sqrt{2}$ c. $x = 3 \pm \sqrt{5}$ d. $x = -\frac{1}{2} \pm \frac{1}{2}\sqrt{6}$

e. $x = 3 \pm \sqrt{2}$

9.26 a. $x = 2$ b. $x = -6$ c. $x = 0$ d. $x = 2$ e. $x = -\frac{5}{4}$

9.27 a. $x = 1, x = 3$ b. $x = -3, x = 1$ c. $x = \frac{3}{2} \pm \frac{1}{2}\sqrt{2}$ d. $x = -3, x = 0$

e. $x = -\frac{1}{3}, x = 3$

9.28 a. $x = 0, x = 2$ b. $x = 0, x = \frac{1}{2}$ c. $x = 0, x = 2$ d. $x = -\frac{2}{3}, x = -8$

e. $x = -1, x = -\frac{3}{5}$

9.29 a. $x = 2, x = -\frac{2}{3}$ b. $x = -\frac{3}{4}$ c. $x = -4, x = -1$ d. $x = \frac{3}{7}, x = \frac{7}{3}$

e. $x = -\frac{1}{10}, x = -\frac{5}{2}$

10. Quadratische Gleichungen

10.1 a. $x = \pm 3$ b. $x = \pm 2$ c. $x = \pm 2$ d. $x = \pm 3$ e. $x = \pm 7$

10.2 a. $x = \pm\sqrt{2}$ b. keine Lösungen c. $x = \pm 2\sqrt{2}$ d. $x = 0$ e. $x = \pm\sqrt{2}$

10.3 a. $x = \pm 2$ b. $x = \pm\frac{1}{2}\sqrt{3}$ c. $x = \pm\frac{2}{3}$ d. $x = \pm\frac{5}{4}$ e. $x = \pm\frac{3}{4}\sqrt{2}$

10.4 a. $x = \pm\frac{1}{3}\sqrt{3}$ b. $x = \pm\frac{3}{2}$ c. keine Lösungen d. $x = \pm\sqrt{14}$ e. $x = \pm\frac{1}{2}\sqrt{5}$

10.5 a. $x = 0, x = -3$ b. $x = -1, x = 5$ c. $x = 1, x = -1$ d. $x = -7, x = 2$
e. $x = 3, x = -9$

10.6 a. $x = 0, x = \frac{1}{2}$ b. $x = -\frac{1}{2}, x = 3$ c. $x = -\frac{2}{3}, x = \frac{3}{2}$ d. $x = -\frac{3}{5}, x = \frac{5}{3}$

e. $x = \frac{2}{3}$

10.7 a. $x = 1, x = -3$ b. $x = 1, x = -5$ c. $x = -\frac{1}{2}, x = \frac{4}{3}$ d. $x = -\frac{2}{3}, x = -\frac{1}{2}$

e. $x = \frac{2}{3}, x = -\frac{2}{3}$

10.8 a. $x = -6, x = \frac{2}{3}$ b. $x = \frac{6}{5}, x = \frac{6}{7}$ c. $x = \frac{16}{9}, x = \frac{3}{2}$

10.9 a. $x = -2 \pm \sqrt{3}$ b. $x = -3 \pm \sqrt{11}$ c. $x = -4 \pm \sqrt{13}$ d. $x = 1 \pm \sqrt{2}$

e. $x = -5 \pm 2\sqrt{5}$

10.10 a. $x = 6 \pm \sqrt{30}$ b. $x = \frac{13}{2} \pm \frac{1}{2}\sqrt{197}$ c. $x = 6, x = -7$ d. $x = 3, x = 9$

e. $x = -3 \pm \sqrt{21}$

10.11 a. $x = -\frac{7}{2} \pm \frac{1}{2}\sqrt{53}$ b. $x = 1, x = -4$ c. $x = -2$ d. $x = 2 \pm 2\sqrt{2}$

e. $x = \frac{11}{2} \pm \frac{1}{2}\sqrt{93}$

10.12 a. $x = -10 \pm 2\sqrt{10}$ b. $x = 9 \pm \sqrt{161}$ c. $x = -\frac{13}{2} \pm \frac{1}{2}\sqrt{337}$ d. $x = 7, x = 8$

e. $x = -20, x = -40$

10.13 a. $x = -\frac{1}{4} \pm \frac{1}{4}\sqrt{13}$ b. $x = \frac{1}{3}, -\frac{5}{3}$ c. $x = \frac{1}{6} \pm \frac{1}{6}\sqrt{5}$ d. $-\frac{3}{4} \pm \frac{1}{4}\sqrt{19}$

e. $\frac{1}{5} \pm \frac{1}{5}\sqrt{6}$

10.14 a. $x = -\frac{3}{8} \pm \frac{1}{8}\sqrt{33}$ b. $x = -1, -\frac{3}{2}$ c. $x = \frac{1}{3}$ d. $\frac{3}{4} \pm \frac{1}{4}\sqrt{21}$

e. $-\frac{2}{5} \pm \frac{2}{5}\sqrt{6}$

10.15 a. $x = \pm 1$ b. $x = \pm\sqrt{7}$ c. keine Lösungen d. $x = \pm\sqrt{2}$

e. $x = -1, x = \sqrt[3]{12}$

10.16 a. $x = 9$ b. $x = 1, x = 289$ c. $x = 9$ d. $x = 4, x = 169$ e. $x = 1$

10.17 a. $x = \frac{-5 \pm \sqrt{21}}{2}$ b. $x = 1, x = 2$ c. $x = \frac{-7 \pm \sqrt{37}}{2}$ d. keine Lösungen

e. $x = \frac{-11 \pm \sqrt{77}}{2}$

10.18 a. $x = \frac{-3 \pm \sqrt{5}}{2}$ b. $x = 1, x = 3$ c. $x = \frac{-9 \pm \sqrt{89}}{2}$ d. $x = 6 \pm \sqrt{33}$

e. $x = \frac{5 \pm \sqrt{21}}{2}$

10.19 a. keine Lösungen b. $x = \frac{6 \pm 3\sqrt{2}}{2}$ c. $x = \frac{-6 \pm 2\sqrt{15}}{3}$ d. $x = \frac{-3 \pm 2\sqrt{2}}{2}$

e. $x = \frac{6 \pm \sqrt{42}}{6}$

10.20 a. $x = \frac{1}{2}, x = -1$ b. keine Lösungen c. $x = -2 \pm \sqrt{5}$ d. $x = \frac{-9 \pm \sqrt{39}}{6}$

e. $x = \frac{2 \pm \sqrt{3}}{2}$

10.21 a. $x = 1 \pm \sqrt{2}$ b. $x = \frac{4 \pm \sqrt{10}}{2}$ c. $x = \frac{9 \pm \sqrt{69}}{6}$ d. $x = \frac{-3 \pm 3\sqrt{2}}{2}$

e. $x = \frac{1 \pm \sqrt{5}}{2}$

10.22 a. keine Lösungen b. $x = -\frac{1}{2}, x = 2$ c. $x = \frac{3 \pm \sqrt{29}}{4}$ d. $x = \frac{-9 \pm \sqrt{87}}{6}$

e. keine Lösungen

10.23 a. $x = -1 \pm \sqrt{3}$ b. $x = \frac{-3 \pm 3\sqrt{3}}{2}$ c. $x = 1 \pm \sqrt{3}$ d. $x = \frac{-15 \pm \sqrt{385}}{8}$

e. $x = \frac{-5 \pm 3\sqrt{5}}{5}$

10.24 a. $x = \frac{-3 \pm \sqrt{11}}{2}$ b. keine Lösungen c. $\frac{-1 \pm \sqrt{17}}{4}$ d. $x = \frac{-3 \pm \sqrt{59}}{4}$

e. keine Lösungen

10.25 a. $x = -1, x = 2$ b. $x = -\frac{5}{3} \pm \frac{1}{3}\sqrt{19}$ c. $x = 1, x = \frac{4}{3}$ d. $x = \pm 2\sqrt{5}$

e. $x = 1 \pm \sqrt{2}$

10.26 a. $x = \pm \frac{1}{2}\sqrt{10 + 2\sqrt{29}}$ b. $x = \pm \frac{1}{2}\sqrt[4]{8}$ c. $x = 6 \pm 4\sqrt{2}$ d. $x = 3 - 2\sqrt{2}$

e. $x = \sqrt[3]{2 \pm \sqrt{2}}$

11. Lineare Gleichungssysteme

11.1 a. $x = 2, y = 0$ b. $x = 1, y = 1$ c. $x = 1, y = -1$ d. $x = 2, y = 1$

e. $x = \frac{1}{2}, y = -\frac{1}{2}$

11.2 a. $x = \frac{4}{33}, y = \frac{5}{33}$ b. $x = -2, y = -3$ c. $x = -2, y = -3$

d. $x = 1, y = -2$ e. $x = 3, y = -4$

11.3 a. $x = -2, y = 2$ b. $x = -4, y = -3$ c. $x = 17, y = -10$

d. $x = 27, y = 7$ e. $x = -12, y = -8$

11.4 a. $x = \frac{21}{19}, y = -\frac{11}{19}$ b. $x = -\frac{22}{9}, y = -\frac{4}{3}$ c. $x = -38, y = 9$

d. $x = -4, y = 5$ e. $x = 29, y = 46$

11.5 a. $x = -1, y = 0, z = 2$ b. $x = 1, y = 1, z = 1$ c. $x = 2, y = -1, z = 1$

d. $x = 1, y = 0, z = -2$ e. $x = -1, y = 3, z = 1$

11.6 a. $x = -1, y = 0, z = -1$ b. $x = -1, y = -1, z = 1$ c. $x = -2, y = 1, z = 0$

d. $x = 0, y = 2, z = -1$ e. $x = 2, y = 1, z = -1$

11.7 a. Wenn Sie x eliminieren, erhalten Sie zwei Gleichungen in y und z welche (bis auf einem Faktor) *gleich* sind, nämlich $y - 4z = 4$. Diese Gleichung liefert für jede Wahl von z einen dazu gehörenden Wert von y, nämlich $y = 4z + 4$. Nach Einsetzen erhalten Sie ebenfalls einen Wert für x, nämlich $x = 2y - z = 2(4z + 4) - z = 7z + 8$. Wählen Sie z.B. $z = 1$, so erhalten Sie $y = 8$ und $x = 15$. Da der Wert von z beliebig ist, gibt es *unendliche viele* Lösungen. Auf Seite 117 wird dieser Sachverhalt geometrisch erklärt.

b. Jetzt liefert die Elimination von x ein Gleichungssystem in y und z, welches *widersprüchlich* ist. Es gibt deshalb keine Lösungen.

c. Es gibt unendlich viele Lösungen. Zu jeder Wahl von x ist $y = 5 + 2x$ und $z = -1 - x + 3y = -1 - x + 3(5 + 2x) = 14 + 5x$ eine Lösung.

11.8 a. keine Lösungen b. keine Lösungen c. unendlich viele Lösungen.

V Geometrie

12. Geraden in der Ebene

Bei den Aufgaben 12.1, 12.2 und 12.3 geben wir lediglich die Schnittpunkte der Geraden mit den Koordinatenachsen an. Sie können hiermit selbst ihre Zeichnung kontrollieren.

12.1 a. $(1,0),(0,1)$ b. $(0,0)$ c. $(1,0),(0,2)$ d. $(2,0),(0,-1)$ e. $(4,0),(0,\frac{4}{3})$

12.2 a. $(-3,0),(0,\frac{3}{4})$ b. $(-5,0),(0,-\frac{5}{4})$ c. $(0,0)$ d. $(-2,0),(0,7)$

e. $(-\frac{4}{5},0),(0,-2)$

12.3 a. $(0,0)$ (die Gerade ist die y-Achse) b. $(-3,0)$ (senkrechte Gerade) c. $(0,0)$
d. $(0,-1)$ (waagerechte Gerade) e. $(\frac{1}{3},0),(0,-\frac{1}{2})$

12.4 a. Halbebene links von der y-Achse b. Halbebene rechts von der senkrechten
Gerade durch $(-3,0)$ c. Halbebene rechts von der Geraden $y = x$ d. Halbebene
unterhalb der waagerechten Geraden, welche durch $(0,-2)$ läuft. e. Halbebene
links von der Geraden $y = 3x$

Bei den Aufgaben 12.5 und 12.6 geben wir keine Zeichnung, sondern die
Schnittpunkte der Grenzgeraden mit den Koordinatenachsen, sowie einen Punkt im
Inneren der Halbebene an. Hiermit können Sie dann ihre Zeichnung einfach
kontrollieren.

12.5 a. $(2,0),(0,2),(0,0)$ b. Halbebene rechts von der Geraden $y = 2x$ c. $(1,0)$,
$(0,2),(0,0)$

d. $(1,0),(0,-\frac{2}{3}),(2,0)$ e. $(\frac{4}{3},0),(0,\frac{4}{3}),(2,0)$

12.6 a. $(\frac{3}{5},0),(0,-\frac{3}{4}),(1,0)$ b. $(\frac{9}{2},0),(0,-\frac{9}{7}),(5,0)$ c. $(-\frac{2}{3},0),(0,-2),(-1,0)$

d. $(-\frac{2}{7},0),(0,2),(-1,0)$ e. $(-5,0),(0,-\frac{5}{2}),(0,0)$

12.7

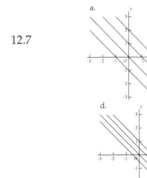
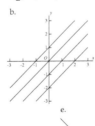
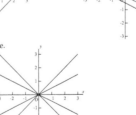

12.8 a. $x+y = 3$ b. $y = 0$ c. $-5x+y = 5$ d. $-5x+2y = 10$ e. $x = -2$

12.9 a. $2x-3y = 6$ b. $x = 3$ c. $5x+2y = 10$ d. $x+y = 0$ e. $x-y = 2$

12.10　a. $x + y = 3$　b. $-2x + 4y = 4$　c. $4x - 2y = -6$　d. $6x - 2y = -16$
e. $x - 5y = 9$

12.11　a. $7x - 2y = 11$　b. $x - y = 6$　c. $4x - 5y = -9$　d. $4x - y = 14$
e. $2x - 5y = 13$

12.12　a. $x + 4y = 0$　b. $3x - 2y = 0$　c. $5x + 2y = -5$　d. $x + y = 1$
e. $2x + y = -4$

12.13　a. $x + y = 10$　b. $y = -1$　c. $5x + 4y = 17$　d. $3x - 5y = 34$　e. $8x - y = 9$

12.14　a. ja　b. ja　c. ja　d. ja　e. nein

12.15　a. ja　b. ja　c. nein　d. ja　e. nein

12.16　a. $(\frac{3}{2}, \frac{1}{2})$　b. $(3, 0)$　c. $(-\frac{12}{13}, -\frac{4}{13})$　d. parallele Geraden　e. $(\frac{61}{56}, -\frac{4}{7})$

12.17　a. $(-\frac{27}{7}, -\frac{29}{14})$　b. $(-\frac{16}{13}, \frac{1}{13})$　c. $(\frac{14}{5}, \frac{7}{10})$　d. $(-\frac{17}{4}, \frac{11}{9})$　e. $(\frac{11}{98}, -\frac{1}{49})$

12.18　a. $(4, -1)$　b. $(4, -5)$　c. $(-3, -\frac{5}{2})$　d. $(\frac{23}{17}, \frac{18}{17})$　e. parallele Geraden

12.19　a. $(\frac{17}{3}, \frac{22}{3})$　b. $(-\frac{43}{47}, -\frac{161}{47})$　c. $(\frac{52}{33}, \frac{101}{132})$　d. die Geraden sind gleich
e. $(\frac{1}{47}, \frac{81}{47})$

12.20　a. $x + y = 0$　b. $2x - y = 2$　c. $-x + 4y = 12$　d. $-5x + 2y = -7$
e. $8x + 7y = 19$

13.　Abstände und Winkel

13.1　a. 3　b. 4　c. $\sqrt{26}$　d. $2\sqrt{2}$　e. $2\sqrt{10}$

13.2　a. 4　b. $\sqrt{2}$　c. $4\sqrt{2}$　d. $\sqrt{5}$　e. $\sqrt{10}$

13.3　a. $3\sqrt{2}$　b. $\sqrt{2}$　c. $\sqrt{29}$　d. $\sqrt{41}$　e. $\sqrt{5}$

13.4　a. $2\sqrt{5}$　b. $\sqrt{5}$　c. $\sqrt{29}$　d. 5　e. $\sqrt{10}$

13.5　a. $x = y$　b. $4x + 2y = 5$　c. $x = -1$　d. $x + y = 3$　e. $4x + 2y = -15$

13.6　a. $x + 2y = 2$　b. $2x - 4y = 7$　c. $10x + 4y = 21$　d. $6x - 8y = 3$
e. $x + 3y = 3$

13.7　a. $y = 0$, $x = a$　b. $x = y$, $x + y = a + b$　c. $ax + by = 0$, $bx - ay = 0$
d. $ax + by = a + b$　e. $ax + by = a^2 + b^2$

13.8　a. $x = 0$　b. $x + 2y = 10$　c. $x - y = -3$　d. $4x - 3y = 20$
e. $7x - 6y = 19$

13.9　a. $x + y = -1$　b. $-x + 3y = 17$　c. $5x - 8y = -39$　d. $-2x + 9y = 32$
e. $5x - 7y = -16$

13.10　a. $x + y = 4$　b. $y = 2$　c. $2x - y = -6$　d. $5x - y = -27$
e. $2x - 3y = 7$

13.11 a. $x - 2y = -4$ b. $-3x + 4y = 41$ c. $-x + 3y = 25$ d. $2x + 11y = 73$
e. $7x + 5y = 20$

13.12 a. $3x + 2y = 6$ b. $5x - 4y = 23$ c. $7x + y = -6$ d. $3x - 4y = 48$
e. $x + y = -1$

13.13 a. $9x + 4y = 0$ b. $7x - 2y = 6$ c. $5x + y = -9$ d. $5x - 4y = -4$
e. $7x + 2y = -26$

13.14 a. $\left(-\frac{3}{13}, -\frac{2}{13}\right)$ b. $\left(-\frac{1}{2}, -\frac{1}{2}\right)$ c. $\left(\frac{4}{5}, \frac{3}{5}\right)$ d. $\left(-\frac{1}{5}, -\frac{8}{5}\right)$ e. $\left(-\frac{9}{10}, -\frac{13}{10}\right)$

13.15 a. $\left(\frac{21}{17}, \frac{1}{17}\right)$ b. $\left(\frac{8}{5}, -\frac{9}{5}\right)$ c. $(-1, 2)$ d. $\left(-\frac{1}{2}, \frac{5}{2}\right)$ e. $\left(\frac{16}{5}, \frac{2}{5}\right)$

13.16 a. $-\frac{1}{2}\sqrt{2}, 135°$ b. $0, 90°$ c. $\frac{11}{130}\sqrt{130}, 15°$ d. $-\frac{1}{5}\sqrt{5}, 117°$ e. $-1, 180°$

13.17 a. $-\frac{1}{10}\sqrt{10}, 108°$ b. $-\frac{1}{2}\sqrt{2}, 135°$ c. $\frac{2}{13}\sqrt{13}, 56°$ d. $0, 90°$ e. $-\frac{1}{170}\sqrt{170},$
94°

13.18 a. $79°$ b. $65°$ c. $90°$ d. $18°$ e. $45°$

13.19 a. $7°$ b. $27°$ c. $32°$ d. $74°$ e. $15°$

14. Kreise

14.1 a. $x^2 + y^2 - 4 = 0$ b. $x^2 + y^2 - 4x = 0$ c. $x^2 + y^2 + 6y - 16 = 0$
d. $x^2 + y^2 - 2x - 4y - 11 = 0$ e. $x^2 + y^2 + 4x - 4y = 0$

14.2 a. $x^2 + y^2 - 8x + 15 = 0$ b. $x^2 + y^2 - 6x + 4y = 0$
c. $x^2 + y^2 - 4x + 2y - 20 = 0$ d. $x^2 + y^2 - 2x - 14y + 1 = 0$
e. $x^2 + y^2 + 10x - 24y = 0$

14.3 a. $M = (-2, 1), r = 2$ b. $M = \left(-\frac{1}{2}, \frac{1}{2}\right), r = \frac{1}{2}\sqrt{6}$ c. $M = (-1, -1), r = \sqrt{2}$
d. $M = (4, 0), r = 2$ e. kein Kreis

14.4 a. kein Kreis b. $M = (2, 0), r = 3$ c. $M = (0, 2), r = 0$ d. $M = \left(0, \frac{1}{3}\right), r = \frac{1}{3}$
e. $M = (2, 1), r = \frac{1}{2}$

14.5 a. $x^2 + y^2 - 2x - 2y = 0$ b. $x^2 + y^2 - 2x - 4y = 0$ c. $x^2 + y^2 - 6x - 8y = 0$
d. $x^2 + y^2 - 4x = 0$ e. $x^2 + y^2 - 3x - 4y = 0$

14.6 a. $x^2 + y^2 - 6x - 6y + 10 = 0$ b. $x^2 + y^2 - 2y - 4 = 0$ c. $x^2 + y^2 + 2y - 1 = 0$
d. $x^2 + y^2 - 4x - 4y + 6 = 0$ e. $x^2 + y^2 + 2x + 2y + 1 = 0$

14.7 a. $(-2 \pm \sqrt{3}, 0), (0, 1)$ b. $\left(\frac{-1 \pm \sqrt{5}}{2}, 0\right), \left(0, \frac{1 \pm \sqrt{5}}{2}\right)$ c. $(0, 0), (-2, 0), (0, -2)$
d. $(2, 0), (6, 0)$ e. $\left(\frac{-3 \pm \sqrt{5}}{2}, 0\right), (0, 2 \pm \sqrt{3})$

14.8 a. $(-1, 0), (5, 0), (0, \pm\sqrt{5})$ b. $(0, 1), (0, 5)$ c. $(0, 2 \pm \sqrt{2})$ d. $(0, 0), \left(0, \frac{2}{3}\right)$
e. keine Schnittpunkte

14.9 a. $(2, \pm\sqrt{5})$ b. $\left(\frac{6}{5}\sqrt{5}, \frac{3}{5}\sqrt{5}\right), \left(-\frac{6}{5}\sqrt{5}, -\frac{3}{5}\sqrt{5}\right)$ c. $(3, 0), (0, 3)$

d. $(-3,0),(\frac{9}{5},-\frac{12}{5})$ e. $(\frac{3}{2}\sqrt{2},-\frac{3}{2}\sqrt{2})$

14.10 a. $(\pm 2\sqrt{3},-2)$ b. $(\frac{16}{5},\frac{12}{5}),(-\frac{16}{5},-\frac{12}{5})$ c. $(-4,0),(0,-4)$

d. $(4,0),(-\frac{12}{5},-\frac{16}{5})$ e. $(2\sqrt{3},2),(-2\sqrt{3},-2)$

14.11 a. $(0,0),(-1,-1)$ b. $(3+\sqrt{2},4-\sqrt{2}),(3-\sqrt{2},4+\sqrt{2})$

c. $(-1,0),(-6,-5)$ d. $(0,2),(\frac{8}{5},-\frac{14}{5})$ e. $(1,5),(-\frac{1}{5},\frac{13}{5})$

14.12 a. $(1,4),(1,-2)$ b. keine Lösungen c. $(4,-3),(-3,4)$

d. $(-1,1),(-\frac{38}{5},-\frac{6}{5})$ e. $(1,1),(-\frac{3}{5},-\frac{11}{5})$

14.13 a. $(1,\pm\sqrt{3})$ b. $(0,-3),(\frac{12}{5},\frac{9}{5})$ c. $(-3,-4),(-\frac{24}{5},\frac{7}{5})$ d. $(2,0),(0,2)$

e. keine Lösungen

14.14 a. $(0,0),(\frac{2}{5},-\frac{6}{5})$ b. $(0,0),(3,1)$ c. keine Lösungen d. $(1,1),(\frac{17}{5},\frac{11}{5})$

e. keine Lösungen

14.15 a. $(1,2),(-3,-2)$ b. $(1,1),(\frac{161}{101},\frac{107}{101})$ c. $(-1,0),(-\frac{34}{73},-\frac{104}{73})$

d. $(-1,1),(\frac{1}{5},\frac{23}{5})$ e. $(3,0),(\frac{45}{13},-\frac{4}{13})$

14.16 a. $(1,0)$ b. keine Lösungen c. keine Lösungen d. $(1,-1)$

e. $(2,-3),(\frac{2}{5},\frac{1}{5})$

14.17 a. $x^2+y^2=16$ b. $(x-2)^2+y^2=2$ c. $x^2+(y-2)^2=\frac{36}{25}$

d. $(x+1)^2+(y+1)^2=\frac{9}{5}$ e. $(x-1)^2+(y-2)^2=8$

14.18 a. $x+2y=5$ b. $x-y=2$ c. $y=1$ d. $x+y=2$ e. $4x-y=5$

14.19 a. $(0,5),(0,-1),(5,0),(-1,0)$

b. $-2x+3y=15, 2x+3y=-3, 3x-2y=15, 3x+2y=-3$

14.20 a. $x=-1\pm\sqrt{3}, y=\pm\sqrt{3}$ b. $x=-2\pm\sqrt{33}, y=3\pm\sqrt{33}$ c. $x=1\pm\sqrt{17}$,

$y=2\pm\sqrt{17}$ d. $x=-1\pm\sqrt{17}, y=-4\pm\sqrt{17}$ e. $x=1\pm2\sqrt{3}, y=3\pm2\sqrt{3}$

15. Raumgeometrie

15.1 a. $\sqrt{10}$ b. $3\sqrt{2}$ c. $3\sqrt{3}$ d. 3 e. $\sqrt{33}$

15.2 a. $\sqrt{3}$ b. $\sqrt{11}$ c. $\sqrt{26}$ d. $\sqrt{6}$ e. $\sqrt{11}$

15.3 Aus typografischen Gründen schreiben wir die Koordinaten der Vektoren nicht unter-, sondern nebeneinander.

a. $(-3,-1,3)$ b. $(-2,-1,1)$ c. $(-1,6,-1)$ d. $(3,2,4)$ e. $(-1,-3,1)$

15.4 a. $(1,-2,-4)$ b. $(-3,2,-2)$ c. $(3,0,6)$ d. $(1,0,-4)$ e. $(1,1,3)$

15.5 a. $\frac{2}{13}\sqrt{13}, 56°$ b. $-\frac{1}{11}\sqrt{55}, 132°$ c. $-\frac{1}{11}\sqrt{11}, 108°$ d. $-\frac{3}{10}\sqrt{2}, 115°$

e. $-1, 180°$

15.6 a. $\frac{1}{15}\sqrt{15}, 75°$ b. $0, 90°$ c. $-\frac{3}{35}\sqrt{10}, 106°$ d. $0, 90°$ e. $\frac{1}{30}\sqrt{30}, 79°$

15.7 Dieser ist z.B. der Winkel zwischen den Vektoren $(1, 1, 1)$ und $(1, 0, 0)$. Der Cosinus des Winkels ist $\frac{1}{3}\sqrt{3}$, der Winkel ist somit, gradgenau, gleich $55°$.

15.8 a. $(1,0,0), (0,3,0), (0,0,-3)$ b. $(\frac{1}{4},0,0), (0,\frac{1}{2},0), (0,0,\frac{1}{3})$

c. $(\frac{1}{a},0,0), (0,\frac{1}{b},0), (0,0,\frac{1}{c})$

15.9 a. $x+y+z=1$ b. $\frac{x}{2}+\frac{y}{3}+\frac{z}{4}=1$ c. $x-y-\frac{z}{3}=1$ d. $z=0$

e. $x=1$

15.10 a. $x=z$ b. $x+y-4z=-6$ c. $x-y+4z=-4$ d. $x+y+z=\frac{3}{2}$ e. $x=z$

15.11 a. $4y-2z+3=0$ b. $-x+2y+z=4$ c. $4x+2y-8z=13$

d. $6x-2y+2z=13$ e. $x=z$

15.12 a. $x=1$ b. $x+z=2$ c. $-2x+3y+z=-2$ d. $x+y-z=0$
e. $y+2z=7$

15.13 a. $3x-2y=-6$ b. $3y-z=11$ c. $3x-y+z=12$ d. $x=6$ e. $y=0$

15.15 a. $3x+2y-4z=16$ b. $2x-2y-3z=4$ c. $-2x+3y-z=5$

d. $5x-y+7z=-16$ e. $x+2z=3$ f. $x=4$

15.16 a. $(1,-1,1)$ b. $(2,0,1)$ c. $(2,-1,1)$ d. $(0,2,1)$ e. $(-3,1,1)$ f. $(4,-4,1)$
g. $(0,1,1)$ h. Es gibt keinen Schnittpunkt mit $z=1$. Die Gerade liegt in der Ebene $z=-1$.

15.17 a. $(1,0,1)$ b. $(0,1,-2)$ c. $(-1,1,0)$ d. Die Ebenen α und γ sind parallel.
e. Die Ebenen schneiden sich in einer Geraden. Beipielsweise sind $(-1,-1,0)$ und
$(-9,-3,1)$ Punkte auf dieser Geraden. f. $(1,-1,1)$ g. Die Ebenen α und γ sind
gleich: auf der Schnittgeraden von $\alpha=\gamma$ und β liegen z.B. die Punkte $(0,-\frac{14}{3},-5)$
und $(1,-3,-3)$ h. $(0,0,-1)$

15.18 In den Aufgaben 11.5 und 11.6 gibt es jeweils drei Ebenen, die sich in einem
Punkt schneiden.
Aufgabe 11.7 a. Sie schneiden einander in einer Geraden. b. Jeweils zwei schneiden
sich und die drei Schnittgeraden liegen parallel.

c. Sie schneiden einander in einer Geraden.
Aufgabe 11.8 a. Jeweils zwei schneiden sich und die drei Schnittgeraden liegen
parallel. b. Jeweils zwei schneiden sich und die drei Schnittgeraden liegen parallel. c.
Sie schneiden einander in einer Geraden.

15.19 a. $x^2+y^2+z^2-2z-3=0$ b. $x^2+y^2+z^2-4x-4y+4=0$

c. $x^2+y^2+z^2-2x+6z-15=0$ d. $x^2+y^2+z^2-2x-4y+4z=0$

e. $x^2+y^2+z^2+4x-4y-41=0$

15.20 a. $x^2+y^2+z^2-8x-2z+16=0$ b. $x^2+y^2+z^2-6x-2y+4z+1=0$

c. $x^2+y^2+z^2-4x+2z-20=0$ d. $x^2+y^2+z^2-2x-14y+4z+5=0$

e. $x^2+y^2+z^2+10x-4y-2z+21=0$

15.21 a. $M=(-2,1,-1), r=\sqrt{6}$ b. $M=(-\frac{1}{2},\frac{1}{2},0), r=\frac{1}{2}\sqrt{6}$

c. $M = (-1, 0, -2), r = \sqrt{5}$ d. $M = (0, 0, 4), r = 2$ e. keine Kugel

15.22 a. keine Kugel b. $M = (0, 0, 2), r = 3$ c. $M = (0, 2, 2), r = 2$

d. $M = (0, \frac{1}{3}, 0), r = \frac{1}{3}$ e. keine Kugel

15.23 a. $x + 2y + 2z = 9$ b. $x - z = 2$ c. $-y + z = 0$ d. $3x + 3y - 2z = 8$

e. $4x - y - 2z = 5$

15.24 a. $y^2 + z^2 - 4y - 4z - 7 = 0, x^2 + z^2 - 2x - 4z - 7 = 0$

b. $M = (0, 2, 2), r = \sqrt{15}$, bzw. $M = (1, 0, 2), r = 2\sqrt{3}$

c. $(1 \pm 2\sqrt{2}, 0, 0), (0, 2 \pm \sqrt{11}, 0), (0, 0, 2 \pm \sqrt{11})$

d. $\sqrt{2}x - y - z = 4 + \sqrt{2}, \quad \sqrt{2}x + y + z = -4 + \sqrt{2},$
$x - \sqrt{11}y + 2z = -11 - 2\sqrt{11}, \quad x + \sqrt{11}y + 2z = -11 + 2\sqrt{11},$
$x + 2y - \sqrt{11}z = -11 - 2\sqrt{11}, \quad x + 2y + \sqrt{11}z = -11 + 2\sqrt{11}$

VI Funktionen

16. Funktionen und Graphen

16.1 a. $-\frac{3}{5}$ b. 2 c. 2 d. 0 e. $-\frac{1}{5}$

16.2 a. $\frac{2}{7}$ b. $\frac{1}{3}$ c. $\frac{5}{2}$ d. $\frac{2}{11}$ e. $\frac{1}{2}$

16.3 a. $18°$ b. $72°$ c. $-53°$ d. $82°$ e. $14°$

16.4 a. $68°$ b. $76°$ c. $45°$ d. $-47°$ e. $-72°$

16.5 a. 0.32 b. 1.25 c. -0.93 d. 1.43 e. 0.24

16.6 a. 1.19 b. 1.33 c. 0.79 d. -0.83 e. -1.25

16.7 a. $y = 3x$ b. $y = -2x + 1$ c. $y = 0.13x + 1.87$ d. $y = -x$ e. $y = 4x - 11$

16.8 a. $y = -4x + 16$ b. $y = 2.22x - 10.66$ c. $y = -3$ d. $y = -1.5x + 0.5$

e. $y = 0.4x - 1.6$

16.9 a. $(0, -1)$ b. $(0, 7)$ c. $(-1, 0)$ d. $(2, 1)$ e. $(-1, -1)$

16.10 a. $(-3, 4)$ b. $(2, -8)$ c. $(\frac{7}{6}, \frac{73}{12})$ d. $(-3, -23)$ e. $(-2, -26)$

16.11 a. $(-1, -4)$ b. $(1, -4)$ c. $(-1, -9)$ d. $(-\frac{1}{4}, -\frac{9}{8})$ e. $(\frac{1}{6}, -\frac{25}{12})$

16.12 a. $(-1, 4)$ b. $(2, 1)$ c. $(-\frac{1}{2}, \frac{9}{4})$ d. $(\frac{3}{4}, -\frac{25}{8})$ e. $(-\frac{1}{3}, -\frac{4}{3})$

16.13 a. $y = 2x^2$ b. $y = -2x^2$ c. $y = \frac{1}{4}x^2$ d. $y = -\frac{1}{2}x^2$ e. $y = -5x^2$

16.14 a. $y = x^2 + 1$ b. $y = -\frac{1}{4}x^2 - 1$ c. $y = -3x^2 - 2$ d. $y = -\frac{1}{8}x^2 + \frac{3}{4}x - \frac{9}{8}$

e. $y = \frac{1}{16}x^2 + \frac{1}{4}x + \frac{1}{4}$

16.15 a. $y = x^2 - 2x + 3$ b. $y = x^2 + 2x + 3$ c. $y = 2x^2 - 8x + 7$ d. $y = x^2 + 3$

e. $y = 3x^2 + 18x + 27$

16.16 a. $y = \frac{2}{3}x^2$ b. $y = x^2 - x - \frac{1}{4}$ c. $y = 11x^2 - \frac{22}{3}x + \frac{2}{9}$ d. $y = 2x^2 + \frac{3}{2}$

e. $y = 2x^2 + 3x + \frac{15}{8}$

16.17 Wir schreiben lediglich die Schnittpunkte auf.
a. $(2,4), (-2,0)$ b. $(-2,-1)$ c. $(0,-3), (-1,-2)$ d. $(\frac{1}{2},0), (1,1)$

e. $(-\frac{1}{3},-4), (-1,-2)$

16.18 Wir schreiben lediglich die Schnittpunkte auf.
a. $(1,2), (-1,2)$ b. $(1,0)$ c. $(1,0), (2,5)$ d. $(1,3), (-\frac{1}{3},\frac{7}{9})$ e. $(1,-4)$

16.19 a. $x \leq -2$ oder $x \geq 1$ b. $x \leq -1$ oder $x \geq 1$ c. $-1 \leq x \leq 2$ d. $x \leq \frac{3-\sqrt{33}}{4}$

oder $x \geq \frac{3+\sqrt{33}}{4}$ e. $0 \leq x \leq \frac{2}{3}$

16.20 a. $x \leq 0$ oder $x \geq 1$ b. $1 - \sqrt{3} \leq x \leq 1 + \sqrt{3}$ c. $1 \leq x \leq \frac{3}{2}$ d. $x \leq -1$ oder
$x \geq \frac{5}{3}$ e. $-\frac{4}{5} \leq x \leq 2$

16.21 a. $-2 < p < 2$ b. $p > \frac{1}{4}$ c. $p < -1$ d. $0 < p < 4$ e. $-6 < p < 2$

16.22 a. für alle p b. $p > -\frac{5}{4}$ c. $p > -\frac{1}{3}$ d. $p < -2, p > 6$ e. $p \neq -2$

16.23 Wir schreiben nur die zwei Asymptoten und die eventuellen Schnittpunkte
mit den Koordinatenachsen auf.
a. $x = 1, y = 0, (0,-1)$ b. $x = 0, y = 1, (-1,0)$ c. $x = 2, y = 0, (0,-\frac{3}{4})$ d. $x = 5$,
$y = 2, (0,0)$ e. $x = 2, y = 1, (0,-1), (-2,0)$

16.24 a. $x = \frac{3}{2}, y = -\frac{1}{2}, (0,0)$ b. $x = \frac{1}{3}, y = \frac{1}{3}, (-2,0), (0,-2)$ c. $x = \frac{1}{5}, y = -\frac{2}{5}$,
$(2,0), (0,-4)$ d. $x = -\frac{4}{7}, y = \frac{1}{7}, (-3,0), (0,\frac{3}{4})$ e. $x = \frac{1}{2}, y = -\frac{1}{2}, (\frac{3}{2},0), (0,-\frac{3}{2})$

16.25 a. $x \leq -4$ oder $x \geq -2$ b. $0 \leq x \leq 2$ c. $x \leq 0$ oder $x \geq 10$ d. $x \leq \frac{3}{4}$

e. $-\frac{1}{5} \leq x \leq 3$

16.26 a. $x \leq -1$ oder $x \geq 1$ b. $x \leq -6$ oder $x \geq -\frac{2}{5}$ c. $x \leq -3$ oder $x \geq 2$

d. $x \leq \frac{2}{7}$ oder $x \geq 2$ e. $x \leq -7$ oder $x \geq -\frac{1}{3}$

16.27 a. $(-4,-8), (1,2)$ b. $(2,0), (-3,5)$ c. $(-3,1), (4,8)$ d. $(\frac{5}{2},-2), (1,1)$

16.28 a. $(-\frac{2}{3},-7), (2,1)$ b. $(-4,-2), (-1,1)$ c. $(-2,4), (0,2)$ d. $(1,-2), (3,4)$

16.29 Selbst machen

16.30 Selbst machen

16.31 Selbst machen

16.32 Selbst machen

16.33 a. $0 \leq x \leq 1$ b. $x = 0, x = 1, x = -1$ c. $x \leq -1, x \geq 1, x = 0$ d. $x = 0$,
$x \geq 1$ e. $-1 \leq x \leq 1$

16.34 a. $x = -\frac{1}{2}, x = -\frac{5}{2}$ b. keine Lösungen c. $x = \frac{3}{2}$ d. $-\frac{1}{2} \leq x \leq \frac{3}{2}$

e. $1 - \sqrt{2} < x < 1, \ 1 < x < 1 + \sqrt{2}$

16.35　a. $x = 0, x = 1$　b. $x = \frac{5 \pm \sqrt{5}}{2}$　c. $x \geq 3$　d. $x \leq \frac{-1 + \sqrt{5}}{2}$　e. $x \geq -\frac{1}{2}$

16.36　a. $x(x-1)(x-2)(x-3)(x-4)$　b. $x^2(x-1)(x-2)(x-3)$
c. $x^3(x-1)(x-2)$　d. $x^4(x-1)$　e. x^5　f. $x^6 + 1$

16.37　a. $x + 1$　b. $2x + 2$　c. $x^2 - x + 1$　d. $x^5 + x^4 + x^3 + x^2 + x + 1$
e. $2x^2 - 4x + 4$　f. $x^3 + x^2 - x - 1$　g. $-x^2 - 5x + 2$

16.38　a. $2x^3 + 2x^2 + 2x + 2$　b. $x^2 - x + 2$　c. $x^2 - 2x + 4$　d. $x^3 + 2x^2 + 4x + 8$
e. $x^2 - 2x$　f. $2x^2 - 4x + 4$　g. $x^3 - 10x^2 + 4x - 4$

16.39　a. VIII　b. V　c. II　d. III　e. I　f. IV　g. VII　h. IX　i. VI

17.　Trigonometrie

17.1　a. $\frac{\pi}{6}$　b. $\frac{\pi}{4}$　c. $\frac{\pi}{3}$　d. $\frac{7\pi}{18}$　e. $\frac{\pi}{12}$

17.2　a. $\frac{\pi}{9}$　b. $\frac{5\pi}{18}$　c. $\frac{4\pi}{9}$　d. $\frac{5\pi}{9}$　e. $\frac{5\pi}{6}$

17.3　a. $\frac{13\pi}{18}$　b. $\frac{3\pi}{4}$　c. $\frac{10\pi}{9}$　d. $\frac{4\pi}{3}$　e. $\frac{11\pi}{6}$

17.4　a. $30°$　b. $210°$　c. $60°$　d. $120°$　e. $45°$

17.5　a. $225°$　b. $75°$　c. $82.5°$　d. $337.5°$　e. $345°$

17.6　a. $177.5°$　b. $307.5°$　c. $250°$　d. $97.5°$　e. $155°$

17.7　a. $330°$　b. $85°$　c. $200°$　d. $340°$　e. $155°$

17.8　a. $140°$　b. $70°$　c. $110°$　d. $280°$　e. $110°$

17.9　a. $290°$　b. $215°$　c. $120°$　d. $120°$　e. $10°$

17.10　a. $\frac{9}{2}$　b. $\frac{\pi}{8}$　c. $2\sqrt{\pi}$

17.11　a. $z^2 + z^2 = 1$ also $z = \sqrt{\frac{1}{2}} = \frac{1}{2}\sqrt{2}$
b. $z^2 = 1^2 - \frac{1}{2}^2 = \frac{3}{4}$ dus $z = \sqrt{\frac{3}{4}} = \frac{1}{2}\sqrt{3}$
c. Sie können die Antworten selbst aus den Zeichnungen ablesen.

17.12　a. $\frac{1}{2}\sqrt{3}$　b. $-\frac{1}{2}\sqrt{2}$　c. $\frac{1}{2}\sqrt{3}$　d. 1　e. $\frac{1}{2}$

17.13　a. 0　b. 0　c. -1　d. 0　e. 0

17.14　a. $-\frac{1}{2}\sqrt{3}$　b. -1　c. $-\frac{1}{2}\sqrt{3}$　d. $\sqrt{3}$　e. $-\frac{1}{2}\sqrt{2}$

17.15　a. $\sqrt{3}$　b. $-\frac{1}{2}\sqrt{2}$　c. $\frac{1}{2}$　d. 1　e. $\frac{1}{2}\sqrt{3}$

17.16　a. -1　b. 0　c. 0　d. 0　e. 1

17.17　a. $-\frac{1}{2}$　b. -1　c. $-\frac{1}{2}\sqrt{3}$　d. $-\frac{1}{3}\sqrt{3}$　e. $-\frac{1}{2}\sqrt{2}$

17.18　Wenn α von $-\frac{1}{2}\pi$ nach $\frac{1}{2}\pi$ läuft, so geht der Tangens von $-\infty$ bis ∞.

17.19　a. $a = 1.5898, b = 2.5441$　b. $a = 1.7820, b = 0.9080$　c. $b = 1.9314, c = 2.7803$
d. $a = 6.9734, b = 0.6101$　e. $a = 0.6377, c = 3.0670$

17.20　a. $b = 7.0676, c = 7.6779$　b. $a = 2.3007, c = 3.0485$　c. $a = 7.7624, b = 1.9354$
d. $a = 0.7677, c = 2.1423$　e. $a = 1.2229, c = 4.1828$

17.21 a. $a = 2.6736, b = 1.3608$ b. $a = 1.9177, b = 3.5103$
c. $b = 9.8663, c = 10.0670$ d. $a = 18.0051, c = 19.3179$ e. $b = 3.5617, c = 4.6568$

17.22 a. $\frac{2}{5}\sqrt{6}, \frac{1}{12}\sqrt{6}$ b. $\frac{3}{7}\sqrt{5}, \frac{3}{2}\sqrt{5}$ c. $\frac{1}{8}\sqrt{55}, \frac{3}{55}\sqrt{55}$ d. $\frac{1}{5}\sqrt{21}, \frac{1}{2}\sqrt{21}$
e. $\frac{2}{7}\sqrt{6}, \frac{2}{5}\sqrt{6}$

17.23 a. $\frac{1}{4}\sqrt{7}, \frac{3}{7}\sqrt{7}$ b. $\frac{1}{6}\sqrt{35}, \sqrt{35}$ c. $\frac{3}{8}\sqrt{7}, \frac{1}{21}\sqrt{7}$ d. $\frac{1}{8}\sqrt{39}, \frac{1}{5}\sqrt{39}$ e. $\frac{12}{13}, \frac{12}{5}$

17.24 a. $\frac{5}{31}\sqrt{37}, \frac{6}{185}\sqrt{37}$ b. $\frac{3}{23}\sqrt{57}, \frac{3}{4}\sqrt{57}$ c. $\frac{2}{3}, \frac{1}{2}\sqrt{5}$ d. $\frac{1}{3}\sqrt{2}, \frac{1}{7}\sqrt{14}$
e. $\frac{1}{4}\sqrt{6}, \frac{1}{5}\sqrt{15}$

17.25 Wir zeigen den Lösungsweg vom Teil (a.). Der Rest wird dem Leser überlassen.
a. $\cos 2\alpha = \cos^2 \alpha - \sin^2 \alpha = \cos^2 \alpha - (1 - \cos^2 \alpha) = 2\cos^2 \alpha - 1$
$= 2(1 - \sin^2 \alpha) - 1 = 1 - 2\sin^2 \alpha$

17.26 $\cos\left(\frac{\pi}{2} - x\right) = \cos\frac{\pi}{2}\cos x + \sin\frac{\pi}{2}\sin x = 0 \times \cos x + 1 \times \sin x = \sin x.$
$\sin\left(\frac{\pi}{2} - x\right) = \sin\frac{\pi}{2}\cos x - \cos\frac{\pi}{2}\sin x = 1 \times \cos x - 0 \times \sin x = \cos x.$

17.27 Ausarbeiten und Vereinfachen.

17.28 a. Benutzen Sie, dass $\sin^2\frac{\pi}{8} = (1 - \cos\frac{\pi}{4})/2 = \frac{2-\sqrt{2}}{4}$. Folgerung:
$\sin\frac{\pi}{8} = \frac{1}{2}\sqrt{2 - \sqrt{2}}$

b. $\frac{1}{2}\sqrt{2 + \sqrt{2}}$ c. $\frac{\sqrt{2 - \sqrt{2}}}{\sqrt{2 + \sqrt{2}}}$ d. $\frac{1}{2}\sqrt{2 - \sqrt{3}}$ e. $\frac{1}{2}\sqrt{2 + \sqrt{3}}$

17.29 a. $\sin\frac{3}{8}\pi = \cos\frac{1}{8}\pi = \frac{1}{2}\sqrt{2 + \sqrt{2}}$ b. $-\frac{1}{2}\sqrt{2 + \sqrt{2}}$ c. $-\frac{\sqrt{2 + \sqrt{2}}}{\sqrt{2 - \sqrt{2}}}$
d. $\frac{1}{2}\sqrt{2 + \sqrt{3}}$ e. $-\frac{\sqrt{2 + \sqrt{3}}}{\sqrt{2 - \sqrt{3}}}$

17.30 a. $-\frac{1}{2}\sqrt{2 + \sqrt{2}}$ b. $-\frac{1}{2}\sqrt{2 - \sqrt{3}}$ c. $-\frac{\sqrt{2 - \sqrt{2}}}{\sqrt{2 + \sqrt{2}}}$ d. $\frac{\sqrt{2 - \sqrt{3}}}{\sqrt{2 + \sqrt{3}}}$ e. $\frac{1}{2}\sqrt{2 - \sqrt{2}}$

17.31 a. $x = -\frac{\pi}{6} + 2k\pi$ oder $x = \frac{7\pi}{6} + 2k\pi$ b. $x = \frac{\pi}{3} + 2k\pi$ oder $x = -\frac{\pi}{3} + 2k\pi$
c. $x = \frac{3\pi}{4} + k\pi$

17.32 a. $x = \frac{\pi}{4} + 2k\pi$ oder $x = \frac{3\pi}{4} + 2k\pi$ b. $x = \frac{5\pi}{6} + 2k\pi$ oder $x = \frac{7\pi}{6} + 2k\pi$
c. $x = \frac{2\pi}{3} + k\pi$

17.33 a. $x = \frac{\pi}{6} + k\pi$ b. $x = \frac{3\pi}{4} + 2k\pi$ oder $x = \frac{5\pi}{4} + 2k\pi$ c. $x = \frac{\pi}{2} + k\pi$

Bei den Aufgaben 17.34 bis 17.42 geben wir nur die Periode und die Nullstellen an, wobei k jeweils eine beliebige ganze Zahl ist. Kontrollieren Sie hiermit Ihre Graphen.

17.34 a. $2\pi, x = k\pi$ b. $2\pi, x = \frac{\pi}{2} + k\pi$ c. $\pi, x = k\pi$ d. $2\pi, x = k\pi$
e. $2\pi, x = \frac{\pi}{2} + k\pi$

17.35 a. $\pi, x = \frac{\pi}{2} + k\pi$ b. $2\pi, x = \frac{2\pi}{3} + k\pi$ c. $2\pi, x = \frac{\pi}{3} + k\pi$
d. $2\pi, x = \frac{3\pi}{4} + k\pi$ e. $\pi, x = \frac{\pi}{3} + k\pi$

17.36 a. $\pi, x = \frac{\pi}{6} + k\pi$ b. $2\pi, x = \frac{\pi}{2} + k\pi$ c. $2\pi, x = \frac{\pi}{3} + k\pi$
d. $2\pi, x = \frac{\pi}{4} + k\pi$ e. $\pi, x = \frac{5\pi}{6} + k\pi$

17.37 a. $2\pi, x = \frac{\pi}{2} + k\pi$ b. $2\pi, x = \frac{\pi}{4} + k\pi$ c. $\pi, x = \frac{2\pi}{3} + k\pi$ d. $2\pi,$
$x = \frac{5\pi}{6} + k\pi$ e. $2\pi, x = \frac{\pi}{3} + k\pi$

17.38 a. $\frac{\pi}{2}, x = k\frac{\pi}{2}$ b. $\frac{2\pi}{3}, x = \frac{\pi}{6} + \frac{k\pi}{3}$ c. $3\pi, x = \frac{3k\pi}{2}$ d. $\frac{8\pi}{5}, x = \frac{2\pi}{5} + \frac{4k\pi}{5}$
e. $\frac{\pi}{8}, x = \frac{k\pi}{8}$

17.39 a. $\frac{\pi}{3}, x = \frac{5\pi}{18} + k\frac{\pi}{3}$ b. $\pi, x = \frac{\pi}{4} + \frac{k\pi}{2}$ c. $\pi, x = \frac{\pi}{6} + \frac{k\pi}{2}$ d. $4\pi,$
$x = \frac{\pi}{2} + 2k\pi$ e. $3\pi, x = \frac{5\pi}{2} + 3k\pi$

17.40 a. $1, x = \frac{k}{2}$ b. $\frac{2}{3}, x = \frac{1}{2} + \frac{k}{3}$ c. $1, x = k$ d. $1, x = k$ e. $1, x = \frac{1}{6} + \frac{k}{2}$

17.41 a. $\frac{1}{6}, x = \frac{k}{6}$ b. $\frac{1}{2}, x = \frac{1}{8} + \frac{k}{4}$ c. $1, x = \frac{1}{6} + \frac{k}{2}$ d. $\frac{8}{5}, x = \frac{2}{5} + \frac{4k}{5}$ e. $3, x = 3k$

17.42 a. $1, x = \frac{5}{6} + k$ b. $4, x = 1 + 2k$ c. $\frac{2}{7}, x = \frac{1}{21} + \frac{k}{7}$ d. $\frac{2}{5}, x = \frac{3}{20} + \frac{k}{5}$
e. $\frac{4}{3}, x = \frac{2}{9} + \frac{4k}{3}$

17.43 a. $-\frac{\pi}{2}$ b. $\frac{\pi}{2}$ c. $-\frac{\pi}{4}$ d. $\frac{\pi}{4}$ e. $\frac{5\pi}{6}$

17.44 a. $-\frac{\pi}{6}$ b. $\frac{3\pi}{4}$ c. $\frac{\pi}{3}$ d. $-\frac{\pi}{3}$ e. π

17.45 a. 0 b. π c. 0 d. $\frac{\pi}{3}$ e. $\frac{\pi}{4}$

17.46 a. $\frac{2}{3}\sqrt{2}$ b. $\frac{1}{4}\sqrt{2}$ c. $\frac{4}{9}\sqrt{2}$ d. $\frac{2}{3} - \frac{1}{6}\sqrt{2}$ e. $\frac{1}{6}\sqrt{18 + 12\sqrt{2}}$

17.47 a. $-\frac{5}{7}$ b. 1 c. $\frac{3}{4}$ d. $\frac{1}{2}\sqrt{2}$ e. $-\frac{1}{2}\sqrt{2}$

17.48 a. $\frac{4}{5}$ b. $\frac{1}{3}\sqrt{5}$ c. $\frac{4}{5}$ d. $\frac{5}{12}\sqrt{6}$ e. $-\frac{4}{17}\sqrt{17}$

17.49 a. $\frac{\pi}{2} - \frac{\pi}{5} = \frac{3\pi}{10}$ b. $\frac{\pi}{14}$ c. $-\frac{\pi}{6}$ d. $-\frac{\pi}{10}$ e. $-\frac{\pi}{5}$

17.50 Statt einer Figur geben wir einige Eigenschaften des Graphen, womit Sie selbst
Ihr Ergebnis kontrollieren können.
a. Definitionsbereich $[-\frac{1}{2}, \frac{1}{2}]$, Bildmenge $[-\frac{\pi}{2}, \frac{\pi}{2}]$, Nullstelle $x = 0$
b. Definitionsbereich $[-\frac{1}{2}, \frac{1}{2}]$, Bildmenge $[0, \pi]$, Nullstelle $x = \frac{1}{2}$
c. Definitionsbereich $\langle -\infty, \infty \rangle$, Bildmenge $\langle -\frac{\pi}{2}, \frac{\pi}{2} \rangle$, Nullstelle $x = 0$, waagerechte
Asymptoten: $y = \pm\frac{\pi}{2}$, streng monoton fallende Funktion
d. Das Spiegelbild von (a) in der y-Achse
e. Definitionsbereich $[-3, 3]$, Bildmenge $[0, \pi]$, Nullstelle $x = -3$

17.51 a. Definitionsbereich $[-3, 3]$, Bildmenge $[-\frac{\pi}{2}, \frac{\pi}{2}]$, Nullstelle $x = 0$
b. Definitionsbereich $[-2, 2]$, Bildmenge $[0, \pi]$, Nullstelle $x = -2$
c. Definitionsbereich $\langle -\infty, \infty \rangle$, Bildmenge $\langle -\frac{\pi}{2}, \frac{\pi}{2} \rangle$, Nullstelle $x = 0$, waagerechte
Asymptoten: $y = \pm\frac{\pi}{2}$
d. Definitionsbereich $[0, 2]$, Bildmenge $[-\frac{\pi}{2}, \frac{\pi}{2}]$, Nullstelle $x = 1$
e. Definitionsbereich $[-2, 0]$, Bildmenge $[0, \pi]$, Nullstelle $x = 0$

17.52 a. $\frac{\pi}{2}$ b. $-\frac{\pi}{2}$ c. $-\frac{\pi}{2}$ d. $-\frac{\pi}{2}$ e. $\frac{\pi}{2}$

17.53 a. Definitionsbereich $\langle -\infty, \infty \rangle$, Bildmenge $\langle -\frac{\pi}{2}, \frac{\pi}{2} \rangle$, Nullstelle $x = \frac{1}{3}$,
waagerechte Asymptoten: $y = \pm\frac{\pi}{2}$
b. Definitionsbereich $[0, 1]$, Bildmenge $[-\frac{\pi}{2}, \frac{\pi}{2}]$, Nullstelle $x = \frac{1}{2}$
c. Definitionsbereich $[-1, 1]$, Bildmenge $[0, \pi]$, Nullstelle $x = -1$
d. Definitionsbereich $\langle -\infty, \infty \rangle$, Bildmenge $[0, \frac{\pi}{2} \rangle$, Nullstelle $x = 0$, waagerechte

Asymptote: $y = \frac{\pi}{2}$

e. Definitionsbereich $\langle -\infty, 0 \rangle$ und $\langle 0, \infty \rangle$, Bildmenge $\langle -\frac{\pi}{2}, 0 \rangle$ und $\langle 0, \frac{\pi}{2} \rangle$, keine Nullstellen, waagerechte Asymptote: $y = 0$, $\lim_{x \downarrow 0} f(x) = \frac{\pi}{2}$, $\lim_{x \uparrow 0} f(x) = -\frac{\pi}{2}$

17.54 a. $\frac{1}{2}$ b. 1 c. $\frac{7}{3}$ d. 4 e. $\frac{1}{3}$

17.55 a. 1 b. 16 c. $\frac{2}{3}$ d. 0 e. $\frac{1}{3}$

17.56 a. Ist $y = x - \pi$, so gilt $x = y + \pi$ und $y \to 0$ wenn $x \to \pi$, also
$$\lim_{x \to \pi} \frac{\sin x}{x - \pi} = \lim y \to 0 \frac{\sin(y + \pi)}{y} = \lim y \to 0 \frac{-\sin y}{y} = -1$$

b. $-\frac{1}{2}$ c. $\frac{1}{3}$ d. 1 (Schreibe $y = \frac{\pi}{2} - \arccos x$, dann $x = \cos(\frac{\pi}{2} - y) = \sin y$) e. $\sqrt{2}$

17.57 a. 1 b. $\frac{2}{3}$ c. 1 d. 1 e. 1

17.58 a. $b = 4.3560, O = 5.3524$ b. $a = 2.6994, O = 1.0980$ c. $c = 7.9806$, $O = 15.9394$ d. $\gamma = 0.6214, O = 6.9731$ e. $\alpha = 0.2983, O = 3.1983$ f. $\gamma = 0.6029$, $O = 3.4024$ g. $\gamma = 1.4455, O = 9.9216$ h. $\alpha = 0.9273, O = 12.0000$ i. $a = 8.5965$, $O = 14.6492$ j. $a = 3.0155, O = 2.8366$ k. $c = 6.8946, O = 14.6175$

18. Exponentialfunktionen und Logarithmen

Bei den zwei nachfolgenden Aufgaben sind manchmal mehrere „einfache" Antworten möglich.

18.1 a. 2^{243} b. 2^{30} c. 2^{118} d. $2 \cdot 6^x$ e. 2^{3x} (oder 8^x)

18.2 a. 2^{12-8x} (oder 16^{3-2x}) b. 3^{x-1} c. 10^{4x+2} (oder 100^{2x+1}) d. 2^{2-4x} (oder 4^{1-2x})
e. 10000^{-x}

Bei den vier nachfolgenden Aufgaben geben wir jeweils die waagerechte Asymptote, den Schnittpunkt des Graphen mit der y-Achse, sowie ob die Funktionen monoton wachsend oder monoton fallend sind, an. Hiermit können Sie selbst Ihre Graphen kontrollieren.

18.3 a. $y = 0$, $(0, \frac{1}{2})$, monoton wachsend b. $y = 0$, $(0, 2)$, monoton fallend
c. $y = 0$, $(0, 1)$, monoton wachsend

d. $y = 0$, $(0, 1.21)$, monoton wachsend e. $y = 0$, $(0, 1)$, monoton wachsend

18.4 a. $y = 0$, $(0, \frac{1}{3})$, monoton wachsend b. $y = 0$, $(0, \frac{1}{27})$, monoton wachsend
c. $y = 0$, $(0, \frac{1}{10})$, monoton fallend

d. $y = 0$, $(0, \frac{100}{81})$, monoton fallend e. $y = 0$, $(0, \frac{4}{9})$, monoton fallend

18.5 a. $y = -\frac{1}{2}$, $(0, 0)$, monoton wachsend b. $y = -8$, $(0, -6)$, monoton fallend
c. $y = -100$, $(0, -99)$, monoton wachsend d. $y = 1$, $(0, 2.21)$, monoton wachsend
e. $y = -9$, $(0, -8)$, monoton wachsend

18.6 a. $y = -4$, $(0, -\frac{7}{2})$, monoton wachsend b. $y = -49$, $(0, -42)$, monoton fallend
c. $y = 2$, $(0, \frac{19}{9})$, monoton fallend d. $y = 1$, $(0, \frac{7}{3})$, monoton wachsend e. $y = -13$, $(0, -12)$, monoton wachsend

18.7 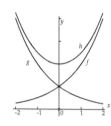 18.8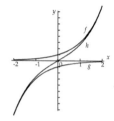

18.9 a. -2 b. $\frac{3}{2}$ c. $^2\log 15$ d. $1 - {}^3\log 4$ (oder $^3\log\frac{3}{4}$) e. $7\,{}^{10}\log 2$

18.10 a. $5\,{}^5\log 2$ b. $^5\log 2$ c. $6\,(^5\log 2)^2$ d. $\frac{3}{2}$ e. 0

Bei den nachfolgenden vier Aufgaben geben wir zur Kontolle die senkrechte Asymptote und den Schnittpunkt (oder die Schnittpunkte) mit der x-Achse an.

18.11 a. $x = 1$, $(2,0)$ b. $x = 1$, $(0,0)$ c. $x = 0$, $(\frac{1}{2},0)$ d. $x = -2$, $(-1,0)$

e. $x = 0$, $(\frac{1}{3},0)$

18.12 a. $x = 2$, $(3,0)$ b. $x = 0$, $(\frac{1}{4},0)$ c. $x = -\frac{10}{3}$, $(-3,0)$ d. $x = \frac{2}{3}$, $(1,0)$

e. $x = 0$, $(\frac{1}{32},0)$

18.13 a. $x = 0$, $(1,0)$, $(-1,0)$ b. $x = 0$, $(\frac{1}{4},0)$, $(-\frac{1}{4},0)$ c. $x = 1$, $(2,0)$, $(0,0)$

d. $x = 0$, $(1,0)$ e. $x = 0$, $(1,0)$, $(-1,0)$

18.14 a. $x = 0$, $(2,0)$ b. $x = 0$, $(\frac{1}{2}\sqrt{6},0)$, $(-\frac{1}{2}\sqrt{6},0)$ c. $x = \frac{10}{3}$, $(3,0)$, $(\frac{11}{3},0)$

d. $x = 0$, $(2\sqrt[5]{2},0)$ e. $x = 0$, $(10\sqrt{10},0)$, $(-10\sqrt{10},0)$

18.15 Bedenken Sie, dass $g(x) = f(x) + 1$ und $h(x) = f(x) + 2$. Weiteres machen Sie selbst.

18.16 Bedenken Sie, dass $g(x) = f(-x)$ und $h(x) = f(x) + g(x)$ auf dem Definitionsbereich $D_h = \{-1 < x < 1\}$ gilt. Weiteres machen Sie selbst.

18.17 a. $x = {}^2\log 5$ b. $x = (^5\log 2) - 5$ c. $x = 3$ d. $x = {}^{10}\log 5$ e. $x = \frac{4}{5}$

18.18 a. $x = 100$ b. $x = \sqrt[4]{10}$ c. $x = 13$ d. $x = 2\sqrt{2}$ e. $x = 81$

18.19

a. b. c. d. e.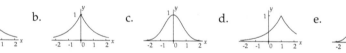

18.20

a. b. c. d. e.

18.21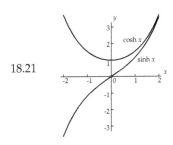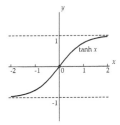

18.22 a. -1 b. 2 c. -3 d. a e. 0

18.23 a. e (Setze $y = x - 1$) b. e^2 c. e^a d. 1 e. 1

Bei den nachfolgenden zwei Aufgaben geben wir jeweils den Definitionsbereich D und eventuell eine Vereinfachung der Funktionsvorschrift an.

18.24 a. $D = \{x > 4\}$ b. $D = \{x > 0\}$ c. $D = \{x < 4\}$ d. $D = \{x > 1\}$
e. $D = \{x > \frac{3}{2}\}$ f. $D = \{x < \frac{2}{3}\}$ g. $D = \{x \neq 3\}$ h. $D = \{x > 0\}$ $f(x) = -\ln x$
i. $D = \{x > 1\}$ $f(x) = -\ln(x - 1)$ j. $D = \{x > 2\}$ $f(x) = \ln 2 - \ln(x - 2)$

18.25 a. $D = \{x \neq 0\}, f(x) = -2\ln|x|$ b. $D = \{x < \frac{1}{2}\}, f(x) = \ln 2 - \ln(1 - 2x)$
c. $D = \{x > 0\}, f(x) = -\frac{1}{2}\ln x$ d. $D = \{x \neq 0\}, f(x) = -\ln|x|$ e. $D = \{x \neq 2\}$,
$f(x) = \ln 2 - \ln|x - 2|$ f. $D = \{x > 0\}, f(x) = \ln 3 - 3\ln x$ g. $D = \{x \neq 1, -1\}$,
$f(x) = \ln|x - 1| - \ln|x + 1|$

18.26 $^a\log b = \dfrac{^b\log b}{^b\log a} = \dfrac{1}{^b\log a}$

18.27 a. -1 b. 2 c. $-\frac{3}{2}$ d. 0 e. -1

18.28 a. $\frac{1}{\ln 2}$ b. $\frac{-1}{\ln 3}$ c. $\frac{1}{2}$ d. $\frac{1}{3}$ e. $\frac{1}{a}$

18.29 a. 0 b. 0 c. 0 d. 0 e. 0

18.30 a. 0 b. 0 c. 0 (Sei $y = -x$) d. 0 e. 0

18.31 a. 0 (Sei $y = -x$) b. 0 c. $-\infty$ d. 0 (Sei $y = -x$ und bedenken Sie, dass $2^3 = 8 < 3^2 = 9$) e. $-\infty$

18.32 a. 0 b. 0 c. 0 d. 0 e. 0

18.33 a. 0 b. 0 c. 0 d. 0 e. 0

19. Parametrisierte Kurven

19.1 Im Uhrzeigersinn, $P_0 = (0, 2)$

19.2 $(-3\cos t, 2\sin t)$

19.3 $(4\cos t, 5\sin t)$

19.4 a. $(2\cos t, 2\sin t)$ b. $(-1 + 3\cos t, 3 + 3\sin t)$ c. $(2 + 5\cos t, -3 + 5\sin t)$

d. (t^2, t) e. $(t, \frac{1}{t})$

19.5 a. Linker Zweig: $t < 0$, Rechter Zweig: $t > 0$.
Asymptoten können Sie bekommen, wenn x oder y nach unendlich gehen und das

passiert, wenn $t \to \infty, t \to -\infty, t \downarrow 0$ oder $t \uparrow 0$. Wenn $t \to \pm\infty$, so geht $x - y = \frac{2}{t}$ $\to 0$ obwohl x und y beide nach unendlich gehen. Die Gerade $x - y = 0$ ist deshalb eine Asymptote.

Wenn $t \downarrow 0$ oder $t \uparrow 0$, so geht $x + y = 2t \to 0$ währenddessen x und y beide nach unendlich gehen (mit entgegengesetzem Vorzeichen). Die Gerade $x + y = 0$ ist deshalb ebenfalls eine Asymptote.

19.6   a. V   b. VIII   c. VII   d. III   e. I   f. II   g. VI   h. IV

19.7

a. 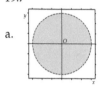   b.   c.   d.

e.   f.   g.

19.8 $d^2 = (r_1 \cos\varphi - r_2)^2 + (r_1 \sin\varphi)^2 = r_1^2(\cos^2\varphi + \sin^2\varphi) + r_2^2 - 2r_1r_2\cos\varphi = r_1^2 + r_2^2 - 2r_1r_2\cos\varphi$

19.9   a. VI   b. I   c. II   d. III   e. VII   f. VIII   g. IV   h. V

19.10 $(\cos 8\pi t, -\sin 8\pi t, -t)$

19.11   Alle Kurven sind innerhalb des Würfels mit den Eckpunkten $(\pm1, \pm1, \pm1)$ gezeichnet.

  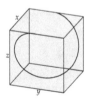 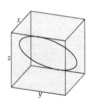

Bemerken Sie: Die letzte Kurve ist der Schnitt der Ebenen $x = z$ und des Zylinders $x^2 + y^2 = 1$. Sie ist eine Ellipse im Raum. Die Punkte $P_0 = (1, 0, 1)$ und $P_\pi = (-1, 0, -1)$ sind in der Zeichnung gekennzeichnet.

19.12   a. III   b. V   c. VI   d. I   e. IV   f. VIII   g. VII   h. II

19.13   a. $(-1 + 2t, 1 - 3t)$ b. $(1 - t, 2t)$ c. $(-1 + 2t, 2)$ d. $(t, 1 - t)$
e. $(4t, -\frac{1}{2} + 3t)$ f. $(7t, -\frac{2}{7} - 5t)$ g. $(1, t)$ h. $(t, -3)$

19.14   a. $2x - 3y = -5$ b. $x - y = -1$ c. $3x - y = 22$ d. $y = 3$ e. $x = 0$
f. $x + 2y = 0$

19.15   a. $(-t, 1, 1 + t)$ b. $(1 + t, -1 + t, 1 - t)$ c. $(3 - 4t, -t, 1 - t)$
d. $(1 - 3t, 4t, -1 + 2t)$ e. $(2 - 2t, -1 + t, -1 - t)$ f. $(\frac{1}{3} - \frac{1}{3}t, \frac{1}{3} + \frac{5}{3}t, t)$

g. $(-1-5t, t, -8t)$ h. $(2-\frac{3}{5}t, 1-\frac{9}{5}t, t)$ i. $(t, 2-6t, 1-4t)$ j. $(-2+3t, 5-2t, t)$

19.16 a. $(t,0,0), (0,t,0), (0,0,t)$ b. $(1,t,-1)$ c. (t,t,t)

VII Differenzial- und Integralrechnung

20. Differenzieren

20.1 a. 2 b. 0 c. $8x$ d. $70x^6$ e. $4+3x^2$

20.2 a. $3x^2$ b. $2x-2$ c. $4x^3-9x^2$ d. $64x^7$ e. $6x^5-24x^3$

20.3 a. $16x^3-6x$ b. $4000000x^{1999}$ c. $49x^6-36x^5$ d. $3x^2+49x^6$
e. $2x-15x^2+1$

20.4 a. $\frac{1}{2}x^{-\frac{1}{2}}$ b. $\frac{3}{2}x^{\frac{1}{2}}$ c. $\frac{3}{2}x^{\frac{1}{2}}$ d. $\frac{5}{2}x^{\frac{3}{2}}$ e. $\frac{1}{2}\sqrt{2}x^{-\frac{1}{2}}$

20.5 a. $\frac{1}{3}x^{-\frac{2}{3}}$ b. $\frac{2}{3}x^{-\frac{1}{3}}$ c. $\frac{1}{4}x^{-\frac{3}{4}}$ d. $\frac{5}{4}x^{\frac{1}{4}}$ e. $\frac{12}{5}x^{\frac{7}{5}}$

20.6 a. $\frac{2}{7}x^{-\frac{5}{7}}$ b. $\frac{3}{2}\sqrt{3}x^{\frac{1}{2}}$ c. $\frac{5}{3}\sqrt[3]{2}x^{\frac{2}{3}}$ d. $\frac{5}{4}x^{\frac{1}{4}}$ e. $\frac{7}{2}x^{\frac{5}{2}}$

20.7 a. $-x^{-2}$ b. $-4x^{-3}$ c. $-9x^{-4}$ d. $-\frac{1}{2}x^{-\frac{3}{2}}$ e. $-\frac{2}{3}x^{-\frac{5}{3}}$

20.8 a. $2.2x^{1.2}$ b. $4.7x^{3.7}$ c. $-1.6x^{-2.6}$ d. $0.333x^{-0.667}$ e. $-0.123x^{-1.123}$

20.9 a. $-x^{-2}$ b. $-\frac{3}{2}x^{-2}$ c. $-25x^{-6}$ d. $-\frac{1}{2}x^{-\frac{3}{2}}$ e. $-\frac{4}{3}x^{-\frac{7}{3}}$

20.10 a. $9(2+3x)^2$ b. $-35(3-5x)^6$ c. $6x(1-3x^2)^{-2}$ d. $-2x^{-\frac{1}{2}}(1-\sqrt{x})^3$
e. $-2(1-4x^3)(x-x^4)^{-3}$

20.11 a. $10(2x-3)^4$ b. $-2x(x^2+5)^{-2}$ c. $\frac{3}{2}(3x-4)^{-\frac{1}{2}}$ d. $\frac{1}{2}(2x+1)(x^2+x)^{-\frac{1}{2}}$
e. $-3(1+12x^2)(x+4x^3)^{-4}$

20.12 a. $\frac{1}{2}(1+2x)(1+x+x^2)^{-\frac{1}{2}}$ b. $\frac{1}{3}(1+2x)(1+x+x^2)^{-\frac{2}{3}}$ c. $8x(x^2-1)^3$
d. $\frac{3}{2}x^2(x^3+1)^{-\frac{1}{2}}$ e. $\frac{3}{2}(2x+1)(x^2+x)^{\frac{1}{2}}$

20.13 a. $\sin x+x\cos x$ b. $\cos 2x-2x\sin 2x$ c. $2x\ln x+x$ d. $\tan x+\frac{x+1}{\cos^2 x}$

e. $2\ln x+\frac{2x+1}{x}$

20.14 a. $\frac{\sqrt{x+1}}{x}+\frac{\ln x}{2\sqrt{x+1}}$ b. $\cos x\ln x^2+\frac{2\sin x}{x}$ c. $\ln\sqrt[3]{x}+\frac{1}{3}$ d. $\ln\sin x+\frac{x\cos x}{\sin x}$

e. $\frac{\ln(1-x^2)}{2\sqrt{x}}-\frac{2x^{3/2}}{1-x^2}$

20.15 a. $\frac{1+\ln x}{\ln 2}$ b. $\frac{\ln x^3}{2\sqrt{x}\ln 5}+\frac{3}{\sqrt{x}\ln 5}$ c. $\frac{\ln x}{\ln 2}+\frac{x-1}{x\ln 2}$ d. $e^{-x}-xe^{-x}$

e. $2xe^{-x^2}-2x^3e^{-x^2}$

20.16 a. $\frac{1}{(x+1)^2}$ b. $\frac{2}{(x+1)^2}$ c. $\frac{x^2+2x}{(x+1)^2}$ d. $\frac{1-x^2}{(x^2+1)^2}$ e. $\frac{-x^2+2x+1}{(x^2+x)^2}$

20.17 a. $\frac{-x-1}{2\sqrt{x}(x-1)^2}$ b. $\frac{x^2+4x+1}{(x+2)^2}$ c. $\frac{4x}{(x^2+1)^2}$ d. $\frac{14}{(4x+1)^2}$ e. $\frac{-1}{(2-x)^2}$

20.18 a. $\frac{1}{1+\cos x}$ b. $\frac{-x\sin x-\sin x-\cos x}{(1+x)^2}$ c. $\frac{x+1-\sqrt{1-x^2}\arcsin x}{\sqrt{1-x^2}(x+1)^2}$ d. $\frac{\sin x-x\cos x\ln x}{x\sin^2 x}$

e. $\frac{e^x}{(1+e^x)^2}$

20.19 a. $\cos(x-3)$ b. $-2\sin(2x+5)$ c. $3\cos(3x-4)$ d. $-2x\sin(x^2)$ e. $\frac{\cos\sqrt{x}}{2\sqrt{x}}$

20.20 a. $\frac{1}{\cos^2(x+2)}$ b. $\frac{2}{\cos^2(2x-4)}$ c. $2x\cos(x^2-1)$ d. $\frac{\sin(1/x)}{x^2}$ e. $\frac{1}{3\sqrt[3]{x^2}\cos^2\sqrt[3]{x}}$

20.21 a. $\frac{2}{\sqrt{1-4x^2}}$ b. $\frac{1}{\sqrt{-x^2-4x-3}}$ c. $\frac{-2x}{\sqrt{1-x^4}}$ d. $\frac{1}{2\sqrt{x}(1+x)}$ e. $-\tan x$

20.22 a. $2e^{2x+1}$ b. $-e^{1-x}$ c. $-2e^{-x}$ d. $-3e^{1-x}$ e. $2xe^{x^2}$

20.23 a. $(2x-1)e^{x^2-x+1}$ b. $-2xe^{1-x^2}$ c. $-3e^{3-x}$ d. $\frac{1}{\sqrt{x}}e^{\sqrt{x}}$ e. $\frac{1}{2\sqrt{x}}e^{1+\sqrt{x}}$

20.24 a. $(\ln 2)\,2^{x+2}$ b. $(-\ln 3)\,3^{1-x}$ c. $(-3\ln 2)\,2^{2-3x}$ d. $(2x\ln 5)\,5^{x^2}$

e. $(\frac{1}{3}x^{-\frac{2}{3}}\ln 3)\,3^{\sqrt[3]{x}}$

20.25 a. $\frac{-2}{1-2x}$ b. $\frac{6x}{3x^2-8}$ c. $\frac{3-8x}{3x-4x^2}$ d. $\frac{3x^2+6x^5}{x^3+x^6}$ e. $\frac{2x}{x^2+1}$

20.26 a. $\frac{1}{2x+2}$ b. $\frac{2}{x}$ c. $\frac{1}{3x}$ d. $\frac{1}{3x-3}$ e. $\frac{2}{x-4}$

20.27 a. $\frac{1}{x\ln 2}$ b. $\frac{3}{x\ln 3}$ c. $\frac{1}{(x+1)\ln 10}$ d. $\frac{1}{(2x+2)\ln 10}$ e. $\frac{2x+1}{(x^2+x+1)\ln 2}$

20.28 a. $x=1$ b. $x=1, x=-1$ c. $x=0$ d. $x=2$ e. $x=0$

20.29 a. $x=0$ b. für kein x c. $x=k\pi$ (k ganz) d. $x=0$ e. $x=0$

20.30 a. $y=-5+4x$ b. $y=10+11x$ c. $y=-3+2x$ d. $y=384-192x$
e. $y=4+11x$

20.31 a. $y=-7+5x$ b. $y=-22+\frac{29}{4}x$ c. $y=-3+x$ d. $y=3-4x$

e. $y=18+20x$

20.32 a. $-\frac{1}{4}(x+1)^{-3/2}$ b. $\frac{-4}{(x+1)^3}$ c. $\frac{2(1-x^2)}{(x^2+1)^2}$ d. $\frac{1}{x}$ e. $2\cos x - x\sin x$

f. $2\cos 2x - 8x\sin 2x - 4x^2\cos 2x$

20.33 a. $-\frac{\sqrt{x}\sin\sqrt{x}+\cos\sqrt{x}}{4x\sqrt{x}}$ b. $\frac{2\sin x}{\cos^3 x}$ c. $\frac{-2x}{(1+x^2)^2}$ d. $\frac{3x-4}{4(x-1)\sqrt{x-1}}$

e. $\frac{(2-x^2)\sin x-2x\cos x}{x^3}$ f. $2\cos^2 x - 2\sin^2 x$

20.34 a. 0 b. 10! c. 11!x d. e^{-x} e. $2^{10}e^{2x}$ f. e^{x+1}

20.35 a. $10!(x+1)^{-11}$ b. $-9!x^{-10}$ c. $-2^{10}\sin 2x$ d. $-\sin(x+\frac{\pi}{4})$ e. $(10+x)e^x$
f. $(-10+x)e^{-x}$

20.36 a. $x=0$, streng monoton wachsend auf $\infty < x < \infty$
b. $x=0, x=3$, streng monoton fallend für $x \le 3$, streng monoton wachsend für $x \ge 3$
c. $x=0$, streng monoton fallend für $x \le 0$, streng monoton wachsend für $x \ge 0$

20.37 a. Die Ableitung hat keine Nullstellen, streng monoton wachsend auf $\infty < x < \infty$
b. $x=1$, streng monoton fallend für $x \le 1$, streng monoton wachsend für $x \ge 1$

c. Die Ableitung hat keine Nullstellen, streng monoton wachsend für $x < 0$, streng monoton fallend für $x > 0$.

20.38 a. $x = -1 - \sqrt{2}$, $x = -1 + \sqrt{2}$, streng monoton wachsend auf $x \leq -1 - \sqrt{2}$, streng monoton fallend auf $-1 - \sqrt{2} \leq x < -1$ und auf $-1 < x \leq -1 + \sqrt{2}$, streng monoton wachsend auf $x \geq -1 + \sqrt{2}$
b. Die Ableitung hat keine Nullstellen, streng monoton wachsend auf $\infty < x < \infty$
c. $x = 0$, streng monoton fallend auf $x \leq 0$, streng monoton wachsend auf $x \geq 0$

20.39 a. wahr. b. falsch; Gegenbeispiel: eine konstante Funktion c. wahr.
d. falsch; Gegenbeispiel: eine konstante Funktion e. falsch; Gegenbeispiel:
$f(x) = x^3$ auf $\mathbb{R}$.

20.40 a. falsch; Gegenbeispiel: $f(x) = x$ auf $\mathbb{R}$. b. wahr. c. wahr.

20.41 a. wahr. b. falsch; Gegenbeispiel: $f(x) = g(x) = x$.

20.42 a. $x = -\frac{1}{3}\sqrt{3}$ (lokales Maximum) $x = \frac{1}{3}\sqrt{3}$ (lokales Minimum) b. $x = -1$
(g. Min.) $x = 0$ (l. Max.) $x = 1$ (g. Min.) c. $x = -\sqrt{3}$ (g. Min.) $x = 0$ (l. Max.) $x = \sqrt{3}$
(g. Min.) d. $x = 1$ (g. Min.) e. $x = -1$ (g. Min.) $x = 0$ (l. Max.) $x = 1$ (g. Min.)

20.43 a. $x = \frac{1}{2}\pi + 2k\pi$ (g. Max.), $x = \frac{3}{2}\pi + 2k\pi$ (g. Min.) (k ganz)
b. $x = \pm\sqrt{\frac{1}{2}\pi + 2k\pi}$ (g. Max.), $x = \pm\sqrt{\frac{3}{2}\pi + 2k\pi}$ (g. Min.) ($k \geq 0$ und ganz), $x = 0$
(l. Min.) c. $x = (\frac{1}{2}\pi + 2k\pi)^2$ (g. Max.), $x = (\frac{3}{2}\pi + 2k\pi)^2$ (g. Min.) ($k \geq 0$ und ganz),
$x = 0$ (lokales Randminimum) d. $x = \pm\frac{1}{2}\pi + 2k\pi$ (g. Max.), $x = \pm\frac{3}{2}\pi + 2k\pi$ (g. Min.)
($k \geq 0$ und ganz), $x = 0$ (l. Min.) e. $x = \frac{1}{2}\pi + k\pi$ (g. Max.), $x = k\pi$ (g. Min.) (k ganz)

20.44 a. $x = \frac{1}{e}$ (g. Min), $x = 0$ (l. Randmax.) b. $x = 1$ (g. Min.) c. $x = -1$
(g. Min.), $x = 1$ (g. Max.) d. $x = 2k\pi$ (g. Max.) (k ganz) e. $x = k\pi$ (g. Max.) (k ganz)

20.45 a. $x = -1$ (g. Min.) b. $x = 0$ (g. Max.) c. $x = -\frac{1}{2}\sqrt{2}$ (g. Min.), $x = \frac{1}{2}\sqrt{2}$
(g. Max.) d. $x = \frac{1}{2}\pi + 2k\pi$ (g. Max.), $x = \frac{3}{2}\pi + 2k\pi$ (g. Min.) (k ganz) e. $x = 0$
(g. Max.)

20.46 a. $x = \frac{1}{k}$ (k ganz, ungleich Null)
b. globale Maxima: $x = \frac{2}{1+4k}$, globale Minima: $x = \frac{2}{3+4k}$ (k ganz)
c. beide Grenzwerte sind 0
d. der Grenzwert existiert nicht: jede Umgebung von 0 enthält Punkte x mit $f(x) = 1$
und Punkte x mit $f(x) = -1$.

20.47 a. $x = 0$ ist der einzige kritische Punkt: er ist ebenfalls der einzige
Wendepunkt b. kr.P.: $x = \pm\frac{1}{3}\sqrt{3}$, Wendep.: $x = 0$ c. kr.P.: $x = 1$, Wendep.:
$x = \pm\frac{1}{6}\sqrt{6}$ d. kr.P.: $x = 0$, $x = -\sqrt[3]{4}$, Wendep.: $x = -1$ e. kr.P.: $x = 0$, Wendep.:
$x = \pm\frac{1}{3}\sqrt{3}$

20.48 a. kr.P.: $x = \frac{\pi}{2} + k\pi$, Wendep.: $x = k\pi$ (k ganz) b. kein kr.P., Wendep.: $x = 0$
c. kr.P.: $x = \frac{1}{\sqrt{e}}$, Wendep.: $x = \frac{1}{e\sqrt{e}}$ d. kr.P.: $x = 1$, Wendep.: $x = 2$ e. kr.P.: $x = 0$,
Wendep.: $x = \pm\frac{1}{2}\sqrt{2}$

20.49 a. $-1 \leq \sin\frac{\pi}{x} \leq 1$ für alle $x \neq 0$, also $-x^2 \leq f(x) \leq x^2$ (auch wenn $x = 0$).
Gleichheit gilt, wenn der Sinus ± 1 ist, also $f(x) = -x^2$ wenn $x = \frac{2}{3+4k}$ und $f(x) = x^2$

wenn $x = \frac{2}{1+4k}$ (k ganz) und natürlich auch, wenn $x = 0$.

b. $f'(x) = 2x \sin \frac{\pi}{x} - \pi \cos \frac{\pi}{x}$.

c. $\lim_{x \to 0} \frac{f(x)}{x} = \lim_{x \to 0} x \sin \frac{\pi}{x} = 0$, da der Betrag des Sinus immer kleiner oder gleich 1 ist.

d. $f'(\frac{1}{2k}) = -\pi$ und $f'(\frac{1}{2k+1}) = \pi$.

e. Aus dem vorherigen folgt, dass jede Umgebung von 0 Punkte x enthält mit $f(x) = \pi$ und x mit $f(x) = -\pi$. Der Grenzwert existiert deshalb nicht.

f. nein g. nein h. nein

20.50 Nein, es gibt keine weiteren Nullstellen. Die Ableitung ist ein Polynom vierten Grades und hat deshalb höchstens vier Nullstellen. Diese gibt es tatsächlich, wie die Abbildung zeigt. Die Ableitung ist positiv für alle x, die kleiner als die kleinste Nullstelle der Ableitung sind und ebenfalls für alle x die größer als die größte Nullstelle der Ableitung sind. Außerhalb des gezeichneten Teils des Graphen ist die Funktion deshalb streng monoton wachsend und es gibt deswegen keine weiteren Nullstellen.

20.51 $f(x)$ V, $f'(x)$ VI, $f''(x)$ II, $g(x)$ III, $g'(x)$ I, $g''(x)$ IV (oder f und g vertauscht)

20.52 $f(x)$ II, $f'(x)$ I, $f''(x)$ V, $g(x)$ III, $g'(x)$ VI, $g''(x)$ IV (oder f und g vertauscht)

21. Differenziale und Integrale

21.1 a. $(6x+2)\,dx$ b. $(1+2\cos 2x)\,dx$ c. $(8x \sin(x+1) + 4x^2 \cos(x+1))\,dx$

d. $\left(3x^2\sqrt{x^3+1} + \frac{3x^5}{2\sqrt{x^3+1}}\right)\,dx$ e. $-2x\sin(x^2)\,dx$ f. $-2\,dx$

21.2 a. dx b. $\frac{2x}{x^2+1}\,dx$ c. $2xe^{-x^2}\,dx$ d. $-\sin x e^{\cos x}\,dx$ e. $(1+\frac{1}{x^2})\,dx$

21.3 a. $(15x^2 - \frac{6x}{(x^2+1)^2})\,dx$ b. $4(x+4)^3\,dx$ c. $(4x^3 \sin 2x + 2(x^4-1)\cos 2x)\,dx$

d. $\frac{1}{4}(x+1)^{-3/4}\,dx$ e. $\frac{1}{\cos^2(x+5)}\,dx$

21.4 a. $(\frac{2}{3}x^{-1/3} - \frac{2}{3}x^{-5/3})\,dx$ b. $(1-\frac{2x}{x^2+1})\,dx$ c. $-2\cos 2x e^{-\sin 2x}\,dx$

d. $\frac{4x}{(1-x^2)^2}\,dx$

21.5 a. $d(\frac{1}{3}x^3 + x^2 + 2x)$ b. $d(\frac{1}{4}x^4 - 2x^2)$ c. $d(\frac{1}{5}x^5 - 2x^2 + 5x)$ d. $d(\frac{2}{3}x^{\frac{3}{2}})$
e. $d(\frac{-4}{x})$

21.6 a. $d(\frac{2}{5}x^{\frac{5}{2}})$ b. $d(\sqrt{x})$ c. $d(\frac{1}{5}(x+1)^5)$ d. $d(-\cos x)$ e. $d(-\frac{1}{5}\cos 5x)$

21.7 a. $d(x^3 + x^2 + 2x)$ b. $d(\frac{1}{2}x^2 - \frac{2}{3}x^{3/2})$ c. $d(\frac{1}{5}x^5 - x^4 + x^2 - 5x)$

d. $d(\frac{2}{3}(x+1)^{3/2})$ e. $d(\ln x)$

21.8 a. $d(\frac{3}{4}x^{4/3})$ b. $d(3x + \frac{1}{2}x^2 - \frac{1}{2}\cos 2x)$ c. $d(-\cos(x+1))$
d. $d(\frac{1}{2}\sin(2x+1))$

e. $d(\ln(-x))$

21.9 a. $f(x_m) = 5.511376$, $k = 0.043$ b. $f(x_m) = 1.04511376$, $k = 0.00043$

c. $f(x_m) = -0.648656, k = 0.0078$ d. $f(x_m) = -163.8656, k = 0.78$
e. $f(x_m) = 0.8688021, k = 0.0050$ f. $f(x_m) = 4.333383, k = 0.20$
g. $f(x_m) = -0.8223451, k = 0.0023$ h. $f(x_m) = 1.480239974, k = 0.0023$
i. $f(x_m) = 3.782825067, k = 0.0023$ j. $f(x_m) = 0.3351206434, k = 0.0012$

21.10 Kontrollieren Sie dies selbst.

21.11 Wir benutzen die Ungleichung $|a \pm b| \le |a| + |b|$, die für allen reelle Zahlen a
und b gültig ist.

a. $|(x_m + y_m) - (x_w + y_w)| = |(x_m - x_w) + (y_m - y_w)| \le |x_m - x_w| + |y_m - y_w| \le$
$h_x + h_y$

b. $|(x_m - y_m) - (x_w - y_w)| = |(x_m - x_w) - (y_m - y_w)| \le |x_m - x_w| + |y_m - y_w| \le$
$h_x + h_y$

c. $\frac{|x_m y_m - x_w y_w|}{|x_m y_m|} = \frac{|(x_m - x_w) y_m + x_w (y_m - y_w)|}{|x_m y_m|} \le \frac{h_x}{|x_m|} + \frac{|x_w|}{|x_m|} \frac{h_y}{|y_m|} \approx q_x + q_y$, wenn wir
annehmen, dass x_m und x_w sich so wenig unterscheiden, dass $x_m / x_w \approx 1$ ist.

d. $\frac{|x_m / y_m - x_w / y_w|}{|x_m / y_m|} = \frac{|x_m y_w - x_w y_m|}{|x_m y_w|} = \frac{|(x_m - x_w) y_w + x_w (y_w - y_m)|}{|x_m y_w|} \le \frac{h_x}{|x_m|} + \frac{|x_w|}{|x_m|} \frac{|y_m|}{|y_w|} \frac{h_y}{|y_m|} \approx$
$q_x + q_y$ wenn wir annehmen, dass x_m und x_w bzw. y_m und y_w sich so wenig
unterscheiden, dass $x_m / x_w \approx 1$ bzw. $y_w / y_m \approx 1$ ist.

21.12

a.

dx	$df = f'(x)\,dx$	Δf	$\Delta f - df$	$\frac{1}{2} f''(x)\,(dx)^2$
0.1	0.4	0.41	0.01	0.01
0.01	0.04	0.0401	0.0001	0.0001
0.001	0.004	0.004001	0.000001	0.000001
0.0001	0.0004	0.00040001	0.00000001	0.00000001

b.

dx	$df = f'(x)\,dx$	Δf	$\Delta f - df$	$\frac{1}{2} f''(x)\,(dx)^2$
0.1	0.1	0.09531	-0.00468982	-0.005000
0.01	0.01	0.00995033	-0.000049669	-0.00005000
0.001	0.001	0.0009950033	-0.0000004996669	-0.0000005000
0.0001	0.0001	0.0000999950	-0.00000000499967	-0.000000005000

c.

dx	$df = f'(x)\,dx$	Δf	$\Delta f - df$	$\frac{1}{2} f''(x)\,(dx)^2$
0.1	0.2	0.22304888	0.02304888	0.02000
0.01	0.02	0.020202701	0.000202701	0.0002000
0.001	0.002	0.002002003	0.000002003	0.000002000
0.0001	0.0002	0.000200020	0.00000002000	0.00000002000

d.

dx	$df = f'(x)\,dx$	Δf	$\Delta f - df$	$\frac{1}{2} f''(x)\,(dx)^2$
0.1	0.02	0.01922839	-0.0007716010	-0.0008000
0.01	0.002	0.001992029	-0.000007971000	-0.000008000
0.001	0.0002	0.000199920	-0.00000007970	-0.00000008000
0.0001	0.00002	0.0000199999	-0.00000000079997	-0.0000000008000

e.

dx	$df = f'(x)\,dx$	Δf	$\Delta f - df$	$\frac{1}{2} f''(x)\,(dx)^2$
0.1	0	-0.00499583	-0.00499583	-0.005000
0.01	0	-0.0000499583	-0.0000499583	-0.00005000
0.001	0	-0.000000499999958	-0.000000499999958	-0.0000005000
0.0001	0	-0.000000005000000	-0.000000005000000	-0.0000000050000

	dx	$df = f'(x)\,dx$	Δf	$\Delta f - df$	$\frac{1}{2} f''(x)\,(dx)^2$
	0.1	0.1	0.0998334	-0.0001665	0
f.	0.01	0.01	0.0099998333	-0.1667×10^{-6}	0
	0.001	0.001	0.0009999998333	-0.1667×10^{-9}	0
	0.0001	0.0001	0.0000999999998333	-0.1667×10^{-12}	0

Weil hier $f''(0) = 0$ gilt, ist die lineare Annäherung in diesem Fall sogar noch viel besser: nimmt man dx zehn mal kleiner, so wird $\Delta f - df$ in etwa *tausend* mal kleiner!

21.13 $\frac{1}{4}$

21.14 $\frac{1}{20}$

21.15 2

21.16 2

21.17 $e - \frac{1}{e}$

21.18 a. $\frac{8}{3}$ b. $\frac{20}{3}$ c. $\frac{5}{3}$ d. 2π e. $e - \frac{1}{e}$ f. $\frac{62}{5}$ g. 1 h. $\frac{\pi}{2}$

21.19 a. 10 b. $\frac{73}{6}$ c. 5 d. 2π

21.20   a. $\frac{1}{2}(1 - e^{-4})$ b. $e - \frac{1}{e}$ c. $\ln 2$ d. $\frac{\pi}{6}$

21.21 a. $-\frac{78}{5}$ b. $2 - \frac{4}{3}\sqrt{2}$ c. $\frac{15}{8} + 2\ln 2$ d. 0 e. -1

21.22 a. 16 b. $\frac{5}{6}(2\sqrt[5]{2} - 1)$ c. $\frac{1}{e} - e$ d. $-2 - \frac{\pi^2}{2}$ e. $\sqrt{2} - 1$

21.23 a. $\frac{3}{\ln 2}$ b. $e - 1$ c. 0 d. -1 e. 0

21.24 a. $-\frac{\pi}{4}$ b. $\ln 2$ c. $-\frac{2}{3}$ d. $\frac{\pi}{3}$ e. $-\sqrt{3}$

21.25 a. x^2 b. x^2 c. $-x^2$ d. $2x^2$

21.26 a. $-\sin x$ b. $-\sin x$ c. $2\cos 2x$ d. $2\cos x$

21.27 a. $\frac{3}{2}$ b. $\frac{99}{\ln 10}$ c. 12 d. $\frac{1}{2}\sqrt{2}$ e. $-\ln 2$

21.28 a. $\frac{\pi}{2}$ b. $\ln 3 - \ln 4$ c. $\frac{5}{16}$ d. $\frac{\pi}{2}$ e. $4 - 2\sqrt{2}$

21.29 d. $\int_0^\pi \sin^2 x\,dx = \int_0^\pi \cos^2 x\,dx = \frac{\pi}{2}$ e. $\int_0^{\pi/2} \sin^2 x\,dx = \int_0^{\pi/2} \cos^2 x\,dx = \frac{\pi}{4}$

21.30 a. $\frac{2}{3}\sqrt{2}$ b. $\frac{9}{2}$ c. $\frac{5}{12}$ d. $\frac{12 + 4\pi}{3\pi}$ e. 1

21.31 $Q = (-2, -8)$, Flächeninhalt: $\frac{27}{4}$

21.32 a. $x^4 - \frac{2}{3}x^3 + \frac{1}{2}x^2 + x + c$ b. $3x - \frac{1}{4}x^4 + c$ c. $-\frac{1}{3}\cos 3x + c$
d. $\frac{2}{3}x\sqrt{x} + \frac{2}{x} + c$

21.33 a. $\frac{1}{2}x - \frac{1}{4}\sin 2x + c$ b. $\frac{1}{2}x + \frac{1}{12}\sin 6x + c$ c. $\frac{1}{2}x - \frac{1}{20}\sin 10x + c$
d. $\frac{1}{2}x + \frac{1}{2}\sin x + c$

21.34 a. $\frac{1}{8}\cos 4x - \frac{1}{12}\cos 6x + c$ b. $\frac{1}{2}\sin x + \frac{1}{10}\sin 5x + c$ c. $\frac{1}{4}\sin 2x - \frac{1}{12}\sin 6x + c$

21.35 Wir bringen nur den Beweis der ersten Formel; die anderen Beweise gehen analog.
$\int_0^{2\pi} \sin mx \cos nx\,dx = \frac{1}{2}\int_0^{2\pi} (\sin(n + m)x + \sin(n - m)x)\,dx =$
$\frac{1}{2}\left[-\frac{1}{n+m}\cos(n + m)x - \frac{1}{n-m}\cos(n - m)x\right]_0^{2\pi} = 0$, weil $\cos(n + m)(2\pi) = \cos 0 = 1$

und $\cos(n-m)(2\pi) = \cos 0 = 1$.

21.36 a. $F(x) = \ln(x-1) + c_1$, wenn $x > 1$, $F(x) = \ln(1-x) + c_2$, wenn $x < 1$.
b. $F(x) = -\ln(x-2) + c_1$, wenn $x > 2$, $F(x) = -\ln(2-x) + c_2$, wenn $x < 2$.
c. $F(x) = \frac{3}{2}\ln(x-\frac{1}{2}) + c_1$, wenn $x > \frac{1}{2}$, $F(x) = \frac{3}{2}\ln(\frac{1}{2}-x) + c_2$, wenn $x < \frac{1}{2}$.
d. $F(x) = -\frac{4}{3}\ln(x-\frac{2}{3}) + c_1$, wenn $x > \frac{2}{3}$, $F(x) = -\frac{4}{3}\ln(\frac{2}{3}-x) + c_2$, wenn $x < \frac{2}{3}$.
e. $F(x) = -\frac{1}{x} + c_1$, wenn $x > 0$, $F(x) = -\frac{1}{x} + c_2$, wenn $x < 0$.
f. $F(x) = -\frac{1}{2(x-1)^2} + c_1$, wenn $x > 1$, $F(x) = -\frac{1}{2(x-1)^2} + c_2$, wenn $x < 1$.
21.37 a. $F(x) = 2\sqrt{x} + c_1$, wenn $x > 0$, $F(x) = -2\sqrt{-x} + c_2$, wenn $x < 0$.
b. $F(x) = \frac{3}{2}\sqrt[3]{x^2} + c_1$, wenn $x > 0$, $F(x) = \frac{3}{2}\sqrt[3]{x^2} + c_2$, wenn $x < 0$.
c. $F(x) = \frac{5}{4}\sqrt[5]{(x-1)^4} + c_1$, wenn $x > 1$, $F(x) = \frac{5}{4}\sqrt[5]{(x-1)^4} + c_2$, wenn $x < 1$.
d. $F(x) = 2\sqrt{x-2} + c_1$, wenn $x > 2$, $F(x) = -2\sqrt{2-x} + c_2$, wenn $x < 2$.
e. Auf jedem Intervall $\langle -\frac{1}{2}\pi + k\pi, \frac{1}{2}\pi + k\pi \rangle$ (k ganz) ist $F(x) = \tan x + c_k$, wobei c_k von dem Intervall abhängt.
f. Auf jedem Intervall $\langle -\frac{1}{2} + k, \frac{1}{2} + k \rangle$ (k ganz) ist $F(x) = \frac{1}{\pi}\tan \pi x + c_k$, wobei c_k von dem Intervall abhängt.

22. Integrationstechniken

22.1 a. $\frac{1023}{10}$ **b.** 868 **c.** $\frac{2186}{7}$ **d.** 8502 **e.** $\frac{1}{2}$ **f.** $\ln 3 - \ln 2$

22.2 a. $\frac{e^3}{2} - \frac{1}{2e}$ **b.** $\frac{1}{2}(e-1)$ **c.** 0 **d.** $\frac{1}{3}(e-1)$ **e.** $\arctan e - \frac{\pi}{4}$
f. $2\sqrt{2} - 2\sqrt{1+\frac{1}{e}}$

22.3 a. $\frac{3\sqrt{3}}{2}$ **b.** $-\frac{2}{\pi}$ **c.** 0 **d.** $\frac{1}{4}$ **e.** $\frac{3}{8}$ **f.** $\frac{11}{24}$

22.4 a. $\frac{16}{15}$ **b.** $\frac{1}{2}\sqrt{6} - \frac{2}{3}$ **c.** $-\ln 2$ **d.** $2\sin\sqrt{\pi}$ **e.** $1 - \cos(\frac{1}{2}\sqrt{(2)})$ **f.** $\ln 3 - \ln 2$

22.5 a. $\frac{9217}{110}$ **b.** $\frac{1}{30}$ **c.** $-\frac{181}{14}$ **d.** 0 **e.** $\frac{511}{18}$ **f.** $\frac{81}{8}$

22.6 a. $1 - \ln 2$ **b.** $2 - 3\ln 3$ **c.** $-\frac{1}{8} + \frac{1}{4}\ln 2$ **d.** $-\frac{1}{2}\ln 2$ **e.** $-\frac{1}{2}\ln 3 + \ln 2$ **f.** $\frac{1}{8}\ln 2$

22.7 a. $\frac{506}{15}$ **b.** 0 **c.** $\frac{186}{5}$ **d.** $\frac{10\sqrt{2}-8}{3}$ **e.** $\frac{2\sqrt{2}-4}{3}$

22.8 a. $\frac{33}{28}$ **b.** $2 - \frac{\pi}{2}$ **c.** $\frac{5}{3} - 2\ln 2$ **d.** $2\ln 2 - 1$ **e.** $\frac{\pi}{3}$

22.9 a. 2 **b.** $\frac{1}{4}(e^2 + 1)$ **c.** 1 **d.** $\frac{\pi}{4} - \frac{1}{2}$ **e.** $\pi^2 - 4$ **f.** $\frac{\pi}{12} + \frac{1}{2}\sqrt{3} - 1$

22.10 a. $\frac{1}{9}(2e^3 + 1)$ **b.** $2 - \frac{5}{e}$ **c.** $\frac{5}{e^2} - 1$ **d.** $\frac{1}{2} - \frac{1}{e}$ **e.** $\frac{2}{5}(e^{-2\pi} - e^{2\pi})$
f. $\frac{2}{9}(2 + e\sqrt{e})$

22.11 a. 2π **b.** $2e^2$ **c.** $\frac{1}{25}(6e^{5/3} + 9)$ **d.** $\frac{\pi}{2}$ **e.** $\frac{3}{4}$ **f.** $\frac{\pi}{8} - \frac{1}{4}\ln 2$

22.12 a. $\frac{5}{2}$ **b.** $\frac{3}{4}$ **c.** $\frac{8}{3} - \sqrt{3}$ **d.** $(e-1)\ln 2 + 1$ **e.** π **f.** $2 - 2\ln 2$

22.13 a. $\frac{1}{2}$ **b.** $\frac{1}{2}(1 - 5e^{-4})$ **c.** $\frac{2}{3}(2\sqrt{2} - 1)$ **d.** 4 **e.** $\sqrt{e}$ **f.** $\frac{1}{8}(-2 + 5\arctan 2)$

22.14 a. $\frac{2}{3}\ln 3$ **b.** $\frac{1}{462}$ **c.** 0 **d.** $\frac{3}{8}\sqrt{3}$ **e.** $(e + \frac{1}{3})\ln(1 + 3e) - e$ **f.** $\frac{1}{2}(1 - \frac{1}{e})$

22.15 a. 1 **b.** $\frac{1}{8}$ **c.** $\frac{1}{9}$ **d.** $\frac{1}{(p-1)2^{p-1}}$ **e.** $-\infty$

22.16 a. ∞ **b.** ∞ **c.** $\frac{\pi}{2}$ **d.** ∞ **e.** ∞

22.17 a. 1 b. $\frac{1}{3}$ c. $\frac{2}{e}$ d. 2 e. 2

22.18 a. 1 b. ∞ c. $-\frac{\pi^2}{8}$ d. existiert nicht e. $\frac{1}{2}$

22.19 a. 2 b. $\frac{3}{2}\sqrt[3]{4}$ c. $\frac{10}{9}$ d. $\frac{2^{1-p}}{1-p}$ e. ∞

22.20 a. ∞ b. 2 c. $-\frac{3}{2}$ d. 4 e. $2+2\sqrt{2}$

22.21 a. -1 b. ∞ c. $2\ln 2 - 2$ d. $\ln 3 - 1$ e. $8(\ln 2 - 1)$

22.22 a. ∞ b. ∞ c. π d. 2 e. $-\frac{1}{4}$

22.23

a.

N	$\sum f(x_i)\,dx$	$\sum f(x_i)\,dx - \int f(x)\,dx$
10	1.320000	-0.013333
100	1.33320000	-0.00013333
1000	1.3333320000	-0.0000013333

b.

N	$\sum f(x_i)\,dx$	$\sum f(x_i)\,dx - \int f(x)\,dx$
10	1.3932726	-0.0494224
100	1.4377008	-0.0049942
1000	1.4426950	-0.000499942

c.

N	$\sum f(x_i)\,dx$	$\sum f(x_i)\,dx - \int f(x)\,dx$
10	5.61563	-0.4757
100	6.0460859	-0.045263755
1000	6.0868470	-0.004502638

22.24 a. $M = 2$, $\frac{1}{2}M(b-a)\,dx = 0.4$, bzw. 0.04, bzw. 0.004
b. $M = 1.4$, $\frac{1}{2}M(b-a)\,dx = 0.07$, bzw. 0.007, bzw. 0.0007
c. $M = 0.44$, $\frac{1}{2}M(b-a)\,dx = 1.76$, bzw. 0.176, bzw. 0.0176

22.25

a.

n	$M(n)$	$T(n)$	$S(n)$
8	0.8862269182191298	0.8862268965093698	0.8862269109825432
16	0.8862269139051738	0.8862269073642503	0.8862269117248660
32	0.8862269123605085	0.8862269106347116	0.8862269117852428
64	0.8862269119351357	0.8862269114976102	0.8862269117892939

b.

n	$M(n)$	$T(n)$	$S(n)$
8	0.8769251489660240	0.8710235901875318	0.8749579627065266
16	0.8754486864404032	0.8739743695767780	0.8749572474858615
32	0.8750800387547874	0.8747115280085906	0.8749572018393885
64	0.8749879067668622	0.8748957833816889	0.8749571989718044

c.

n	$M(n)$	$T(n)$	$S(n)$
8	0.9022135976794877	0.8801802371138100	0.8948691441575951
16	0.8966522494458846	0.8911969173966484	0.8948338054294725
32	0.8952851310507982	0.8939245834212664	0.8948316151742876
64	0.8949447892593938	0.8946048572360328	0.8948314785849401

22.26 a. $\int_x^\infty \varphi(t)\,dt = \int_{-\infty}^\infty \varphi(t)\,dt - \int_{-\infty}^x \varphi(t)\,dt = 1 - \Phi(x)$

b. Setzen Sie $t = -u$ ein: $\Phi(-x) = \frac{1}{\sqrt{2\pi}} \int_{-\infty}^{-x} e^{-\frac{1}{2}t^2}\,dt = \frac{1}{\sqrt{2\pi}} \int_{u=\infty}^{u=x} e^{-\frac{1}{2}(-u)^2}\,d(-u) =$
$\frac{1}{\sqrt{2\pi}} \int_{u=x}^{u=\infty} e^{-\frac{1}{2}u^2}\,du = 1 - \Phi(x)$ c. $\frac{1}{2}$ d. $\sqrt{\pi}$

22.27 a. $0, 1, -1$ b. Ähnlich zu den Graphen von $\Phi(x)$, jedoch geht dieser Graph durch den Ursprung und hat die Asymptoten $y = \pm 1$. c. $\mathrm{Erf}(x) = 2\Phi(x\sqrt{2}) - 1$

22.28 a. Setzen Sie $t = -u$ ein: $\mathrm{Si}(-x) = \int_0^{-x} \frac{\sin t}{t}\,dt = -\int_{u=0}^{u=x} \frac{\sin u}{u}\,du = -\mathrm{Si}(x)$
b. lokale Maxima für $x = -\pi + 2k\pi$ und $x = -2k\pi$ ($k > 0$ und ganz), lokale Minima für $x = 2k\pi$ und $x = \pi - 2k\pi$ ($k > 0$ und ganz) c. π d. $\mathrm{Si}(mb) - \mathrm{Si}(ma)$

23. Anwendungen

Um Platz zu sparen, schreiben wir die Koordinaten der Vektoren nicht unter-, sondern nebeneinander.
23.1 a. $(-3\sin 3t, 2\cos 2t)$
b. $(-2\sin 2t, 3\cos 3t)$, Nullvektor, wenn $t = \pm\frac{\pi}{2} + 2k\pi$
c. $(-3\cos^2 t \sin t, 3\sin^2 t \cos t)$, Nullvektor, wenn $x = \frac{1}{2}k\pi$
d. $(-3\cos^2 t \sin t, \cos t)$, Nullvektor, wenn $t = \frac{1}{2}\pi + k\pi$
e. $(-3\cos^2 t \sin t, 2\cos 2t)$
f. $(-\frac{1}{2}\sin\frac{1}{2}t, 3\sin^2 t \cos t)$, Nullvektor, wenn $t = 2k\pi$
g. $(-\frac{1}{3}(\cos t)^{-2/3}\sin t, \frac{1}{3}(\sin t)^{-2/3}\cos t)$
h. $(-\frac{1}{3}(\cos t)^{-2/3}\sin t, 3\sin^2 t \cos t)$, Nullvektor, wenn $t = k\pi$

23.2 a. $(-\sin 2\varphi, \cos 2\varphi)$
b. $(-2\sin 2\varphi\cos\varphi - \cos 2\varphi\sin\varphi, -2\sin 2\varphi\sin\varphi + \cos 2\varphi\cos\varphi)$
c. $(-3\sin 3\varphi\cos\varphi - \cos 3\varphi\sin\varphi, -3\sin 3\varphi\sin\varphi + \cos 3\varphi\cos\varphi)$
d. $(\frac{1}{2}\cos\frac{1}{2}\varphi\cos\varphi - \sin\frac{1}{2}\varphi\sin\varphi, \frac{1}{2}\cos\frac{1}{2}\varphi\sin\varphi + \sin\frac{1}{2}\varphi\cos\varphi)$
e. $(-\frac{3}{2}\sin\frac{3}{2}\varphi\cos\varphi - \cos\frac{3}{2}\varphi\sin\varphi, -\frac{3}{2}\sin\frac{3}{2}\varphi\sin\varphi + \cos\frac{3}{2}\varphi\cos\varphi)$
f. $\left(-\dfrac{\sin 3\varphi}{\sqrt{\cos 2\varphi}}, \dfrac{\cos 3\varphi}{\sqrt{\cos 2\varphi}}\right)$
g. $(-\sin\varphi - \sin 2\varphi, \cos\varphi + \cos 2\varphi)$ (Bemerken Sie: dieser ist gleich dem Nullvektor, wenn $\varphi = \pi + 2k\pi$)
h. $(-21\sin 7\varphi\cos\varphi - (1 + 3\cos 7\varphi)\sin\varphi, -21\sin 7\varphi\sin\varphi + (1 + 3\cos 7\varphi)\cos\varphi)$

23.3 Ortsvektor: $(e^{c\varphi}\cos\varphi, e^{c\varphi}\sin\varphi)$ mit der Länge $e^{c\varphi}$.
Tangentialvektor: $(ce^{c\varphi}\cos\varphi - e^{c\varphi}\sin\varphi, ce^{c\varphi}\sin\varphi + e^{c\varphi}\cos\varphi)$ mit der Länge $e^{c\varphi}\sqrt{c^2 + 1}$.
Das Skalarprodukt ist $ce^{2c\varphi}$, also ist der Cosinus des Winkels gleich $\dfrac{c}{\sqrt{c^2 + 1}}$.
Für $c = 1$ ist dieser Winkel $45°$. Bemerken Sie, dass der Winkel gleich $90°$ ist für $c = 0$ (die Spirale ist in diesem Fall ein Kreis), und dass dieser Winkel nach Null geht, wenn $c \to \infty$.

23.4 a. $(1, 4t, 3t^2)$ b. $(\cos t, 2\cos 2t, -\sin t)$ c. $(\cos t, 2\cos 2t, -3\sin 3t)$

d. $(2\pi\cos 2\pi t, 1, -2\pi\sin 2\pi t)$ e. $(2\pi\cos 2\pi t, 2t, 3t^2)$ f. $(-\sin t, \cos t, -12\sin 12t)$

23.5 a. 2π b. $2\pi R$ c. $\sqrt{4\pi^2 R^2 + a^2}$ d. $\frac{\sqrt{c^2+1}}{c}(e^{2\pi c} - 1)$

23.6 a. $P_{t=0} = (0,0)$, $P_{t=\frac{\pi}{2}} = (\frac{\pi}{2} - 1, 1)$, $P_{t=\pi} = (\pi, 2)$, $P_{t=\frac{3\pi}{2}} = (\frac{3\pi}{2} + 1, 1)$, $P_{t=2\pi} = (2\pi, 0)$

b. Der Mittelpunktswinkel bei M ist gleich t Radianten, somit ist die Länge des Kreisbogens PQ gleich t, was ebenfalls die Länge von OQ ist.

c. Geschwindigkeitsvektor: $(1 - \cos t, \sin t)$, skalare Geschwindigkeit $\sqrt{2 - 2\cos t} = \sqrt{4\sin^2 \frac{t}{2}} = 2|\sin \frac{t}{2}|$. Die skalare Geschwindigkeit ist Null, wenn $t = 2k\pi$ und maximal (nämlich 2), wenn $t = \pi + 2k\pi$. Der Geschwindigkeitsvektor ist in diesem Fall $(2,0)$.

d. 8

23.7 $I = \int_0^h \pi \left(\frac{r}{h}y\right)^2 dy = \frac{1}{3}\pi r^2 h$

23.8 $\frac{\pi^2}{2}$

23.9 $\frac{\pi}{2}$

23.10 $\frac{2\pi}{3}$

23.11 π

23.12 ∞

23.13 $\frac{\pi}{2}$

23.14 $\frac{\pi}{2}$

23.15 $\frac{3\pi}{10}$

23.16 Dieser ist der Rotationskörper, der entsteht, wenn Sie den Graphen der Funktion $y = \sqrt{R^2 - z^2}$ für $h \leq z \leq R$ um die z-Achse drehen. Der Inhalt hiervon ist $\int_h^R \pi(R^2 - z^2)\, dz = \pi(\frac{2}{3}R^3 - R^2 h + \frac{1}{3}h^3)$

23.17 $O = \int_0^h 2\pi\frac{r}{h}y\sqrt{1 + \frac{r^2}{h^2}}\, dy = \pi r\sqrt{h^2 + r^2}$

23.18 Sei $f(y) = \sqrt{R^2 - y^2}$ für $-R \leq z \leq R$, dann liefert die Formel für den Flächeninhalt: $O = \int_{-R}^R 2\pi\sqrt{R^2 - y^2}\sqrt{1 + \frac{y^2}{R^2 - y^2}}\, dy = 4\pi R^2$

23.19 $2\pi R(R - h)$

23.20 $\frac{\pi}{6}(5\sqrt{5} - 1)$

23.21 $O = \int_1^\infty 2\pi\frac{1}{x}\sqrt{1 + \frac{1}{x^4}}\, dx > \int_1^\infty 2\pi\frac{1}{x}\, dx = \infty$

23.22 1.436

23.23 $P(t + t_d) = 2P(t)$ ergibt nach Vereinfachung die Gleichung $e^{\lambda t_d} = 2$ (unabhängig von t), also $t_d = \frac{\ln 2}{\lambda}$.

23.24 Grobe Schätzung: $2^{13} < 1000000/100 < 2^{14}$, die Antwort liegt deshalb zwischen 13×5 und 14×5. Eine Berechnung zeigt $t = 66.43856$.

23.25 Die Halbwertszeit t_h ist die Zeit, für die gilt $e^{\lambda t_h} = \frac{1}{2}$. Für $\lambda = -0.2$ liefert dies den Wert $t_h = 3.4657359$

23.26 Grobe Schätzung: $2^{-17} < 0.001/100 < 2^{-16}$, die Antwort liegt deshalb zwischen 16×3 und 17×3. Eine Berechnung zeigt $t = 49.82892$.

23.27 a. Erfolgt durch einfaches Ausschreiben.
b. Genauso. Nennen Sie die „Integrationskonstante" $c = a\lambda T$, also $T = \frac{c}{a\lambda}$.
c. $T = \dfrac{P_0^{-a}}{a\lambda}$. Wenn $t \uparrow T$, so gilt $a\lambda(T - t) \downarrow 0$ und deshalb $(a\lambda(T - t))^{-1/a} \to \infty$.
d. $T = 39.810717$ und $P(t) = \dfrac{1}{(0.39810717 - 0.01t)^5}$.

23.28 a. $dP/dt = \mu(M - P)P$ hängt lediglich von P und nicht von t ab. b. 1.6
c. Beide sind gleich 1.2 d. Fallende Linienelemente. Die Lösungsfunktionen fallen für $t \to \infty$ zur Geraden $P = M$, die eine waagerechte Asymptote ist. e. Hier sind ebenfalls fallende Linienelemente vorhanden. Jetzt gilt, dass $P = 0$ eine waagerechte Asymptote ist, jedoch nun für $t \to -\infty$.

23.29 a. IV b. III c. VIII d. VI e. II f. I g. VII h. V

23.30 In dieser Aufgabe ist $t_0 = 0$.
a. $t = \frac{\ln 3}{\mu M} \approx 0.68663$ b. $t = -\frac{\ln 3}{\mu M} \approx -0.68663$ c. Einsetzen und ausarbeiten. Geometrisch bedeutet dies, dass der Graph punktsymmetrisch zu $(0, M/2)$ ist.

23.31 Einsetzen und ausarbeiten.

23.32 $\ln\left(\frac{P}{P-M}\right) = \mu Mt + c$ für ein gewisses c. Sei $A = e^c$, dann erhalten wir $\frac{P}{P-M} = Ae^{\mu Mt}$ mit der Lösung $P = P(t) = \frac{MA}{A - e^{-\mu mt}}$. Aus $P_0 = 2M$ folgt $A = 2$. $\lim_{t\to\infty} P(t) = M$.

23.33 Nachfolgend sind a, b, c und A beliebige Konstanten.
a. $y^2 - x^2 = c$ b. $ax = by$ c. $y = Ae^{\frac{1}{2}x^2}$ d. $(x + c)y = -1$ und die Gerade $y = 0$
e. $y = Ae^{\frac{1}{3}x^3}$

Algebra

$$a(b+c) = ab + ac$$

$$(a+b)(c+d) = ac + ad + bc + bd$$

$$(a+b)^2 = a^2 + 2ab + b^2$$

$$(a-b)^2 = a^2 - 2ab + b^2$$

$$a^2 - b^2 = (a+b)(a-b)$$

$$\frac{a}{c} + \frac{b}{c} = \frac{a+b}{c}$$

$$\frac{a}{b} + \frac{c}{d} = \frac{ad+bc}{bd}$$

$$\frac{a}{c} \times \frac{b}{d} = \frac{ab}{cd}$$

$$\frac{a}{b} : \frac{c}{d} = \frac{a}{b} \times \frac{d}{c} = \frac{ad}{bc}$$

$$\sqrt[n]{a} = a^{1/n}$$

$$a^r \times a^s = a^{r+s}$$

$$a^r : a^s = a^{r-s}$$

$$(a^r)^s = a^{rs}$$

$$(a \times b)^r = a^r \times b^r$$

$$\left(\frac{a}{b}\right)^r = \frac{a^r}{b^r}$$

Zahlenfolgen und Gleichungen

Das Pascalsche Dreieck:

$$
\begin{array}{ccccccccccccccc}
 & & & & & & & 1 & & & & & & & \leftarrow n = 0 \\
 & & & & & & 1 & & 1 & & & & & & \leftarrow n = 1 \\
 & & & & & 1 & & 2 & & 1 & & & & & \leftarrow n = 2 \\
 & & & & 1 & & 3 & & 3 & & 1 & & & & \leftarrow n = 3 \\
 & & & 1 & & 4 & & 6 & & 4 & & 1 & & & \leftarrow n = 4 \\
 & & 1 & & 5 & & 10 & & 10 & & 5 & & 1 & & \leftarrow n = 5 \\
 & 1 & & 6 & & 15 & & 20 & & 15 & & 6 & & 1 & \leftarrow n = 6 \\
1 & & 7 & & 21 & & 35 & & 35 & & 21 & & 7 & & 1 \quad \leftarrow n = 7
\end{array}
$$

$$\cdots \qquad\qquad \cdots$$

Fakultäten:

$$0! \;=\; 1$$
$$k! \;=\; 1 \times \cdots \times k \quad \text{für jede positive ganze Zahl } k$$

Binomialkoeffizienten: $\quad \dbinom{n}{k} = \dfrac{n!}{k!(n-k)!}$

Der binomische Lehrsatz:

$$
(a+b)^n \;=\; \binom{n}{0}a^n + \binom{n}{1}a^{n-1}b + \cdots + \binom{n}{n-1}ab^{n-1} + \binom{n}{n}b^n
$$
$$
= \sum_{k=0}^{n} \binom{n}{k} a^{n-k}b^k
$$

Summenformel einer arithmetischen Folge: $\quad \displaystyle\sum_{k=1}^{n} a_k = \frac{1}{2}\,n(a_1 + a_n)$

Summenformel einer geometrischen Folge: $\quad \displaystyle\sum_{k=0}^{n-1} ar^k = \frac{a(1-r^n)}{1-r}$, wenn $r \neq 1$

Summenformel einer geometrischen Reihe: $\quad \displaystyle\sum_{k=0}^{\infty} ar^k = \frac{a}{1-r}$, wenn $-1 < r < 1$

Grenzwerte: $\quad \displaystyle\lim_{n\to\infty} \frac{n^p}{a^n} = 0$ als $a > 1$, $\quad \displaystyle\lim_{n\to\infty} \frac{a^n}{n!} = 0$, $\quad \displaystyle\lim_{n\to\infty} \frac{n!}{n^n} = 0$

Die abc- oder Mitternachtsformel: $\quad$ Wenn $ax^2 + bx + c = 0$, $a \neq 0$ und $b^2 - 4ac \geq 0$, dann

$$x = \frac{-b \pm \sqrt{b^2 - 4ac}}{2a}$$

Ebene Geometrie

Gleichung einer Geraden mit dem Normalenvektor $\begin{pmatrix} a \\ b \end{pmatrix}$: $\qquad ax + by = c$

Gleichung der Geraden durch die Punkte $A = (a_1, a_2)$ und $B = (b_1, b_2)$:

$$(a_1 - b_1)(y - b_2) = (a_2 - b_2)(x - b_1)$$

Abstand $d(A, B)$ zwischen den Punkten $A = (a_1, a_2)$ und $B = (b_1, b_2)$:

$$d(A, B) = \sqrt{(a_1 - b_1)^2 + (a_2 - b_2)^2}$$

Skalarprodukt von $\mathbf{a} = \begin{pmatrix} a_1 \\ a_2 \end{pmatrix}$ und $\mathbf{b} = \begin{pmatrix} b_1 \\ b_2 \end{pmatrix}$: $\qquad \langle \mathbf{a}, \mathbf{b} \rangle = a_1 b_1 + a_2 b_2$

Länge von $\mathbf{a}$: $\qquad |\mathbf{a}| = \sqrt{\langle \mathbf{a}, \mathbf{a} \rangle} = \sqrt{a_1^2 + a_2^2}$

Wenn φ der Winkel zwischen $\mathbf{a}$ und $\mathbf{b}$ ist, dann gilt: $\qquad \langle \mathbf{a}, \mathbf{b} \rangle = |\mathbf{a}||\mathbf{b}| \cos \varphi$

Gleichung eines Kreises mit dem Mittelpunkt (m, n) und dem Radius r:

$$(x - m)^2 + (y - n)^2 = r^2$$

Dreiecksgeometrie

$$\sin \alpha = \frac{a}{c}, \qquad \cos \alpha = \frac{b}{c}, \qquad \tan \alpha = \frac{a}{b}$$

$$a^2 + b^2 = c^2 \qquad \text{(Satz des Pythagoras)}$$

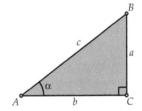

$$\frac{a}{\sin \alpha} = \frac{b}{\sin \beta} = \frac{c}{\sin \gamma} \qquad \text{(Sinussatz)}$$

$$a^2 = b^2 + c^2 - 2bc \cos \alpha \qquad \text{(Cosinussatz)}$$

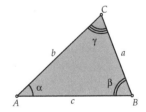

$$O = \tfrac{1}{2}bc \sin \alpha = \tfrac{1}{2}ca \sin \beta = \tfrac{1}{2}ab \sin \gamma \qquad \text{(Flächeninhaltsformel)}$$

Raumgeometrie

Gleichung einer Ebene mit dem Normalenvektor $\begin{pmatrix} a \\ b \\ c \end{pmatrix}$: $\qquad ax + by + cz = d$

Abstand $d(A, B)$ zwischen den Punkten $A = (a_1, a_2, a_3)$ und $B = (b_1, b_2, b_3)$:

$$d(A, B) = \sqrt{(a_1 - b_1)^2 + (a_2 - b_2)^2 + (a_3 - b_3)^2}$$

Skalarprodukt von $\mathbf{a} = \begin{pmatrix} a_1 \\ a_2 \\ a_3 \end{pmatrix}$ und $\mathbf{b} = \begin{pmatrix} b_1 \\ b_2 \\ b_3 \end{pmatrix}$: $\qquad \langle \mathbf{a}, \mathbf{b} \rangle = a_1 b_1 + a_2 b_2 + a_3 b_3$

Länge von $\mathbf{a}$: $\qquad |\mathbf{a}| = \sqrt{\langle \mathbf{a}, \mathbf{a} \rangle} = \sqrt{a_1^2 + a_2^2 + a_3^2}$

Wenn φ der Winkel zwischen $\mathbf{a}$ und $\mathbf{b}$ ist, dann: $\qquad \langle \mathbf{a}, \mathbf{b} \rangle = |\mathbf{a}| |\mathbf{b}| \cos \varphi$

Gleichung einer Kugel mit dem Mittelpunkt (m_1, m_2, m_3) und dem Radius r:

$$(x - m_1)^2 + (y - m_2)^2 + (z - m_3)^2 = r^2$$

Exponentialfunktionen und Logarithmen

Für jedes $a > 0$, $a \neq 1$ gilt: $\qquad {}^a\log x = y \quad \Longleftrightarrow \quad a^y = x$

$${}^a\log(xy) = {}^a\log x + {}^a\log y$$
$${}^a\log(x/y) = {}^a\log x - {}^a\log y$$
$${}^a\log(x^y) = y \, {}^a\log x$$

$${}^a\log x = \frac{{}^g\log x}{{}^g\log a}$$

$$\lim_{x \to +\infty} \frac{x^p}{a^x} = 0, \quad \text{wenn} \quad a > 1$$

$$\lim_{x \to +\infty} \frac{{}^a\log x}{x^q} = 0, \quad \text{wenn} \quad q > 0$$

Natürlicher Logarithmus (Grundzahl e): $\qquad \ln x = y \quad \Longleftrightarrow \quad e^y = x$

$$\lim_{x \to 0} \frac{e^x - 1}{x} = 1$$

$$\lim_{x \to 0} \frac{\ln(1 + x)}{x} = 1$$

Trigonometrische Formeln

$$\tan x = \frac{\sin x}{\cos x}$$

$$\cos^2 x + \sin^2 x = 1$$

$$1 + \tan^2 x = \frac{1}{\cos^2 x}$$

$$\sin 2x = 2\sin x \cos x$$

$$\cos 2x = \cos^2 x - \sin^2 x$$
$$= 2\cos^2 x - 1$$
$$= 1 - 2\sin^2 x$$

$$\tan 2x = \frac{2\tan x}{1 - \tan^2 x}$$

$$\sin(x + y) = \sin x \cos y + \cos x \sin y$$
$$\sin(x - y) = \sin x \cos y - \cos x \sin y$$
$$\cos(x + y) = \cos x \cos y - \sin x \sin y$$
$$\cos(x - y) = \cos x \cos y + \sin x \sin y$$

$$\tan(x + y) = \frac{\tan x + \tan y}{1 - \tan x \tan y}$$

$$\tan(x - y) = \frac{\tan x - \tan y}{1 + \tan x \tan y}$$

$$\sin x + \sin y = 2\sin \frac{x + y}{2} \cos \frac{x - y}{2}$$

$$\sin x - \sin y = 2\sin \frac{x - y}{2} \cos \frac{x + y}{2}$$

$$\cos x + \cos y = 2\cos \frac{x + y}{2} \cos \frac{x - y}{2}$$

$$\cos x - \cos y = -2\sin \frac{x + y}{2} \sin \frac{x - y}{2}$$

$$\sin(\tfrac{\pi}{2} - x) = \cos x$$

$$\cos(\tfrac{\pi}{2} - x) = \sin x$$

$$\lim_{x \to 0} \frac{\sin x}{x} = 1$$

$$\begin{aligned}
x &= \arcsin y &\Longleftrightarrow\quad& y = \sin x &\text{und}\quad& -\tfrac{1}{2}\pi \le x \le \tfrac{1}{2}\pi \\
x &= \arccos y &\Longleftrightarrow\quad& y = \cos x &\text{und}\quad& 0 \le x \le \pi \\
x &= \arctan y &\Longleftrightarrow\quad& y = \tan x &\text{und}\quad& -\tfrac{1}{2}\pi < x < \tfrac{1}{2}\pi
\end{aligned}$$

Differenzieren

Rechenregeln für differenzierbare Funktionen:

$$\begin{aligned}
(c\,f(x))' &= c\,f'(x) \quad \text{für jede Konstante } c \\
(f(x) + g(x))' &= f'(x) + g'(x) \\
(f(g(x)))' &= f'(g(x))g'(x) \quad \text{(Kettenregel)} \\
(f(x)g(x))' &= f'(x)g(x) + f(x)g'(x) \quad \text{(Produktregel)} \\
\left(\frac{f(x)}{g(x)}\right)' &= \frac{f'(x)g(x) - f(x)g'(x)}{(g(x))^2} \quad \text{(Quotientenregel)}
\end{aligned}$$

Standardfunktionen und ihre Ableitungen:

$f(x)$	$f'(x)$	
x^p	$p\,x^{p-1}$	für jedes p
a^x	$a^x \ln a$	für jedes $a > 0$
e^x	e^x	
$^a\!\log x$	$\dfrac{1}{x \ln a}$	für jedes $a > 0, a \neq 1$
$\ln x$	$\dfrac{1}{x}$	
$\sin x$	$\cos x$	
$\cos x$	$-\sin x$	
$\tan x$	$\dfrac{1}{\cos^2 x}$	
$\arcsin x$	$\dfrac{1}{\sqrt{1 - x^2}}$	
$\arccos x$	$-\dfrac{1}{\sqrt{1 - x^2}}$	
$\arctan x$	$\dfrac{1}{1 + x^2}$	

Differenziale, Integrale und Anwendungen

Wenn $y = f(x)$, dann ist $dy = d(f(x)) = f'(x)\,dx$

Substitutionsregel: wenn $y = g(x)$, so ist

$$\int f(g(x))g'(x)\,dx = \int f(g(x))\,d(g(x)) = \int f(y)\,dy$$

Als bestimmtes Integral:

$$\int_{x=a}^{x=b} f(g(x))g'(x)\,dx = \int_{x=a}^{x=b} f(g(x))\,d(g(x)) = \int_{y=g(a)}^{y=g(b)} f(y)\,dy$$

Partielle Integration: $\quad \int f\,dg = f\,g - \int g\,df$

Als bestimmtes Integral:

$$\int_a^b f(x)\,dg(x) = (f(b)g(b) - f(a)g(a)) - \int_a^b g(x)\,df(x)$$

Stammfunktionen der Standardfunktionen:

$f(x)$	$F(x)$	
x^p	$\dfrac{1}{p+1}\,x^{p+1}$	vorausgesetzt $p \neq -1$
a^x	$\dfrac{1}{\ln a}\,a^x$	für jedes $a > 0$, $a \neq 1$
e^x	e^x	
$\dfrac{1}{x}$	$\ln|x|$	
$\sin x$	$-\cos x$	
$\cos x$	$\sin x$	
$\dfrac{1}{\cos^2 x}$	$\tan x$	
$\dfrac{1}{\sqrt{1-x^2}}$	$\arcsin x$	
$\dfrac{1}{1+x^2}$	$\arctan x$	

Wenn $F(x)$ eine Stammfunktion von $f(x)$ ist, so ist $F(x) + c$ ebenfalls eine Stammfunktion von $f(x)$ für jede Konstante c.

Ortsvektor einer parametrisierten ebenen Kurve bzw. Raumkurve:

$$\mathbf{r}(t) = \begin{pmatrix} x(t) \\ y(t) \end{pmatrix} \quad \text{bzw.} \quad \mathbf{r}(t) = \begin{pmatrix} x(t) \\ y(t) \\ z(t) \end{pmatrix}$$

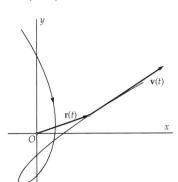

Geschwindigkeitsvektor (Tangentialvektor):

$$\mathbf{v}(t) = \mathbf{r}'(t) = \begin{pmatrix} x'(t) \\ y'(t) \end{pmatrix}$$

bzw.

$$\mathbf{v}(t) = \mathbf{r}'(t) = \begin{pmatrix} x'(t) \\ y'(t) \\ z'(t) \end{pmatrix}$$

Skalare Geschwindigkeit:

$$v(t) = |\mathbf{v}(t)| = \sqrt{(x'(t))^2 + (y'(t))^2} \quad \text{bzw.} \quad \sqrt{(x'(t))^2 + (y'(t))^2 + (z'(t))^2}$$

Länge einer parametrisierten ebenen Kurve bzw. Raumkurve zwischen $\mathbf{r}(a)$ und $\mathbf{r}(b)$:

$$L = \int_a^b v(t)\,dt = \int_a^b \sqrt{(x'(t))^2 + (y'(t))^2}\,dt \quad \text{bzw.}$$

$$L = \int_a^b v(t)\,dt = \int_a^b \sqrt{(x'(t))^2 + (y'(t))^2 + (z'(t))^2}\,dt$$

Inhalt des Rotationskörpers, welcher entsteht, indem Sie den Graphen der Funktion $z = f(y)$ um die y-Achse drehen:

$$I = \int_a^b \pi\,f(y)^2\,dy$$

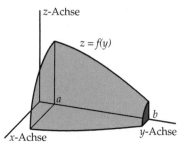

Flächeninhalt der Mantelfläche des gleichen Rotationskörpers:

$$O = \int_a^b 2\pi f(y)\sqrt{1 + (f'(y))^2}\,dy$$

Exponentielles Wachstum, Differenzialgleichung: $\quad dP = \lambda P\,dt$
Lösungsfunktionen: $\quad P(t) = P_0 e^{\lambda t}$

Logistisches Wachstum, Differenzialgleichung: $\quad dP = \mu(M - P)\,dt$

Lösungsfunktionen für $0 < P < M$: $\quad P(t) = \dfrac{M}{1 + e^{-\mu M(t - t_0)}}$

Stichwortverzeichnis